# 高寒地区矿山深部
# 通风防尘技术研究

杨　鹏　吕文生　唐志新
董宪伟　陈赞成　于跟波　等著

北京

冶金工业出版社

2012

## 内 容 提 要

本书将高寒地区气候的独特性及其矿井通风系统及井下空气环境等相互制约条件有机地结合起来,对高寒地区矿井的风流流动规律、增氧技术及可行性、通风系统评价指标和方法、通风系统优化、有毒有害气体扩散规律、粉尘治理、井下空气环境指标、井下空气环境参数实时监测系统等问题进行了深入系统的研究。

本书可供矿业、安全等学科领域的研究生以及从事矿业安全管理和研究的工程技术人员参考。

**图书在版编目(CIP)数据**

高寒地区矿山深部通风防尘技术研究/杨鹏,吕文生等著.
—北京:冶金工业出版社,2012.10
ISBN 978-7-5024-6078-5

Ⅰ.①高⋯　Ⅱ.①杨⋯　②吕⋯　Ⅲ.①寒冷地区—矿山通风—研究　②寒冷地区—矽尘—防尘—研究　Ⅳ.①TD72②TD714

中国版本图书馆 CIP 数据核字(2012)第 238722 号

出 版 人　谭学余
地　　址　北京北河沿大街嵩祝院北巷 39 号,邮编 100009
电　　话　(010)64027926　电子信箱　yjcbs@cnmip.com.cn
责任编辑　宋　良　王　优　美术编辑　彭子赫　版式设计　孙跃红
责任校对　卿文春　责任印制　李玉山
ISBN 978-7-5024-6078-5
冶金工业出版社出版发行;各地新华书店经销;三河市双峰印刷装订有限公司印刷
2012 年 10 月第 1 版,2012 年 10 月第 1 次印刷
787mm×1092mm　1/16;18 印张;4 彩页;443 千字;267 页
**52.00 元**

**冶金工业出版社投稿电话:(010)64027932　投稿信箱:tougao@cnmip.com.cn**
**冶金工业出版社发行部　电话:(010)64044283　传真:(010)64027893**
**冶金书店　地址:北京东四西大街 46 号(100010)　电话:(010)65289081(兼传真)**
(本书如有印装质量问题,本社发行部负责退换)

# 高寒地区矿山深部通风防尘技术研究

**课题组织单位:** 青海省科技厅

**课题参与单位:** 北京科技大学

　　　　　　　青海西部矿业股份有限公司

　　　　　　　北京联合大学

**本书撰写组主要成员:**

| | | | | | |
|---|---|---|---|---|---|
| 杨　鹏 | 吕文生 | 蔡嗣经 | 李怀宇 | 杜翠凤 | 唐志新 |
| 董宪伟 | 于跟波 | 陈赞成 | 门瑞营 | 卫欢乐 | 梅栋梁 |
| 李　昶 | 曹思远 | 张　崇 | 何　丹 | 何　磊 | 刘　杰 |
| 林大泽 | 张永德 | 徐尚珠 | 杨通录 | 张鸣鲁 | |

# "十一五"国家科技支撑计划课题

## (2007～2011, 2007BAB18B02)

## "高寒地区矿山深部通风防尘技术研究"

### 课题承担单位及成员

课题负责人：杨　鹏

北京科技大学：杨　鹏　吕文生　蔡嗣经　李怀宇　杜翠凤　唐志新

董宪伟　于跟波　陈赞成　门瑞营　卫欢乐　梅栋梁

李　昶　曹思远　张　崇　何　丹　何　磊　刘　杰

青海西部矿业股份有限公司：

林大泽　张永德　徐尚珠　杨通录　张鸣鲁

北京联合大学：杨　鹏

# 2010 年国家自然科学基金主任基金课题

## (2010, 5095007)

## "高寒地区高海拔地区矿床开采

## 关键技术的基础研究"

### 课题承担单位及成员

课题负责人：杨　鹏

北京科技大学：杨　鹏　吕文生　董宪伟　唐志新　于跟波

北京联合大学：杨　鹏

# 前　言

人类高度发达的物质文明，对矿产资源的依赖性越来越强。目前我国95%以上的能源、80%以上的工业原料都来自矿产资源，矿产资源是工业的"粮食"和"血液"。世界人口每35年增加一倍，而矿产资源的消耗大约25年就翻一番，因此对矿产资源的需求逐年增加。

我国是矿业大国而不是矿业强国，虽然国内矿产资源丰富，品种齐全，但是由于人口众多，随着经济的高速发展，资源的需求压力巨大。解决我国的矿产资源压力主要有两个办法：一是进口或自主开采国外资源，但持续走高的价格和外国不断出现的政策壁垒，以及其他种种限制，使我国获得矿产资源的代价越来越大；二是在国内找矿，减少对国外矿产资源的依存度，现在深部找矿已经成为我国各大矿山企业的重点发展方向。此外，还有一些在过去由于条件的限制、尚未充分开发的地区，矿产资源供给潜力巨大，为此，我国适时提出了西部开发战略。我国有1/5以上的国土面积为高原，主要集中在西部。西部地区矿产资源储量丰富，但高原严酷的自然环境对于人类的资源开发活动是一个天然障碍。在日益注重科学发展的当今社会，职业健康与安全生产是矿山生产必须关心的首要问题。因此，研究高原采矿相关的职业健康，优化高寒地区地下矿井通风系统，改善井下作业的空气环境，对实现安全高效、可持续的高原采矿，保障我国矿产资源的稳定供应，具有十分重要的现实意义和深远的战略价值。

高寒地区的主要特征是三低，即气压低、温度低、湿度低。给定区域的大气压力等于所在海拔高度往上直到大气上界整个空气柱的重量，在海平面附近，海拔高度每升高100m，气压就下降大约700Pa。相关的研究结果表明，大气压力降低给人的生理活动带来的直接影响就是缺氧。随着氧气分压的降低，即使在通风良好的场所，多数人员仍然会有不同程度的高原反应，这是人体缺氧的表现。缺氧会给人体造成颅内压轻度增大，形成脑组织代谢障碍，大脑皮层功能失调，导致呼吸心跳加快、消化腺分泌减少、胃肠功能减弱、组织损害和器官功能性改变。长期慢性缺氧还会引起神经体液及内分泌功能紊乱、局部胃黏膜缺血性改变等，极严重的缺氧可使人体呼吸减弱，甚至停滞。高寒地区环境对人的身心健康、劳动能力的影响非常明显。与平原地区相比，人的劳动能力在海拔 3000m 处下降 29.2%，在海拔 4000m 处下降 39.7%。高寒地区环境对工人、耗氧机械以及采矿作业都有不同程度的影响。人是劳动中的最活跃因素，在缺氧环境下劳作有可能引起高原病，导致作业功效下降，再加上矿山生产活动中环境的噪声、粉尘、有毒有害气体等因素，都直接影响工人的工作效率和身体健康。低氧环境还会引起有毒有害气体的毒性增加。此外，低氧环境同样影响耗氧机械的功效，虽然近年来增压技术的完善使得内燃机在高原的降效问题有所缓解，但是仍然存在功率下降、故障率增加等问题，而且其排放的有毒有害气体有所增加，这些都对高寒地区采矿作业的通风系统优化和工人的健康安全保障工作提出了新的要求和挑战。

高寒地区的长期低温及季节性的温差变化，给矿山生产及管理带来许多不利影响。在冬季，许多矿山设施都需要采取保温措施，以防止井口结冰、矿仓冻结。夏季来临，由于气温的巨大变化，又需要及时调节风机，以适应季节变化，保证井下工作面有足够的风量。高寒地区常年的空气干燥和低湿度也给矿山井下作业环境带来不利影响。干燥的空气进入井下后吸收了矿岩中的水分，在凿岩、爆破、矿石运搬及运输过程中，极易产生粉尘及二次扬尘，对井下作业职工的身体健康带来危害。因此，高寒地区井下巷道及作业面抑尘工作是一项非常重要的工作。

针对这些问题，经国家科学技术部组织专家进行多轮论证，"高寒地区矿山深部通风防尘技术研究"课题（No. 2007BAB18B02）于 2007 年被批准列入"十一五"国家科技支撑计划项目，该课题是国家科技支撑计划项目"柴达木循环经济区多金属矿资源循环利用关键技术示范研究"（No. 2007BAB18B00）的课题之一，课题研究对象为青海西部矿业股份有限公司锡铁山铅锌矿。本书是五年来该课题组全部研究成果的系统总结，主要反映了课题组在 2007~2011 年课题执行期间，对高寒地区矿山进行调研、分析、现场测试等一系列工作后，开展理论研究、实验研究等所取得的成果。该课题组对高寒地区矿井的风流流动规律、增氧技术可行性、通风系统评价方法、通风系统优化、有毒有害气体扩散规律、粉尘治理、井下环境指标、井下环境参数实时监测系统等问题进行了深入、系统的研究；通过理论研究与实验研究相结合，对高寒地区矿井通风系统进行了评价，应用国内外通风仿真模拟软件 Ventsim 和 MVSS 等对该矿井的通风系统进行优化研究，并应用 FLUENT 软件对矿井有毒有害气体的扩散规律进行了模拟研究；此外，还对高寒地区矿井的防尘措施进行了初步探讨，对粉尘的扩散规律和化学抑尘剂等进行了研究，提出了合理的粉尘治理方案；通过综合分析研究，提出了井下环境的建议指标；在理论研究成果的基础上，开发了具有自主知识产权的高原非煤矿山井下空气环境参数实时监测仪和高原非煤矿井采掘工作面增氧方法及装置，申请并获得了国家专利局的专利。

本书将高寒地区气候的独特性与矿井通风系统及井下空气环境等相互制约的条件有机地结合起来，研究了通风除尘和供氧通风等技术在高寒地区特殊气候下的适用性和可靠性，一定程度上丰富了世界高原采矿与矿井通风等理论方法和技术，为采矿工作者提供了一种新的方法和思路。

在研究过程中，课题组申报的"高寒地区高海拔地区矿床开采关键技术的基础研究"（项目批准号 5095007）得到了国家自然科学基金委员会的支持。该课题研究高海拔脆弱环境下绿色开采系统的基础理论，进一步研究高海拔矿山缺氧、低气压环境对矿山工作人员的影响，模拟高原的疲劳程度指标测试研究；研究高原习服机理及其影响因素，提出有利于高原习服的各种方法；在低海拔矿山采矿规程、技术要求的基础上，针对高原缺氧、低气压环境，研究提出采用富氧室提高矿山生产人员工作能力和保障其健康安全的理论。

"高寒地区矿山深部通风防尘技术研究"课题组由来自北京科技大学、北京联合大学以及青海西部矿业股份有限公司等单位的相关领域研究人员组成。"高寒地区高海拔地区矿床开采关键技术的基础研究"课题组由北京科技大学和北京联合大学的研究人员组成。本书是两个课题组全体研究人员集体智慧的结晶，特别是课题组的研究生们，在多次深入锡铁山铅锌矿现场长时间工作期间，在极其严寒和缺氧环境下克服困难、高效出色地完成科研任务，在此对他们做出的贡献表示感谢，限于篇幅不再一一列举他们的名字。特别感谢的是，在矿山现场多次长时间的测试和研究过程中，课题合作方青海西部矿业股份有限公司锡铁山铅锌矿的徐尚珠、杨通录，中冶集团李晓峰、王跃宇、周九超、曾志义、李朝学、石怀远等，无论在生活上还是工作上都给予课题组非常宝贵的支持，如果没有他们的支持和帮助，课题就无法顺利完成。此外，还要感谢北京体育大学体育科研中心有关科研人员协助完成模拟不同海拔高度下氧气浓度与工人疲劳程度的相关数据测试的研究任务，感谢中国矿业大学资源与安全学院侯运炳教授及其研究团队协同课题组成员完成矿山现场通风系统特征参数测定任务。

在项目论证和实施的全过程中，先后得到了北京科技大学教授、国家安全生产监督管理总局安全评审专家李怀宇，国家安全生产监督管理总局三司副司级巡视员王海军，北京科技大学金龙哲教授、蒋仲安教授、杜翠凤教授等领导和专家的悉心指导、支持和帮助。在课题结题验收过程中，得到了北京矿冶研究总院教授、中国工程院院士汪旭光，中国安全科学研究院副院长张兴凯教授等专家的指导。借此机会，向以上所有领导、专家、同仁表示由衷的感谢和崇高的敬意。

期望本书的出版能够提升高寒地区矿山采矿技术以及抵御各种风险的能力，并在高寒地区矿井通风除尘技术、绿色开采等方面做出一点贡献。由于课题组的知识修养和学术水平以及时间所限，书中不妥之处，恳请读者批评、指正并提出宝贵意见。

杨　鹏

北京科技大学兼职教授、博士生导师，北京联合大学教授

2012 年 8 月

# 目　录

# 1 绪 论

## 1.1 引言

　　矿产资源是人类生存的主要物质来源，是矿山企业赖以生存的物质基础。我国从资源总量上来说是一个资源大国，但人均资源占有量却极低，不及世界人均占有量的一半，还存在着贫矿多、富矿少，多组分矿多、单一矿少，地区分布不均匀以及地质矿产条件复杂等特点。矿产资源开发与保护已经成为影响和制约矿山企业发展的突出问题。随着国民经济的持续高速发展，我国对矿产资源的需求急剧上升，矿产资源紧缺的局面日益严重，尤其是我国东部的矿产资源，经过数十年的强力开采，大多濒临枯竭，致使我国工业整体布局面临严峻挑战。因此，寻找对"东部经济带"具有直接辐射作用的战略资源接替基地，成为地质学家的紧迫任务。

　　矿产资源是国民经济建设与社会发展的物质基础。没有矿产资源持续稳定的供应，就没有现代经济与社会的发展。我国现已发现矿产资源 171 种，探明资源储量的有 158 种，其中石油、天然气、煤、铀、地热等能源矿产 10 种，铁、锰、铜、铝、铅、锌等金属矿产 54 种，石墨、磷、硫、钾盐等非金属矿产 91 种，地下水、矿泉水等水气矿产 3 种；矿区有近 18000 处，其中大中型矿区 7000 余处。20 世纪 90 年代以来，我国明显进入工业化经济高速增长阶段，许多矿产资源的消费增速接近或超过国民经济的发展速度，矿产资源的供需矛盾日益尖锐，集中体现为储量增长赶不上产量增长，产量增长赶不上消费需求增长，一些重要矿产品进口量激增，现有矿产资源储量的保证程度急剧下降。未来几十年，随着我国工业化进程的加快以及面临经济全球化趋势下我国在世界经济分工中作为"世界工厂"的形势，我国矿产资源消费需求还将有数倍的增长，在许多矿产资源方面我国成为世界第一消费大国的趋势不可阻挡。我国矿产资源开发主要有以下特点：

　　(1) 人均资源量少，部分资源供需失衡。人口多、矿产资源人均量低是我国的基本国情，我国人均矿产资源拥有量在世界上居第 53 位，处于较低水平。金刚石、铂、铬铁矿、钾盐等矿产资源供需缺口较大。

　　(2) 经济快速增长与部分矿产资源大量消耗之间存在矛盾。石油、（富）铁、（富）铜、优质铝土矿、铬铁矿、钾盐等矿产资源供需缺口较大；东部地区地质找矿难度增大，探明储量增幅减缓；部分矿山开采进入中晚期，储量和产量逐年降低。

　　(3) 区域之间矿产资源勘查开发不平衡。西部地区和中部边远地区资源丰富，但自然条件差，生态环境脆弱，地质调查评价工作程度低，制约了资源开发。

　　(4) 西部地区找矿前景好。石油、天然气、金、铜、铅、锌、银等矿产资源的找矿潜力很大，老矿山深部、外围和西部地区是重要的矿产资源接替区。

## 1.2　青藏高原的矿藏赋存情况及生态环境特性

### 1.2.1　矿藏赋存情况

　　具有"世界屋脊"之称的青藏高原平均海拔在 3000m 以上，矿产资源丰富，已发现的有 83 种，已探明储量的有 59 种，储量居我国前十位的有 37 种，其中居首位的有锂、钾盐、池盐、镁盐、溴、化工灰岩、云石、石棉 8 种，居第二位的有自然硫、硼、压电水晶、玻璃用石英岩 4 种，居第三位的有钴、铷、硒、天然碱 4 种，其他具有开采价值的还有银、镉、芒硝、云母、铬铁矿、铅、锡、汞、金、锗、锌、镍等数十种。特别是青海省有一批得天独厚的资源，规模大、品位高、质量好，如氯化钾储量占我国总储量的 96.8%，钠盐占一半以上，石棉占 40% 以上。从现有资料来看，青藏高原矿产资源具有极其巨大的潜力，可望成为我国 21 世纪西部最主要的能源和原材料生产基地。

　　青藏高原是地球上地质构造运动最为活跃、构造历史又最为年轻的大陆，在经历多旋回构造运动中，伴随着大量的岩浆侵入、喷发活动以及多种内生和外生成矿作用，形成了丰富的矿产资源。目前基本查明数十条规模巨大、具有重要工业前景的铁、铜等多金属矿找矿远景区，包括尼雄富铁矿、日阿铜多金属矿、库木库里盆地砂岩铜矿、伦坡拉盆地油页岩矿以及阿牙克库木湖石膏矿等。西藏从东到西数千公里长的唐古拉山脉是国际上最为知名的"铜墙铁壁"矿化带，其中包含若干个亿吨级潜在储量铁矿，千万吨级的玉龙铜矿名列亚洲前三强。西藏冈底斯山脉和雅鲁藏布江沿线成矿带都是世界上著名的矿化区，其中潜藏的特大型铁矿和玉龙铜矿及斑岩型铜矿石储量比唐古拉山成矿带还要多。因此，加速青藏高原优势矿产资源的勘查与开发，对缓解我国面临的部分矿产资源供应危机问题、确保我国经济安全和东部地区的发展后劲都将起到举足轻重的作用。

### 1.2.2　生态环境特性

#### 1.2.2.1　生态环境的区域差异性

　　高原特殊的经向、纬向和山地垂直气候带形成丰富的高原生态系统，有湿润、半湿润森林，高原半湿润灌丛和草原，高原半干旱草原和荒漠等多样的生态系统。青藏高原强烈的地形变化、独特的大气环流系统和气候的多样性，提供了多样性的生物栖息环境，形成非常丰富的生物物种。其剧烈变化的地质历史为动植物的生长、发育和演化提供了不断变化的生境，古老生物种和新物种共同存在，是世界生物物种的一个重要的形成和分化中心，构成世界生物资源的宝库，对世界生物多样性保护有重要意义。尤其是青藏高原边缘地区为典型的不同地理区域的生态过渡带，这一过渡带由于不同生态系统的转换，成为生物多样性最丰富的地区。

　　青藏高原南北最宽处约达 1400km，东西长达 2700km，面积约为 $2.50 \times 10^6 km^2$，高原面上绵亘着多条长大山脉，山脉之间展布着辽阔的高原面。青藏高原的生态环境在三向地带性作用下发生了显著的区域性差异。青藏高原自北而南穿越的主要景观生态类型区有以下 4 个：

　　（1）格尔木 - 昆仑山口段柴达木盆地南缘灰棕漠土旱生灌木景观区。此区域气候干旱、少雨、多大风，植被稀疏，旱生特征显著，主要有膜果麻黄稀疏灌木、猪毛菜、紫花针茅草原等群落。

(2) 昆仑山口-唐古拉山口段。此区域属于藏北高山草原景观区，气候寒冷，多年冻土呈连续分布，日较差很大，寒冻风化强烈。昆仑山、可可西里、风火山、唐古拉山等山区，10月至翌年5月长达8个月的时间为负温月份。青藏高原腹地高平原区，历年的10月至翌年4月为负温月份。山区及高平原区降水主要集中在正温季节，降水量远不抵蒸发量。因低温干旱，发育的草原群落具有很强的耐寒、耐旱特性。紫花针茅和扇穗茅草原在该段广泛分布，群落种类贫乏，植被稀疏，盖度为20%～35%，其中建群种紫花针茅的分盖度一般可达8%～20%。在这种环境下发育的高山草原土，草皮层薄或无，根系较多，因融冻搅动而出现了一种特殊的鳞状微粒结构。

(3) 安多-那曲段藏东北高山草甸景观区。此区域属于寒冷、半湿润气候，多年冻土呈岛状分布，小蒿草草甸是该区优势的植被类型。小蒿草高仅有1～3cm，其他植物有矮蒿草、矮火绒草等，并常伴有紫花针茅、苔状蚤缀及葱等，盖度为40%～90%。此区域具有草原化草甸的特征。高山草甸土剖面属于AC型，其表面发育有一层由小蒿草的死根和活根密集纠结而成的草皮层，此层常有冻胀裂缝，沿裂缝常于向阳面翘起而形成草皮层块。草皮层与下层土层因胀缩程度不同而滑开，并形成滑面。因此，草皮层块常出现向下滑塌的现象，有些草皮层块甚至滑离土面，形成斑块状脱落。

(4) 当雄-拉萨段藏南山地与谷地灌丛草原景观区。此区域降水、温度条件都比前三段好，属于温暖的半干旱气候。各种类型的灌丛草原是该段最主要的原生植被类型，西藏狼牙刺、三刺草灌丛草原主要分布于拉萨河及其支流两侧的阶地、山麓洪积扇及山坡上，山麓地带主要分布有三刺草草原，在念青唐古拉山一带高山草甸较为发育。西藏狼牙刺灌丛为高20～60cm的灰绿色灌丛，它还是半固定沙地上的先锋灌丛，生长良好，高可达1m。三刺草草原草高10～20cm，常见的伴生种有长芒针茅、劲直黄芪等。此区域由于是人类活动影响比较强烈的地区，原生植被的盖度低，许多不及20%，较好的也只有30%～50%。山地灌丛草原土是在落叶灌丛和草本参与下发育成的，在坡麓低洼地段的土体中，因聚积大量色白、固结如石的碳酸盐而被称为"阿嘎土"。在拉萨河谷地，大多数地区已演化为农田生态系统，天然植被应以低地草甸为主，但几乎已消失殆尽。谷地中风沙活动十分活跃，流动沙丘随处可见，在山坡上常有覆沙层出现。

### 1.2.2.2 生态环境高、寒、旱的特殊性

青藏高原自然地理环境的最突出特点是高、寒、旱，由此而导致其上的生物生态学特征和地生态学特征都非常特别。

(1) 以高寒灌丛草甸、高寒草原和高寒荒漠为主的生物生态学特征。青藏高原因高而寒，旱化十分强烈，高原上具有特有的植物成分，如紫花针茅、小蒿草等。高原上广泛分布着的高寒灌丛草甸、高寒草原、高寒荒漠等植被类型，都显示出高原特有的生态特征。它们或生成莲座状以从地面获得较多的热量；或生成垫状以达到保温、保湿和抗强风的目的；或以胎生方式繁殖以加强其生命的延续能力；或根系短浅以能够在地表温度升高时吸收水分和养料；或发展通气组织，贮存气体，从根本上克服低浓度 $CO_2$ 和 $O_2$ 对植物体的伤害。其支持组织广泛存在，以利于抵抗大风、冰雹或雪引起的各种机械损伤等。除此之外，青藏高原的植被还大都具有生长期短、生长缓慢、植株矮小、盖度低的特点，如分布于昆仑山口-唐古拉山口段藏北高山草原景观区的紫花针茅，草高仅15～25cm，植

被覆盖率为 20% ~ 50% ；安多 - 那曲段的小蒿草草甸，盖度虽达 40% ~ 90% ，但小蒿草高仅有 1 ~ 3cm。青藏高原上动物最广泛的生境是高寒灌丛草甸、高寒草原和高寒荒漠，这些生境的条件都相当严酷，气候寒冷且风大，食物来源少并常受季节影响，动物的生存和生活受到极大限制。

（2）多年冻土、季节冻融、地表形变突出的地生态学特征。青藏高原因海拔高而气候十分寒冷，多年冻土广布，面积约达 $1.50 \times 10^6 \text{km}^2$。冻土区地表冬季冻胀、夏季融陷，地面变形十分强烈。

### 1.2.2.3　生态环境的敏感性和脆弱性

在严酷的自然条件下，生物种属结构简单、食物链短且单一，青藏高原上所发育的生态系统极其敏感而又脆弱，人为对地表的微弱扰动就可能引起生态环境的不可逆变化。如上所述，青藏高原的植被受严酷的环境条件控制，植被稀疏、生长缓慢，施工中因取土、弃土不可避免地要破坏部分高原植被，这些植被一经破坏就很难恢复。施工中取土、弃土和路基占压除直接影响生物生存环境以外，还会间接地破坏生态环境，使多年冻土最大季节融化深度发生变化。植被可保持土中水分，降低地表温度年较差，因而可以减小最大季节融化深度；反之，铲除草皮可以增加最大季节融化深度几十厘米。在地下冰发育地段，天然植被一旦遭到破坏，则季节融化深度加大，导致地下冰融化，形成热融现象，如热融滑塌、热融沉陷等。这些变化不但影响到地面的稳定性，而且会造成自然生态环境发生演变。

## 1.3　锡铁山铅锌矿简介

锡铁山铅锌矿是隶属于青海西部矿业股份有限公司的大型矿山。西部矿业股份有限公司是一家地处我国西部地区的、以矿产资源综合开发为主业的大型矿业上市公司。该公司由西部矿业集团有限公司为主发起人，于 2000 年 12 月 28 日发起设立，主要从事铜、铅、锌、铝、铁等基本金属、黑色金属和非金属磷矿的采选、冶炼、贸易等业务，注册资本 23.83 亿元。截至 2008 年 12 月 31 日，公司员工总数为 7966 人，公司总资产达 174.07 亿元，净资产达 107.55 亿元。2008 年，公司实现营业收入 126.19 亿元，实现利润总额 6.01 亿元。公司累计拥有已探明资源储量超过千万吨，旗下主要经营八座矿山和四家冶炼厂。其中，青海锡铁山铅锌矿是我国年采选规模最大的独立铅锌矿山，该矿山具有年采选铅锌矿石 150 万吨、生产铅锌金属 16 万吨以上的生产能力。以西部矿业公司为依托发展起来的青海甘河工业区，是青海省重点建设的四大园区之一。该园区已初步形成以冶金、化工、建材为支柱的三大产业体系，并拥有配套的辅助生产设施和基础设施。

锡铁山所处的大地构造位置为南祁连加里东褶皱带，矿床赋存于柴达木盆地北缘的北西向锡铁山 - 绿梁山 - 赛什腾山绿片岩带中。绿片岩带形成于晚奥陶世的古裂谷，岩性为海相基性火山喷发 - 沉积岩相。矿床构造以断裂构造为主，矿体受控于绿岩带。绿岩带北与下元古界达肯大板群花岗岩片麻岩、南与上古生界碎屑岩均呈断层接触。矿区内出露地层为下元古界达肯大板群，主要分布于北部，岩性为白云母石英片岩、二云片岩、斜长片麻岩及混合岩夹带斜长角闪岩系。矿床产于一个复式向斜构造，该构造可以进一步分为锡铁山中央次级向斜、断层沟隐伏次级背斜、锡铁山次级向斜和山前次级背斜。目前已知的工业矿体主要赋存于锡铁山次级向斜南西翼中。

锡铁山铅锌矿位于海西地区柴达木盆地北缘，海拔高度为3050m，在我国属于高寒地区。其距格尔木市135km，距大柴旦镇75km，距省会西宁市690km。矿区气候干燥、少雨，昼夜温差较大，属于内陆沙漠干旱气候；年降水量不足100mm，年蒸发量为2187mm，湿润系数为0.038；年平均气温为1.2℃，最高气温为31℃，最低气温为-33.6℃；每年7~8月为盛暑期，11月到次年的4月为冰冻期，2~5月为风季，多为西风及西北风，最大风力可达9级。

## 1.4 研究目的和意义

我国是一个人口众多、资源相对不足的发展中国家，目前正处于工业化阶段，消耗矿产资源量大，面对即将来临的新世纪，矿产资源保障供应将是我国国民经济和可持续发展的最主要课题。西部地区以其富饶的资源、独特的区位和一定规模的经济技术积累，在整个国民经济中占据越来越重要的地位。因此，合理开发利用西部地区丰富的矿产资源无疑是我国西部大开发战略的重点，也是西部地区经济的主要增长点之一。合理开发利用西部地区的矿产资源，对于我国21世纪经济的可持续发展具有重要的战略意义。

由于高寒气候的低压、缺氧及寒冷，致使人们常发生头痛头晕、心脏扩大、消化不良、呼吸道黏膜损伤等高原病症，且发病率随着海拔的增高而增高。高寒地区的矿井通风系统往往运行效率较低，难以有效持续地提供质优量足的新鲜空气；而且由于在井下开采过程中受有毒有害气体和矿岩粉尘等污染，使得缺氧及污染程度更大，严重地影响了作业人员的身体健康和劳动生产效率。因此，高寒地区矿山深部通风技术研究对保护作业人员的身体健康、提高劳动生产率及促进西部矿产资源可持续的开发具有重要的指导和示范作用。

## 1.5 主要研究内容

本研究以《国家中长期科技发展规划纲要》为指导，依托"十一五"国家科技支撑计划项目"高寒地区矿山深部通风防尘技术研究"（No. 2007BAB18B02），以青海省锡铁山铅锌矿为研究对象，从高寒地区采矿需求及气候特征的实际情况出发，主要研究高寒地区的矿井空气流动规律、矿井增氧技术、矿井通风系统优化、矿井粉尘治理技术、矿井环境指标研究以及矿井环境参数实时监测系统其主要内容概括如下：

（1）高寒地区矿井风流流动规律研究。对高寒地区大气特征以及井下空气成分进行分析，通过对锡铁山铅锌矿空气成分进行分析及测量，得出矿井氧气和有毒有害气体的分布规律。

（2）高寒地区矿井增氧技术可行性研究。进行低氧模拟测试，分析不同海拔高度、四级体力劳动与受试人员疲劳程度之间的关系，得出适宜人体的氧气含量等效海拔高度，并对各种制氧方法进行比较选择，研究确定适合的增氧技术方案。

（3）高寒地区矿井通风系统评价方法研究。选取适合高寒地区特点的矿井通风系统评价指标，建立较全面的评价指标体系，对指标进行量化及等级划分，并确定适合的综合评价方法，据此对高寒地区矿井通风系统进行综合评价，确定出评价等级，提出整改措施。

（4）高寒地区矿井通风系统优化研究。根据锡铁山铅锌矿的现场数据，结合高寒地区环境对通风系统的特殊要求，对通风系统阻力进行测量和分析；针对通风系统存在的问题，用 Ventsim 和 MVSS 软件对通风网络进行优化评价，通过分析对比得出通风系统优化的最优方案。

（5）高寒地区矿井有毒有害气体扩散规律研究。研究控制高寒地区矿井有毒有害气体浓度的措施，分析其在空间上的分布规律，通过现场的监测及数值模拟的方法认知柴油铲运机尾气和爆破后炮烟在开拓水平巷道中的扩散规律，提出合理的治理措施。

（6）高寒地区矿井粉尘治理研究。分析粉尘产生的原因，通过粉尘分散度测试、扩散规律、二次扬尘及沉降速率测试等试验研究降尘方法；测定湿润后的粉尘含水率，研究湿润剂的比选及其对粉尘保湿性能的测定，并提出不同环节中粉尘的治理方案。

（7）高寒地区矿井环境指标研究及建议。根据对矿井氧气、有毒有害气体和粉尘的分布规律进行的系统研究，研究和探讨适宜高寒地区的环境指标，为进一步完善和修订现有国家标准提供参考意见。

（8）高寒地区矿井环境参数实时监测系统研究与设计。根据高寒地区矿井空气环境的关键参数及其指标，选用可行的传感器及通信方式，得出其报警范围和使用要求；研制井下空气环境实时监测系统，对其进行可靠性研究，并使用组态王软件设计控制程序，通过对锡铁山铅锌矿矿井环境参数进行监测应用，得出相关的环境参数，为实时动态监测井下空气质量奠定基础，以提高矿山井下安全生产自动化水平。

# 2 高寒地区矿井风流流动规律研究

## 2.1 气候条件特征分析

高寒地区的气候特征有着与低海拔地区完全不同的特点，其气候比较寒冷，且小气候明显，同一片区域就存在着不同的气候条件。高寒气候带来的低压、寒冷等效应必须给予综合考虑。在高寒地区，大气压大大降低，氧气的分压也随之降低，会致使人体组织损害和器官功能性改变。因此，即使在通风良好的地面，多数人也会有不同程度的高原反应。概括来讲，高寒地区气候条件主要有以下几个特征：

（1）低压缺氧。大气压随高度而变化，组成大气的各种气体的分压也随高度而变化，即随高度增加而递减，氧气分压也是如此。在高寒地区，大气压力降低，大气中的含氧量和氧分压降低，则人体肺泡内氧分压降低，弥散进入肺毛细血管血液中的氧量将降低，动脉血氧分压和饱和度也随之降低。当血氧饱和度降低到一定程度时，即可引起各器官组织供氧不足，从而产生功能或器质性变化，进而出现缺氧症状，如头痛、头晕、记忆力下降、心慌、气短、发绀、恶心、呕吐、食欲下降、腹胀、疲乏、失眠、血压改变等，这是各种高原病发生的根本原因。

（2）寒冷干燥。气温随着海拔高度的升高而逐渐下降，高寒地区空气稀薄、干燥少云，白天地面接收大量的太阳辐射能量，近地面层的气温上升迅速；夜晚地面散热极快，气温急剧下降。因此，高寒地区一天当中的最高气温和最低气温之差很大，有时一日之内历尽寒暑，白天烈日当空，有时气温高达 20~30℃，而夜晚及清晨气温有时可降至 0℃ 以下，这也是高寒地区气候的一大特点。

由于高寒地区大气压低，水蒸气分压也低，空气中水分随着海拔高度的增加而递减，故海拔越高气候越干燥。高寒地区风速大，人体表散失的水分明显高于平原，尤以劳动或剧烈活动时呼吸加深、加快及出汗水分散出更甚。同时，由于缺氧及寒冷等利尿因素的影响，使肌体所含水分减少，致使呼吸道黏膜和全身皮肤异常干燥，防御能力降低，容易发生咽炎、干咳、鼻出血和手足皲裂等。

（3）日照时间长，太阳辐射强。高寒地区空气稀薄清洁，尘埃和水蒸气含量少，大气透明度比平原地带高，太阳辐射透过率随海拔高度的增加而增大。由于强紫外线和太阳辐射的影响，使暴露的皮肤、眼睛容易发生损伤，其中皮肤损伤表现为晒斑、水肿、色素沉着、皮肤增厚及皱纹增多形成等，眼睛的急性损伤表现为急性角膜炎、白内障、视力障碍及雪盲症。

## 2.2 大气特征

### 2.2.1 温度

温度是表示物体冷热程度的物理量，从微观上来讲，它是物体分子热运动剧烈程度的反映。温度只能通过物体随温度变化的某些特性来间接测量。而用来量度物体温度数值的标尺称为温标，它规定了温度的读数起点（零点）和测量温度的基本单位。目前国际上用得较多的温标有华氏温标（°F）、摄氏温标（℃）、热力学温标（K）和国际实用温标。在本书中使用摄氏温度为温度单位。

空气温度是指室内环境的干球温度，它是影响热舒适的主要因素，直接影响人体通过对流及辐射的干热交换。其数值由房间得热量、失热量、围护结构内表面的温度以及通风等因素构成的热平衡所决定。在水蒸气分压力不变的情况下，空气温度升高会使人体皮肤温度和排汗量增加，从而使人的主观热感觉向着热的感觉发展；空气温度下降，则人体皮下微血管收缩，皮肤温度降低。人体对气温变化敏感，通过肌体的冷热感觉系统可以对环境的冷热程度做出判断。调查研究结果表明，当空气温度低于18℃或高于28℃时，工作效率急剧下降；在25℃左右时，脑力劳动的工作效率最高。如25℃时的工作效率为100%，则35℃时为50%，10℃时只有30%。卫生学将12℃作为建筑热环境的下限。

气温是一种重要的环境要素，影响气温空间分布的因素很多，主要有经度（考虑离海远近）、纬度（考虑太阳辐射角度）、所在大山系的走向（考虑季风作用等）、气候背景条件、测点的海拔高度、地形条件（坡向、坡度、地形遮蔽度等）和下垫面性质（土壤、植被状况等）等，其中以海拔高度和地形的影响最显著。

海拔高度对气温的影响在气象学中研究得较多，体现在对流层范围内气温随海拔的升高而降低。一般来讲，海拔每升高100m，气温平均降低0.65℃，而且在同一水准面上的气温变化被认为是连续的。在垂直方向上，单位高程的气温变化值称为气温垂直梯度。气温垂直梯度是一个很复杂的参数，它由山坡的地理位置是向阳或背阴、天晴或天阴以及季节和不同时刻等因素所决定。

在青藏高原，由于喜马拉雅山脉等地形因素的存在，北纬32°～33°N线是东部高原南北温度气候变化的分水岭，在此线以南偏暖，且温度随海拔高度增高而降低的幅度大，此地区测站温度遵循海拔高度每增高百米降温0.64℃的规律；以北偏冷，且温度随海拔高度增高而降低的幅度小，此地区测站温度遵循海拔高度每增高百米降温0.34℃的规律。在海拔高度大于4000m时，散点逐渐集中，说明了温度随海拔高度的变化对纬度的依赖性，是随着海拔高度的增加而逐渐减弱的。这可能是因为当海拔高度小于4000m时，由于暖湿空气分布在低层，其强度随高度的增加迅速减弱，所以分界线以南地区温度随海拔高度降低的幅度明显大于分界线以北地区；当海拔高度大于4000m时，无论是分界线以南还是以北，暖湿空气到达的都很少，所以南北温度随海拔增高的递减率逐渐接近。牛涛等人在青藏高原冬季平均温度、湿度气候的REOF分析中，对青藏高原分界线南北气温、湿度与海拔关系进行了分析，图2-1为青藏高原分界线南北气温与海拔关系回归图。

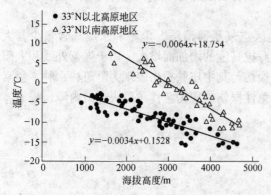

图2-1　青藏高原分界线南北气温与海拔关系回归图

井下温度的分布取决于气温、通风情况、开采深度、矿内围岩的传热性质、作业人员及机械的散热等因素。地面气温随地理纬度、海拔高度及季节等因素的影响，一般变化较大，有的地区年振幅较大、日振幅较小，有的地区年振幅和日振幅都大或都小。目前我国矿井开采已经逐步向深井发展，地热也是一个必须考虑的因素。在深度较小的地下矿井，气温的影响更大一些；在深部矿井，地面气温对井下气温的影响较小。

锡铁山铅锌矿空气稀薄，冬季的温差特别大，在有阳光照射的地方，温差在 4h 内可以达到 20℃。夏季的平均温度比冬季要高，变化趋势与冬季一致，最高温度一般在 26℃左右，温度不高，但辐射强烈，应注意防止被太阳灼伤。

### 2.2.2 湿度

高寒地区极端气候条件的其中之一就是干燥，在海拔不太高的地区，干燥有时超过缺氧而成为危害工人的最大因素。

湿度是表征大气干燥程度的物理量。在一定的温度下，一定体积的空气里含有的水汽越少，则空气越干燥；水汽越多，则空气越潮湿。空气的干湿程度称为"湿度"。在此意义下，常用绝对湿度、相对湿度、比较湿度、混合比、饱和差以及露点等物理量来表示。相对湿度是绝对湿度与最高湿度之比，它的值显示出水蒸气的饱和度。相对湿度为 100%的空气是饱和的空气，相对湿度为 50%的空气含有达到同温度空气饱和点一半的水蒸气。

长时间在湿度较大的地方工作、生活，容易患湿痹症；而湿度过小时，蒸发加快，干燥的空气容易夺走人体的水分，使皮肤干燥、鼻腔黏膜受到刺激，所以在秋冬季干冷空气侵入时极易诱发呼吸系统病症。此外，空气湿度过大或过小时都有利于一些细菌和病毒的繁殖和传播。科学测定表明，当空气湿度高于 65%或低于 38%时，病菌繁殖滋生最快；当相对湿度在 45%～55%时，病菌死亡较快。

相对湿度通常与气温、气压共同作用于人体。现代医疗气象研究表明，对人体比较适宜的相对湿度为：夏季室温 25℃时，相对湿度控制在 40%～50%；冬季室温 18℃时，相对湿度控制在 60%～70%。夏季三伏时节，由于高温、低压、高湿度的作用，人体汗液不易排出，出汗后不易被蒸发掉，因而会使人烦躁、疲倦、食欲不振；冬季湿度有时太小，空气过于干燥，易引起上呼吸道黏膜感染而患上感冒。据科学试验，当气压日际变化大于 10kPa、相对湿度日际变化大于 10%时，关节炎的发病率会显著增加。

在陆地上，影响相对湿度的因素很多（地表的性质、气温、地形和植被的性质等），因此在陆地寻找其随海拔高度变化所遵循的规律是困难的。青藏高原分界线南北湿度与海拔关系回归图如图 2-2 所示。由图可知，在青藏高原 33°N 以北地区，湿度随海拔高度的增高呈抛物线变化，海拔高度在 3000m 附近的测站是相对

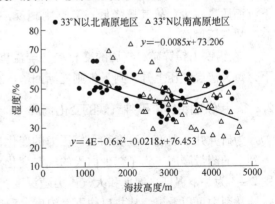

图 2-2　青藏高原分界线南北湿度
与海拔关系回归图

湿度最小的地区，3000m 以上地区随着海拔高度的增加，相对湿度也增加，这可能是由于这些站（大多在 34°N 附近）温度较低，位于温度梯度最大地区的北侧，积雪较多；而

33°N 以南地区，湿度随海拔高度的增高呈直线下降，这是由于南部较暖，积雪易融化，湿空气主要分布在低层。

对于锡铁山铅锌矿，冬季的空气非常干燥，空气湿度均少于 20%，通常情况下，湿度的变化范围在 9%~18% 之间，多数时间都在 10% 左右，平均湿度为 12%；夏季的湿度也非常低，最高在 25% 左右，平均湿度为 15%。

### 2.2.3 大气压力

大气压力是地面静止空气的静压力，它等于单位面积上空气柱的重力。地球被空气所包围，空气圈的厚度高达 1000km。距离地球表面越远，空气密度越小，不同海拔标高处上部空气柱的重力是不一样的。因此，对于不同地区，由于海拔标高、地理位置和空气温度不同，其大气压力也不相同。各地大气压力主要随海拔标高而变化，其变化规律如表 2-1 所示。

表 2-1 不同海拔高度的大气压力

| 海拔高度/m | 0 | 100 | 200 | 300 | 500 | 1000 | 1500 | 2000 |
|---|---|---|---|---|---|---|---|---|
| 大气压力/kPa | 101.3 | 100.1 | 98.9 | 97.7 | 95.4 | 89.8 | 84.6 | 79.7 |

气压是随大气高度而变化的。海拔越高，大气压力越小；两地的海拔相差越悬殊，其气压差也越大。大气柱的重量还受到密度变化的影响，空气的密度越大，也就是单位体积内空气的质量越多，其所产生的大气压力也越大。由于大气的质量越靠地面越密集，越向高空越稀薄，所以气压随高度的变化值也是越靠近地面越大。例如在低层，每上升 100m 气压便降低约 1kPa；在 5~6km 的高空，每上升 100m 气压降低约 0.7kPa；而到 9~10km 的高空，每上升 100m 气压便只降低约 0.5kPa 了。在矿井中，随着深度增加大气压力相应增加。通常垂直深度每增加 100m 就要增加 1.2~1.3kPa 的压力。

在平原地区，大气压力夏季最低而冬季最高；但在海拔 1000m 以上的高海拔地区则相反，大气压力夏季最高而冬季最低。在冬季，由于地面气温降低，空气收缩，空气由于下沉而质量减少，故气压降低；夏季则相反，地面气温上升，空气上升，空气柱重心提高，故气压增高。

在锡铁山铅锌矿，气压的变化趋势与温度一致，变化范围为 150Pa 左右。通常情况下，每天清晨气压上升，到下午则逐渐回落。

### 2.2.4 锡铁山铅锌矿矿井气候的变化情况

为研究井下温度、湿度和大气压力的变化，课题组对矿井斜坡道进行了测量，采取从下到上的测量顺序。为了减少白天的气温变化对测量结果的影响，测量选择在夜晚进行。图 2-3 为井下温度、湿度和大气压力随深度变化图。

从图中可以看出，从井口往下，温度、湿度与大气压力都呈升高的趋势，主要有如下变化：

（1）温度。从斜坡道入口往下，海拔降低 150m 时，温度升高很快，从 -2℃ 增加到 18℃，这除了斜坡道边壁的加温作用外，还由于井下各种热源的不断散热。再往下，温度基本上保持在 20℃ 左右。

（2）湿度。斜坡道入口的湿度很低，顺着斜坡道往下湿度不断增加，到2762m水平湿度增加到58%。

（3）大气压力。大气压力与海拔高度有关系，随着海拔高度的降低，大气压力增加。

可以看出，在冬季由于温度和湿度都有所增加，井内的气候条件要优于井外。所以对于深部矿井通风系统来说，通过适当地提高风速来排出有害因素是可行的，风速增加对于人体的降温作用可通过温度和湿度的增加来弥补。

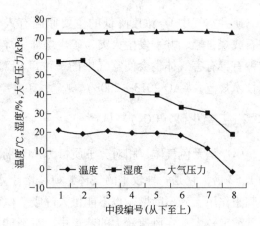

图 2-3 井下温度、湿度和大气压力随深度变化图

## 2.3 矿井空气的主要成分

当矿井空气的成分与地面清洁空气近似时，称为矿井新鲜空气。具体来讲，矿井新鲜空气是指井巷中用风地点之前、受污染程度较轻但仍符合安全卫生标准的进风巷道内的空气。矿井污浊空气是指通过用风地点以后、受污染程度较重的空气。

### 2.3.1 氧气（$O_2$）

$O_2$ 是无色无味的气体，相对分子质量为32，标准状况下（0℃，101.325kPa）的密度为1.428kg/$m^3$，是空气密度的1.11倍。氧是一种非常活泼的元素，能够与很多矿物起氧化反应。氧化反应一般都是放热反应，但许多氧化反应速度很慢，其放出的热量往往被周围物质吸收，而人感觉不出放热的现象。

当空气中 $O_2$ 的浓度降低时，人体就可能产生不良的生理反应，出现种种不舒适的症状，严重时可能导致缺氧死亡。在平原地区，当空气中的 $O_2$ 减少到17%时，人从事紧张的工作会感到心跳和呼吸困难；减少到15%时，会失去劳动力；减少到10%～12%时，会失去意识，时间稍长就对生命有严重威胁；减少到6%～9%时，会失去知觉，若不急救就会死亡。

$O_2$ 是维持人体正常生理机能所需要的气体，人体维持正常生命过程所需的 $O_2$ 量与人的体质、精神状态和劳动强度等有关。一般人体需氧量与劳动强度的关系见表2-2。高寒地区空气密度减小，处于高寒地区的矿井内单位体积空气 $O_2$ 含量也减少，单位时间内人呼吸的空气体积量有所增大。

表 2-2　人体需氧量与劳动强度的关系　（L/min）

| 劳动强度 | 呼吸空气量 | $O_2$ 消耗量 |
|---|---|---|
| 休息 | 6～15 | 0.2～0.4 |
| 轻劳动 | 20～25 | 0.6～1.0 |
| 中度劳动 | 30～40 | 1.2～1.6 |
| 重劳动 | 40～60 | 1.8～2.4 |
| 劳动强度 | 40～80 | 2.4～3.0 |

矿井空气中 $O_2$ 浓度降低的主要原因有人员呼吸、矿石或煤及其他有机物缓慢氧化、矿石或煤自燃、井下发生火灾、矿尘爆炸、炸药爆炸等，此外，矿岩和生产过程中产生的各种有毒有害气体也会使空气中的氧浓度相对降低。我国《金属非金属地下矿山通风安全技术规范》（AQ 2013—2008）规定，矿井空气中 $O_2$ 含量不应低于 20%。

### 2.3.2　二氧化碳（$CO_2$）

$CO_2$ 是无色气体，相对分子质量为 44，标准状况下的密度为 $1.96kg/m^3$，是空气密度的 1.52 倍，它是一种较重的气体。$CO_2$ 溶于水呈弱酸性和略带酸味，对眼、鼻、喉黏膜有刺激作用。其不助燃，也不能供人呼吸。$CO_2$ 的密度比空气大，在风速较小巷道的底板附近浓度较大；在风速较大的巷道中，一般能与空气均匀地混合。

矿井空气中的 $CO_2$ 主要来源于含碳物质或煤及其有机物的氧化或燃烧、人员呼吸、碳酸性岩石分解、炸药爆炸、煤炭自燃、瓦斯和煤尘爆炸等。

$CO_2$ 对人的呼吸起刺激作用。当肺气泡中 $CO_2$ 增加 2% 时，人的呼吸量就增加一倍。人在快步行走和紧张工作时感到喘气和呼吸频率增加，就是因为人体内氧化过程加快，$CO_2$ 生成量增加，使血液酸度加大而刺激神经中枢，因而引起频繁呼吸。在急救 $CO$、$H_2S$ 等有毒气体中毒的人时，可首先让其吸入含 5% $CO_2$ 的氧气，以增加其肺部的呼吸。

若空气中 $CO_2$ 浓度过大，则会造成 $O_2$ 浓度降低，可以引起缺氧窒息。当空气中 $CO_2$ 浓度达 5% 时，人就出现耳鸣、无力、呼吸困难等现象；达到 10% ~ 20% 时，人的呼吸处于停顿状态，失去知觉，时间稍长就有生命危险。$CO_2$ 浓度及其对人体的危害如表 2 - 3 所示。

表 2 - 3　$CO_2$ 浓度及其对人体的危害

| $CO_2$ 浓度/% | 对人体的危害 |
| --- | --- |
| 0.55 | 接触 6h 尚无症状 |
| 1 ~ 2 | 引起不舒适感 |
| 3 ~ 4 | 刺激呼吸中枢，头晕，头痛 |
| 6 | 呼吸困难 |
| 7 ~ 10 | 容易死亡 |

### 2.3.3　氮气（$N_2$）

$N_2$ 是一种惰性的无色、无味气体，相对分子质量为 28，标准状态下的密度为 $1.25kg/m^3$，是新鲜空气中的主要成分，通常情况下空气中 $N_2$ 含量为 78%。$N_2$ 本身无毒、不助燃，也不供呼吸。但若空气中 $N_2$ 含量升高，则势必造成 $O_2$ 含量相对降低，从而也可能对人造成窒息性伤害。正由于 $N_2$ 具有惰性，可将其用于井下防火、灭火和防止瓦斯爆炸。

除了空气本身的 $N_2$ 含量以外，矿井空气中 $N_2$ 的主要来源是井下爆破和生物的腐烂，煤矿中有些煤岩层也有 $N_2$ 涌出，但金属、非金属矿床一般没有 $N_2$ 涌出。

## 2.4 有毒有害气体的性质及其危害

金属、非金属矿山井下常见的有毒有害气体有 $CO$、$CO_2$、$SO_2$、$NO_x$、$H_2S$ 等。地下开采多采用凿岩爆破方法进行，产生的炮烟主要含有 $CO$、$NO_x$，如果炸药中含硫或硫化物，爆炸时还能生成 $H_2S$ 和 $SO_2$ 等有毒气体。爆破产生有毒气体的原因，主要与炸药的氧平衡、炸药爆炸反应的完全程度、爆炸产物与周围介质的作用、介质温度对爆轰的影响等有关。此外，在使用柴油发动机装运设备的巷道，其排出的废气还包括 $CO$、$CO_2$、$SO_2$、$NO_x$、$H_2S$、碳氢化合物、醛类等，这些尾气与爆破产生的有毒有害气体相比时间长、总量大，如不能及时排出地表，会严重污染井下的空气。井下工人排出的 $CO_2$ 和蛋白质的分解、新陈代谢的产物，也可以归为有毒有害气体。有毒有害气体的主要来源有：

（1）炮烟。常用矿用炸药的主要成分为硝酸铵和木粉等，其爆炸产物成分大部分为 $CO$ 和 $NO_x$。研究表明，如果将爆破后产生的 $NO_2$ 按 1L $NO_2$ 折合成 6.5L $CO$ 计算，则 1kg 炸药爆破后产生的有毒气体为 80～120L。

（2）柴油机废气。柴油机废气以 $CO$、$NO_x$（以 $NO$、$NO_2$ 为主）、醛类（$R-CHO$，如甲醛、丙烯醛）和油烟 4 类物质的含量高、毒性大，对人体构成危害。

（3）硫化矿的氧化。当矿床硫含量比较高时，会由硫缓慢氧化产生 $SO_2$ 和 $H_2S$ 气体。

（4）火灾。当井下发生火灾时，由于燃烧不充分，会产生大量 $CO$ 且往往达到使人致命的浓度。

### 2.4.1 一氧化碳（$CO$）

$CO$ 是无色、无嗅的气体，其密度为空气的 0.97 倍，化学性质不活泼，在常态下不能与氧化合，但当其浓度为 13%～75% 时能引起爆炸。$CO$ 与红细胞中血红素的亲和力比其与氧气的亲和力大 250～300 倍，它被人体吸入后，阻碍了氧和血红素的正常结合，使人体各部组织和细胞产生缺氧现象，引起中毒甚至死亡。$CO$ 中毒的特征是两颊有红斑，口唇呈桃红色。$CO$ 中毒的程度和速度取决于下列因素：空气中 $CO$ 的含量，人体呼吸含有 $CO$ 气体的时间、呼吸频率、深度以及血液循环的速度。它的中毒程度可分为：

（1）轻微中毒，有耳鸣、头痛、头晕和心跳等症状；

（2）严重中毒，除上述症状外，还有肌肉疼痛、四肢无力、呕吐、感觉迟钝和丧失行动能力；

（3）致命中毒，丧失知觉、痉挛、心脏及呼吸骤停。

$CO$ 的累计接触量与症状可以由表 2-4 表示。

表 2-4 $CO$ 的累计接触量与症状

| 时间 × $CO$ 浓度（$h \times 10^{-6}$） | 中毒症状 |
| --- | --- |
| 300 | 几乎无症状 |
| 600 | 开始有轻微症状 |
| 900 | 头痛、恶心 |
| 1500 | 生命垂危 |

### 2.4.2 氮氧化物（$NO_x$）

爆破气体中氮的氧化物主要包括 NO、$N_2O_3$、$NO_2/N_2O_4$ 等，一般以 $NO_2/N_2O_4$ 为代表。NO 是无色、无味气体，其密度是空气的 1.04 倍，略溶于水。它与空气接触即产生复杂的氧化反应，生成 $N_2O_3$。$NO_2$ 是棕红色、有特殊气味的气体，性能不稳定，低温下易变为无色的硝酸酐（$N_2O_4$）气体。常温下，$NO_2/N_2O_4$ 混合气体中 $N_2O_4$ 占多数，但受热即分解为 $NO_2$。因此，一般认为这类混合气体在低浓度、低压力下的稳定形式是 $NO_2$。$NO_2/N_2O_4$ 的密度分别是空气的 1.59 倍和 3.18 倍，故爆后可长期渗于碴堆与岩石裂隙，不易被通风驱散，出碴时往往挥发伤人，危害很大。$N_2O$ 是一种带有特殊化学性质的气体或混合气体，其物理性质类似于 NO 与 $NO_2$ 的等分子混合物。它的密度是空气的 2.48 倍，能被水或碱液吸收产生亚硝酸或亚硝酸盐。$NO_2/N_2O_4$ 与 $N_2O_3$ 易溶于水，当被吸入人体肺部时，就在肺的表面黏膜上产生腐蚀，并有强烈刺激性。这些气体会刺激鼻腔、辣眼睛、引发咳嗽及胸口疼痛，低浓度时导致头痛与胸闷，浓度较高时可引起肺部水肿而致命。这些气体具有潜伏期与延迟特性，人体开始吸入时不会感到任何不适，但几个小时（长达 12 h）后则剧烈咳嗽并吐出大量带血丝痰液，常因肺水肿而导致死亡。NO 难溶于水，故不是刺激性的，其毒性是与红细胞结合成一种血的自然分解物，损害血红蛋白吸收氧的能力，导致产生缺氧的萎黄病。研究表明，NO 毒性虽稍逊于 $NO_2$，但它常有可能氧化为 $NO_2$，故认为两者都是具有潜在剧毒性的气体。表 2 - 5 所示为 $NO_2$ 浓度及其对人体的危害。

表 2 - 5 $NO_2$ 浓度及其对人体的危害

| $NO_2$ 浓度/$\times 10^{-6}$ | 对人体的危害 |
| --- | --- |
| 1 | 闻到刺激味 |
| 3.5 | 接触 2h 嘴部细菌感染性增强 |
| 5 | 产生强烈刺激性臭味 |
| 10 ~ 15 | 刺激眼、鼻、上呼吸道 |
| 25 | 短时间接触的安全限度 |
| 50 | 1min 内便引起鼻刺激及呼吸不全 |
| 80 | 接触 3 ~ 5min 引起胸痛 |
| 100 ~ 150 | 接触 30 ~ 60min 引起肺水肿，有生命危险 |
| >200 | 瞬时接触便有生命危险 |

### 2.4.3 硫化氢（$H_2S$）

$H_2S$ 是一种无色、有臭鸡蛋味的气体，密度是空气的 1.19 倍，易溶于水，单位体积的水中能溶解 2.5 倍体积的 $H_2S$，故它常积存于巷道积水中。$H_2S$ 能燃烧，自燃点为 260℃，爆炸上限为 45.50%，爆炸下限为 4.30%。$H_2S$ 具有很强的毒性，能使血液中毒，对眼睛黏膜及呼吸道有强烈刺激作用。当空气中 $H_2S$ 浓度达到 0.01% 时即能闻到气味，导致人流鼻涕；浓度达到 0.05% 时，接触 0.5 ~ 1.0h 即严重中毒；浓度达到 0.1% 时，短时间内就有生命危险。

### 2.4.4 二氧化硫（SO₂）

$SO_2$ 是一种无色、有强烈硫黄味的气体，易溶于水，密度是空气的 2.2 倍，故它常存在于巷道底部，对人的眼睛有强烈刺激作用。$SO_2$ 与水汽接触生成硫酸，对呼吸器官作用，刺激喉咙、支气管发炎，导致呼吸困难，严重时引起肺水肿。当空气中 $SO_2$ 浓度为 0.0005% 时即能闻到气味；浓度为 0.002% 时有强烈刺激，可引起头痛和喉痛；浓度达 0.05% 时即引发支气管炎和肺水肿，短时间内人就会死亡。表 2 - 6 所示为 $SO_2$ 浓度及其对人体的危害。

**表 2 - 6 SO₂ 浓度及其对人体的危害**

| SO₂ 浓度 / × 10⁻⁶ | 对人体的危害 |
| --- | --- |
| 0.5 ~ 1 | 闻到臭味 |
| 2 ~ 3 | 产生刺激性气味，不舒服 |
| 5 ~ 10 | 强烈刺激呼吸道，咳嗽 |
| 20 | 刺激眼部，剧烈咳嗽 |
| 30 ~ 40 | 呼吸困难 |
| 50 ~ 100 | 短时接触限度 |
| 400 ~ 500 | 短时接触即有生命危险 |

## 2.5 锡铁山铅锌矿空气成分分析及测量

### 2.5.1 井下空气质量的测量仪器

影响井下空气质量的因素很多，最主要的是空气成分的种类、有毒有害气体的含量、空气温度、空气湿度、矿尘、放射性等，其中空气成分的种类和有毒有害气体的含量对井下作业人员健康的影响尤为直接和敏感。本研究只对矿井下空气成分和有毒有害气体含量进行测量，空气成分测量主要监测 $O_2$ 和 $CO_2$ 的含量，有毒有害气体含量测量则主要对 CO、$NO_2$ 以及 $SO_2$ 进行监测。

测量锡铁山铅锌矿井下气体成分及浓度的仪器，采用北京康尔兴科技发展有限公司生产的 CPR - KF4 型四合一气体检测仪（如图 2 - 4 所示）以及 CPR - B15 型便携式 $SO_2$ 检测仪（如图 2 - 5 所示）；测量温度、湿度和气压的仪器，主要采用 3 台太原太行仪表厂生产的 JFY -

图 2 - 4 CPR - KF4 型四合一气体检测仪

2 型矿井通风参数仪（如图 2 - 6 所示）。气体测量仪器的基本参数如表 2 - 7 所示。

图 2 - 5　CPR - B15 型便携式 $SO_2$ 检测仪　　　　图 2 - 6　JFY - 2 型矿井通风参数仪

表 2 - 7　气体测量仪器的基本参数

| 仪器名称 | 型号 | 检测气体 | 测量范围（体积浓度） | 测量精度（体积浓度） | 测量原理 | 外形尺寸 /mm × mm × mm | 重量 /kg | 工作温度 /℃ | 备　注 |
|---|---|---|---|---|---|---|---|---|---|
| 四合一气体检测仪 | CPR - KF4 | $CO_2$ | 0 ~ 2 | ±0.2 | 红外 | 220 × 175 × 65 | <3 | -20 ~ +50 | $CO_2$、$O_2$ 浓度单位为%，CO、$NO_2$ 浓度单位为×10$^{-6}$ |
|  |  | CO | 0 ~ 1000 | ±10 | 电化学 |  |  |  |  |
|  |  | $NO_2$ | 0 ~ 100 | ±0.5 | 电化学 |  |  |  |  |
|  |  | $O_2$ | 0 ~ 25 | ±0.2 | 电化学 |  |  |  |  |
| 便携式 $SO_2$ 检测仪 | CPR - B15 | $SO_2$ | 0 ~ 100 | ±0.1 | 电化学 | 104 × 62 × 34 | <0.3 | -20 ~ +50 | $SO_2$ 浓度单位为×10$^{-6}$ |

### 2.5.2　井下空气质量的测量方法

结合锡铁山铅锌矿井下环境的实际情况，对井下空气质量的测量主要按如下步骤和方法进行：

（1）在进入矿井之前，必须对测量仪器进行充电，以确保测量工作能顺利地进行；

（2）在测量工作开始之前，认真分析开拓系统图，对当日的测量对象要有一个初步的了解；

（3）四合一气体测量仪由单人斜挂在肩膀上进行测量，便携 $SO_2$ 检测仪拿在手中即可测量；

（4）测量员随身携带开拓系统图、数据记录表，一边沿着巷道前进，一边进行测量；

（5）测量员用铅笔进行数据记录，以防井下有水滴在记录表上而使字迹模糊；

（6）测量员一边行进，一边在一张空白的纸上用铅笔按照实际情况描绘出行进的路线图，供测量完毕后与开拓系统图进行比较研究；

（7）在大巷和穿脉巷道进行测量时，应选取有明显标记的地点作为测量点；

（8）在通风有明显变化的地点应设立测量点；

（9）在对工作面进行测量时，应对距工作面不同距离的地点进行测量比较，记录数据时应标明与工作面的实际距离；

（10）在对特殊场合（如爆破点）进行测量时，应对同一测量点不同气体随时间的变化进行监测；

（11）尽可能多地设立测量点，真实无误地记录每一个测量点的数据。

（12）数据的记录方式分为两种：一种为手工记录，在移动记录时使用；另一种为自动记录，通过数据线可以导入到电脑上，此种方式用于无人值守时记录。

图 2 - 7 和图 2 - 8 为课题组人员对井下工作面和爆破点的现场测量图。井下作业的工作面较多，因此只能选取一些有代表性的工作面进行测量。此外，由于可能存在氧气盲点，如独头巷道、已废弃巷道、采空区等都进行了封闭或者有明显的警戒标记，不允许人员进入，因此没有对氧气盲点进行测量。

图 2 - 7　井下工作面测量图

图 2 - 8　井下爆破点测量图

### 2.5.3　井下空气质量基本数据的测量

#### 2.5.3.1　相关气体国家标准及规定

井下实测数据是严格按照既定的测量仪器和测量方法进行测量取得的，是对井下空气质量进行理论研究的依据。在对数据进行分析之前，应了解国家的相关规程和标准，这有利于对数据进行正确的比较分析。表 2 - 8 为国家标准气体容许质量浓度表。

表 2 - 8　国家标准气体容许质量浓度表

| 气体名称 | 英文名 | 分子式 | 最高容许浓度 /mg·m⁻³ | 时间加权平均容许浓度 /mg·m⁻³ | 短时间接触容许浓度 /mg·m⁻³ | 备　注 |
|---|---|---|---|---|---|---|
| 一氧化碳 | carbon monoxide | CO | — | 20 | 30 | 非高原 |
|  |  |  | 20 | — | — | 海拔 2000 ~ 3000m |
|  |  |  | 15 | — | — | 海拔 >3000m |
| 二氧化碳 | carbon dioxide | $CO_2$ | — | 9000 | 18000 |  |
| 二氧化氮 | nitrogen dioxide | $NO_2$ | — | 5 | 10 |  |
| 二氧化硫 | sulfur dioxide | $SO_2$ | — | 5 | 10 |  |

表 2 - 8 中，时间加权平均容许浓度（PC - TWA）是以时间为权数规定的 8h 工作日、40h 工作周的平均容许接触浓度，短时间接触容许浓度（PC - STEL）是指在遵守 PC -

TWA 的前提下容许短时间（15min）接触的浓度，最高容许浓度（MAC）是指工作地点、在一个工作日内、任何时间有毒化学物质均不应超过的浓度。表中各气体的含量单位都是 $mg/m^3$，表示各气体的质量浓度；但实际测量中均采用体积浓度，即以体积的百分比为单位。将质量浓度换算成体积浓度可以由式（2-1）得出：

$$1ppm = \frac{22.4}{M} \times \frac{273+t}{273} \times \frac{101325}{p} mg/m^3 \qquad (2-1)$$

式中    ppm——体积浓度（按国家标准规定，ppm 表为 $\times 10^{-6}$）；

M——气体的相对分子质量；

t——气温，℃；

p——气压，Pa。

将气温定为25℃，气压值以各海拔高度的气压值为准，由此可以计算得出表2-8中各气体的标准体积浓度值，结果见表2-9。

表2-9　国家标准气体容许体积浓度表

| 气体名称 | 英文名 | 分子式 | 最高容许浓度 / $\times 10^{-6}$ | 时间加权平均容许浓度 / $\times 10^{-6}$ | 短时间接触容许浓度 / $\times 10^{-6}$ | 备　注 |
|---|---|---|---|---|---|---|
| 一氧化碳 | carbon monoxide | CO | — | 17.46 | 26.20 | 非高原 |
|  |  |  | 22.33 | — | — | 海拔 2000 ~ 3000m |
|  |  |  | 18.98 | — | — | 海拔 >3000m |
| 二氧化碳 | carbon dioxide | $CO_2$ | — | 5001 | 10097 |  |
| 二氧化氮 | nitrogen dioxide | $NO_2$ | — | 2.66 | 6.32 |  |
| 二氧化硫 | sulfur dioxide | $SO_2$ | — | 1.91 | 3.82 |  |

### 2.5.3.2  井下空气质量测量

课题组对锡铁山铅锌矿井下 $O_2$ 和有毒有害气体的测量地点主要包括以下地区：

（1）各中段运输巷道。采用移动点记录方式，记录各点的位置及各种气体的浓度。

（2）耙道。由于二次爆破的存在，耙道的有毒有害气体浓度较高，故在此采取连续记录方式，记录一段时间内的气体浓度。

（3）爆破点。采用无人值守连续记录方式，记录掘进巷道爆破后的气体浓度变化。

（4）无轨运输巷道。采用连续记录方式，记录一段时间内的气体浓度。

对矿山的井下测量共得到 382 组数据，包括 $O_2$、CO、$CO_2$、$NO_2$、$SO_2$ 等气体的浓度，测量范围为 3142m、3062m、3002m、2942m、2882m、2822m、2762m 和 2702m 8 个中段及斜坡道，实际测量时间为 12 天。其中，$O_2$ 浓度测量值为当地含氧量折算到海平面水平后的折算浓度值。

对井下空气质量测量数据进行统计，$O_2$ 的体积浓度在 13.6% ~ 15.4% 之间，其中 14.3% 出现了 70 次；CO 浓度在 0 ~ 999 $\times 10^{-6}$（仪器上限）之间，其中 0 出现了 84 次；$CO_2$ 浓度在 0.09% ~ 0.88% 之间，0.19% 和 0.22% 分别出现了 29 次；$NO_2$ 浓度在 0 ~ 3 $\times 10^{-6}$ 之间，0.1 $\times 10^{-6}$ 出现了 188 次；$SO_2$ 浓度在 0 ~ 1.7 $\times 10^{-6}$ 之间，其中 0 出现了 320 次。井下空气质量测量数据统计表如表 2-10 所示。

表 2 - 10  井下空气质量测量数据统计表

| 统计项 | 气体 | $O_2$/% | CO/$\times 10^{-6}$ | $CO_2$/‰ | $NO_2$/$\times 10^{-6}$ | $SO_2$/$\times 10^{-6}$ |
|---|---|---|---|---|---|---|
| 数据 | 有效 | 382 | 382 | 382 | 381 | 382 |
| | 缺失 | 0 | 0 | 0 | 1 | 0 |
| 中位数 | | 14.3000 | 11.0000 | 23.0000 | 0.1000 | 0.0000 |
| 众数 | | 14.30 | 0.00 | 19.00 | 0.10 | 0.00 |
| 标准差 | | 0.28929 | 152.72816 | 12.81098 | 0.44834 | 0.26545 |
| 方差 | | 0.084 | 23325.891 | 164.121 | 0.201 | 0.070 |
| 极差 | | 1.60 | 999.00 | 79.00 | 3.00 | 1.70 |
| 最小值 | | 13.60 | 0.00 | 9.00 | 0.00 | 0.00 |
| 最大值 | | 15.20 | 999.00 | 88.00 | 3.00 | 1.70 |

从表 2 - 10 的数据中去除爆破半小时内的近距离测量数据和深入斜坡道污染最严重地区测量到的高污染数据，可以得到正常工作场所空气质量测量数据共 355 组，如表 2 - 11 所示。对各中段水平的测量数据进行分析，其结果参见附录。

表 2 - 11  正常工作场所空气质量测量数据统计表

| 统计项 | 气体 | $O_2$/% | CO/$\times 10^{-6}$ | $CO_2$/‰ | $NO_2$/$\times 10^{-6}$ | $SO_2$/$\times 10^{-6}$ |
|---|---|---|---|---|---|---|
| 数据 | 有效 | 355 | 355 | 355 | 355 | 355 |
| | 缺失 | 0 | 0 | 0 | 0 | 0 |
| 平均值 | | 14.3248 | 13.6620 | 24.0986 | 0.1946 | 0.0735 |
| 均值的标准误差 | | 0.01539 | 0.87110 | 0.51673 | 0.01619 | 0.01458 |
| 中位数 | | 14.3000 | 8.0000 | 22.0000 | 0.1000 | 0.0000 |
| 众数 | | 14.30 | 0.00 | 19.00a | 0.10 | 0.00 |
| 标准差 | | 0.28995 | 16.41271 | 9.73600 | 0.30495 | 0.27469 |
| 方差 | | 0.084 | 269.377 | 94.790 | 0.093 | 0.075 |
| 极差 | | 1.60 | 96.00 | 71.00 | 2.80 | 1.70 |
| 最小值 | | 13.60 | 0.00 | 9.00 | 0.00 | 0.00 |
| 最大值 | | 15.20 | 96.00 | 80.00 | 2.80 | 1.70 |
| 算术和 | | 5085.30 | 4850.00 | 8555.00 | 69.10 | 26.10 |

## 2.5.4  井下氧气的分布规律

### 2.5.4.1  $O_2$ 浓度分析

(1) 各中段的最高浓度与理论浓度走势大致相同，其相关度为 0.979，为显著相关。这说明 $O_2$ 的浓度是随着海拔而变化的，靠近地面的中段 $O_2$ 浓度较低，往下则浓度有增加的趋势。

(2) 平均浓度与众数浓度走势一致，均少于理论浓度，并且与理论浓度数值及变化趋势都相差较大。这说明在矿井中，各中段耗氧量的大小并不一样。

（3）各中段的 $O_2$ 浓度除了与理论浓度相关以外，还与通风的状况、作业人员及耗氧设备的数量有关。如 2 中段与平硐相连，$O_2$ 浓度就较高；3 中段工人多，6、7 两个中段为无轨设备开拓，$O_2$ 消耗大，故其浓度较低。

### 2.5.4.2 各中段 $O_2$ 分析及建议

如图 2-9 所示，井下 $O_2$ 的平均浓度基本在 14.5% 以下，远低于平原地区的 $O_2$ 浓度。可见，在高寒地区缺氧问题是比较严重的。而在海拔更高的地方，缺氧的问题将更加突出，成为不利气候因素的首要问题。

由于各中段的 $O_2$ 消耗情况是不同的，可根据各中段的 $O_2$ 浓度反求对应此 $O_2$ 浓度的海拔高度，并与实际海拔高度进行对比，如图 2-10 所示。从图中可知，各个中段 $O_2$ 浓度对应的海拔高度都高于实际的海拔高度，说明人员、机械设备等耗氧因素致使氧气浓度下降。从各个中段两条折线的纵轴之差也可以看出其耗氧量情况。

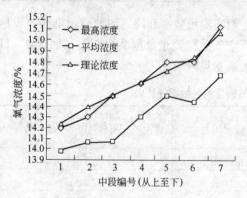

图 2-9 氧气浓度分布图

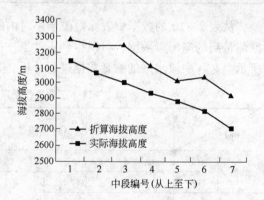

图 2-10 测量的各中段海拔及平均
氧气浓度对应的海拔

把各个中段增加的海拔高度进行比较，增加量都在 100m 以上，如图 2-11 所示。其中有 3 个中段超过 200m，这 3 个中段的作业人数均较多。

综上所述，在考虑井下各点的缺氧状态时，海拔高度并不是唯一要素，还必须综合考虑通风以及人员、机械等耗氧的情况，其等效海拔高度比实际海拔高度要高出 200m 左右，这是在进行增氧通风时必须考虑的因素。

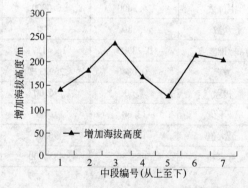

图 2-11 各中段因氧气消耗而增加的海拔高度

### 2.5.5 井下有毒有害气体的分布规律

#### 2.5.5.1 有毒有害气体浓度分析

测量共分 7 个中段，用序号 1~7 表示，代表的是海拔为 3142m、3062m、3002m、2942m、2882m、2822m 和 2762m 这 7 个中段。由于 $SO_2$ 只能在特定地点检出，$NO_2$ 也只能在斜坡道和6、7两个中段全程检出，故只分析CO、$CO_2$这两种气体。

图2-12表示的是$CO_2$和CO在各个中段和斜坡道的浓度，序号1~7表示上述7个中段。从图中可以看出：

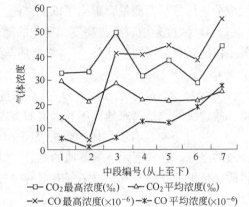

图2-12 $CO_2$和CO在各个中段和斜坡道的浓度

（1）由于纯净空气中不含有CO，井下的CO主要来源于炮烟和无轨设备产生的废气，故从与平硐口相连的2中段往下，CO的平均浓度逐渐升高，在6、7两个中段，CO的浓度明显要高于其上5个中段。

（2）空气中有一定的$CO_2$，在通风较好的情况下，各个中段$CO_2$的平均浓度差异不大，其并不是井下的主要污染气体。值得注意的是，在没有空气流通的地点$CO_2$浓度往往较高，如基本停采的1中段、3中段的探井，这也提高了两个中段的$CO_2$平均浓度。

（3）使用无轨设备的中段，空气污染程度明显要严重。污染程度可以用CO的浓度来表示。测量的数据表明，不论是炮烟还是柴油机的废气，CO浓度与$NO_2$浓度均有一定的相关性。

根据运输方式的不同，中段的有毒有害气体浓度也不一样。在上面5个中段，工作场所的CO浓度都低于国家标准；而在使用无轨设备的最下面两个中段，CO浓度大大增加，这主要是由柴油机尾气引起的。

#### 2.5.5.2 各中段有毒有害气体分析及建议

按照开采的阶段，可以把各中段分成已开采的中段、正在开采的中段和正在开拓的中段。对各中段有毒有害气体的分析及建议如下：

（1）已经开采完毕的3142m中段，$CO_2$浓度较高，约为0.32%，$SO_2$、$NO_2$的含量则很低。该中段有一个溜井与下部相连，从而带来了CO含量较高的气流，在溜井附近CO浓度有明显升高，并且在背离硐口的方向CO浓度升高，最高达到了$14 \times 10^{-6}$。由于此中段有毒气体在安全范围内，已不再进行开采活动，故危害性不大。

（2）正在开采的中段，如3062m、3002m、2942m和2882m中段，运输巷道的有毒有害气体浓度较低，$CO_2$浓度基本在0.3%以下，CO与$NO_2$的含量也比较低，主要污染来源为二次爆破产生的炮烟以及下部中段排到上部的污风，故空气质量较好。

（3）正在开拓的中段，由于使用的是无轨运输设备，空气质量较差。以2762m中段为例，在候车室CO浓度就达到了$18 \times 10^{-6}$，超过了以上各中段运输巷道的最大值。在开拓工作面，有局扇通风时CO浓度为$17 \sim 30 \times 10^{-6}$，$NO_2$浓度在0.2%~0.5%之间。这说明，就运输巷道而言，问题主要集中在使用无轨设备的各中段，在高寒地区由于缺氧状况而导致的内燃机不完全燃烧等原因，使得产生的CO、$NO_2$浓度较高，因此需要加强通风。

## 2.6 本章研究结论

本章介绍了气候环境特征和矿井空气的主要成分，分析了矿井空气成分与地面空气成分的差异、矿井有毒有害气体的来源和性质以及矿井气候对人体的影响。通过对矿山井下空气成分进行分析及测量，得出了以下结论：

（1）$O_2$ 浓度是随着海拔高度而变化的随着井下深度的下降，$O_2$ 浓度有增加的趋势，且各中段的耗氧量不同。此外，$O_2$ 浓度还与通风情况、人员多少及耗氧设备的数量等有关。

（2）经测量，高寒地区井下 $O_2$ 折算浓度基本在 14.5% 以下，远低于平原地区的 $O_2$ 浓度，故缺氧问题是高寒地区不利因素的首要问题。

（3）对井下有毒有害气体的分析表明，CO 主要来源于爆破产生的炮烟和柴油无轨设备排放的尾气。在井下无空气流通的地点，$CO_2$ 浓度较高。对此，需加强井下通风，持续提供质优量足的新鲜空气，以稀释有毒有害气体，保障井下作业人员的身体健康及安全。

# 3 高寒地区矿井增氧技术可行性研究

## 3.1 增氧技术理论综述

### 3.1.1 增氧概述

对于高寒地区的工程建设，目前智利铁路海拔最高点为4826m，秘鲁铁路海拔最高点为4817.8m，阿根廷铁路海拔最高点为4475m，而青藏铁路比它们分别高出246m、255m和597m。智利、秘鲁和阿根廷这些国家的高原铁路只是在通过山口的一瞬间达到它们的海拔最高高度，机车车辆是以3%～4%的坡度速上速下，所以很少存在高原缺氧问题。在秘鲁中央铁路上运行，高度变化导致的缺氧对旅客的影响明显，呼吸有困难的乘客可通过氧气袋来缓解缺氧症状。在阿根廷北部高原地区运行的高原快车穿越最高海拔达4220m的高峰，为了解决乘客缺氧问题，列车上配有专防高原反应的医务室。

在飞机飞行的高空中，我国民航采用环控供氧系统进行供氧，通过空气压缩机将从飞机引擎进入的稀薄空气进行压缩，然后进行降压，送入飞机密封的机舱内，和空调器共同形成一个环控系统。此外，为了应付密封机舱被破坏的紧急情况，还配备了氧气发生装置和液氧瓶。如果因飞机的飞行高度发生变化而供氧不足，氧气面罩便会从座位上方自动落下，乘客只需把它拉到面前，罩在鼻子和嘴上均匀地呼吸即可，氧气会自动流出。

在我国青藏铁路建设过程中，来自平原地区的铁路建设者发生缺氧的现象非常严重，100%的施工人员都有高原反应，高原病发病率达66%，严重者甚至不能正常工作，氧气成为建设者们必不可少的后备物资，也是青藏铁路建设的医疗保证。为此，在青藏铁路建设工地进行现场供氧，安装了价值70多万元的制氧贮氧设备（医用变压吸附式制氧机）、高压氧舱和氧吧，氧气站每天可制取氧气5000L，氧气供应做到随用随发。有几十位危重患者通过高压氧舱得到救治，上百人进舱做保健治疗，几千人进氧吧吸氧。氧气站还为过路人车灌瓶、充氧气袋，源源不断地向各项目施工队提供瓶装氧气，有力保证了青藏高原铁路施工的顺利进行。青藏铁路隧道工程供氧系统使用后，隧道内氧分压达到13.11～14.10kPa，比洞外高2～3kPa（该供氧系统使用前，隧道内氧分压为9.18～10.11kPa）。因此，劳动效率大大提高，进度加快，使用前需要4个班次完成的工作量，在使用后2个班次即可完成；原来隧道掘进每天2～3m，供氧后达到每天5～8m，隧道进出口月成洞双双突破100m大关。此外，供氧系统确保了施工人员以及所有参建人员的氧气供应，在高原生命禁区为参建人员的身体健康和生命安全提供了保证。参建人员门诊人次由供氧前的每天59人次下降到供氧后的每天33人次，下降44.1%；高原病症发生率由24例/1000人下降到10例/4189人，用氧后下降90%。

值得一提的是，青藏铁路风火山隧道海拔5010m，空气含氧量仅为内陆平原的50%，由于严重缺氧，隧道施工进度缓慢。北京科技大学刘应书教授运用高原低气压直接解吸的变压吸附制氧工艺，创造了"隧道掌子面弥散供氧和氧吧车供氧"的新方法，产生的氧气浓度达到 92% 以上，完全符合医用需氧的标准。由此，施工人员摆脱了氧气钢瓶，工程进度比以前快了近 3 倍，贯通风火山隧道无一人死亡、无一等级事故，在青藏铁路全线最差的施工地段创造了高原病发病率最低的好成绩。

### 3.1.2　制氧技术国内外研究现状

1950 年，Weller 等人用厚度为 $25\mu m$ 的乙基纤维素平膜，从空气中分离出含氧 32.6% 的富氧空气。该技术由于膜的透量小、膜组件制造困难，从而没有得到发展。至 20 世纪 70 年代，新的膜材料不断出现，膜的制造技术不断改进，使膜分离空气技术从实验室走向工业开发阶段。用于空气分离的膜材料大多采用高分子聚合膜，它们应具有高的氧、氮分离因子和高的渗透系数。

膜分离法按运转方式，可分为加压式、减压式、加压与减压结合式三类。加压式的能耗是减压式的 3 倍，从能耗考虑，减压式具有一定的优势，但减压式所需膜组件的数量远远超过加压式。因此，选用哪一种方式更经济，要视具体情况而定。

目前，我国膜分离制氧技术的开发已取得一些成绩，如大型卷式空气膜法制富氧技术已用于各种工业窑炉和民用锅炉的燃烧节能、高原人体呼吸和医疗保健等方面，单级膜分离设备可分离出纯度 30% ~40% 的氧，如果要生产更高纯度的富氧，则要用两级或多级膜分离设备。

1960 年，Skarstrom 等人发明了变压吸附（PSA）技术。至 70 年代，PSA 法分离空气制氧得到了发展，随着分子筛吸附性能的提高、吸附工艺的不断完善，到 1991 年日本三菱重工制成当时世界上最大的变压吸附制氧设备，其氧产量为 $8650m^3/h$。

我国是从 1966 年开始研究沸石分子筛吸附空气制氧技术的，吸附工艺采用加压吸附、真空解吸，进行了 $100m^3/h$ 规模的工业性试验，研制了 $0.24m^3/h$ 小型制氧设备，供给边远地区医用氧。该技术由于分离效率低、单位产品能耗高，没有得到发展。70 年代后在 PSA 法制氢技术的成功推动下，再次开展对 PSA 法制氧技术的研究，现已形成产量为 $1000m^3/h$、纯度不低于 95% 的系列设备。

在工业上应用较多的是三塔或四塔两种基本工艺流程。具体选用哪种，视投资费用、运行费用、现场平面要求、生产潜力等各方面实际情况而定。一般来说，规模为 500 ~ $2000m^3/h$ 时，PSA 法成本比低温精馏法低，且低于槽车运输液氧的 1/2，故大多数电炉用氧由低温制液氧转为 PSA 法制氧。

PSA 法的改进主要分两方面：一方面，改进吸附剂的吸附性能和开发新型高效吸附剂，是提高制氧纯度和分离效率最有潜力的途径。当前国内工业应用的主要是 A 型、X 型、丝光等几种天然沸石。1989 年，国外 Praxair 公司曾报道 LiX – 沸石的吸附性高于 CaA 或 NaX，它可使制氧成本大大降低。最近又有专利报道未商业化的 X 型混合阳离子 CaLiX 吸附剂和 EMT – 沸石吸附剂。另外，金属络合物可选择透过氧分离去氮，大大提高了氧纯度。另一方面，已有文献报道如下改进工艺流程的方法：变压吸附（PSA）法；变真空吸附（VSA）法；压力变真空吸附（PVSA）法；低温变真空吸附（LTVSA）法，此法可将能耗降到 $0.37kW \cdot h/m^3$（氧含量 93%）；两床 VSA（PVSA）法。

目前常用的制氧方式主要有变压吸附制氧和膜分离制氧。膜分离制氧是目前最为先进的一种制氧方式，与变压吸附制氧相比，具有体积小、重量轻、系统简单、可靠性高等优点，可以获得浓度为45%以下的富氧空气，完全能够满足海拔5100m高度的供氧需要。由于其富氧空气浓度不高，降低了用氧环境的火灾危险性，是首选的制氧方案。膜分离制氧系统可以采用等压比、等切割率的控制方法，保证产品气体流量和浓度不随海拔高度的改变而改变，控制简单易行，可不考虑动力系统随高度增加引起的效率降低。而变压吸附制氧则需要根据由高度变化引起的吸附压力和解吸压力的变化来改变循环周期才能达到上述目的，控制复杂，较难实现。

变压吸附制氧技术在我国已得到普及应用，而膜分离制氧技术的应用相对滞后，这主要受到膜材料的限制。对于吸附剂和气体分离技术的应用领域研究在我国还远远不够，几乎是一片空白，主要原因在于气体分离制造厂仅专注于分离技术本身，缺乏市场创新意识和技术物力的投入。而国外空气制品和化学品公司，如法国空气液化公司、美国普莱克斯公司等，均设有专门的气体领域应用研究队伍，产品范围广，除了涉及工业气体及装置外，其边缘产品及服务获得了较大的市场份额，如医用气体和保健设备、环保服务、电子级气体、分析纯气体、水产养殖应用等。

常温空分制氧的应用领域相当广泛，发达国家已占到气体市场份额的20%以上。膜分离制氧同样可用于富氧燃烧工艺和煤炭汽化工艺。

### 3.1.3 制氧技术未来发展趋势

气体膜分离技术在过程中无相变发生，因此是一项具有节能潜力的技术。膜本身是相对简单而无害的材料，具有环保优势。它可以从大量气体中回收或去除少量组分，一般无需额外能耗。气体分离膜新型膜材料的发展，如有机聚合物、有机－无机材料集成共混以及无机材料等将扩展膜技术的应用领域。石油化工工业是气体膜分离技术应用潜力最大的行业之一，气体膜分离技术在石化工业中的应用和开发将对整个膜技术产业的应用和开发具有举足轻重的影响。变压吸附制氧研究的发展方向侧重于新型吸附剂的研究，大型变压吸附制氧设备也提供了一个较大的制氧技术应用空间。另外，在医用、家用氧气方面，小型变压吸附制氧技术也比较安全且使用方便，现在国内的许多医疗机构已经采用这种系统。

### 3.1.4 锡铁山铅锌矿缺氧问题分析

缺氧是高海拔地区施工中遇到的首要难题。锡铁山铅锌矿所处地区平均海拔达到3300多米，环境大气压力为70kPa，氧气分压最低为13kPa，空气中氧含量相当于平原地区氧含量的70%左右；再加上施工环境中粉尘多，耗氧型的机械装载、运输设备耗氧量大，局部通风效果差，巷道作业面内氧含量更低。施工人员在严重缺氧的条件下承担繁重劳动，其健康与安全将受到威胁。

课题组以调查问卷的形式调研了锡铁山铅锌矿职工对工作环境的适应情况，统计数据显示，在被调查的矿山工作人员中，适应时间为两周以下、一个月、两个月、半年的人员大致相当，其中回答半年的人员较多。同时，有2/3的人员回答已经完全适应了这种气候，1/3的人员仍然不适应。在对哪种气候条件最不适应的回答中，46%的人回答为干燥，38.5%的人认为是缺氧。在急需解决的问题（多选）中，所占比例从高到低的问题依次是粉尘过大（70.8%）、油烟过大（45.8%）、风量不够（37.5%）、缺氧（33.3%）。在其他建议中，主要有更新设备、加强通风等。调查数据显示，高寒地区矿山确实存在着因高原缺氧而引起的问题。

## 3.2   增氧研究的目的和意义

### 3.2.1   研究目的

高寒地区低气压环境不仅对机电设备产生不利的影响，如内燃机功率、风机重量流量、锅炉热效率降低，高分子绝缘材料和防护涂料容易老化等，而且对于劳动者的影响也是最直接和最严重的。随着西部大开发战略的深入和国家投资力度的加大，越来越多的科研工作者和工程建设人员将赴高海拔地区进行测绘、勘探、维修和施工，这些人员长期居住在低海拔地区，恶劣的高寒地区气候极易导致高原反应和高原病，因此，发展高原个体与群体制氧供氧设备等技术，进行缺氧环境氧气增补，具有重要的应用价值和现实意义。

### 3.2.2   研究意义

由于高寒地区环境对人类生存所产生的影响，当一部分人到达海拔 3000m 以上的地区时，不能立即适应那里的低气压、低氧和寒冷环境而出现高原反应，如果超过这个高度就可能发生高原病。我国海拔 3000m 以上的地区有 250 万平方公里，占国土面积的 26%，主要分布在西北、西南地区。长期以来，高寒地区的缺氧问题一直是困扰我国西部开发建设的瓶颈。最初，由于对高寒地区缺氧认识不足，高原病发病率达 64% ~94%，死亡率达 20% ~30%。近年来，医疗条件的改善大大降低了高原病发病概率，但仍保持在 10% 左右，对急性高原病主要通过吸氧和高压氧进行救治。随着高寒地区经济建设的不断发展，高寒地区采矿工程也越来越多，解决施工缺氧问题日益迫切。因此，在高寒地区进行增氧技术的研究是降低高原病发病率、保障施工人员健康安全的重要措施。

## 3.3   低氧环境模拟研究

### 3.3.1   实验目标

医学研究显示，人在海拔 3000m 以上高原可引发明显的缺氧效应，而缺氧是急性高原病最主要的致病因素之一。在工作环境实施增氧技术可直接提高低血氧浓度，改善组织缺氧状况，消除或减轻因缺氧引起的细胞代谢及功能障碍。其对急性高原病的治疗作用已有研究证实，而关于增氧浓度大小对预防急性高原缺氧的影响未见相关报道。在高原环境氧资源有限的情况下，如能找出最佳或较为科学的增氧浓度，既能有效预防急性高原缺氧损伤，提高劳动效率，又能节约氧资源，将有很好的现实意义。本实验旨在通过研究不同海拔高度与受试人员疲劳程度之间的关系，找出增氧的有效海拔高度范围，为有效利用氧气资源预防急性高原缺氧损伤提供依据。

本试验在平原环境的低氧测试室（北京体育大学体育科学研究中心）模拟 2000 ~4000m 海拔高度的低氧环境，使受试人员通过跑台达到四级体力劳动强度，用博能表对受试人员心率进行动态监测，并记录心率（HR）、心率变异（HRV）数值；用肺功能测试仪记录不同时段的肺活量（SVC）、用力呼气的肺活量（FVC）、最大自主通气量（MVV）

数值；并在不同时段记录受试人员的血氧饱和度（$SaO_2$）和自觉疲劳（尽力）等级（RPE）数值。主要测试目标有如下两个方面：

（1）通过测试数据，分析不同海拔高度、四级体力劳动强度与受试人员疲劳程度之间的关系，为高寒地区矿山工作环境实施增氧技术提供实验依据。

（2）受试人员在四级体力劳动强度下运动，分阶段跟踪测试其心肺功能、血氧饱和度值、自觉疲劳等级等多项指标，分析这些指标与作业人员的健康关系，通过测试受试人员在前阶段低海拔训练后对高海拔的适应情况，得出适宜氧气含量的等效海拔高度。

### 3.3.2 测试环境及设备

低氧环境测试实验室是利用分子膜或分子筛原理分离空气中的氧气，使空气氧浓度降低，从而人工地营造出低氧环境。低氧环境测试实验室配有一套德国进口的分子膜低氧设备系统，该设备系统包括低氧发生器、空压机、储气罐和空气净化器等部分，产生的低浓度氧气通过管道输入到相对密闭的房间内，即可供低氧训练测试使用。

h/p/COSMOS 跑台设计有 7 种加速频率曲线，受试者可自行调节加速参数，从静止状态在极慢的 131s 到极快的 3s 内达到峰值速度。

（1）控制面板。利用人体工程学设计的用户控制面板保证了设备的易用性和安全性，可以让受试人员在跑步台上运动时操作自如，面板可实时显示运动的时间、速度、坡度、距离、消耗能量、功率、健康指数等指标。

（2）心率负荷控制。跑台的标准配件已包含 Polar 心率遥测胸带，使受试者的心率控制在靶心率（THR）的范围内，以降低危险。h/p/COSMOS 跑台及控制面板如图 3 – 1 所示。

图 3 – 1   h/p/COSMOS 跑台及控制面板

图 3 – 2 所示的 RS800Polar 博能表具有以下特点：

（1）运动显示功能。在不同锻炼设定中实时检测并显示心率数、秒表计时、时刻、圈数、每圈时间、平均心率、热量消耗，还可查看运动心率上下限、平均心率、最高心率百分比、最高心率、运动时间等。

（2）记录心跳间距功能。采用心跳与心跳之间（R – R 间距）的记录数率量度受试人员的心跳间距，即以毫秒计算连续心跳之间的时间。每一下心跳的心率都会不同，心率变异（HRV）是连续心跳之间的次数（即心跳与心跳之间的间距）变异。HRV 受有氧健康影响，一个良好心脏的 HRV 通常在休息时会较大，在运动时 HRV 会随着心率和运动强度的增加而减少。

（3）自动监控报警提示。若心率偏离目标运动区上下限时，心率表就会发出警示声音，让受试人员调整运动强度，确保有效地在设置的目标运动心率区运动。

（4）体能检测功能。使用独特的 Polar 个人有氧健康指数测试，受试人员只需保持静止状态，不到 5min 便可测定个人的健康水平，等同于最大摄氧量的测试（表示有氧健康能力的指数）。

图 3-3 所示的 HI-101 捷斯特（CHEST）肺功能测试仪，传感器采用最新航空材料、薄膜压差技术制成，保障测试结果准确可靠；设交流、直流两种电源，有标准电脑传输接口，可建立工作站，可打印中文报告，可做 SVC（慢肺活量）、FVC（用力肺活量）、MVV（分钟最大通气量）、BD（支气管扩张）试验，并可配合做激发试验，检测参数多达 50 多个；自动解析测量结果，自主选择打印参数，自带热敏式打印机单键操作，不需校正，直接进入测量界面，可重复操作，机器自动选择最好检测结果，标准值为亚洲人预测标准；带有时钟/日历功能，可自动记忆测量时间，显示最近一次标准日期，精度测量气流范围为 0~20L/s；可显示预设曲线，有自动分析功能。

图 3-2　RS800Polar 博能表

图 3-3　HI-101 捷斯特肺功能测试仪

图 3-4 所示的血氧饱和度测试仪可检测血氧饱和度、脉搏参数，并有脉搏状图显示，使用方便，具有较高的准确性和重复性，在无信号时约 8s 后自动关机，带有低电压报警显示，电池可持续使用 30h。

图 3-5 所示的自觉疲劳（尽力）等级（RPE）表，提供了一种简易监测运动强度和评定运动能力的方法，即 RPE 值。RPE 是目前许多欧美国家研究较多并广泛采用的一种简易

图 3-4　血氧饱和度测试仪

图 3-5　自觉疲劳等级表

而有效推断运动能力、评定运动强度和进行医务监督的方法。通过 RPE 伴随生理指标的测试，能够对运动时人体机能变化做出更为科学和准确的分析。

瑞典生理学家冈奈尔·鲍格（Borg）在 1973 年研制了 RPE 表。鲍格认为："在运动时来自肌肉、呼吸、疼痛、心血管各方面的刺激，都会传到大脑，而引起大脑感觉系统的应激。"因此，运动员在运动时的自我体力感觉是判断疲劳的重要标志。RPE 的具体测试方法是：在测试运动现场放一块 RPE 表，锻炼者在运动过程中指出自我感觉是第几号，以此来判断疲劳程度。

### 3.3.3 测试控制指标及相关说明

#### 3.3.3.1 受试对象

在平原地区随机选取 6 名学生作为受试人员，均为汉族男性，平原出生，年龄 23 ~ 38 岁，平均 27.7 岁；身高 165 ~ 185cm，平均 175.8cm；体重 62.2 ~ 89.9kg，平均 73.1kg。测试分两组进行。

#### 3.3.3.2 测试指标控制及步骤

按照中华人民共和国国家标准（GB 3869—1997）的规定，Ⅳ级体力劳动的体力劳动指数大于 25，这时作业人员 8h 工作日平均能耗值为 11304.4kJ/人（2700kcal/人），劳动时间率为 77%，即净劳动时间为 370min，相当于"很重"强度劳动。

在低氧室测试的前后整个过程采用同一人群。承担负荷后，人体平均能量消耗不低于 337kcal/h 左右，心率值控制在 130 ~ 150 次/min 之间。测试前准备运动 5 ~ 10min，承担负荷运动 30 ~ 45min，放松整理 5 ~ 10min。在准备运动期、承担负荷期和放松整理期三个阶段，分别记录受试人员的心率、心率变异数值，肺活量、用力呼气的肺活量、最大自主通气量数值，血氧饱和度和自觉疲劳等级数值。

#### 3.3.3.3 数据处理

承担负荷前、后及卸去负荷后三个阶段，不同海拔高度的心率、血氧饱和度值和自觉疲劳等级值的变化见表 3－1。

由图 3－6 可以看出，承担负荷前，从海拔高度段 1 到 5，随着海拔高度的增加，心率从 82.8 次/min 逐渐增快到 94.9 次/min，由于没有承担负荷，疲劳程度基本没有变化。

表 3－1　不同海拔高度的心率、血氧饱和度值、自觉疲劳等级值记录表

| 组别 $n=5$ | 海拔高度段 | 1 | 2 | 3 | 4 | 5 |
|---|---|---|---|---|---|---|
| | 海拔高度/m | 2000 | 2500 | 3000 | 3500 | 4000 |
| 承担负荷前 | 心率/次·min⁻¹ | 82.8 | 89.3 | 86.8 | 90.8 | 94.9 |
| | 血氧饱和度值/% | 95.6 | 93.8 | 92.3 | 90.1 | 87 |
| | 自觉疲劳等级（RPE）值 | 8.2 | 9.7 | 8.9 | 9.1 | 9.9 |
| 承担负荷后 | 心率/次·min⁻¹ | 133.4 | 137.2 | 137.8 | 144.2 | 141.9 |
| | 血氧饱和度值/% | 94 | 91.8 | 88.4 | 86 | 84.7 |
| | 自觉疲劳等级（RPE）值 | 12.6 | 13.3 | 13.8 | 13.8 | 14.5 |
| 卸去负荷后 | 心率/次·min⁻¹ | 108.5 | 106.3 | 109.9 | 114.8 | 112.1 |
| | 血氧饱和度值/% | 94.3 | 93.8 | 91.6 | 90.2 | 87.7 |
| | 自觉疲劳等级（RPE）值 | 9.3 | 11.2 | 11.2 | 10.6 | 11.5 |

由图 3−7 可以看出，承担负荷后，随着海拔高度的增加，心率比承担负荷前明显增加，最高心率达到 144. 2 次/min。此时疲劳程度也明显增大，甚至达到 14. 5，受试人员表现出吃力的状态。在 3250～3750m 之间的海拔高度内，心率及疲劳程度变化有所减缓，这是受试人员对前阶段低海拔测试训练有所适应的结果；在 2250～2750m 之间的海拔高度内，心率及疲劳程度变化比较平缓，即受试人员在此海拔高度内疲劳程度感觉最

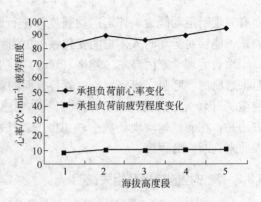

图 3−6 承担负荷前心率及疲劳程度变化

轻，表现为工作中劳动效率最高。如果在高于此海拔高度的地区范围内工作，可以采取增加氧气浓度的方式，把工作环境的氧气浓度增加到此海拔高度范围内。

由图 3−8 可以看出，卸去负荷后，随着海拔高度的增加，心率和疲劳程度比承担负荷前有所增大，而比承担负荷过程中有所减小。在 3250～3750m 之间的海拔高度内，心率及疲劳程度变化有所减缓，这也是受试人员对前阶段低海拔测试训练有所适应的结果；在 1750～2250m 之间的海拔高度内，心率及疲劳程度变化呈现先高后低的趋势，这说明此前的低氧测试训练对受试人员的急性低氧生理反应起到积极作用，疲劳程度感觉经历一个从尚且轻松到轻松的过程。

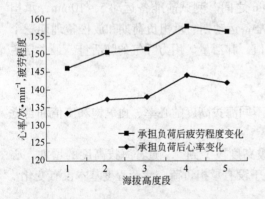

图 3−7 承担负荷后心率及疲劳程度变化

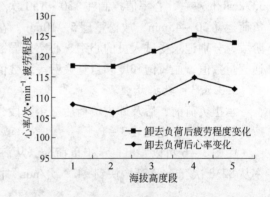

图 3−8 卸去负荷后心率及疲劳程度变化

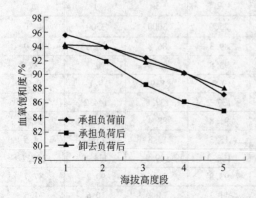

图 3−9 血氧饱和度值变化趋势

由图 3−9 可以看出，承担负荷前、后和卸去负荷后三个阶段，血氧饱和度值随海拔升高均呈下降趋势，承担负荷前的血氧饱和度值均高于承担负荷后和卸去负荷后的值。而在 2250～2750m 海拔高度范围内，承担负荷后的血氧饱和度值下降趋势较快，这是由于承担负荷要消耗血液中的氧，再加上低氧浓度的海拔环境因素，两者共同作用。

采用 SPSS16. 0 软件对数据进行统计学分析，统计结果以 $\bar{x} + s$ 表示，于是得到心率

与自觉疲劳等级值的相关性度量表，如表3-2所示。

表3-2 心率与自觉疲劳等级值的相关性度量表

| 相关系数 | $R$ | $R^2$ | $Eta$ | $Eta^2$ |
|---|---|---|---|---|
| 数 值 | 0.803 | 0.645 | 0.845 | 0.713 |

相关性度量表给出了心率与自觉疲劳等级值的线性度量 $R$ 为 0.803，线性拟合优度 $R^2$ 为 0.645，相关性系数为 0.845，说明两者具有较好的相关性和线性拟合优度。

### 3.3.4 测试结果及分析

通过测试得出了以下结论：

（1）为提高高寒地区矿井作业人员的工作效率，可在工作环境内实施增氧技术以减轻疲劳程度，从而也可避免高原病的发生。

（2）针对作业人员的四级体力劳动强度，可通过增氧技术提高工作环境的 $O_2$ 浓度。海拔高度在 2750m 以下的 $O_2$ 含量是比较适宜的，此时疲劳程度较轻，工作效率也较高。

（3）不同的体力劳动强度对应有不同的舒适 $O_2$ 浓度环境，即对应一定的海拔高度。具体海拔高度范围可以通过低氧测试获得。

（4）在低氧环境的作用下，不同的肌体对低氧刺激的反应程度不一样，生理测试指标显示，刺激反应程度强烈的个体不适于在高寒地区工作，这可为高寒地区选择工作人员提供参考。

（5）通过不同生理指标的比较可以得到，心率是评定疲劳程度的最简易指标，它与自觉疲劳等级值有较好的相关性和线性拟合优度。

## 3.4 高原习服

### 3.4.1 高原习服机理

初登高原者，由于低氧而通过外周化学感受器（主要为颈动脉体），间接刺激呼吸中枢引起早期通气增加，肌体可吸入更多的氧气以进行代偿。此过程即为人体对高原低氧的适应过程，需 1~3 个月可逐渐过渡到稳定适应，称为高原习服。在高原习服过程中，肌体内环境由不平衡逐渐到平衡，最终达到内外环境统一。大多数平原地区人员在由平原进入较低海拔的高原后，通过肌体的代偿适应性反应可以获得对高原环境的良好习服，能够正常工作、生活；但也有一部分人在由平原进入高原后，由于上述代偿适应性反应不足或过于强烈而发生习服不良，从而出现各种急、慢性高原病。研究认为，人体对高原环境具有强大的习服适应能力，在一定限度内通过采取适当的措施和手段可以加快习服过程，促进高原习服。

高原习服过程的个体适应差异极大，一般在海拔 3000m 以内能较快适应，仅有部分人能在 4200~5330m 范围内且需较长时间才能适应。5330m 左右为人的适应临界高度，易发生缺氧反应。海拔越高，大气中氧分压越低，则肌体缺氧程度也相应加重。登高速度与劳动强度均能影响高原反应的程度。此外，精神过度紧张、疲劳、感染、营养不良以及低温等因素对发病也有影响。

### 3.4.2 高原习服的影响因素

在到达高原后前几个星期的习服只是肌体对环境改变的一种应急反应，通过此种应急反应，肌体能够从初上高原时的不适逐步调节适应，而要真正达到肌体完全适应高原各种气候、环境的习服期，一般是在2年后才能实现。

高原环境对肌体的主要影响因素是缺氧，且缺氧的程度随着海拔升高而加剧。在高原停留一定时间是肌体习服高原低氧环境所必需的，停留时间越长，习服程度越好。因此，习服程度受居住地海拔高度和习服时间的影响。此外，影响高原习服的因素还包括：

（1）气候。高寒地区气候恶劣，特别是寒冷使外周血管收缩，肌体耗氧量增加，会诱发或加重高原病，降低肌体的习服能力。因此，注意防寒保暖能增强肌体对高原的习服能力。

（2）肌体状况。在同一个海拔高度时，凡能加重心、肺负荷或增大肌体耗氧量的因素，均可降低肌体对高原的习服能力；反之，则可促进肌体对高原的习服。心、肺等重要器官有疾病的人不宜进驻高原。

（3）心理因素。初入高原者由于对高寒环境的特点不了解，加上自然条件的直接影响，产生的紧张、恐惧情绪常可促进高原病的发生。因此，进驻高原前的宣传教育非常重要。

（4）体育锻炼。体育锻炼能改善和提高肌体各器官的功能状态，增强肌体对高原的习服能力。

（5）登高速度。进驻高原的速度越快，越易发生急性高原病。条件许可时，宜缓慢登高。

（6）劳动强度。平原地区人员在高原的劳动能力均有不同程度下降，劳动强度过大常可诱发高原病。因此，驻高原地区人员的适应锻炼应循序渐进、持之以恒，注意劳逸结合，在高原上的劳动量及劳动时间应适当控制，并应延长睡眠时间。

（7）营养状况。营养状况对高原习服有重要影响，在高原上应以高糖、高蛋白、低脂肪饮食为主，适当补充多种维生素。

（8）个体差异。肌体对高原的习服能力存在明显的个体差异。一般来讲，年龄在18~40岁间的人最能适应高原环境，对高原的低压、缺氧、高寒地区环境最具耐受力。其中，25~32岁这个年龄段的抗低氧能力是最强的，处在这个年龄段的最佳状态。另外，体重、身高、体质、爱好、驻地、心脏指数（小于1万单位）、神经类型（抑制型好）都有影响，有相关病史的人不宜进驻高原。

（9）其他环境因素。植被茂密的地方有利于习服；而在缺氧环境下肌体产生的自由基增多，会加速衰老，不利于习服。

影响群体高原习服的因素及位序依次为自然因素、劳动保护、卫生保障、后勤保障、心理因素，且各因素之间呈高度负相关关系。实践证明，这些因素是高原开发建设群体高原习服中最为关键的因素，符合客观实际。

### 3.4.3 高原习服的有利方法

在现阶段，高原习服主要有以下几种方法：

（1）阶梯习服。阶梯习服是指在进入高原的过程中不是一次性抵达，而是阶梯状层级上升，即平原地区人员先在较低海拔的高原上居留一定时期，使肌体对较低海拔的高原有一定的习服之后，再上到中等高度地区并停留一段时间，最后到达预定高度。阶梯习服的原则已被广大的高原医学工作者所接受，并广泛应用于登山运动员的训练和实际登山活动中。

（2）适应性运动锻炼。人们在平原坚持经常性的大运动量、耐力性的体格锻炼，有助于提高肌体对高原环境的习服能力。如能结合阶梯习服，特别是组织好在海拔 2000 ~ 2500m 地区的适应性体格锻炼，则促进习服效果更为显著，这是目前国内外公认的预防急性高原病、促进高原习服的有效措施。此外，有研究结果表明，平原地区人员在进入高原前和进入高原后坚持做深呼吸运动及呼吸操锻炼，也能加速肌体对高原的习服。

（3）预缺氧。预缺氧是指肌体经短暂时间的缺氧后，对后续的更长时间或更严重缺氧性损伤具有强大的抵御和保护效应。在低海拔地区人工造成低氧的环境，让肌体预适应缺氧的环境，可以增加高原适应能力。

（4）药物。药物预防简便易行，但效果不如阶梯习服明显。实践证明，凡在实验和应用中能提高肌体缺氧耐力、减少或减轻急性高原病发生的药物，均有利于促进高原习服。

（5）食物。缺氧条件下的有氧代谢以糖为主，这是肌体在缺氧条件下节约用氧进行产能的一种有效的代偿适应方式，因此，人们在高原上应该以多食高糖、高蛋白、低脂肪的食物为主，适当多饮水，多食新鲜蔬菜和水果。在缺乏新鲜蔬菜的地区，每日还需补充一定量的多种维生素。

（6）高原富氧室。研究表明，高原富氧室可以有效地改善人体的睡眠质量，加强白天的精神状态，提高工作效率。

在较高海拔的矿山应该使用习服制度，以增强工人的适应能力，预防高原病的发生。根据高原习服的特点，可以从阶梯习服加体育锻炼、心理干预、后勤保障这三个方面进行高原习服。

（1）阶梯习服加体育锻炼。选择一个海拔适合、卫生及后勤保障好的地区作为习服地点。例如，西宁作为青海省的省会，海拔为 2260m，交通便利，可以作为习服的第一站。在此对工人进行技能培训，并利用课外时间进行有针对性的体育锻炼，这是高原习服最有效的方法，时间可以依情况而定。

（2）心理干预。采矿的各个工种需要进行技能上的学习，针对井下的复杂环境，工人也需要进行安全知识教育。在对工人进行技能和安全知识培训的同时，还应该对工人进行高原相关的知识培训，让他们选择有利于高原习服的生活习惯，并保持正常的心态。

（3）后勤保障。根据高原习服的特点，提供适合的食物和药品，及时解决工人的相关问题。

现在有的矿山海拔较高，不经习服的平原地区人员直达这种高度可能出现较严重的高原反应，由于矿区条件有限，有可能造成严重的后果。因此，可以将培训和习服等结合起来，在适当的海拔高度完成习服过程。

## 3.5 制氧原理及增氧方案

缺氧问题是青藏高原工程建设的一大难题，在青藏铁路建设过程中，此问题尤为突出。为此，国内一些专家学者进行了探讨，普遍认为由于青藏铁路独特的地理环境，应该在铁路客车上采取一定的供氧措施，以保证旅客和司乘人员的健康及行车安全，但在具体的供氧方法和标准上却各有不同的见解。对供氧方式的探讨主要集中在制氧机供氧和增压供氧两种方式上，多数更倾向于采用制氧机供氧。

### 3.5.1 制氧技术概述及比选

#### 3.5.1.1 深冷法

深冷法制氧是以空气为原料，利用 $O_2$ 和 $N_2$ 临界温度的差异，通过将空气净化加压并深度冷冻至 $-180℃$ 使之液化，而后根据不同组分的 $O_2$ 和 $N_2$ 沸点不同的特性，经筛孔塔板多次分馏，将空气和 $N_2$ 分离而获得高纯度 $O_2$ 的方法。这种方法制氧纯度较高、产量大，但设备复杂、流程复杂、功耗大、占地面积大。

#### 3.5.1.2 变压吸附法

PSA 法制氧是利用不同孔径的分子筛吸附剂，在常温下处于不同压力工况时，根据不同气体组分具有不同吸附能力的特性，通过吸附与脱附过程从空气中收集 $O_2$，同时产生副产品富 $N_2$ 完成空气分离的方法。这种方法制氧纯度高、功耗较小、产量大，但设备复杂、体积大。PSA 分子筛制氧具有以下优缺点：

（1）优点。与采用空气分离制氧方法相比，设备有所减小、简化，不再是只能生产液态氧；沸石分子筛容易制造，易于在市场上购到；氧气浓度可达 90% 以上，输出压力在 $0.2 \sim 0.6MPa$ 之间，可充到氧气袋中。

（2）缺点。使用寿命短，一般分子筛的使用寿命不超过 5 年；分子筛容易粉化形成尘埃，从 PSA 分子筛出来的 $O_2$ 含尘量比空气含尘量多，需进行过滤后才能使用；由于分子筛易吸附水，需将经过分子筛之前的空气降到露点温度 $-20℃$ 以下脱水，制出的 $O_2$ 特别干燥，需配增湿器增湿后才能使用；切换阀门多，动作频繁，设备故障率高，运动噪声也大；重量大，如果用在公务车上，其自重将增加很多；氧的分离是动态的，PSA 分子筛制氧设备需要特别坚固的基础，且防震困难。

#### 3.5.1.3 膜分离法

膜分离法利用空气中各组分气体透过高分子膜的渗透率不同这一特点，通过在膜的两侧造成压力差，使膜两侧组分达到一种动平衡，实现两侧气体组分不同，将空气中的 $O_2$ 富集起来而获得富氧空气，这种方法实质上类似于过滤。

由于目前开发的分离膜选择系数较小，还不能生产高纯度的 $O_2$。如果要制取 50% 以上的富氧空气，需采用多级膜分离，一般情况下，一级分离只能达到 40% 左右，如用在高寒地区 $O_2$ 浓度会更低。膜分离制氧法耗费能源较少，前处理简单方便且安全，总投资较少。此外，膜分离制氧方式具有以下优缺点：

（1）优点。增容方便，通过增加膜组件可以很容易地扩大系统的产氧量；无需操作人员特别照管；少保养，由于阀门少，所以不需定期更换移动组件；重量轻，结构紧凑，节省空间，适用于移动式；易于安装和启动，启动时间不超过 10min；富氧膜分离器具有较高的分离系数和渗透速度，其 $O_2/N_2$ 的分离系数为 $5 \sim 7$；无负压和变压过程；因具有全调节功能，在要求产氧量降低时可大大节约能源；中空纤维膜的使用寿命通常超过 10 年；开车、停车方便迅速。

（2）缺点。中空纤维膜依赖进口，目前国内还不能制造；制氧的浓度为 30% ～50%，虽可直接供施工人员使用，但若充满氧气袋则袋内氧含量偏低。

#### 3.5.1.4 制氧原理比选

（1）深冷法制氧纯度较高、产量大，但设备复杂、流程复杂、功耗大、占地面积大；由于该制氧过程是在极低温度下进行的，设备在正常运行之前必须有预冷启动这一过程，且启动时间很长，而启动时间越长，启动次数越多，产品单耗就越大；该制氧设备不宜随时停机，即使停机几个小时也会影响运行工况，停机过长则工况无法恢复正常，必须解冻加温、吹除，然后重新启动。

（2）PSA 法制氧的纯度高、功耗较小、产量大，但设备复杂、体积大。

（3）膜分离法制氧具有能耗较低、前处理简单方便且安全、总投资少的优点，因此在制氧原理上选择膜分离技术制氧原理。

### 3.5.2 增氧技术比选

增氧方案有如下四种：

（1）增压增氧主要用在飞机上，通过增加机舱内的压力使空气密度增加。由于空气中氧含量的比例是一定的（氧在空气中的体积比为 20.95%），空气密度增加后，空气中氧的绝对质量也增加，从而达到增加氧的目的。在矿井中增压增氧就是增加通风机风量，从而增大矿井空气总压力，增大 $O_2$ 含量，形成人工平原气候。

（2）弥散供氧由制氧机制氧，制氧机提供的富氧空气与通风机空气混合后沿巷道送入矿井，进行整个矿井空间弥散供氧。

（3）由制氧机集中制取一定浓度的 $O_2$，再由输氧管道送至工作面集中供氧。

（4）在高寒地区工作的人员，通过自己携带便携式氧气瓶实现个体自己供氧，满足吸氧要求，减缓高原低氧引起的不良反应。施工人员将氧气瓶背在背上，用鼻吸管吸氧。该方法的优点是设备简单，并且施工人员呼吸到的氧气浓度较高，耗费的 $O_2$ 量小。在短时间内或某些紧急情况下，该方法比较适用。

对以上增氧方案进行分析认为：

（1）增压增氧方式由于矿井的气密性达不到要求，不能采用。

（2）弥散供氧存在 $O_2$ 利用率低、损耗大的问题。

（3）便携式氧气瓶不能连续供氧，每隔一定时间需要更换氧气瓶，影响连续施工作业。长时间背负氧气瓶增加了施工人员的劳动强度，尤其是高寒地区的井下施工人员，背负氧气瓶行走困难，工作不方便，降低了工效。从制氧方式的安全性来比较，氧气瓶的安全性较差，充装压力高达 15MPa（150atm），在太阳暴晒温度升高的情况下，遇到强烈震动或碰撞会有潜在的爆炸危险；液氧的温度极低（－183℃），一个液氧罐存储的氧气量相当于 500 多瓶气瓶氧量，而且氧气是强助燃气体；液氧罐中储存了大量的助燃氧气以及大量的冷量，一旦泄漏，后果不堪设想。

经综合比较后，选择第三种方式，即采掘工作面集中增氧方式。制氧机的 $O_2$ 是在常温低压（20～40℃、0.6～0.8MPa）下产生的，开机后即有 $O_2$ 输出，关机即停止产氧，安全性较好。图 3－10 为工作面集中增氧示意图。

### 3.5.3  锡铁山铅锌矿增氧通风投资估算

锡铁山铅锌矿井下采用集中增氧方式，输送氧气管道从 38 线风井（如图 3 − 11 所示）进入矿井不同中段，然后通过输氧管线依次向各个作业工作面供氧。

井下工人作业人数按 150 人计算，考虑工人消耗氧和工作面氧气稀释两个因素，需氧量为 156m³/h，制氧系统及其运行估算费用约 178.9 万元。表 3 − 3 和表 3 − 4 所示分别为供氧系统费用估算和系统运行及吨矿费用初步估算。

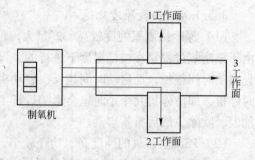

图 3 − 10  工作面集中增氧示意图

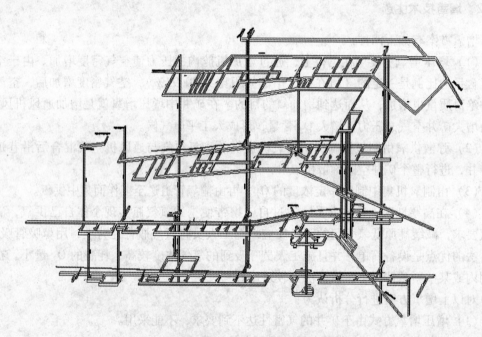

图 3 − 11  锡铁山铅锌矿井下增氧通风示意图

表 3 − 3  供氧系统费用估算

| 费用类别 | 费用组成 | 费用/万元 | 总计/万元 |
|---|---|---|---|
| 设备费用 | 空气压缩机 | 21.5 | 167.5 |
|  | 膜分离制氧机 | 132 |  |
|  | 储氧罐 | 6 |  |
|  | 肺式供氧系统 | 2 |  |
|  | 其他辅助组件 | 3 |  |
|  | 管道（5390m） | 2.7 |  |
| 安装费用 | 24 个工作日/人 | 0.3 |  |

表 3 - 4　系统运行及吨矿费用初步估算

| 费用类别 | 费用组成 | 费用/万元 | 总　计 |
|---|---|---|---|
| 运行所需电费 | 所用设备总功率6kW | 3.5 | |
| 维护修理费用 | 主要设备投资的2.5% | 4.2 | |
| 运行系统费用 | 设备费用的1% | 1.7 | 11.4 万元 |
| 基建及其他费用 | 安装过程的附属零配件费用、运费 | 2 | |
| 吨矿费用 | 年产 150 万吨 | — | 1.2 元 |

## 3.6　膜分离制氧技术原理

　　膜是指在一个流体相内或两个流体相之间以特定的形式限制和传递组分，从而把流体相分割成两部分的一薄层物质。膜可以固相、液相或气相状态存在。膜可以看成是两个均相之间的一个选择性屏障。它可以是多孔的，也可以是无孔的。推动膜分离的作用力通常为膜两侧的压力差、浓度差、温度差和电位差等。

　　根据耗电、氧浓度、增容、重量、维修量、分离介质寿命、机械噪声、设备状态等方面综合考虑，制氧设备以膜制氧原理为宜。增氧方式是由制氧机集中制取一定浓度的氧气，再由输氧管道送至工作面集中供氧。

### 3.6.1　膜的特点及分类

#### 3.6.1.1　膜的特点

膜分离技术是一项成熟的分离技术，它被广泛地应用于各个领域，具有以下特点：

（1）膜分离技术在分离浓缩过程中不发生相变化，也没有相变化的化学反应，因而不消耗相变能，耗能少。尤其是渗透技术更为突出。

（2）在膜的分离浓缩过程中，不需要从外界加入其他物质，这样可以节省原材料和化学药品。

（3）在膜分离过程中，一种物质得到分离，另一种物质就被浓缩，分离、浓缩同时进行，这样就能回收有价值的物质。

（4）根据膜的选择透过性和膜的孔径大小不同，可以将不同粒径的物质分开，将大分子和小分子的物质分开，因此使物质得到了纯化而又不改变它们原有的属性。

（5）膜分离工艺不损坏对热敏感和对热不稳定的物质，可以使其在常温下得到分离，这对药制剂、酶制剂、果汁等分离浓度非常适合。

（6）膜分离工艺适应性强，处理规模可大可小，操作及维护方便，易于实现自动化控制。

#### 3.6.1.2　膜的分类

膜可按来源、相态、形状、结构形态、作用机理、制备方法以及用途等不同方法进行分类。固膜按结构形态可分为对称膜和不对称膜两大类。

（1）对称膜。对称膜是指膜的各部分具有相同的特性，孔结构不随深度而变化。由于对称膜整个横断面的形态结构是均一的，其又称为均质膜。根据膜中高分子的排布状态及膜的结构疏密程度，对称膜又可分为多孔膜和致密膜。由于其厚度较大，实用价值较差，主要用于研究阶段膜材料的筛选和膜性能表征。

（2）不对称膜。不对称膜整个横断面的形态结构呈不同的层次结构。根据膜表层和底层是否为同一种材料，可将不对称膜分为非对称膜和复合膜。由于不对称膜具有起分离作用的很薄的致密表层（$0.1 \sim 1 \mu m$）和起机械支撑作用的多孔支撑层（$100 \sim 200 \mu m$），具备物质分离最基本的两种性质，即高传质速率和良好的机械强度，在工业分离过程中是比较实用的膜。

### 3.6.2 气体分离膜应用

气体膜分离技术的研究始于 100 年以前，但大规模的工业化应用还不到 20 年。气体膜分离作为一种"绿色技术"，已逐渐成为成熟的化工分离单元。

#### 3.6.2.1 气体分离膜的分类

常用的气体分离膜有多孔质和非多孔质（均质）两种，它们可由无机材料和高分子材料等组成，如表 3-5 所示。

**表 3-5 常用的气体分离膜**

| 类 型 | 无机材料 | 高分子材料 |
| --- | --- | --- |
| 多孔质 | 多孔质玻璃、烧结体（陶瓷、金属） | 微孔聚烯烃类、多孔醋酸纤维素类 |
| 非多孔质 | 离子导电体固体、钯合金等 | 均质醋酸纤维素类、合成高分子（如聚硅氧烷橡胶、聚碳酸酯等） |

按材料的性质，气体分离膜材料主要有高分子材料、无机材料和高分子-无机复合材料三大类。目前工业化的气体膜分离过程主要是采用高分子膜，但有不耐高温、抗腐蚀性差的缺点。

#### 3.6.2.2 气体分离膜的主要特性参数

膜的性能包括物化稳定性及分离透过性两个方面。膜的物化稳定性指膜的强度，允许使用的压力、温度、pH 值以及对有机溶剂和各种化学药品的耐受性。膜的物化稳定性是决定其使用寿命的主要因素。气体分离膜的主要特性参数包括渗透系数、分离系数、溶解度系数和扩散系数等。

（1）渗透系数。渗透系数 $Q$ 是单位时间、单位压力下，气体透过单位膜面积的量与膜厚的乘积。它是评价气体分离膜性能的主要参数，是溶解度和扩散系数两者的函数。渗透系数是气体分离过程中描述致密膜气体透过难易程度的参数，是体现膜性能的重要指标。它是一定压力和温度下的气体分离膜体系的特性参数，通常被视为一种固定的本征参数，由分离气体和膜材料的性质所决定。

（2）分离系数。各种膜对混合气体的分离效果可用分离系数 $\alpha$ 表示，它标志膜的分离选择性能，是评价气体分离膜性能的重要指标，一般用式（3-1）表示：

$$\alpha_{A/B} = \frac{\left( \dfrac{A \text{组分的浓度}}{B \text{组分的浓度}} \right)_{\text{透过气}}}{\left( \dfrac{A \text{组分的浓度}}{B \text{组分的浓度}} \right)_{\text{原料气}}} = \frac{p_A}{p_B} \qquad (3-1)$$

式中　$p_A$，$p_B$——分别为 A、B 组分在原料气中的分压。

一般情况下，当原料气（高压侧）的压力高于渗透气（低压侧）的压力时，两组分的渗透系数之比等于分离系数。

（3）溶解度系数。溶解度系数 $S$ 表示膜对气体的溶解能力。溶解度系数与被溶解的气体及高分子种类有关。高沸点、易液化的气体在膜中容易溶解，且有较大的溶解度系数。

（4）扩散系数。渗透气体在单位时间内透过膜的扩散能力用扩散系数 $D$ 来表示。扩散系数反比于分子大小，分子尺寸的较小差异会引起扩散系数的很大变化。

### 3.6.2.3　气体膜分离机理

从原则上来讲，气体混合物能被多孔膜和非多孔膜分离，但在多孔膜和无孔膜中的传递分离机理是完全不同的。常见的气体通过膜的机理有两种，即气体通过多孔膜的微孔扩散机理和气体通过无孔膜的溶解－扩散机理。

（1）微孔扩散机理。多孔介质中气体传递机理包括分子扩散、黏性流动、努森扩散及表面扩散等。由于多孔介质孔径及内孔表面性质的差异，使得气体分子与多孔介质之间的相互作用程度有所不同，从而表现出不同的传递特征。

1）努森（Knudsen）扩散。在微孔直径 $d_p$ 比气体分子平均自由程 $\lambda$ 小很多的情况下，气体分子与孔壁之间的碰撞几率远大于分子之间的碰撞几率，此时气体通过微孔的传递过程属于努森扩散；反之，属于黏性流机理（viscous），又称 Poiseuille 流。当 $d_p$ 与 $\lambda$ 相当时，气体通过微孔的传递过程是努森扩散和黏性流动共存，属于平滑流（slip flow）机理。对于纯气体，可由努森因子（$Kn$）进行判断：

$$Kn = \frac{\lambda}{d_p} \tag{3-2}$$

$$\lambda = \frac{16\eta}{5\pi p}\sqrt{\frac{\pi RT}{2M}} \tag{3-3}$$

式中　$\eta$——气体黏度；

　　　$p$——压力；

　　　$R$——截留量；

　　　$T$——温度；

　　　$M$——相对分子质量。

当 $Kn \ll 1$ 时，黏性流动占主导地位，通量为：

$$F_p = \frac{\varepsilon \mu_p d_p^2}{16RT\eta L}\Delta p \tag{3-4}$$

当 $Kn \gg 1$ 时，努森扩散占主导地位，通量为：

$$F_k = \frac{\varepsilon \mu_k d_p}{3RT\eta L} = \frac{\varepsilon \mu_k d_p}{3RT\eta L}\sqrt{\frac{8RT}{\pi M}} \tag{3-5}$$

式中　$\varepsilon$——孔隙率；

　　　$L$——膜厚度；

　　　$\Delta p$——膜两侧的压力差；

　　$\mu_p$，$\mu_k$——与表面形状有关的参数。

基于努森扩散的气体 A 和 B 的通量比即为理想分离因子 $a^*$：

$$a^* = (F_k)_A / (F_k)_B = \sqrt{M_A / M_B} \tag{3-6}$$

式（3-6）表明通量反比于相对分子质量的平方根。当膜的压差一定时，相对分子质量是决定给定量的唯一参数。因此，两种气体通过努森流而实现的分离取决于两者相对分子质量平方根之比。

当 $Kn = 1$ 时，努森扩散和黏性流并存，总通量视为两者的叠加，即

$$F_t = F_p + F_k \tag{3-7}$$

2）表面扩散。表面扩散是指气体分子与介质表面发生相互作用，即其吸附于表面并可沿表面运动。当存在压力梯度时，分子在表面的占据率是不同的，从而产生沿表面浓度梯度和向表面浓度递减方向的扩散。对于混合气体通过多孔膜的分离过程，为获得良好的分离效果，多孔膜的微孔直径必须小于混合气体中各组分的平均自由程，混合气体的温度应足够高。

（2）溶解－扩散机理。在无孔膜中，气体分离是根据不同气体在给定膜中渗透系数的不同来进行的，其基本过程可以由 Lonsdale 和 Riley 等人提出的溶解－扩散模型（solution-diffusion model）进行解释。该模型假定气体分子首先都溶解在膜的高压侧（上游侧）表面，然后在膜中扩散，从膜上游侧向下游侧扩散，再从下游侧解吸。因此，气体在膜中的溶解度和扩散系数是该模型的主要参数。

气体组分在膜中的扩散通量或渗透速率 $J$ 可用 Fick 定律来表示。

膜可以看作两相之间一个具有透过选择性的屏障，或看作两相之间的界面。原料相中某一组分可以比其他组分更快地通过膜而传递到渗透物相，从而实现分离。气体通过无孔膜的传递基本上可以用溶解－扩散机理描述，其步骤为：

1）气体在原料相（高压侧）表面溶解；

2）在浓度梯度作用下，气体分子从原料相表面向渗透相（低压侧）表面扩散；

3）气体在膜的低压侧表面向渗透气解吸。

无孔膜中气体扩散一般符合 Fick 定律：

$$Q = -D \frac{dc}{dx} \tag{3-8}$$

式中　$Q$——通过膜的通量；

　　　$D$——扩散系数；

　$dc/dx$——膜两侧的浓度梯度，即推动力。

稳态下可将该式积分：

$$Q_i = D_i \frac{c_{0,i} - c_{1,i}}{L} \tag{3-9}$$

式中　$c_{0,i}$，$c_{1,i}$——分别为膜上游侧和下游侧的浓度；

　　　　　$L$——膜厚度。

浓度与分压关系可用 Henry 定律描述，即膜内浓度与膜外气体分压之间呈线性关系：

$$c_i = S_i p_i \tag{3-10}$$

式中  $S_i$——组分 $i$ 在膜中的溶解度系数。

将式(3-9)与式(3-10)合并，便可得到以分压差为推动力的表达式：

$$Q_i = D_i S_i \frac{p_{0,i} - p_{1,i}}{L} \qquad (3-11)$$

用式(3-11)描述气体通过膜的渗透更加直观、方便。

扩散系数 $D$ 与溶解度系数 $S$ 的乘积称为渗透系数 $P$，即：

$$P = DS \qquad (3-12)$$

则式(3-11)可写成：

$$Q_i = P_i \frac{p_{0,i} - p_{1,i}}{L} = \frac{P_i}{L} \Delta p_i \qquad (3-13)$$

渗透系数 $P$ 是一个特性参数，它通常被视为一种固定的本征参数，可以利用式(3-13)，通过已知厚度的膜由简单的渗透实验确定。

事实上，在实际使用过程中往往不考虑膜厚度，只测量不同气体透过膜的渗透速率 $J$，即单位时间、单位压差下通过单位膜面积的气体体积流量。渗透速率的单位常采用 $cm^3$（STP）/（$cm^2 \cdot cmHg \cdot s$），显然：

$$J_i = \frac{P_i}{L} \qquad (3-14)$$

除了渗透系数或渗透速率之外，另一个表征膜性能的重要参数是分离系数 $a$。它反映膜对不同气体分离能力的大小。对分离系数存在不同的定义方法，其中一种是分离级分离系数，根据下式定义：

$$a_{i/j} = \frac{y_i / y_j}{x_i / x_j} \qquad (3-15)$$

式中  $y_i$，$y_j$——分别为组分 $i$ 和 $j$ 在渗透气中的浓度；

 $x_i$，$x_j$——分别为组分 $i$ 和 $j$ 在原料气中的浓度。

另一种常用的分离系数是通过测定膜对纯气的渗透速率而得到的膜材料对不同气体的理想分离系数：

$$a_{i/j} = \frac{J_i}{J_j} \qquad (3-16)$$

混合气体分离时的分离系数可以通过实测原料气和渗透气组成计算，也可以根据下式估算：

$$a_{i/j} = \frac{J_i}{J_j} \cdot \frac{1 - p_{2,i}/p_{1,i}}{1 - p_{2,j}/p_{1,j}} \qquad (3-17)$$

式中  $p_1$，$p_2$——分别为原料气和渗透气的压力。

综上所述，膜对气体分离的基本特性是由渗透系数 $P$ 决定的，膜对气体的选择性则由不同气体的 $P$ 值决定。对于同一种膜材料，不同气体分子的渗透系数甚至可以差 6 个数量级。理想的气体分离膜材料应当既具有高渗透性又具有高选择性。但是，一般来说两者难以兼得，即高渗透性的膜往往选择性比较低，反之亦然。所以，膜的分离机理决定了膜法气体分离过程具有如下特点：无相变，常温操作，运动部件少，能耗低；分离效率较高，可靠性较好；占地面积小，操作简便，易与其他分离过程结合。

### 3.6.3 膜分离制氧设备

膜分离制氧系统由富氧膜分离器、空气压缩机、空气缓冲罐、除水过滤器和凝结过滤器、纯度和流量控制阀、加热器、氧分析仪和温度/氧浓度控制系统组成。图 3-12 所示为膜分离制氧流程。

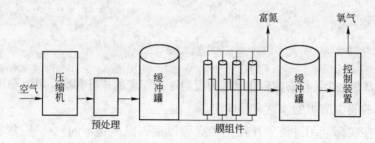

图 3-12　膜分离制氧流程

（1）空气压缩机。空气压缩机是涡旋式或螺杆式压缩机，一般输出压力范围是 0.4~1.4MPa。

（2）空气缓冲罐。在压缩空气进入膜系统之前，先通过管路进入空气缓冲罐。它能初步除去压缩空气中的凝结水，这实际上减少了过滤器的负荷，延长了它们的寿命，并且提供了一个重要的防止液体进入膜系统的安全方法。空气缓冲罐的另一个作用是提供压力缓冲以减少系统的压力波动，设备入口处的压力波动将影响产品气中的流量和氧气纯度。

（3）除水过滤器和凝结过滤器。进入富氧膜分离器的压缩空气先经过一个两级或三级过滤系统。第一级过滤器是一个除凝液的过滤器，它能除去压缩空气中夹带的颗粒状的油和水。第二级过滤器(1μm) 将气体中的微粒状杂质和凝液除去。第三级过滤器是精细过滤器(0.01μm)，它被设计用于除去即使是最小的尘埃，以达到进一步保护中空纤维膜的目的。

（4）富氧膜分离器。根据应用的不同，富氧膜分离系统可能包含多达 100 根膜分离器，富氧膜分离器是完成空气制氧过程的关键。

（5）纯度和流量控制阀。纯度和流量控制阀用于控制氧气纯度和氧气流量。

（6）产品阀和放空阀。在初始启动和不稳定的条件下，放空阀用于控制氮气的输出。产品阀常开，使富氧空气进入使用作业点。

对于膜分离法制氧，除了制氧浓度能控制在消防安全所要求的 30% 以内，其监控系统应具有以下功能：通过氧气传感器监测井下氧气浓度，并通过制氧机流量阀门的调节，使矿井内氧气浓度（实际浓度）与满足生理等效高度的氧气浓度（目标浓度）保持相等，从而保证制氧机输出的富氧空气与风机空气混合后送入井下的空气平均氧分压始终在人体生理要求的范围内变化。

### 3.6.4 制氧参数比较

本研究采用膜分离技术原理制氧，以满足锡铁山铅锌矿井下工作环境中工人的工作需求。分子筛变压吸附法与膜分离法制氧方式的基本参数比较，见表3-6。

表3-6 分子筛变压吸附法与膜分离法制氧方式的基本参数比较

| 项目 | 比较参数 | 分子筛变压吸附法 | 膜分离法 |
|---|---|---|---|
| 原理 | 分离介质原理 | 分子筛 | 中空纤维 |
| | | 加压吸附，减压脱附 | 溶解-扩散 |
| 能耗 | 耗能部件 | 空压机，冷干机 | 空压机 |
| | 耗电/kW·h·m⁻³ | 平原：0.32，高原：0.64 | 平原：0.22，高原：0.46 |
| 设备性能参数 | 氧浓度/% | 90~93 | 30~50 |
| | 压力/MPa | 0.2~0.6 | 0.02~0.05 |
| | 露点/℃ | -40，需配增湿器 | 5~40，无需增湿器 |
| | 启动时间/min | 20（环境温度小于-20℃，分子筛活性低，性能下降幅度很大） | 10 |
| | 维修量 | 切换阀门多，动作频繁，有一定的故障率和维修量 | 静态分离过程，无活动部件，甚少维修和保养 |
| | 分离介质寿命/a | ≤5（分子筛压紧技术未解决，分子筛粉化现象较多） | ≥10 |
| | 机械噪声 | 由于电磁阀门多且频繁切换，运动噪声较大 | 由于是静态分离，膜系统几乎无噪声 |
| | 工艺流程 | 复杂，进入PSA的空气前处理要求严格，从PSA出来的氧气含尘量比空气中多，需再过滤 | 简单，空气前处理十分简单，从膜组件出来的氧气无尘，无需后处理 |
| | 设备状态 | 只能固定 | 固定，移动式 |
| | 占地面积 | 中等 | 较小 |
| | 厂房高度/m | 3~5 | 2 |
| | 外形尺寸 | 大 | 小 |
| | 增容 | 困难，一旦确定下来就无法再增加氧气产量 | 容易，通过现场增加膜组件即可增大氧气产量 |
| | 安全性 | 严禁烟火 | 注意烟火 |
| | 随机开/停车 | 较容易 | 容易 |
| | 重量 | 动态分离过程，需要特别地基，防震困难 | 重量轻，静态分离过程无需特别地基，易防震 |

## 3.7 富氧室的研究应用

### 3.7.1 职工寓所富氧室

制氧机采用先进的膜分离技术原理，在锡铁山铅锌矿职工寓所休息室设计安置室外制氧机组，通过输送系统、供氧系统把富集氧气送到职工休息室，以改善职工的睡眠质量，提高劳动效率，并降低高原病的发病率。

在常温下，外界空气经压缩机加压，通过物理吸附作用，将空气中78%的 $N_2$ 和21%的 $O_2$ 分离，同时去除各种杂质，瞬时即可持续从空气中获得无尘、无菌、符合国家医用标准的高纯度 $O_2$。其主要核心部件选用进口产品，保证了氧气机的可靠运行和 $O_2$ 的纯净度。职工寓所富氧室如图3-13所示。

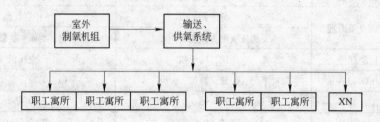

图3-13   职工寓所富氧室

### 3.7.2   富氧室建立的工程应用

北京中成航宇空分设备有限公司生产的CANGAS®气体分离系统在高原富氧室工程中的应用，如图3-14所示。

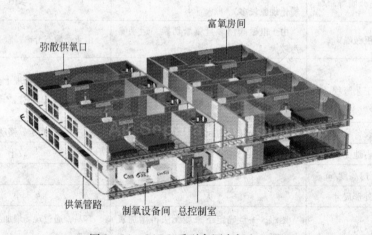

图3-14   CARO系列高原富氧室工程

（1）CANGAS® CARO系列高原富氧室的原理及功能。CARO系列高原富氧室是基于人体环境工程，利用现场中心供氧系统实现的，在高原环境下创造出等于或小于3100m海拔高度的氧分压环境。其可有效消除各种高原缺氧反应，且不影响人在富氧环境内的正常起居活动。

（2）CANGAS® CARO系列高原富氧室工程的主要构成。CARO系列高原富氧室工程包括现场制氧系统，风、管路系统，中心供氧管路输送系统，控制系统，弥散式供氧终端，分布式供氧终端和气密房间单元。CARO系列高原富氧室的规格、性能如表3-7所示。

表 3 - 7    CARO 系列高原富氧室的规格、性能

| 型    号 | 富氧单元数量 | 适应海拔高度 /m | 实现海拔高度 /m | 弥散式供氧终端 | 分布式供氧终端 |
|---|---|---|---|---|---|
| CARO - 5 | 5 | 3200 ~ 5000 | 2100 ~ 3200 | 标配 | 可选 |
| CARO - 10 | 10 | 3200 ~ 5000 | 2100 ~ 3200 | 标配 | 可选 |
| CARO - 15 | 15 | 3200 ~ 5000 | 2100 ~ 3200 | 标配 | 可选 |

注：分布式供氧终端（面罩或吸氧管）$O_2$ 纯度为 40%；富氧室标准单元的标准面积为 $10m^2$，层高为 2.7m，为 2 人间；富氧室为气密门窗设计，窗户为平开窗带密封条，门为平开金属门带密封条；每小时换气量不超过 $10m^3$。

（3）使用效果说明。高原富氧室的建立证实，在短期内能迅速有效地解除疲劳，改善和增强人体和人脑的工作能力。建立富氧室对长期高原移居人员的重要脏器具有显著的保护作用，尤其是对高海拔地区施工前做有效和充分的体力、脑力应激准备以及工作和活动后的体力和脑力快速恢复，有着非常简便和可靠的实用价值。

（4）劳动消防安全。氧气是助燃物质，没有氧气物质就不能燃烧，物质燃烧的速度和强度与氧浓度有密切关系。实验证明，气体的氧浓度不低于 25% 时，燃烧明显加剧；氧浓度超过 30%，即可引起爆炸性燃烧。但有研究针对高原富氧室内的富氧环境，通过测量纸和棉布在富氧环境下的燃烧速度来衡量富氧环境的火灾危险性。结果表明，当氧分压增加到 110mmHg（等效高度为 3000m）时，纸和棉布的燃烧速度显著低于海平面的燃烧速度，这证明高原富氧室内环境火灾可能性要明显低于海平面。

## 3.8    本章研究结论

高寒地区缺氧严重影响工作人员的健康和工效，如何解决缺氧问题，为施工人员提供安全舒适的工作环境，保证他们的健康安全，提高他们的工作效率，具有重要意义。通过研究主要得出了以下结论：

（1）通过低氧模拟环境实验研究（在北京体育大学体育科学研究中心低氧测试室完成），得到四级体力劳动强度时不同海拔高度受试人员心率、血氧饱和度等生理肌体指标的测试值。经过测试实验数据分析，得出不同海拔高度、四级体力劳动强度与受试人员疲劳程度之间的关系，确定了氧气含量比较适宜的等效海拔高度为 2750m。

（2）在高寒地区低氧环境下，首先要保证从事繁重体力劳动施工人员的健康及生命安全。小包装式的个体供氧方式不能满足生产的需要，而矿山井下环境又难以实施全面增氧通风。研究指出矿井作业面集中增氧是现有经济技术条件下较为理想而有效的增氧方式。

（3）进一步提出了以膜分离制氧原理为核心的矿井增氧通风方案。该方案使用压缩机提供压缩气源，以中空纤维膜组件作为分离设备，使用远距离集中输氧管作为供氧设备。本增氧方案不但适用于矿井工作面，也可用于其他需要低浓度富氧空气的环境，如地面室内人员供氧等。

（4）富氧室为施工人员的体力和精力恢复创造了良好的休息条件，施工人员在高寒地区矿山经过繁重的体力劳动后可进行吸氧。该场所具有氧气供应装置以及持续供氧能力，可满足施工人员随时吸氧的要求。

# 4　高寒地区矿井通风系统评价方法研究

## 4.1　高寒地区矿井通风概述

### 4.1.1　研究意义

矿井通风对于保证矿山的正常作业和安全生产都有着十分重要的直接作用。随着经济的不断发展，矿山开采规模日渐扩大，建井条件也由简到繁、由浅到深、由平原到空气稀薄的高海拔地区。对于以上种种情况提出了各不相同的矿井通风要求，所以合理解决矿井通风问题就显得特别重要，它对提高矿井的生产能力、保证矿工的健康和安全具有十分重要的作用和意义。许多矿山安全生产事故都是由于通风系统不完善或者通风系统不能正常、有效地工作而造成的，矿井通风系统的优劣直接关系到矿山能否正常生产以及井下工人能否安全、舒适地在井下工作。因此，对矿井的通风系统进行综合评价，找出不足，不断改善和优化矿井通风系统是十分必要的。高寒地区矿山深部通风技术的研究，其实践目前正处于初级阶段，如何使其尽快出成果以造福于高寒地区矿山，是一个值得研究的课题。

在高寒地区，许多矿山现已逐步进入深部矿体开采，但随着开采向深部延伸，井下开采技术条件将发生很大变化，矿井通风条件恶化会造成作业时的安全状况不佳。对于地下开采来说，良好的通风是安全生产的一个重要支柱，尤其对于西部高寒地区的深井开采，酷寒的高原气候、恶劣的井下作业环境、地热、长距离独头通风都对矿井通风提出了挑战。这些情况的出现使矿山安全、高效生产与矿山管理工作面临巨大挑战，因此有必要对通风系统的稳定性、井下工作环境的安全性进行调查研究。研究在这种特殊情况下的通风系统，能推进国家标准的严格执行，为矿山长期高效、安全与稳定生产提供战略性决策依据。

在前人对通风系统的评价研究基础上，应综合考虑各方面影响因素，选取适合高寒地区矿井通风系统评价指标，建立具有高原地区特点、较全面的评价指标体系，并依据建立的评价指标体系选取适合的方法，对高寒地区矿井通风系统进行综合评价，确定评价等级，为通风系统优化提供指导。

### 4.1.2　研究技术路线

（1）高寒地区矿井通风系统评价指标体系的确定。高寒地区通风系统有其不同于平原地区通风系统的特点，因此，评价指标的选取既要考虑矿井通风系统的特点，又要考虑高寒地区特殊的地理、气候环境对矿井通风系统的影响，应选取适合高寒地区的评价指标，建立具有高寒地区特点的评价指标体系。

（2）评价方法的选定。通过参考以往通风系统评价的文献资料，分析常用的通风系统评价方法，从方法的适用性、可行性与结果的准确性及高寒地区特点等方面考虑来选取评价方法。评价方法有许多种，每个方法都有各自的特点，应考虑高寒地区矿井通风的实际情况和影响通风系统工作的各个因素的特点，选定合适的方法对高寒地区矿井通风系统进行综合评价。

（3）锡铁山铅锌矿通风系统综合评价。以锡铁山铅锌矿为例，根据实际调查数据和选定的评价方法对通风系统进行评价，确定矿山通风系统评价等级，分析通风系统的不足，促进通风系统的改进，使通风系统处于一个良好的状态，保障矿山的安全生产。

## 4.2 矿井通风系统评价指标体系

矿井通风系统是一个动态的、随机的、模糊的、复杂的大系统，要科学合理地对矿井通风系统进行评价，必须选择能够确切地反映矿井通风系统实际状况的参数指标，建立科学合理的评价指标体系。在高寒地区，因海拔高度、大气压力等因素，评价指标的建立不同于平原地区，在参考国家标准的基础上，既要考虑一般矿井通风系统的特点，也要考虑高寒地区特殊的地理、气候和环境，综合考虑来选取适合的指标，建立具有高寒地区特点的评价指标体系。对此，根据《金属非金属矿山安全规程》（GB 16423—2006），结合高寒地区的特点，在参考前人研究的基础上，建立具有高寒地区特点的、较全面的矿井通风系统评价指标体系。

### 4.2.1 综合评价的基本内容

矿井通风系统的优劣直接影响矿井的安全生产和经济效益，在高寒地区，一个好的矿井通风系统应体现安全可靠性、经济合理性、技术可行性、高寒地区特点四个方面的内容。

（1）安全可靠性。矿井通风系统的安全可靠性是矿井通风系统保障矿井安全生产的可靠程度。它的含义包括使矿井生产得以正常进行，能预防和控制灾害事故的发生。具体地讲，矿井通风系统的安全可靠性就是要满足以下要求：作业场所温度合格率，作业场所相对湿度合格率，CO 浓度合格率，$NO_2$ 浓度合格率，作业场所粉尘浓度合格率，主风机运转稳定性，矿井风压合理性，矿井通风监测仪表完好率。

（2）经济合理性。经济合理性是指矿井在保证安全生产的基础上增加收益。矿山生产的目的就是获得经济效益，在保证安全的基础上降低生产成本、提高劳动效率，为矿山创造效益。表现经济合理性的特点主要包括主风机的综合效率和吨矿通风电耗。

（3）技术可行性。技术可行性主要是指从技术方面保障通风系统正常运转。表现技术可行性的特点包括通风构筑物合理率、矿井等积孔和风量供需比。

（4）高寒地区特点。高寒地区特点是由矿山所处的特殊地理位置造成的。在高寒地区，矿井通风系统有许多不同于平原地区通风系统的特点，这些特点影响着高寒地区矿井通风系统的运行，因此必须考虑。在高寒地区，由于气候变化比较剧烈，使自然风压对通风系统的影响很明显，影响了正常矿山生产。所以，高寒地区特点主要包括自然风压对通风系统的影响和作业场所氧浓度合格率。

### 4.2.2 评价指标的确定原则

评价指标的确定是矿井通风系统评价的基础和关键，直接影响到评价结果。评价指标体系应以能够反映矿井通风系统的状况和质量特征为目标。确定的评价指标太多，会增加指标体系的复杂程度和评价的难度，甚至会掩盖关键因素；指标太少，评价简单易行，但又难以全面反映通风系统的状况。因此，确定科学、全面的评价指标具有重要意义，是科学评价矿井通风系统的关键，评价指标的确定必须遵循一定原则。

表征矿井通风系统的评价指标有定量和定性两大类。定量指标是指能从数量上来反映矿井通风系统的评价指标，其变化具有数量尺度，如矿井风压、风量供需比等。定性指标是指没有计量单位，仅从程度上来反映矿井通风系统状况的评价指标，一般都蕴含着相互关联的众多因素，其概念较抽象，如抗灾能力、巷道风流稳定性等。对于定性指标，在实际应用中就需要认真研究分析，将其科学量化。一个好的矿井通风系统评价指标应满足以下要求：

（1）评价指标能全面准确地反映出矿井通风系统的状况与技术质量特征；

（2）评价模式简单明了、可操作性强、易于掌握，评价结论能反映出矿井通风系统的合理性、经济性及安全可靠性；

（3）评价中所采用的数据易于获取，数据处理工作量小，采用的评价指标有明确的评价标准。

### 4.2.3 评价指标体系的建立

根据评价指标确定的原则，以锡铁山铅锌矿为例，从安全可靠性、技术可行性、经济合理性、高寒地区特点四方面考虑所确定的 15 个评价指标如下：主风机综合效率，通风构筑物合理率，作业场所温度合格率，作业场所湿度合格率，作业场所 CO 浓度合格率，作业场所 $NO_2$ 浓度合格率，作业场所粉尘浓度合格率，矿井等积孔，吨矿通风电耗，用风地点风量供需比，矿井风压合理性，矿井通风监测仪表完好率，自然风压对通风系统的影响，高寒地区作业场所氧含量合格率，主风机运转稳定性。据此所建立的评价指标体系如图 4 - 1 所示，评价指标体系分为目标层（$a$ 层）、准则层（$b$ 层）和指标层（$c$ 层）。

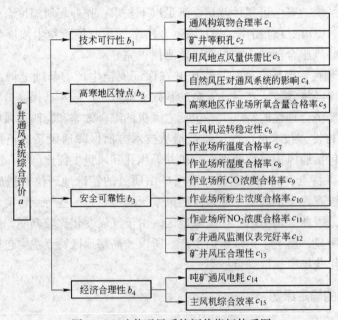

图 4 - 1 矿井通风系统评价指标体系图

选定的指标较全面地反映了高寒地区矿井通风系统的特点，所确定的各项指标都具有独立的物理意义并可比、可测、简明，表明了矿井通风系统某方面的状况和质量。

### 4.2.4 评价指标量化及等级划分

评价指标从各个方面反映矿井通风系统的情况，为了解矿井通风系统的真实情况，需要对各个指标进行量化。

#### 4.2.4.1 安全可靠性指标

**A 作业场所温度合格率**

在工作地点，温度是影响作业人员劳动效率的一个重要方面，高温或低温都会使作业人员感觉不舒服，影响他们的工作效率，甚至会对其身体造成危害。在合适的温度下工作，才能最大限度地提高工人的劳动效率。井下用风地点的最高温度反映了通风降温、空气调节的效果。随着我国矿山开采深度逐渐加大，井下的温度也会逐渐升高。《金属非金属矿山安全规程》（GB 16423—2006）规定，生产矿井采掘工作面的空气温度不得超过28℃，机电设备硐室的空气温度不得超过30℃。若各工作地点的温度超过这个规定值，则认为该地点的温度不合格。

在热湿环境中，人体热平衡受到破坏，在这种情况下人的调节机能要力求保持人体的热平衡。根据人体与热湿环境之间热不平衡程度和暴露时间长短的不同，会出现三种不同的生理反应：起初，心率增高，皮肤轻度出血，大量出汗，有可能在较高的皮肤温度和汗水蒸发的冷却效应下热平衡得以恢复；然后，调节机能为加速人体冷却而处于紧张状态，造成严重不适、疲倦、呕吐，循环失常，工作效率大减；如果人体热量继续高于散热量，最后人体蓄热，陷入过热症状，甚至中暑。更复杂的是热病变，症状是心理的而不是生理的，如工作厌倦、烦躁、注意力分散，以致丧失警觉，易造成事故。按《金属非金属矿山安全规程》（GB 16423—2006），作业场所温度规定如表4-1所示。

表4-1 作业场所温度规定

| 干球温度/℃ | 相对湿度/% | 风速/m·s⁻¹ | 备 注 |
|---|---|---|---|
| ≤28 | 不规定 | 0.5~1.0 | 上限 |
| ≤26 | 不规定 | 0.3~0.5 | 舒适 |
| ≤18 | 不规定 | ≤0.3 | 增加工作服保暖量 |

根据表4-1和图4-2可以看出，在风速不大于1m/s的情况下，温度在17~28℃之间合适，在这个温度范围内工人劳动效率较高，所以设定17~28℃为合格温度。表4-2所示为现场测得的各个阶段测点温度数据。

在测得的85组数据中，因为38线回风井并不是作业地点，所以有效数据为75组，其中共有55组的温度是在17~28℃的范围内，为合格测点，通过计算得出：

作业场所温度合格率 $= \dfrac{\text{合格的温度测点数}}{\text{总的温度测点数}} \times 100\%$

$= \dfrac{55}{85} \times 100\% = 64.7\%$ （4-1）

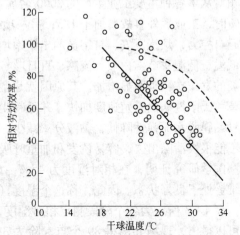

图4-2 干球温度与相对劳动效率关系图

**表4-2 作业场所温度测试表** (℃)

| 测点＼场所 | 3142m 阶段 | 3062m 阶段 | 3002m 阶段 | 2942m 阶段 | 2882m 阶段 | 2822m 阶段 | 38线 回风井 | 斜坡道 |
|---|---|---|---|---|---|---|---|---|
| 1 | 13 | 12.9 | 19.3 | 18.6 | 20 | 17.1 | 18.9 | 16.3 |
| 2 | 9.1 | 12 | 19 | 19.3 | 20.6 | 17.4 | 19.9 | 18.2 |
| 3 | 8.2 | 9.2 | 18.5 | 21.6 | 20.7 | 16.8 | 23.2 | 18 |
| 4 | 9.9 | 8.7 | 18.6 | 21.5 | 21.3 | 16.9 | 17.8 | 18.5 |
| 5 | 10.7 | 10.1 | 18.3 | 19.8 | 21.4 | | 16.7 | 18.4 |
| 6 | 12.7 | 12.4 | 18.3 | 19.8 | 21.5 | | 16.7 | 18.5 |
| 7 | 13.1 | 12.7 | 18.4 | 19.3 | 20.9 | | 17 | 17.1 |
| 8 | 12.1 | 10.7 | 18.2 | 20.3 | 20.4 | | 17.8 | |
| 9 | 9.3 | 11 | 16.6 | | 19.4 | | 18.7 | |
| 10 | 13.0 | 10.4 | 17.5 | | 19.3 | | 19.5 | |
| 11 | 10.1 | 10.1 | 18 | | 19.6 | | | |
| 12 | 10.1 | | 18.4 | | 17.1 | | | |
| 13 | 10.8 | | 18.6 | | 17.3 | | | |
| 14 | 7.9 | | 16.5 | | 17.2 | | | |
| 15 | 7.4 | | 17.3 | | 17.2 | | | |

**B 作业场所相对湿度合格率**

在工作地点，湿度是影响工人劳动效率的另一个方面。在任何气温条件下潮湿的空气对人体都是不利的，在湿度过大的环境中工作，人会变得没有精神，时间过长会使人容易患病；在湿度较小的环境内工作，使皮肤干燥、鼻腔黏膜受到刺激，极易诱发呼吸系统病症。研究表明，湿度过大时，人体中松果腺体分泌出的松果激素量也较大，使得体内甲状腺素及肾上腺素的浓度相对降低，细胞就会"偷懒"，人就会无精打采、萎靡不振。美国各州对从事各种主要工业生产的2000名雇员进行了一项调查，结果显示，相对湿度高于65%时，工业意外事故增加了1/3；另一项研究指出，当湿度随温度上升而增高时，人会缺乏自控力，烦躁不安，打字员的出错率增加若干倍。科学家们通过流行病学调查发现，在低温、低湿季节，白喉、流感、百日咳、脑膜炎等病症的发病率显著增高，哮喘、支气管炎的发作次数也明显增加。其原因就是湿度过低、空气干燥，使流感病毒和致病力很强的革兰氏阳性病菌繁殖速度加快，并随粉尘扩散；另外，干燥的空气会使鼻腔、气管、支气管黏膜脱水而弹性降低，黏液分泌减少，纤毛运动减弱，抵抗力降低，使吸入的尘埃细菌不能很快清除出去，容易诱发和加重呼吸系统疾病。

医学研究证明，在相对湿度为45%～65%和温度为20～25℃的环境下，人的身体、思维皆处于良好状态。因此，称这个湿度（45%RH～65%RH）为健康湿度。

表4-3所示为各个阶段测点相对湿度，设定湿度在45%～65%范围内为合格。从表中可以得出，现场共测得89个点，除去38线回风井的非作业地点数据10组，湿度在45%～65%范围内的数据共有63个，即合格测点有63个。通过计算得出：

$$作业场所相对湿度合格率 = \frac{合格的湿度测点数}{总的湿度测点数} \times 100\% = \frac{63}{79} \times 100\% = 79.7\%$$

$$(4-2)$$

表 4-3 作业场所相对湿度测试表 （%）

| 场所<br>测点 | 3142m<br>阶段 | 3062m<br>阶段 | 3002m<br>阶段 | 2942m<br>阶段 | 2882m<br>阶段 | 2822m<br>阶段 | 38 线回风井 | 斜坡道 |
|---|---|---|---|---|---|---|---|---|
| 1 | 60 | 46 | 66 | 62 | 59 | 60.7 | 46 | 46 |
| 2 | 65 | 50.6 | 62 | 62 | 72 | 63 | 46 | 46 |
| 3 | 52.6 | 46.0 | 63 | 67 | 68 | 65.7 | 47 | 46 |
| 4 | 61.1 | 46.0 | 67 | 64 | 70 | 66.2 | 60 | 51.4 |
| 5 | 57.3 | 47.2 | 61 | 60 | 71 | 59 | 69 | 69.1 |
| 6 | 69.2 | 61.4 | 61 | 62 | 70 | 58 | 70 | 65.3 |
| 7 | 71.0 | 60.3 | 63 | 67 | 71 | 59 | 70 | 57.8 |
| 8 | 67.1 | 60.4 | 64 | 66 | 70 | 61 | 71 | |
| 9 | 50.0 | 60.7 | 72 | 58 | | | 71 | |
| 10 | 62.2 | 58.2 | 65 | 58 | | | 82 | |
| 11 | 61.1 | 52.1 | 65 | 59 | | | | |
| 12 | 61.1 | | 70 | 59 | | | | |
| 13 | 66.9 | | 71 | 65 | | | | |
| 14 | 48.2 | | | 60 | | | | |
| 15 | 47 | | | 61 | | | | |
| 16 | 50.7 | | | 56 | | | | |

C 作业场所 CO 浓度合格率

CO 是有毒有害气体，在高寒地区低氧环境中，CO 对作业工人健康的影响很大。在井下，CO 浓度超标的环境会对井下作业工人的生命安全造成威胁，影响矿井的安全生产。根据表 2-9 所示的换算后国家标准气体容许体积浓度可知，海拔 2000~3000m 区间的 CO 浓度标准为 $22.33 \times 10^{-6}$，海拔 3000~4500m 区间的 CO 浓度标准为 $18.98 \times 10^{-6}$。从表 4-4 可以得出，现场共测得的数据有 130 组，其中符合标准的为 105 组，通过计算得出：

$$作业场所 CO 浓度合格率 = \frac{合格的 CO 测点数}{总的 CO 测点数} \times 100\% = \frac{105}{130} \times 100\% = 80.7\%$$

$$(4-3)$$

D 作业场所 $NO_2$ 浓度合格率

$NO_2$ 是有毒有害气体，会对人的身体造成较大伤害，因此，对井下 $NO_2$ 浓度进行监控并采取措施降低是必要的。

表 4 - 4 作业场所 CO 浓度测试表 (×10⁻⁶)

| 场所 测点 | 3142m 阶段 | 3062m 阶段 | 3002m 阶段 | 2942m 阶段 | 2882m 阶段 | 2822m 阶段 | 2762m 阶段 | 2702m 阶段 | 斜坡道 |
|---|---|---|---|---|---|---|---|---|---|
| 1 | 0 | 0 | 1 | 0 | 0 | 22 | 17.6 | 28.4 | 0 |
| 2 | 1 | 1 | 3.6 | 0 | 0 | 14.6 | 17 | 21.4 | 12 |
| 3 | 1 | 0 | 2 | 0 | 0 | 16 | 17 | | 25 |
| 4 | 1 | 0 | 2 | 0 | 0 | 14.4 | 18.4 | | 52 |
| 5 | 0 | 0 | 2 | 1 | 0 | 13 | 17 | | 12 |
| 6 | 8 | 0 | 2 | 2 | 0 | 20 | 16 | | 4 |
| 7 | 12 | 0 | 1 | 0.6 | 0 | 37 | 16 | | 7.4 |
| 8 | 14 | 3 | 0 | 0 | 0 | 29 | 16 | | 17 |
| 9 | 13 | 0 | 2 | 0 | 0 | 28 | 29 | | 9 |
| 10 | 3 | 0 | 0 | 0 | | 29.4 | 29 | | 22 |
| 11 | 0 | 0 | 3 | 0 | | 27.4 | 19 | | 26 |
| 12 | | 0 | 1 | 5.4 | 1 | 14 | 999 | | 26 |
| 13 | | 0 | 8 | 2.2 | 14.2 | | 999 | | 17 |
| 14 | | 0 | 11 | 1 | 42.8 | 0 | 999 | | 17 |
| 15 | | 0 | 12 | 1 | 22.8 | | 223 | | 19 |
| 16 | | | 16 | | 1.6 | | 221.4 | | |
| 17 | | | 28 | | 0 | | 122.6 | | |
| 18 | | | 8 | | 0 | | 113.6 | | |
| 19 | | | 7 | | | | 41.6 | | |

在 25℃、101.325kPa（1atm）的标准气体状态下，理想气体的摩尔体积为 24.45L/mol，以 mg/m³为单位的浓度与以 ×10⁻⁶为单位的浓度的关系式为：

$$1mg/m^3 = \frac{污染物相对分子质量}{24.45} \times 10^{-6} \qquad (4-4)$$

在高寒地区低氧环境下，建议 $NO_2$ 浓度卫生标准为平原 $NO_2$ 浓度卫生标准乘以高寒地区实测 $NO_2$ 体积浓度与标准状态下体积浓度之比。平原地区 $NO_2$ 浓度卫生标准为：时间加权允许浓度 5mg/m³，短时间接触允许浓度 10mg/m³。由此可得，在海拔 2000～3000m 条件下，$NO_2$ 浓度卫生标准为 5mg/m³×（0.61～0.72），取中间值 0.65 得：5mg/m³×0.65 = 3.25mg/m³。在海拔 3000～4000m 条件下，$NO_2$ 浓度卫生标准为 5mg/m³×（0.58～0.61），取中间值 0.60 得：5mg/m³×0.60 = 3.0mg/m³。所以推荐指标为：海拔 2000～3000m，$NO_2$ 浓度标准为 6.11×10⁻⁶；海拔 3000～4000m，$NO_2$ 浓度标准为 5.64×10⁻⁶。

表 4-5 所示为各阶段测点测得的 $NO_2$ 浓度数据。从表 4-5 可以得出，现场共有测点 115 个，其中符合标准的测点有 113 个，通过计算可得出：

$$作业场所NO_2浓度合格率 = \frac{合格的 NO_2 测点数}{总的 NO_2 测点数} \times 100\% = \frac{113}{115} \times 100\% = 98.26\%$$

$$(4-5)$$

表 4-5  作业场所 NO₂浓度测试表 　　　　　　　($\times 10^{-6}$)

| 测点\场所 | 3142m阶段 | 3062m阶段 | 3002m阶段 | 2942m阶段 | 2882m阶段 | 2822m阶段 | 2762m阶段 | 2702m阶段 | 斜坡道 |
|---|---|---|---|---|---|---|---|---|---|
| 1 | 0.1 | 0.1 | 0.1 | 0 | 0.08 | 0.2 | 0.28 | 0.1 | 0.1 |
| 2 | 0.1 | 0 | 0.1 | | 0.02 | 0.2 | 0.2 | 0 | 0.1 |
| 3 | 0.1 | 0.1 | 0.1 | 0.06 | 0.1 | 0.2 | 0.2 | | 0.1 |
| 4 | 0.1 | | 0.1 | 0.04 | | 0.1 | 0.2 | | 0 |
| 5 | 0.1 | 0 | | | 0.1 | 0.4 | 0 | | 0 |
| 6 | 0.1 | 0 | 0.4 | 0 | | 0.5 | 0 | | 6.27 |
| 7 | 0.1 | 0 | 0.1 | 0.02 | 0.1 | 0.54 | 0 | | 2.82 |
| 8 | 0.1 | 0.1 | 0 | 0.1 | 0.1 | 0.5 | 0 | | 6.96 |
| 9 | 0.1 | 0.1 | 0.1 | 0.02 | 0.1 | 0.58 | 0.5 | | 0.34 |
| 10 | | 0.1 | 0 | 0.08 | 0.1 | 0.46 | 0.5 | | 0.1 |
| 11 | 0.1 | 0 | | 0.02 | 0.1 | 0.2 | 0 | | 0.2 |
| 12 | | 0 | 0 | 0.08 | 0.1 | 0.1 | 0 | | 0.2 |
| 13 | | 0 | 0.1 | | 0.1 | 0.1 | 0 | | 0.2 |
| 14 | | 0.1 | 0 | 0.06 | 0.1 | | 0 | | 0.2 |
| 15 | | 0 | 0 | | 0.18 | | 0 | | 0.32 |

E　作业场所粉尘浓度合格率

长期在粉尘超标的环境下工作，容易使人患上尘肺病等疾病，给人体健康带来危害。粉尘是在矿山开采过程中不可避免产生的，所以要采取措施把粉尘浓度降低到危害范围以下，减轻粉尘对作业人员的危害。

各国矿井粉尘标准各不相同，每种标准所要求的采样方法和仪器也不一样，标准之间一般没有直接的可比性。各标准的粉尘浓度表示方法一般有平均允许浓度和最高允许浓度两种，几乎所有的标准都考虑了游离 $SiO_2$ 的作用。美国、英国、日本和印度等国采用的是平均允许浓度，捷克、匈牙利等国则采用最高允许浓度。美国在粉尘标准中采用阈限值，阈限值即指整班作业过程中接触粉尘的时间加权平均浓度的极限值，并规定在40h的工作周里，工人8h的接触粉尘量不能超过阈限。波兰的标准是按 $1cm^3$ 空气中 $0.5 \sim 5\mu m$ 尘粒的粒数制定的，粉尘浓度取决于稳定的不可燃岩粉含量，最大允许浓度可达1500 粒/ $cm^3$；不可燃岩粉含量超过70%时，则允许浓度逐步降到1300 粒/ $cm^3$；当粉尘中含有 $SiO_2$ 时，允许值将进一步降低。英国按照采矿研究所研制的计重粉尘采样器所采集的计重浓度来制定呼吸性粉尘浓度标准，工作场所粉尘浓度规定为：凿岩巷不超过 $3mg/m^3$，其他场所不超过 $8.0mg/m^3$，试样以整班采取的为基础。采矿工作面及掘进工作面每月采一次样，回风道的装载点和转载点每季采一次样；采矿工作面采矿班每半年采一次样，准备班每年采一次样。

粉尘中游离 $SiO_2$ 的含量对矽肺病的发生和发展起着至关重要的作用。有的标准中把游离的 $SiO_2$ 含量划分成若干区段,有的按游离 $SiO_2$ 含量用公式来确定粉尘容许浓度。波兰的试行标准中,把粉尘按游离 $SiO_2$ 含量大于70%、在10%~70%范围内、小于10%和不含游离 $SiO_2$ 划分成四个等级,其相应容许浓度为 $1mg/m^3$、$2mg/m^3$、$4mg/m^3$、$10mg/m^3$。而美国、日本、南斯拉夫、比利时、印度等国则根据粉尘中游离 $SiO_2$ 的含量多少,按公式计算粉尘的容许浓度。如日本在1980年修改后的规程中,对游离 $SiO_2$ 含量的粉尘浓度做了如下规定:

(1) 游离 $SiO_2$ 含量大于10%的粉尘浓度计算公式是:

$$呼吸性粉尘容许浓度 = \frac{2.9}{粉尘中SiO_2\ 含量(\%) \times 0.22 + 1} \quad (mg/m^3) \quad (4-6)$$

$$总粉尘容许浓度 = \frac{12}{粉尘中SiO_2\ 含量(\%) \times 0.23 + 1} \quad (mg/m^3) \quad (4-7)$$

(2) 游离 $SiO_2$ 含量小于10%的粉尘浓度容许浓度是:呼吸性粉尘,$1mg/m^3$;总粉尘,$3mg/m^3$。

呼吸性粉尘指能够沉积在肺泡内的微细粉尘,这种粉尘是导致尘肺的主要原因。各国规定的呼吸性粉尘粒径上限不一致,美国定为 $10\mu m$,英国和日本定为 $7.1\mu m$,而且都规定了呼吸性粉尘采样效率曲线,我国尚无明确规定。

总粉尘浓度指包括呼吸性粉尘和非呼吸性粉尘在内的各种粒径的粉尘浓度。最近国际标准化组织建议,$30\mu m$ 以下的粉尘颗粒称为总粉尘。

短周期浓度包括1~2min的快速测粉尘浓度及30min以内短时间采样所得的浓度。短周期采样在产生粉尘作业时间内测定,并能测定粉尘的最高浓度,一个班可重复多次测定,在确定尘源位置测定通风和除尘装置效果,测定除尘效率在指导防尘等方面起着重要作用。长周期浓度是连续采样所得的结果,在测定周期内不管是否作业都采样,它是一种时间加权平均浓度。长周期浓度一般指4h以上、全工班8h或连续几个班连续采样所测得的浓度。

我国现行的粉尘浓度标准,对防治粉尘危害、进行卫生监督、控制尘肺发病、提供设计依据和保护工人健康起到了积极和重要的作用。表4-6所示为《工作场所空气中粉尘测定 第2部分:呼吸性粉尘浓度》(GBZ/T 192.2—2007) 规定的作业场所粉尘浓度。

**表4-6 作业场所粉尘浓度标准** （$mg/m^3$）

| 项 目 | 按 $SiO_2$ 含量分级 | 呼吸性粉尘浓度 | | 总粉尘浓度 | |
|---|---|---|---|---|---|
| | | 短周期 | 长周期 | 短周期 | 长周期 |
| 方案 | 一级（<10%） | 2.0 | 1.2 | 6.0 | 4.0 |
| | 二级（10%~50%） | 0.6 | 0.4 | 2.0 | 1.4 |
| | 三级（>50%） | 0.3 | 0.2 | 1.0 | 0.6 |

各阶段粉尘测点浓度数据如表4-7所示。根据测点数据可得,共有测点87个,其中符合标准的测点有52个,通过计算可以得出:

$$作业场所粉尘浓度合格率 = \frac{合格的粉尘测点数}{总的粉尘测点数} \times 100\% = \frac{52}{87} \times 100\% = 59.77\%$$

$$(4-8)$$

表 4 - 7 作业场所粉尘浓度测试表 （mg/m³）

| 测点 \ 场所 | 2762m 阶段 | 2882m 阶段 | 2942m 阶段 | 3002m 阶段 |
|---|---|---|---|---|
| 1 | 1.64 | 1.2 | 0.4 | 2.6 |
| 2 | 1.68 | 1.1 | 2.5 | 3.9 |
| 3 | 20 | 0.9 | 1.8 | 2.6 |
| 4 | 14.4 | 1.1 | 1.7 | 1.2 |
| 5 | 0.88 | 1.1 | 2.4 | 1.7 |
| 6 | 1.28 | 1.1 | 6.6 | 0.7 |
| 7 | 1.52 | 1.2 | 4.5 | 0.4 |
| 8 | 0.13 | 2 | 2.1 | 1 |
| 9 | 0.08 | 3.2 | 3.1 | 0.1 |
| 10 | 12.2 | 2.4 | 4.4 | 0.1 |
| 11 | 2.4 | 2.2 | 4.5 | 0.9 |
| 12 | 3.2 | 1.3 | 3.5 | 0.5 |
| 13 | 1.7 | 0.5 | 6.5 | 0.9 |
| 14 | 2.3 | 1 | 4.6 | 0.37 |
| 15 | 2.2 | 1.3 | 3.2 | 0.48 |
| 16 | 1.6 | 1.3 | 1.3 | 1.3 |
| 17 | | 0.4 | 1.6 | 1.2 |
| 18 | | 0.3 | 3.2 | 0.8 |
| 19 | | 0.4 | 1.1 | 1.6 |
| 20 | | 0.4 | | 2 |
| 21 | | 0.9 | | 1.6 |
| 22 | | 8.6 | | 33.6 |
| 23 | | 2.6 | | 2.8 |
| 24 | | 2.6 | | 2 |
| 25 | | 0.4 | | 1.6 |
| 26 | | 8.1 | | 1.2 |

**F 主风机运转稳定性**

矿井主风机担负着给全矿通风的重任，它运转的稳定与否很大程度上影响着矿井的正常生产。主风机担负着整个矿井或一翼的通风，一直在长期连续运转，其运转稳定性对矿井通风系统的安全具有决定性的影响，如果主风机运转不稳定，将使其所担负区域内的用风地点的风量不稳定。因此，它是表征矿井通风系统安全可靠性的最重要指标。主风机运转稳定性是指风机工况点是否在合理范围内、各风机之间是否相互干扰，用 $f$ 表示，其计算方法见下式：

$$f = \frac{h_s}{h_{s,\max}} \tag{4-9}$$

式中　$h_s$——矿井主风机的实际工作风压，Pa；

　　　$h_{s,max}$——矿井主风机的最高风压，Pa。

从安全角度考虑，由于轴流式风机的性能曲线有马鞍形区段，主风机的工况点进入此区段就会喘振，运转不稳定。因此，限定主风机的实际工作风压上限不得超过最高风压的90%。从经济角度出发，主风机的运转效率不应低于60%，通过对各主风机的性能曲线进行分析，效率为60%时对应的风压值与最高风压的比值为50%。因此，限定主风机的实际工作风压不得低于最高风压的50%。

$f$ 的取值规则如下：

当矿井有一台风机时，$f = \dfrac{h_s}{h_{s,max}}$。当矿井有多台风机联合运转时，若所有主风机的 $\dfrac{h_s}{h_{s,max}}$ 值均在 $0.5 \leqslant f < 0.9$ 范围内，任取一个值作为 $f$ 值；若所有主风机的 $\dfrac{h_s}{h_{s,max}}$ 值均在 $0.2 \leqslant f < 0.5$ 范围内，取其中较小的一个作为 $f$ 值；若有一台或一台以上主风机的 $\dfrac{h_s}{h_{s,max}} < 0.2$ 或 $\dfrac{h_s}{h_{s,max}} \geqslant 0.9$，就在 $\dfrac{h_s}{h_{s,max}} < 0.2$ 或 $\dfrac{h_s}{h_{s,max}} \geqslant 0.9$ 范围内任取一个风机的 $\dfrac{h_s}{h_{s,max}}$ 作为 $f$ 值。

当 $0.5 \leqslant f < 0.9$ 时，矿井主风机运转稳定；当 $0.2 \leqslant f < 0.5$ 时，矿井主要风机较稳定；当 $f < 0.2$ 或者 $f \geqslant 0.9$ 时，风机运转不稳定。

锡铁山铅锌矿有两台主风机，实际测得的矿井主风机的工作平均风压约为2946.5Pa，最高风压为3312Pa，所以 $f \approx 0.89$。

G　矿井风压合理性

矿井风压合理性是指矿井的风量与风压合理匹配的程度。矿井通风需要消耗能量，风压越高，表明消耗的能量越多，使得矿井通风管理难度越大，漏风的几率和风量也越大，从而导致有毒有害气体浓度超标的可能性越大。在实际生产中，应该尽量使矿井的风压降低。从风量与风压的关系式中可以看出，风压与风量的平方成正比。对于不同需风量的矿井，要求其风压相等是不可能的，但要求矿井风压与风量合理匹配是可以实现的。

矿井风压合理性是指矿井主风机工作风量与通风系统阻力的合理匹配程度，用 $f_1$ 表示。欲使矿井主风机工作风量与通风系统阻力之间合理匹配，应满足表4-8所示的关系。矿井风压合理性计算式为：

$$f_1 = \begin{cases} \dfrac{h_r}{1500}, & 0 < Q_f \leqslant 60 \\[2mm] \dfrac{h_r}{2000}, & 60 < Q_f \leqslant 83 \\[2mm] \dfrac{h_r}{2500}, & 83 < Q_f \leqslant 167 \\[2mm] \dfrac{h_r}{3000}, & Q_f > 167 \end{cases} \qquad (4-10)$$

式中　$h_r$——矿井通风系统阻力，Pa；

　　　$Q_f$——主风机工作风量，$m^3/s$。

**表 4-8　主风机工作风量与通风系统阻力的关系**

| 主风机工作风量/m³·s⁻¹ | 0~60 | 60~83 | 83~167 | >167 |
|---|---|---|---|---|
| 通风系统阻力/Pa | ≤1500 | ≤2000 | ≤2500 | ≤3000 |

当 $0 < f_1 \leq 1$ 时，风压较合理；当 $1 < f_1 \leq 1.5$ 时，矿井风压偏大，基本合理；当 $f_1 > 1.5$ 时，应进行调整，使风压尽快降至合理范围内。

根据计算，矿井通风系统阻力大概为 2600Pa，风量约为 70m³/s，因此由式（4-10）可得：$f_1 = 1.3$。

H　矿井通风监测仪表完好率

在井下有许多有毒有害气体积聚或者易发生事故的地方，这些地方不可能人为地长时间进行监测，这就需要自动监测系统进行监测。监测的目的是取得通风参数动态的、可靠的数据，再由计算机实现对矿井通风系统网络的自动控制，自动调节风流，改变不合格的井下环境，保护工人的身体健康和生命安全，预防事故的发生，为工人提供舒适、安全的工作环境。矿井通风监测的内容包括两个方面：一是通风设备和设施的状态参量监测；二是主要通风参数和气体浓度数据参量监测。状态参量监测有主要风机、辅助风机和局部风机的开停，风门开关等的判断；数据参量监测有 $O_2$、$CO_2$、$CO$ 和粉尘等的浓度测量，风速、温度、湿度和压力等的数量测量。矿井通风监测是检查矿井通风效果必不可少的手段，是矿井通风可靠性的重要组成部分。通过监测可以掌握矿井通风的状态，及时发现存在的问题，以便采取措施，防止事故发生；反之，如果没有及时、准确的通风监测，往往会酿成重大事故。

在井下布置监测仪表数量的多少随生产矿井的不同而不同。用监测仪表绝对数量的多少不能客观衡量矿井通风受监测的程度，采用矿井通风监测仪表完好率，即实际完好利用的监测仪表的数量与应设监测仪表的数量之比来评判，则能做出一个较客观的评价。

为了保证矿山安全生产，根据矿井生产布局情况，在采掘工作面等用风地点的进回风、大型机电设备（采煤机、掘进机、变电站、绞车房）附近、通风设备（主风机、辅助风机和局部风机）与通风设施（风门）的状态等地点应布置相应的监测仪表。

矿井通风监测仪表完好率是指实际设置的、能够完好使用的监测仪表的数量与应设置的监测仪表总数之比，用 $f_2$ 表示：

$$f_2 = \frac{n}{N} \times 100\% \qquad (4-11)$$

式中　$n$——矿井实际设置的、能够完好使用的监测仪表的数量；

　　　$N$——应设置的监测仪表总数。

一般来讲，当 $0.9 \leq f_2 \leq 1$ 时，矿井监测系统合格；当 $0.8 \leq f_2 < 0.9$ 时，矿井监测系统基本合格；当 $f_2 < 0.8$ 时，矿井监测系统需要整改或补充监测仪表。

根据现场调查，锡铁山铅锌矿通风监测的实际情况是：矿井监测各种有毒有害气体的监测仪表有 12 个，根据矿井实际情况，初步估计井下需要 120 个左右，所以 $f_2 = 10\%$。

4.2.4.2　经济合理性指标

A　主风机综合效率

主风机是矿山用电量较多的设备之一，其所耗电量一般占矿井总用电量的 20% 左右，其运行效率的高低直接影响着矿井的经济效益，是影响通风系统运转的一个重要指标。

主风机的综合效率就是电动机输入功率与主风机输出功率之比，包括电动机效率、传动效率、主风机效率。风机传动效率的大小与传动方式有关。直接传动时，其传动效率就是1；皮带传动时，由于不方便直接测量，而且传动效率基本上始终保持恒定，根据实验一般取传动效率为0.9。主风机综合效率是主风机效率、传动效率和电动机效率的乘积，用 $f_3$ 表示，即：

$$f_3 = \begin{cases} \eta \\ \dfrac{\eta}{0.9} \end{cases} \qquad (4-12)$$

$$\eta = \eta_{\text{通}} \cdot \eta_{\text{传}} \cdot \eta_{\text{电}} = \frac{Q_f h_s}{\sqrt{3} UI \cos\varphi} \times 100\% \qquad (4-13)$$

式中　$\eta$——主风机综合效率；

　　　$\eta_{\text{通}}$——主风机效率；

　　　$\eta_{\text{传}}$——传动效率；

　　　$\eta_{\text{电}}$——电动机效率；

　　　$Q_f$——主风机工作时的风量，$\text{m}^3/\text{s}$；

　　　$h_s$——主风机的风压，Pa；

　　　$U$——电动机的输入电压，V；

　　　$I$——电动机的输入电流，A；

　　$\cos\varphi$——功率因数。

在实际测定过程中，不论是直接传动还是皮带传动，由于拆卸比较麻烦，传动效率、电动机效率都不测，根据电动机手册大致取值。电动机效率一般取 $\eta_{\text{电}} = 0.9$。传动效率，直连时取 $\eta_{\text{传}} = 1$，皮带传动时一般取 $\eta_{\text{传}} = 0.9$。实际测出 $Q_f$、$U$、$h_s$、$I$、$\cos\varphi$，然后根据所取的 $\eta_{\text{电}}$、$\eta_{\text{传}}$ 值来计算主风机效率，显然这样计算出来的主风机效率是有一定偏差的，可通过 $\eta_{\text{电}}$、$\eta_{\text{传}}$ 计算主风机综合效率。

根据规程规定，主风机效率不得低于60%。依据上述界定标准，直连时 $\eta_{\text{传}} = 1$，电动机效率 $\eta_{\text{传}} = 0.9$，可以推出主风机综合效率的界定标准为：综合效率在63%以上为合格，在54%~63%之间为基本合格，在54%以下为待整改状态。

皮带传动时，传动效率 $\eta_{\text{传}} = 0.9$，将计算出的主风机效率除以0.9，就能应用以上的界定标准。

多台主风机联合运作时，分别计算各台主风机的综合效率，然后进行比较，取较小的值作为 $\eta$ 值。

锡铁山铅锌矿的两台主风机型号为 DK4-6-21，风压范围为 730~3312Pa，风量为 50~119.7 $\text{m}^3/\text{s}$，转速为980r/min，输入功率为200kW，传动方式为直连。经现场检测计算得：$Q_f = 72.4 \text{m}^3/\text{s}$，$U = 215.7\text{V}$，$I = 902.3\text{A}$，$h_s = 2210\text{Pa}$，$\cos\varphi = 0.9$，由式（4-13）可得 $\eta = 52.74\%$。

B　吨矿通风电耗

主风机电耗和局部风机电耗是矿井通风电耗中的主要部分，大约占全矿耗电量的20%，因此，吨矿通风电耗是一个表现矿山经济性的指标。矿井吨矿通风量与矿井的生产能力、矿井类型有关，对于不同的矿井，由于难以用确定的客观标准来衡量，不同矿井之间不具有可比性，不便于做评判。而吨矿通风电耗则表明矿井相对的吨矿通风电耗，具有可比性，可以用来做评判。

吨矿通风电耗是传统的矿井通风系统评价的经济性指标，全国非煤矿山平均通风电耗为 $5kW \cdot h$，所以设定 $5kW \cdot h$ 为通风电耗的标定值。

主风机电耗和局部风机电耗是矿井通风电耗中的主要部分，故只计算这两部分即可。主风机电耗以实际测定的电动机的输入功率来计算，局部风机基本上在额定功率下运行，故以它的额定功率来计算其电耗。

经现场检查，锡铁山铅锌矿主风机的实际输入功率为 $P = UI = 194.626kW$，共有 2 台主风机；局部风机的额定功率为 11kW，共有 52 台局部风机；在 7、8、9 三个月共出矿约 365500t。经计算，在 7、8、9 三个月内吨矿通风电耗为 $5.74kW \cdot h$。

### 4.2.4.3 技术可行性指标

#### A 通风构筑物合理率

在井下，通风构筑物起着较大作用，矿井通风构（建）筑物是矿井通风系统中的风流调控设施，用以保证风流按生产需要的线路流动。矿井通风设施是指设置在矿井通风巷道中用于控制风流方向和大小的通风构筑物，包括永久性和临时性风门、风窗、风桥、风墙，但不包括防火墙、防火门、均压风墙、均压风窗、反风风门等防灾设施。通风设施的质量与布置的合理性，直接关系到矿井通风系统的稳定性和可靠性。因此，需要建立相应的评价指标考查其对通风系统的影响。

通风构筑物（如风门、密闭墙等）在井下有调节风流大小和影响风向的作用，其位置是否正确、功能是否能够正确实现对通风系统也具有重要作用，所以，通风构筑物合理率也是一个通风系统评价的重要指标。

风门漏风量一般不超过 2%，若超过，则认为此处风门不合格。常闭风门应能自关，通车风门要实现自动化，进、回风巷道之间的双道风门之间要装有闭锁装置，否则认为此处风门不合格。若矿井风墙不合格，出现了漏风，漏风量超过 2%，则也认为其不合格。

锡铁山铅锌矿的通风构筑物情况是：现有密闭墙 39 道、风门 35 道、调节风窗 5 个、无风桥，其中合格的密闭墙为 34 道、风门为 30 道、调节风窗为 4 个。

$$通风构筑物合理率 = \frac{合格的通风构筑物数量}{总的通风构筑物数量} \times 100\% = \frac{34 + 30 + 4}{39 + 35 + 5} \times 100\% = 86.1\%$$

$$(4 - 14)$$

#### B 矿井等积孔

与矿井风阻值相当的假想薄壁孔口面积，称为矿井通风系统等积孔。它是衡量矿井通风难易程度和网络结构合理性的指标，其值取决于矿井通风网络的风阻和结构特性。矿井等积孔 $A$ 的计算公式如下：

$$A = 1.19 \frac{Q}{\sqrt{h_{Rm}}}$$

$$(4 - 15)$$

式中　$Q$——矿井总风量，$m^3/s$；

$h_{Rm}$——矿井通风总阻力，Pa。

正确理解矿井等积孔计算公式中各参数的意义，是计算等积孔的基础。但在计算时，由于对公式中各参数的选择和测算不妥，在实际通风管理中往往出现计算错误。在正常生产的矿井中，矿井等积孔的实质是矿井风阻，所以式（4-15）中，$Q$ 为通过巷道或矿井的风量（$m^3/s$），而不是主风扇排风量；$h_{Rm}$ 为巷道或矿井的通风阻力（Pa），通常为风机进风风洞处相对静压、动压、自然风压的代数和，而不是主风扇风压。对多台主风扇并联的抽出式运转通风的矿井，矿井总阻力 $h$ 是按各系统 $h_i$ 采取加权平均求出的，即：

$$h = \frac{\sum\limits_{i=1}^{n} h_i Q_i}{Q_i} \tag{4-16}$$

式中　$h_i$——每台主风扇通风系统阻力，Pa；

　　　$Q_i$——每个系统的风量，$m^3/s$。

由于矿井通风阻力 $h_{Rm}$ 约为 2600Pa，系统的风量 $Q$ 约为 $70m^3/s$，由式（4-15）计算可得：$A = 1.63m^2$。

C　用风地点风量供需比

矿井实际供风量需要满足矿井需要风量的要求，它是保证井下各作业地点有足够风量的前提条件，也是改善劳动环境和安全生产的基础。矿井的实际供风量随矿井井型、矿井类型的不同而不同，难以用确定的客观标准来衡量其风量的优劣。而矿井风量供需比较直观，能说明井下用风的满足程度。

用风地点风量供需比是指在一个观测周期内，矿井各用风地点实际风量与需风量之比。其值反映了通风系统为矿井提供风量的有效性，是通风系统可靠性的基础。用风地点的风量供需比 $\beta$ 作为风量合格性指标，其计算公式如下：

$$\beta = \frac{Q}{Q_0} \tag{4-17}$$

式中　$Q$——矿井实际通过的风量，$m^3/s$；

　　　$Q_0$——矿井所需风量，$m^3/s$。

鉴于日常产量的波动、用风地点风量调整所需的富余量、风量测量仪器及人为的误差量，故供风量应大于需风量；但又考虑到计算需风量时已加入了安全富余系数，如果供风量超过需风量太大，则必然导致过风断面的风速过大，引起粉尘飞扬，且增大通风阻力，故用风地点风量供需比的上限应有所限制。据此，风量供需比宜在 1~1.2 之间。

同时通风点总数，是指在同一通风系统内同时进行通风的通风点数之和。同一通风系统内的通风点即指在同一通风网路内的通风点，而不是全矿区通风点。一个矿区如有几个通风系统，则要分系统计算。所谓同时，是指同一作业班，不能将一日三班的通风点都作为同时通风点。通风点一般可分为两类：一类是需要全日通风的通风点，如炸药库、水泵房、厕所等；另一类是分班通风的通风点，如采场、掘进头、支护地点等。对前一类通风点，应通过实地调查统计出来；对后一类通风点，原则上应以矿山的作业计划为依据，经现场核实，由测定、生产、通风三方面人员共同商定。其确定的原则和步骤是：首先根据矿山正常的生产条件，分班列出通风点（包括备用的）计划表，选择同时通风点最多（即风量最大）的作业班来确定通风点总数，然后由上述三方面人员一同到现场逐一落实，以此为测定布点的依据。

经实地检查，锡铁山铅锌矿井下共有 12 个回采工作面、20 个备用工作面、6 个掘进工作面、11 个硐室及其他用风地点，井下没有不合理的串联通风地点。总需风量为 134.70m³/s，矿井总供风量约为 140m³/s，所以风量供需比为 $\frac{140}{134.7} = 1.03$。

### 4.2.4.4 高寒地区特点指标

#### A 自然风压对通风系统的影响

在高寒地区，自然风压对通风系统的作用很明显，在很大程度上影响着通风系统。为了掌握自然风压对通风系统的影响，最大限度地降低自然风压对矿井通风的影响，需要对其加以重视。

自然风压既可作为矿井通风的动力，也可能是事故的肇因。自然风压对通风系统的作用有两种：一是促进通风系统通风，即产生的自然风流和风机产生的风流方向相同；二是阻碍通风系统通风，即产生的自然风流和风机产生的风流方向相反。当自然风压阻碍风机工作时，一方面增加了通风阻力，降低了通风量，不利于采掘工作面的生产；另一方面，加大了风机的电耗，造成经济损失，甚至造成事故。因此，研究对自然风压的控制和利用具有重要意义。

自然风压的作用就是抑制或者促进通风，所以设定自然风量与同时在井下工作的工作人员最多时需风量之比为评价指标。根据锡铁山铅锌矿的实际情况，每班最多有 200 个工作人员在井下工作，根据标准可得需风量为：$200 \times 4 = 800 \text{m}^3/\text{min} \approx 13.3 \text{m}^3/\text{s}$，所以评价指标变为 $C = \dfrac{Q}{13.3}$。式中，$Q$ 为自然风量，其设定有正负，与风机作用方向相同者为正，相反为负。经现场测量，自然风量 $Q = 4.256$，计算得：$C = -0.32$。

#### B 高寒地区作业场所氧含量合格率

在高寒地区由于缺氧，其氧浓度和平原地区是有区别的。高寒地区的特点就是氧气浓度较低，缺氧能产生各种对人体有害的作用和使劳动效率下降。

矿内空气的主要成分是 $O_2$、$N_2$ 和 $CO_2$。而 $N_2$ 为惰性气体，在井下变化很小，因此主要考虑 $O_2$ 和 $CO_2$。在平原地区，人进行正常呼吸时空气中的 $O_2$ 不能少于 16%。人体维持正常生命过程所需的氧量取决于人的体质、神经与肌肉的紧张程度，休息时需氧量为 0.25L/min，工作和行走时为 1~3L/min。平原地区氧含量对人体的影响见表 4-9。

表 4-9 平原地区氧含量对人体的影响

| 环境条件 | 氧含量/% | 人体反应 |
|---|---|---|
| 舒适 | >20 | 正常工作 |
| 工效 | 17~20 | 从事紧张的工作时会感到心跳和呼吸困难 |
| 可耐受 | 15~17 | 失去劳动能力 |

气管氧气分压的计算公式为：

$$P = F(P_b - 6.27) \tag{4-18}$$

式中　$P$——气管氧气分压，kPa；

　　　$F$——吸入气中干燥成分的氧气分压，kPa；

　　　$P_b$——大气压力，kPa；

　　6.27——37℃条件下的饱和水气压，kPa。

不同海拔高度氧气分压如表 4 – 10 所示，根据《金属非金属矿山安全规程》（GB 16423—2006）规定，氧气浓度不得低于 20%。对应于海平面 20% 氧气浓度，在海拔 2700 ~ 3000m 时的氧气浓度为：

$$X = \frac{74.11 - 6.27}{101.325 - 6.27} \times 20\% \approx 14.30\% \qquad (4-19)$$

所以，在海拔 3000m 处氧气浓度不得低于 14.30%。

表 4 – 10　不同海拔高度氧气分压表

| 高度/km | 压力/kPa | 气管氧气分压/kPa | 相当于地面氧含量/% |
| --- | --- | --- | --- |
| 0 | 101.3 | 19.92 | 20.0 |
| 0.5 | 95.63 | 18.68 | 19.7 |
| 1.0 | 90.17 | 17.51 | 18.4 |
| 1.5 | 84.32 | 16.4 | 17.3 |
| 2.0 | 79.27 | 15.34 | 16.2 |
| 2.5 | 74.48 | 14.33 | 15.1 |
| 3.0 | 69.96 | 13.37 | 14.1 |
| 3.5 | 65.67 | 12.46 | 13.1 |
| 4.0 | 61.46 | 11.60 | 12.2 |
| 4.5 | 57.73 | 10.78 | 11.4 |

由表 4 – 11 可以得到氧气测点共 126 个，其中合格测点为 68 个，通过计算可得出：

$$高寒地区作业场所氧含量合格率 = \frac{68}{126} \times 100\% = 53.97\% \qquad (4-20)$$

表 4 – 11　作业场所氧气浓度测试表　　　　　　　　　　　　　　（%）

| 场所测点 | 3142m 阶段 | 3062m 阶段 | 3002m 阶段 | 2942m 阶段 | 2882m 阶段 | 2822m 阶段 | 2762m 阶段 | 2702m 阶段 | 斜坡道 |
| --- | --- | --- | --- | --- | --- | --- | --- | --- | --- |
| 1 | 14.4 | 14.2 | 14.2 | 14.5 | 14.6 | 14.7 | 15.4 | 14.4 | 14.4 |
| 2 | 14.4 | 14.1 | 14.2 | 14.4 | 14.7 | 14.6 | 15.4 | 14.5 | 14.24 |
| 3 | 14.0 | 14.0 | 14.2 | 14.4 | 14.6 | 14.5 | 15.3 | | 14.2 |
| 4 | 13.9 | 14.0 | 14.1 | 14.4 | 14.5 | 14.4 | 15.2 | | 14.2 |
| 5 | 14.4 | 14.0 | 14.4 | 14.4 | 14.4 | 14.3 | 15.1 | | 14.3 |
| 6 | 13.9 | 14.0 | 13.9 | 14.4 | 14.6 | 14.5 | 15.1 | | 14.1 |
| 7 | 13.9 | 14.0 | 14.0 | 14.4 | 14.6 | 14.2 | 15.1 | | 14.2 |
| 8 | 13.9 | 14.5 | 13.9 | 14.4 | 14.6 | 14.2 | 15.1 | | 14.2 |
| 9 | 13.9 | 14.4 | 13.8 | 14.4 | 14.6 | 14.2 | 14.9 | | 14.2 |
| 10 | 14.4 | 14.1 | 13.8 | 14.3 | 14.6 | 14.2 | 14.4 | | 14.2 |
| 11 | 14.3 | 14.1 | 13.6 | 14.3 | 14.6 | 14.3 | 14.0 | | 14.3 |
| 12 | | 14.1 | 13.9 | 14.4 | 14.6 | 14.4 | 13.7 | | 14.3 |

| 测点 \ 场所 | 3142m 阶段 | 3062m 阶段 | 3002m 阶段 | 2942m 阶段 | 2882m 阶段 | 2822m 阶段 | 2762m 阶段 | 2702m 阶段 | 斜坡道 |
|---|---|---|---|---|---|---|---|---|---|
| 13 | | 14.1 | 13.8 | 14.2 | 14.6 | 14.4 | 13.7 | | 14.4 |
| 14 | | 14.1 | 13.8 | 14.2 | 14.6 | | 13.9 | | 14.4 |
| 15 | | 14.1 | 13.9 | 14.14 | 14.5 | | 14.1 | | 14.4 |
| 16 | | 14.1 | 13.9 | 14.1 | 14.6 | | 14.4 | | 14.4 |
| 17 | | 14.2 | 13.8 | 14.1 | 14.4 | | 14.4 | | |

#### 4.2.4.5 评价指标等级划分

把评价指标等级划分为合格、基本合格、待整改三个级别，整个矿井通风系统的评价等级也划分为这三个等级。根据大量矿井实际统计数据、现场经验和各方面的要求，对各项指标进行等级界定，如表 4 - 12 所示。

表 4 - 12 矿井通风系统综合评价指标等级界定表

| 项 目 | 编号 | 单位 | $U_1$ | $U_2$ | $U_3$ |
|---|---|---|---|---|---|
| 通风构筑物合理率 | $c_1$ | % | 70 | 80 | 90 |
| 矿井等积孔率 | $c_2$ | $m^2$ | 1.0 | 1.1 | 1.2 |
| 用风地点风量供需比 | $c_3$ | | 1.0 ~ 1.2 | 1.3 | 1.5 |
| 自然风压对通风系统的影响 | $c_4$ | | 0 | 0.5 | 1 |
| 高寒地区作业场所氧含量合格率 | $c_5$ | % | 70 | 80 | 90 |
| 主风机运转稳定性 | $c_6$ | | 0.2 | 0.5 | 0.9 |
| 作业场所温度合格率 | $c_7$ | % | 50 | 70 | 90 |
| 作业场所湿度合格率 | $c_8$ | % | 50 | 70 | 90 |
| 作业场所 CO 浓度合格率 | $c_9$ | % | 70 | 80 | 95 |
| 作业场所粉尘浓度合格 | $c_{10}$ | % | 70 | 80 | 90 |
| 作业场所 $NO_2$ 浓度合格率 | $c_{11}$ | % | 70 | 80 | 95 |
| 矿井通风监测仪表完好率 | $c_{12}$ | % | 70 | 80 | 90 |
| 矿井风压合理性 | $c_{13}$ | | 0 | 1 | 1.5 |
| 吨矿通风电耗 | $c_{14}$ | $kW \cdot h$ | 4 | 5 | 6 |
| 主风机综合效率 | $c_{15}$ | % | 50 | 70 | 80 |

## 4.3 矿井通风系统综合评价方法分析

矿井通风系统综合评价就是对矿井的通风系统进行一个全面的评价，对矿井通风系统的状态进行评定，确认矿井通风系统的等级，找出通风系统的不足，为通风系统优化提供帮助和指导。

### 4.3.1 综合评价的要点

对矿井通风系统的综合评价就是根据矿井通风系统的条件，选取能够代表通风系统各个部分的指标，根据各个指标的现实情况给予赋值，然后利用一定的方法，把这些指标综合起来表示整个通风系统的情况。通过综合评价能够找出评价对象在各个方面的实际情况，便于采取措施以改善通风系统，使其保持良好状态。综合评价的要点如下：

（1）评价的目的。进行综合评价首先要明白评价的目的，对通风系统进行评价要明确被评价对象的情况、特点等。

（2）被评价的对象。要充分了解被评价对象，应了解它的工作原理、特点及工作过程。被评价对象的特点对评价方法的选择有很大影响。

（3）评价指标。所谓评价指标，是指根据研究的对象和目的，反映研究对象某一方面情况特征的依据。每个评价指标都是从不同侧面代表对象所具有的某种特征。评价指标体系是指由一系列相互联系的指标所构成的整体。它能够根据研究的对象和目的，综合反映出对象各个方面的情况。评价指标体系不仅受到评价对象与评价目标的影响，而且受到评价主体主观因素的影响。

（4）权重值。权重值的含义就是指标对评价结果的重要性。相对于某种评价目标来说，评价指标之间的相对重要性是不同的。评价指标之间的这种相对重要性的大小，可用权重系数来描述。指标的权重值简称权重，是指标对总目标的贡献程度。很显然，当被评价对象及评价指标都确定时，综合评价的结果就依赖于权重值，即权重值确定得合理与否关系到综合评价结果的可信程度。因此，对权重值的确定应特别谨慎。

（5）综合评价模型。所谓多指标综合评价，就是指通过一定的数学模型，将多个评价指标值"合成"为一个整体性的综合评价值。可用于合成的数学方法较多，问题在于如何根据评价目的及被评价对象的特点来选择较为合适的合成方法。

（6）评价结果。输出评价结果并解释其含义，依据评价结果进行决策。评价结果是对矿井通风系统工作情况的一个反映，根据评价结果去指导通风系统的改进。

### 4.3.2　评价方法综述

通风系统综合评价的方法很多，但每一种评价方法都有其使用的范围和适用的条件，所以，对通风系统进行综合评价必须首先了解各种评价方法的特点及它们的实用范围，选择最为合理的评价方法。综合评价是对研究对象进行综合分析的评价方法，其优越性是使人们对整个系统或局部的安全状况有一个整体的认识，使人们能区分轻重缓急，并有针对性的采取相应措施。用于综合评价的方法很多，但由于各种方法的出发点不同、解决问题的思路不同、适应对象不同，又各有优缺点，使得人们不知道选用哪种方法，也不知道评价结果是否可靠，基于这种现状，下面对不同的安全评价方法进行简单介绍。

#### 4.3.2.1　灰色系统评价法

在系统论和控制论中，常借助颜色来表示研究者对系统内部信息和系统本身的了解和认识程度。"黑"表示信息完全缺乏，"白"表示信息完全，"灰"表示信息不充分、不完全。相应地，信息不完全的数称为灰数，信息不完全的元素称为灰元，信息不完全的关系称为灰关系。系统中有信息不完全或不确知的现象称为系统的灰色性。具有灰色性的系统称为灰色系统。灰色系统评价法的主要步骤是：

（1）确定最优指标集；

（2）进行指标值的规范化处理；

（3）计算综合评价结果；

（4）评价分析。

其特点及注意事项如下：

（1）关联度分析是分析系统中各元素之间关联程度或相似程度的方法，其基本思想是依据关联度对系统排序。

（2）灰色关联分析法只是对评价对象的优劣做出鉴别，并不反映每组评价对象的绝对水平，具有相对评价的全部缺点。另外，灰色关联稀疏的计算还需要确定"分辨率"，而它的选择并没有一个合理的标准。

（3）无需确定权重即可定性地分析所定权重是否客观地反映了评价水平，即评价结果的客观性。

### 4.3.2.2 人工神经网络评价法

人工神经网络是模拟人脑神经元网络的一种计算方法。典型的生物神经元具有一个称为树突的部件，它从细胞中伸向其他神经元，并在称为突触的联结点上接受信息，然后将这些信息积累起来，当细胞中累加的激发信息超过某一值时，细胞被激活，该细胞通过被称为树突的部件向其他神经细胞改善相应的信息。模拟这种性能的神经网络及算法很多。从数学角度来看，神经网络是一组输入单元到输出单元的映射。人工神经网络评价法的主要步骤是：

（1）初始化网络及学习参数，如设置网络初始权矩阵、学习因子、势态因子等；

（2）提供训练模式，训练网络，直到满足学习要求；

（3）进行前向传播过程、反向传播过程。

其特点及注意事项如下：

（1）隐层单元数的选择选用试探法；

（2）在综合评价中，由于评价指标间一般没有统一的度量标准，无法直接比较，故应首先按照某种隶属度函数进行归一化处理；

（3）对于定性指标，应采取诸如专家打分法等量化办法进行量化，然后进行标准化处理；

（4）对于多层次评价指标体系，也可用 BP 网络训练，以最低层指标作为输入层，并建立适当的评价集，按照目标层、指标层逐步向顶层训练；

（5）BP 网络训练选取训练样本时，根据对典型企业进行综合评价或指标最优值得到；

（6）利用网络的训练过程来获取权重，尽可能地消除了人为影响，利用训练好的网络进行评价所得到的结果会更符合实际情况。

### 4.3.2.3 模糊综合评价法

所谓模糊综合评价，是指对受多种因素影响的事物或方案进行总的评价过程中涉及模糊因素的评价。模糊综合评价的实质是：评价是指按照指定的条件对事物（或方案）的优劣进行评比、判定，综合是指评价条件包含多个因素。对受多个因素影响的事物做出全面的评价时，必须按照指定的评判条件对每个对象赋予一个实数值作为评价的指标，以使综合评价指标的大小反映全面评价的高低。

综合评判的数学模型有一级模型和多级模型两种。对比较简单的问题，通过一级模型可以得到比较合理的评价结果；对比较复杂的问题或是在比较复杂的环境中进行评价时，由于要考虑的因素很多，各个因素往往又具有不同的层次，许多因素还具有比较强烈的模糊性，必须采用多级模糊综合评价。

模糊综合评价方法的主要步骤是：

（1）确定评价因素、评价等级；

（2）构造判断矩阵和确定权重；

（3）进行模糊合成和做出决策。

其特点及注意事项如下：

（1）隶属函数的确定方法有模糊统计法、三分法、套用F分布法。实际应用时，应根据指标的性质选择恰当的确定方法。对于实际讨论对象，有时要根据统计资料描绘出大致曲线，然后将之与模糊分布函数比较，选择最接近的一个，再根据实验确定符合实际的参数，进而写出隶属函数的表达式。

（2）对于复杂的多层次评价指标体系，可能出现两面的问题：一是因素过多，对它们的权重分配难以确定；二是即使确定了权重，由于需要归一化条件，每个因素的权值很小，再经过综合评判时会出现没有价值的结果。应采用多级（层次）模糊综合评判，按照因素和指标的情况分成若干层次，先进行低层次因素的综合评价，根据其评价结果再进行高层次的综合评价，如此，由底层向高层逐层进行。

（3）必须选择合适的综合评价的合成算子。

### 4.3.2.4 组合评价法

（1）层次分析法与模糊综合评判法的集成。将评价指标体系分成递阶层次结构，运用层次分析法确定各指标的权重，然后分层次进行模糊综合评判，最后综合出总的评价结果。其特点及注意事项如下：

1）在AHP的"同层次求单权重"步骤中，可采用"对数最小二乘法"；

2）该方法不仅准确、合理，而且在一般情况下可以省略各判断矩阵的一致性检验工作，所求得的运算式规范、简便，在计算机上容易实现。

（2）层次分析法与人工神经网络法的集成。分别运用层次分析法、专家咨询法与BP网络得出合理的权重，判断上述两种方法得出的结果中各指标的权重系数的重要程度排序是否一致，若不一致，则要反复调整参数直到满足要求，利用已得权重结果对各评价对象进行评价。

## 4.3.3 综合评价方法选择

在高寒地区，评价指标分级标准存在差异，例如有毒有害气体的限制浓度，由于压力的变化，在平原地区国标规定的限制浓度可能会不适用于高原地区，因此，评价的标准就应该根据实际情况进行修改。

矿井通风系统是一个相互关联、相互制约的多种因素影响的复杂动态系统。因此，矿井通风系统评价属于多因素综合评价问题。解决这一问题的传统方法有总分法和加权平均法。在分析复杂的矿井通风系统时，要用许多定性和定量指标来表示和区分系统的差别和特性，如矿井通风等积孔、风量供需比、矿井有效风量率、通风设施质量及分布等，这些表示特性的指标称为因素指标。因素指标一般受多因素控制，而且相互之间多表现为连续性、离散性、模糊性和灰色性。随着科学决策理论与技术及其相关科学的发展，层次分析法、模糊综合评价法等应运而生，并且在科学决策领域中的应用不断扩展，使得矿井通风系统的模糊综合评价成为可能。模糊综合评判主要用于多因素、多目标的决策评判问题。

高寒地区矿井通风系统是受许多因素制约的，这些因素相互交错，各自所起作用的大小不同，所以适合采用模糊综合评判方法。在模糊综合评判的过程中，权重系数的确定对评价结果有着直接的影响，权重系数确定的合理与否对于评价结果的可靠性、合理性尤为重要。目前，关于权重系数的确定方法有很多，如频数统计分析法、指标值法、灰色关联度法、因子分析法、模糊逆方程法、专家评估法、相关分析法、层次分析法等。

采用层次分析法确定权重系数，操作方便实用，结果比较客观；在整个过程体现了人的决策思维的基本特征，即分解、判断与综合，易学易用；而且定性与定量相结合，便于决策者之间彼此沟通，它是一种十分有效的系统分析方法。为此，本研究采用层次分析法确定指标的权重值。

根据锡铁山铅锌矿井下通风系统的特点，下面选取层次分析法和模糊综合评价方法进行评价。

### 4.3.4 基于模糊综合评价的高寒地区矿井通风系统评价研究

高寒地区矿井通风系统模糊综合评价，是利用模糊数学和层次分析法的组合方法对通风系统进行综合评价，评价的要点是各项指标隶属度的确定和指标权重值的确定。

#### 4.3.4.1 各项指标分级隶属函数的确定

由于其中有些指标级别的边界存在模糊性，需要采用建立各项指标分级隶属函数的方法予以表示，这样才能使评价更加准确。

A 隶属函数的确定方法

指标体系中的某些指标都具有模糊性、非线性和时变性的特点以及测量中出现困难的原因，难以对它们进行控制，模糊数学恰为处理这类事物提供了合适的数学手段。

论域 $X = \{x\}$ 上的模糊集合 $A$ 由隶属函数 $\mu_A(x)$ 来表示，其中 $\mu_A(x)$ 在区间 $[0, 1]$ 中取值，$\mu_A(x)$ 的大小反映了 $x$ 对于模糊集合 $A$ 的隶属程度。

论域 $X = \{x\}$ 上的模糊集合 $A$ 是指 $X$ 中具有某种性质的元素整体，这些元素具有模糊的界限，对于 $X$ 中任意一个元素，可根据该种性质，用 $[0, 1]$ 之间的数来表征该元素隶属于 $A$ 的程度。$\mu_A(x)$ 的值如果接近于 1，那就表示元素 $x$ 隶属于 $A$ 的程度很高；如果 $\mu_A(x)$ 的值接近于 0，表示元素 $x$ 隶属于 $A$ 的程度很低。

在实际应用中，可以把论域 $X$ 限制在实数范围内，一个正规简单模糊子集含有且只含有一点 $x_0$ 使 $\mu_A(x_0) = 1$，$x_0$ 可看做模糊集合 $A$ 的中心；还可以根据经验判定在 $x_0$ 的左右分别有一个点 $x_1$ 和 $x_2$，使得 $\mu_A(x_1) = 0$，$\mu_A(x_2) = 0$，而且当 $x_1 < x < x_2$ 时 $\mu_A(x) > 0$。可以用线性插值来得到其余各点的隶属函数，有以下形式：

$$\mu_A(x) = \begin{cases} [f_1(x)]^\alpha, & x_1 < x < x_2 \\ [f_2(x)]^\beta, & x_0 < x < x_1 \\ 0, & 其他 \end{cases} \tag{4-21}$$

式中，$f_1(x_1)$ 和 $f_2(x_2)$ 为线性函数，并满足 $f_1(x) = f_2(x) = 0$，$f_1(x_0) = f_2(x_0) = 1$。为了确定指数 $\alpha$ 和 $\beta$，可先确定模糊集合 $A$ 的边界点 $x_1^*$、$x_2^*$，它们满足 $\mu_A(x_1^*) = \mu_B(x_2^*) = 0.5$，则由上面可得：

$$\alpha = \frac{\lg 2}{\lg |f_1(x_1^*)|} \qquad (4-22)$$

$$\beta = \frac{\lg 2}{\lg |f_2(x_2^*)|} \qquad (4-23)$$

矿井通风系统的指标体系分为定性指标和定量指标。对于定量指标，可以直接应用上述正规简单模糊集合的构造方法；对于定性指标，应该根据标准采取专家打分的方法打分、量化，使其转化为定量指标。

**B　评价指标隶属度的确定**

构造评价指标的隶属函数，应先确定模糊集合为 $V = \{V_A, V_B, V_C\}$ 分别对应的指标等级 {合格、基本合格、待整改}。隶属函数的意义是，表明某个指标是属于 $V$ 中的某个子集。每个函数都由自变量、因变量、函数表达式构成，隶属函数也不例外，其构成如下：

（1）自变量。$d_i$ 表示各个指标的实际值。

（2）因变量。隶属度 $f_A(d_i)$、$f_B(d_i)$、$f_C(d_i)$ 表示各个指标属于子集合 $A$、$B$、$C$ 的程度。

同时，为了确定隶属函数，还要确定各个指标的升势、降势临界值点，根据大量实际矿井的统计数据、现场经验和理论分析，对各项指标确定分级界定标准。由于其中有些指标级别的边界存在模糊性，需要采用建立各项指标分级隶属函数的方法予以表示，以便更加确切地进行评价。

构造评价指标隶属函数的方法如下：

（1）下限指标。下限指标是指指标值越小越好的指标，其三个级别的隶属函数用下式表示：

$A$ 级：

$$f_A(c_i) = \begin{cases} 1, & c_i \leqslant u_1 \\ \dfrac{u_2 - c_i}{u_2 - u_1}, & u_1 < c_i < u_2 \\ 0, & c_i \geqslant u_2 \end{cases} \qquad (4-24)$$

$B$ 级：

$$f_B(c_i) = \begin{cases} 0, & c_i \leqslant u_1 \\ \dfrac{c_i - u_1}{u_2 - u_1}, & u_1 < c_i \leqslant u_2 \\ \dfrac{u_3 - c_i}{u_3 - u_2}, & u_2 < c_i < u_3 \\ 0, & c_i \geqslant u_3 \end{cases} \qquad (4-25)$$

$C$ 级：

$$f_C(c_i) = \begin{cases} 0, & c_i \leqslant u_2 \\ \dfrac{c_i - u_2}{u_3 - u_2}, & u_2 < c_i < u_3 \\ 1, & c_i \geqslant u_3 \end{cases} \qquad (4-26)$$

式中　$u_1$，$u_2$，$u_3$——分别为指标分级界定值。

（2）上限指标。上限指标是指指标值越大越好的指标，其隶属函数用下式表示：

$A$ 级：

$$f_A(c_i) = \begin{cases} 1 & , c_i \geqslant u_3 \\ \dfrac{c_i - u_2}{u_3 - u_2}, & u_2 < c_i < u_3 \\ 0 & , c_i \leqslant u_2 \end{cases} \tag{4-27}$$

$B$ 级：

$$f_B(c_i) = \begin{cases} 0 & , c_i \geqslant u_3 \\ \dfrac{u_3 - c_i}{u_3 - u_2}, & u_2 \leqslant c_i < u_3 \\ \dfrac{c_i - u_1}{u_2 - u_1}, & u_1 < c_i < u_2 \\ 0 & , c_i \leqslant u_1 \end{cases} \tag{4-28}$$

$C$ 级：

$$f_C(c_i) = \begin{cases} 0 & , c_i \geqslant u_2 \\ \dfrac{u_2 - c_i}{u_2 - u_1}, & u_1 < c_i < u_2 \\ 1 & , c_i \leqslant u_1 \end{cases} \tag{4-29}$$

（3）定性指标。需要根据《金属非金属地下矿山安全规程》（GB 16423—2006）进行打分，采用十分制，使定性指标转化为定量指标，然后构造建立隶属函数。可用下列公式表示：

$A$ 级：

$$f_A(c_i) = \begin{cases} 1 & , c_i \geqslant u_3 \\ \dfrac{c_i - u_2}{u_3 - u_2}, & u_2 < c_i < u_3 \\ 0 & , c_i \leqslant u_2 \end{cases} \tag{4-30}$$

$B$ 级：

$$f_B(c_i) = \begin{cases} 0 & , c_i \geqslant u_3 \\ \dfrac{u_3 - c_i}{u_3 - u_2}, & u_2 \leqslant c_i < u_3 \\ \dfrac{c_i - u_1}{u_2 - u_1}, & u_1 < c_i < u_2 \\ 0 & , c_i \leqslant u_1 \end{cases} \tag{4-31}$$

$C$ 级：

$$f_C(c_i) = \begin{cases} 0 & , \ c_i \geq u_2 \\ \dfrac{u_2 - c_i}{u_2 - u_1}, & u_1 < c_i < u_2 \\ 0 & , \ c_i \leq u_1 \end{cases} \tag{4-32}$$

#### 4.3.4.2　各项指标权重值的确定

利用评价指标对矿井通风系统进行评价时，各个指标对评价目的的作用并不是完全相同的，为了体现各个指标在评价中的重要程度和地位，就必须对重要度不同的指标赋予不同的权重值。权重是以数量的形式表现不同指标在评价当中的相对重要程度，权重值确定的正确与否对通风系统评价有很大的影响。

**A　权重值的确定方法**

权重值的确定方法主要有专家打分法、层次分析法、二项系数法，下面介绍这三种方法。

**a　专家打分法**

专家打分法主要是组织各领域的专家，运用专业方面的知识和经验，对各项指标的权重给予评定，然后进行平均。这类方法中，目前国内外广泛应用的有头脑风暴法（Brainstorm 法）和德菲尔法（Delphi 法）。这两种方法本来都是定性决策问题中的一种预测方法，但也可用于指标评分和确定权重。

头脑风暴法又称集思广益法，就是将决策（如指标权重的确定）问题的有关信息、数据收集以后，请许多人出主意、想办法，集思广益，从而提出好的决策意见。本法原来是采用会议的方式进行，大家可以提出好的决策意见，不受约束，不必受会议主持者和其他人的影响。这类方法的具体形式很多，中心目的是让大家能够自由大胆、不受约束、不受他人影响地发表个人见解，通过互相启发逐步趋向一定的结论。

德尔菲法本质上是一种反馈匿名询问法。其做法是：在对所要预测的问题征得专家的意见之后，进行整理、归纳、统计，然后匿名反馈给各专家，再次征求意见，如此再集中、再反馈，直至得到稳定的意见。这种方法的优点主要是：简便易行，具有一定科学性和实用性，可以避免会议讨论时产生的害怕权威随声附和、固执己见或因顾虑情面而不愿与他人意见冲突等弊病；同时也可使大家发表的意见较快收敛，参加者也易接受结论，具有一定程度综合意见的客观性。但其缺点是：由于专家一般时间紧，回答往往比较草率；同时，由于评价主要依靠专家，归根到底仍属于专家们的集体主观判断；此外，在选择合适的专家方面也较困难，征询意见的时间较长，对于需要快速判断的评价难以使用等。尽管如此，本方法因简便可靠，仍为一种常用的方法。

**b　层次分析法**

由美国运筹学家 T. L. Saaty 提出的层次分析法（简称 AHP 方法）是系统工程中经常使用的一种方法。层次分析法是用于解决多层次、多准则决策问题的一种实用方法，能够很好地处理多准则决策问题。它把一个复杂问题按各因素隶属关系由高到低表示为有序的递阶层次结构，分层排序，通过人们的判断，对每个层次、元素确定相对重要性，进行比较排序，最后把各层次定量关系联系起来得到总排序，作为决策依据。此外，层次分析法还能够统一处理决策中的定性和定量关系。

层次分析法通过两两比较的方法来确定判断矩阵，从而计算权重，当中间的某个环节

（即某两个指标的比较）出现失误时对整体造成的影响不大。并且该方法能较全面地收集各方面的信息和反映专家的意见，这是前两种方法所不及的。所以下文将运用层次分析法来求权重。层次分析法与其他方法比较具有以下一些优点：

（1）层次分析法适用于解决有许多评价标准，但又没有共同尺度来衡量的决策问题。

（2）回答或对比系数时，采用同等、稍微、相当、非常、极端等模糊分类，可以减轻决策者的负担。实际上，要严格回答没有明确尺度的因素间的比较系数是不可能的。层次分析法可用于解决因素之间关系不明确、定量分析困难的问题。

（3）遇到不满足一致性的数据，与修正数据相比，理解不一致性是容易的。正如沙旦所说：判定一致性的好坏只不过是个必要条件而已，糟糕的是必须重新修正成对比较数据。

（4）对复杂的或是构造不明确的问题，可在一定限制条件下进行部分的比较考察，然后再做综合的评价。

（5）层次分析法是一种定性和定量相结合、系统化、层次化的分析方法，在决策中充分考虑到了经验和直觉。

（6）层次分析法可以解决那些没有数据或者很难得到数据，但又必须做出决策的问题。

（7）团体决策时，要收集、综合有关成员的意见，在做出问题的层次分析结构以及成对比较的过程中以一个整体看待。

c　二项系数法

若各指标权重难以一下子就确定，可以运用二项系数法。引用此法首先要将各指标进行无量纲化、归一化。

对定量指标，各指标可能有不同的计量单位。设要考虑 $m$ 个指标 $P_1$、$P_2$、$\cdots$、$P_j$、$\cdots$、$P_m$，待评价方案有 $n$ 个，第 $i$ 个方案各指标的原计量单位的标值记为 $Y_{ij}$，由公式可计算出其相对应的无量纲值 $Z_{ij}$。对定性指标，可通过专家打分，用统计法求出其值，然后转化为无量纲的标准化值 $Z_{ij}$。

各指标均实现无量纲化和归一化后，确定第 $j$ 个指标的权重。首先，根据各指标的重要性依次进行排队编号。按照此优先次序，再对这 $m$ 个指标做一次对称排序，即最优先的置于中心位置，其次，按顺序由右至左轮流置于中心位置两旁。然后，按这样的对称排序，当 $m \rightarrow \infty$ 时，$m$ 个指标的概率分布趋于正态分布，这时各指标的权重 $W_j$ 按下列公式计算：

$$W_j = \frac{C_m^{j-1}}{2^m} \tag{4-33}$$

$$C_m^{j-1} = \frac{m!}{(j-1)! \, [m-(j-1)]!} \tag{4-34}$$

它类似于二项展开式中的各项指标系数，称为二项式加权系数，所以本法称为二项式系数法。

多目标可以综合成一个能从总体上进行衡量的总目标值，并且一般以加权和的方式表示：

$$U_i = \sum_{j=1}^{m} W_j Z_{ij} (i = 1,2,3,\cdots,n) \tag{4-35}$$

其中 
$$W_j = \frac{1}{2^m} \times C_m^{j-1}, \text{且} \sum_{j=1}^{m} W_j = 1 \qquad (4-36)$$

当某个指标在各方案中具有相同指标值时，称为"等价"。该指标可不列入。

B 层次分析法确定权重值

层次分析法确定权重值的主要步骤是：构造判断矩阵，进行矩阵一致性判断，计算权重。

构造判断矩阵主要是对每一层次中各因素的相对重要性给出具体的判断，这些判断通过引入合适的标度用数值 1~9 表示出来，写成判断矩阵。1~9 标度的含义如表 4-13 所示。

表 4-13 判断矩阵 1~9 标度的含义

| 标　度 | 含　义 |
|---|---|
| 1 | 因素 A 与 B 相比，具有同等重要性 |
| 3 | 因素 A 与 B 相比，A 比 B 稍微重要 |
| 5 | 因素 A 与 B 相比，A 比 B 明显重要 |
| 7 | 因素 A 与 B 相比，A 比 B 强烈重要 |
| 9 | 因素 A 与 B 相比，A 比 B 极端重要 |
| 2, 4, 6, 8 | 分别表示 A 与 B 相比，其重要性分别在 1 和 3、3 和 5、5 和 7、7 和 9 标度之间 |

判断矩阵表示针对上一层次某因素，本层次与之有关的因素之间相对重要性的比较。假定 A 层中 $a_k$ 与下一层次中 $b_1$、$b_2$、…、$b_n$ 有联系，则构造矩阵的一般形式如表 4-14 所示。

表 4-14 构造矩阵一般形式

| $a_k$ | $b_1$ | $b_2$ | … | $b_n$ |
|---|---|---|---|---|
| $b_1$ | 1 | $b_1/b_2$ | … | $b_1/b_n$ |
| $b_2$ | $b_2/b_1$ | 1 | … | $b_2/b_n$ |
| … | … | … | 1 | … |
| $b_n$ | $b_n/b_1$ | $b_n/b_2$ | … | 1 |

判断矩阵 $B = (b_{ij})_{m \times n}$ 具有如下性质：$b_{ij} > 0$，$b_{ij} = \frac{1}{b_{ji}}$，$b_{ii} = 1$，故判断矩阵 $B$ 称为正的互反矩阵。任意一个判断矩阵 $B = (b_{ij})_{m \times n}$，$B$ 的第一行元素 $b_1$ 与 $b_1$、$b_2$、…、$b_n$ 相比较，得出相应的重要度分别为 $b_{11}$、$b_{12}$、…、$b_{1n}$。设转换矩阵 $Z = (Z_{ij})_{m \times n}$。现假设 $B$ 中某两元素为 $b_{1j}$ 和 $b_{1k}$（$j = 2, 3, …, n-1$；$k = 3, 4, …, n$；$j < k$），那么第 $j$ 行、第 $k$ 列的元素 $b_{jk}$ 的确定方法与步骤如下：

（1）计算转化矩阵 $Z$ 中对应于 $b_{1j}$ 和 $b_{1k}$ 的两个元素；

（2）转换矩阵如下：

$$Z_{ij} = \begin{cases} b_{1j}, & b_{ij} \geq 1 \\ 2 - \frac{1}{b_{1j}}, & b_{1j} < 1 \end{cases} \qquad (4-37)$$

$$Z_{ij} = \begin{cases} b_{1k}, & b_{1k} \geq 1 \\ 2 - \frac{1}{b_{1k}}, & b_{1k} < 1 \end{cases} \qquad (4-38)$$

（3）计算转换矩阵 $Z$ 的元素：

$$Z_{ij} = Z_{1j} - Z_{1k} \qquad (4-39)$$

（4）计算判断矩阵的元素：

$$b_{jk} = \begin{cases} \dfrac{1}{Z_{jk}+1}, & Z_{jk} \geq 0 \\ |Z_{jk}| + 1, & Z_{jk} < 0 \end{cases} \qquad (4-40)$$

应用层次分析法保持判断思维的一致性很重要，具有一致性的判断矩阵 $A$ 有如下关系：$b_{ij} = \dfrac{b_{ik}}{b_{jk}}$（$i$, $j$, $k = 1, 2, 3, \cdots, n$）。根据矩阵的理论，当判断矩阵具有完全一致性时，具有唯一的非零根，也是最大特征根 $\lambda_{\max} = n$，其余特征根为零；当其具有满意一致性时，最大特征根稍大于矩阵阶数 $n$，而且其余特征根接近于 0，这样基于层次分析法得出的结论才是基本合理的。

但是，由于事物的复杂性以及人们认识上的差异和对某些事物认识的片面性，要求每一个判断都有完全的一致性显然是不可能的，特别是对于因素多、规模大的问题更是如此。因此，为了保证应用层次分析法得到的结论基本合理、正确，需要对构造矩阵进行一致性检验。

可以通过判断矩阵特征根的变化来检验判断矩阵的一致性。所以，在层次分析法中引入判断矩阵最大特征根以外的其他特征根的负平均值，作为度量判断矩阵偏离一致性的指标，即：

$$CI = \frac{\lambda_{\max} - n}{n-1} \qquad (4-41)$$

为了度量不同阶的判断矩阵是否具有满意的一致性，还需要引入判断矩阵的平均随机一致性指标 $RI$ 值。该值是经过足够多次重复计算随机判断特征值，然后取其算数平均值得到的。表 4-15 示出 1~13 阶矩阵重复计算 1000 次的平均随机一致性指标值。

表 4-15　1~13 阶矩阵 RI 值

| 阶数 | 1 | 2 | 3 | 4 | 5 | 6 | 7 | 8 | 9 | 10 | 11 | 12 | 13 |
|---|---|---|---|---|---|---|---|---|---|---|---|---|---|
| $RI$ | 0 | 0 | 0.52 | 0.89 | 1.12 | 1.26 | 1.36 | 1.41 | 1.46 | 1.49 | 1.52 | 1.54 | 1.56 |

因为 1、2 阶的判断矩阵总是具有完全一致性，故 $RI$ 只是形式上的。当矩阵阶数大于 2 时，判断矩阵的一致性指标 $CI$ 与同阶平均随机一致性指标 $RI$ 之比称为随机一致性比率，记为 $CR$：

$$CR = \frac{CI}{RI} \qquad (4-42)$$

当 $CR < 0.1$ 时，一般认为判断矩阵具有完全一致性；否则就需要调整矩阵，直到具有满意一致性。

判断矩阵的一致性通过后，下面根据判断矩阵来计算各个指标的权重值：

（1）计算判断矩阵每一行元素的乘积 $M_i$，即：

$$M_i = \prod_{j=1}^{n} b_{ij}(i = 1,2,3,\cdots,n) \qquad (4-43)$$

（2）计算 $M_i$ 的 $n$ 次方根 $\overline{W_i}$：

$$\overline{W_i} = \sqrt[n]{M_i} \tag{4-44}$$

（3）对向量 $\overline{W_i} = (\overline{W_1}, \overline{W_2}, \cdots, \overline{W_n})^{\mathrm{T}}$ 正规化：

$$W_i = \frac{\overline{W_i}}{\sum\limits_{j=1}^{n} \overline{W_j}} \tag{4-45}$$

（4）由上可得到权重：

$$W = (W_1, W_2, \cdots, W_n) \tag{4-46}$$

这样就能得到通风系统的各层指标的权重。

### 4.3.4.3 模糊综合评价的过程

根据高寒地区矿井通风系统评价指标的层次结构模型及其权重，考虑评价指标因素较多，有一些指标的权重较小，为使那些具有较小权重的指标在评价中不至于被淹没，故分两级进行评价。

（1）一级模糊综合评价。一级模糊综合评价是指目标层（$a$ 层）对准则层（$b$ 层）的评价，即矿井通风系统评价对安全可靠性（$b_3$）、经济合理性（$b_4$）、技术可行性（$b_1$）、高寒地区特点（$b_2$）的评价。

（2）二级模糊综合评价。二级模糊综合评价是指准则层（$b$ 层）对指标层（$c$ 层）的评价，即 $c$ 层各个指标的隶属度矩阵与权重矩阵的乘积，包括：技术可行性（$b_1$）对通风构筑物合理率（$c_1$）、矿井等积孔（$c_2$）、用风地点风量供需比（$c_3$）的评价，高寒地区特点（$b_2$）对自然风压对通风系统的影响（$c_4$）、高寒地区作业场所氧含量合格率（$c_5$）的评价，安全可靠性（$b_3$）对主风机运转稳定性（$c_6$）、作业场所温度合格率（$c_7$）、作业场所湿度合格率（$c_8$）、作业场所 CO 浓度合格率（$c_9$）、作业场所粉尘浓度合格率（$c_{10}$）、作业场所 $NO_2$ 浓度合格率（$c_{11}$）、矿井通风监测仪表完好率（$c_{12}$）、矿井风压合理性（$c_{13}$）的评价，经济合理性（$b_4$）对吨矿通风电耗（$c_{14}$）、主风机综合效率（$c_{15}$）的评价。

（3）评价等级确定原则。根据目标层（$a$ 层）模糊综合评价结果 $E = (e_1, e_2, e_3) = (e_A, e_B, e_C)$，首先按最高隶属度的原则确定基本评价等级，然后根据其余等级隶属度大小，按下列原则进行修正：

1）如果基本评价等级为 $A$ 级，当 $e_B + e_C > e_A/2$ 时，则最终评价等级应下调至 $B$ 级，否则评价等级保持 $A$ 级不变。

2）如果基本评价等级为 $B$ 级，当 $e_A > e_B/2 > e_C$ 时，则最终评价等级应上调至 $A$ 级；当 $e_A < e_B/2 < e_C$ 时，则最终评价等级应下调至 $C$ 级。否则评价等级保持 $B$ 级不变。

3）如果基本评价等级为 $C$ 级，当 $e_A + e_B > e_C/2$ 时，则最终评价等级应上调至 $B$ 级，否则评价等级保持 $C$ 级不变。

## 4.4 锡铁山铅锌矿井下通风系统综合评价

### 4.4.1 通风系统基本数据汇总及分析

根据课题组 2008 年 8~9 月、12 月两次对锡铁山铅锌矿井下通风系统进行的测量，所得出的基本数据汇总如下：

（1）共测得有效温度数据 85 组，实效数据为 75 组，符合标准的测点有 55 组。

（2）共测得湿度数据 90 组，符合标准的测点有 65 组。

（3）共测得 CO 浓度有效数据 130 组，符合标准的测点有 105 组。

（4）共测得 $NO_2$ 浓度有效数据 115 组，符合标准的测点有 113 组。

（5）共测得粉尘浓度数据 87 组，符合标准的测点有 52 组。

（6）经实际测得的矿井主风机的工作平均风压为 2946.5Pa，最高风压为 3312Pa。

（7）矿井通风系统阻力大概为 2600Pa，风量平均约为 70$m^3$/s。

（8）通风监测的实际情况是：矿井监测仪表有 12 个，根据现场情况判断，实际需要 120 个左右。

（9）主风机的综合效率为：$Q_f = 72.4m^3/s$，$U = 374.7V$，$I = 519.3A$，$h_s = 2210Pa$，$\cos \varphi = 0.9$，经计算得：$\eta = 52.74\%$。

（10）主风机实际输入功率为 $P = UI = 194.626kW$，共有 2 台主风机；局部风扇的额定功率为 11kW，共有 52 个局部风机。在 7、8、9 三个月共出矿约 365500t，吨矿通风电耗为 $5.74kW \cdot h$。

（11）锡铁山的通风构筑物情况是：现有密闭墙 39 道、风门 35 道、调节风窗 5 个，无风桥。其中合格的密闭墙为 34 道、风门为 30 道、调节风窗为 4 个。

（12）井下共有 12 个回采工作面、20 个备用工作面、6 个掘进工作面、11 个硐室及其他用风地点，井下没有不合理的串联通风地点。总需风量为 134.70$m^3$/s，矿井总供风量约为 140$m^3$/s。

（13）经现场测量，自然风量 $Q \approx 4.256m^3/s$，与机械通风方向相反。

（14）共测得氧含量测点 126 个，其中在合格范围内的测点为 68 个。

### 4.4.2 评价指标的权重值及隶属度计算

#### 4.4.2.1 权重值计算

根据锡铁山铅锌矿实际情况建立的通风系统综合评价指标体系判断矩阵，如表 4-16 ~ 表 4-20 所示。

表 4-16 第一层判断矩阵

| 项 目 | $b_1$ | $b_2$ | $b_3$ | $b_4$ |
|---|---|---|---|---|
| $b_1$ | 1 | 3 | 0.33 | 3 |
| $b_2$ | 0.33 | 1 | 0.33 | 1 |
| $b_3$ | 3 | 3 | 1 | 3 |
| $b_4$ | 0.33 | 1 | 0.33 | 1 |

表 4-17 第二层技术可行性判断矩阵

| 项 目 | $c_1$ | $c_2$ | $c_3$ |
|---|---|---|---|
| $c_1$ | 1 | 0.5 | 0.5 |
| $c_2$ | 2 | 1 | 1 |
| $c_3$ | 2 | 1 | 1 |

表 4 – 18　第二层高寒地区特点判断矩阵

| 项　目 | $c_4$ | $c_5$ |
|---|---|---|
| $c_4$ | 1 | 0.33 |
| $c_5$ | 3 | 1 |

表 4 – 19　第二层安全可靠性判断矩阵

| 项　目 | $c_6$ | $c_7$ | $c_8$ | $c_9$ | $c_{10}$ | $c_{11}$ | $c_{12}$ | $c_{13}$ |
|---|---|---|---|---|---|---|---|---|
| $c_6$ | 1 | 5 | 5 | 1 | 3 | 1 | 0.33 | 1 |
| $c_7$ | 0.2 | 1 | 1 | 0.2 | 0.33 | 0.2 | 0.25 | 0.25 |
| $c_8$ | 0.2 | 1 | 1 | 0.2 | 0.33 | 0.2 | 0.25 | 0.2 |
| $c_9$ | 1 | 5 | 5 | 1 | 5 | 1 | 3 | 1 |
| $c_{10}$ | 0.33 | 3 | 3 | 0.2 | 1 | 0.2 | 0.33 | 0.25 |
| $c_{11}$ | 1 | 5 | 5 | 1 | 5 | 1 | 2 | 2 |
| $c_{12}$ | 3 | 4 | 4 | 0.33 | 3 | 0.5 | 1 | 0.33 |
| $c_{13}$ | 1 | 4 | 5 | 1 | 4 | 0.5 | 3 | 1 |

表 4 – 20　第二层经济合理性判断矩阵

| 项　目 | $c_{14}$ | $c_{15}$ |
|---|---|---|
| $c_{14}$ | 1 | 0.5 |
| $c_{15}$ | 2 | 1 |

　　由层次分析法求得的各指标权重值如表 4 – 21 所示，各指标的实际测量值如表 4 – 22 所示。

表 4 – 21　各指标权重值

| 项　目 | 权重值 | 第二层指标 | 权重值 |
|---|---|---|---|
| 技术可行性 $b_1$ | 0.2331 | $c_1$ | 0.3333 |
| | | $c_2$ | 0.3333 |
| | | $c_3$ | 0.3334 |
| 高寒地区特点 $b_2$ | 0.2331 | $c_4$ | 0.4615 |
| | | $c_5$ | 0.5385 |
| 安全可靠性 $b_3$ | 0.2720 | $c_6$ | 0.1321 |
| | | $c_7$ | 0.1132 |
| | | $c_8$ | 0.1132 |
| | | $c_9$ | 0.1609 |
| | | $c_{10}$ | 0.1132 |
| | | $c_{11}$ | 0.1509 |
| | | $c_{12}$ | 0.1132 |
| | | $c_{13}$ | 0.1132 |
| 经济合理性 $b_4$ | 0.2617 | $c_{14}$ | 0.4615 |
| | | $c_{15}$ | 0.5285 |

表 4-22　各指标实测值

| 项　目 | 编　号 | 测量值 |
|---|---|---|
| 通风构筑物合理率 | $c_1$ | 86.1% |
| 矿井等积孔 | $c_2$ | 1.63m$^2$ |
| 用风地点风量供需比 | $c_3$ | 1.03 |
| 自然风压对通风系统的影响 | $c_4$ | -0.32 |
| 高寒地区作业场所氧含量合格率 | $c_5$ | 53.97% |
| 主风机运转稳定性 | $c_6$ | 0.89 |
| 作业场所温度合格率 | $c_7$ | 64.7% |
| 作业场所湿度合格率 | $c_8$ | 78.5% |
| 作业场所 CO 浓度合格率 | $c_9$ | 80.7% |
| 作业场所粉尘浓度合格率 | $c_{10}$ | 59.77% |
| 作业场所 NO$_2$ 浓度合格率 | $c_{11}$ | 98.26% |
| 矿井通风监测仪表完好率 | $c_{12}$ | 10% |
| 矿井风压合理性 | $c_{13}$ | 1.30 |
| 吨矿通风电耗 | $c_{14}$ | 5.74kW·h |
| 主风机综合效率 | $c_{15}$ | 52.74% |

#### 4.4.2.2　隶属度计算

各项指标具体的隶属函数如下。

通风构筑物合理率($c_1$)：

$$f_A(c_1) = \begin{cases} 1 & , c_1 \geq 90 \\ \dfrac{c_1 - 80}{10}, & 80 < c_1 < 90, \\ 0 & , c_1 \leq 80 \end{cases} f_B(c_1) = \begin{cases} 0 & , c_1 \geq 90 \\ \dfrac{90 - c_1}{10}, & 80 \leq c_1 < 90 \\ \dfrac{c_1 - 70}{10}, & 70 < c_1 < 80 \\ 0 & , c_1 \leq 70 \end{cases}, f_C(c_1) = \begin{cases} 0 & , c_1 \geq 80 \\ \dfrac{80 - c_1}{10}, & 70 < c_1 < 80 \\ 1 & , c_1 \leq 70 \end{cases}$$

矿井等积孔($c_2$)：

$$f_A(c_2) = \begin{cases} 1 & , c_2 \geq 1.2 \\ \dfrac{c_2 - 1.1}{0.1}, & 1.1 < c_2 < 1.2, \\ 0 & , c_2 \leq 1.1 \end{cases} f_B(c_2) = \begin{cases} 0 & , c_2 \geq 1.2 \\ \dfrac{1.2 - c_2}{0.1}, & 1.1 \leq c_2 < 1.2 \\ \dfrac{c_2 - 1.0}{0.1}, & 1.0 < c_2 < 1.1 \\ 0 & , c_2 \leq 1.0 \end{cases},$$

$$f_C(c_2) = \begin{cases} 0 & , c_2 \geq 1.1 \\ \dfrac{1.1 - c_2}{0.1}, & 1.0 < c_2 < 1.1 \\ 1 & , c_2 \leq 1.0 \end{cases}$$

用风地点风量供需比($c_3$)：

$$f_A(c_3) = \begin{cases} 1 & , 1.0 \leqslant c_3 \leqslant 1.2 \\ \dfrac{1.3 - c_3}{1.3 - 1.2}, & 1.2 < c_3 < 1.3, \\ 0 & , c_3 \geqslant 1.3 \end{cases} \quad f_B(c_3) = \begin{cases} 0 & , c_3 \leqslant 1.2 \\ \dfrac{c_3 - 1.2}{0.1}, & 1.2 < c_3 < 1.3 \\ \dfrac{1.5 - c_3}{0.3}, & 1.2 < c_3 < 1.5 \\ 0 & , c_3 \geqslant 1.5 \end{cases},$$

$$f_C(c_3) = \begin{cases} 0 & , c_3 \leqslant 1.2 \\ \dfrac{c_3 - 1.2}{0.3}, & 1.2 < c_3 < 1.5 \\ 1 & , c_3 \geqslant 1.5 \end{cases}$$

自然风压对通风系统的影响($c_4$)：

$$f_A(c_4) = \begin{cases} 1 & , c_4 \geqslant 1 \\ \dfrac{c_4 - 0.5}{0.5}, & 0.5 < c_4 < 1, \\ 0 & , c_4 \leqslant 0.5 \end{cases} \quad f_B(c_4) = \begin{cases} 0 & , c_4 \geqslant 1 \\ \dfrac{1 - c_4}{1 - 0.5}, & 0.5 \leqslant c_4 < 1 \\ \dfrac{c_4 - 0}{0.5}, & 0 < c_4 < 0.5 \\ 0 & , c_4 \leqslant 0.5 \end{cases},$$

$$f_C(c_4) = \begin{cases} 0 & , c_4 \geqslant 0.5 \\ \dfrac{0.5 - c_4}{0.5}, & 0 < c_4 < 0.5 \\ 1 & , c_4 \leqslant 0 \end{cases}$$

作业场所氧含量合格率($c_5$)：

$$f_A(c_5) = \begin{cases} 1 & , c_5 \geqslant 90 \\ \dfrac{c_5 - 80}{10}, & 80 < c_5 < 90, \\ 0 & , c_5 \leqslant 80 \end{cases} \quad f_B(c_5) = \begin{cases} 0 & , c_5 \geqslant 90 \\ \dfrac{90 - c_5}{10}, & 80 \leqslant c_5 < 90 \\ \dfrac{c_5 - 70}{10}, & 70 < c_5 < 80 \\ 0 & , c_5 \leqslant 70 \end{cases},$$

$$f_C(c_5) = \begin{cases} 0 & , c_5 \geqslant 80 \\ \dfrac{80 - c_5}{10}, & 70 < c_5 < 80 \\ 1 & , c_5 \leqslant 70 \end{cases}$$

主风机运转稳定性($c_6$)：

$$f_A(c_6) = \begin{cases} 1 & , c_6 \geqslant 0.9 \\ \dfrac{c_6 - 0.5}{0.9 - 0.5}, & 0.5 < c_6 < 0.9, \\ 0 & , c_6 \leqslant 0.5 \end{cases} \quad f_B(c_6) = \begin{cases} 0 & , c_6 \geqslant 0.9 \\ \dfrac{0.9 - c_6}{0.9 - 0.5}, & 0.5 \leqslant c_6 < 0.9 \\ \dfrac{c_6 - 0.2}{0.5 - 0.2}, & 0.2 < c_6 < 0.5 \\ 0 & , c_6 \leqslant 0.2 \end{cases},$$

$$f_C(c_6) = \begin{cases} 0 & , c_6 \geqslant 0.5 \\ \dfrac{0.5 - c_6}{0.5 - 0.2}, & 0.2 < c_6 < 0.5 \\ 1 & , c_6 \leqslant 0.2 \end{cases}$$

作业场所温度合格率($c_7$)：

$$f_A(c_7) = \begin{cases} 1 & , c_7 \geqslant 90 \\ \dfrac{c_7 - 70}{20}, & 70 < c_7 < 90, \\ 0 & , c_7 \leqslant 70 \end{cases} \quad f_B(c_7) = \begin{cases} 0 & , c_7 \geqslant 90 \\ \dfrac{90 - c_7}{20}, & 70 \leqslant c_7 < 90 \\ \dfrac{c_7 - 50}{20}, & 50 < c_7 < 70 \\ 0 & , c_7 \leqslant 50 \end{cases},$$

$$f_C(c_7) = \begin{cases} 0 & , c_7 \geqslant 70 \\ \dfrac{70 - c_7}{20}, & 50 < c_7 < 70 \\ 1 & , c_7 \leqslant 50 \end{cases}$$

作业场所湿度合格率($c_8$)：

$$f_A(c_8) = \begin{cases} 1 & , c_8 \geqslant 90 \\ \dfrac{c_8 - 70}{20}, & 70 < c_8 < 90, \\ 0 & , c_8 \leqslant 70 \end{cases} \quad f_B(c_8) = \begin{cases} 0 & , c_8 \geqslant 90 \\ \dfrac{90 - c_8}{20}, & 70 \leqslant c_8 < 90 \\ \dfrac{c_8 - 50}{20}, & 50 < c_8 < 70 \\ 0 & , c_8 \leqslant 50 \end{cases},$$

$$f_C(c_8) = \begin{cases} 0 & , c_8 \geqslant 70 \\ \dfrac{70 - c_8}{20}, & 50 < c_8 < 70 \\ 1 & , c_8 \leqslant 50 \end{cases}$$

作业场所 CO 浓度合格率($c_9$)：

$$f_A(c_9) = \begin{cases} 1 & , c_9 \geqslant 95 \\ \dfrac{c_9 - 80}{15}, & 80 < c_9 < 95, \\ 0 & , c_9 \leqslant 70 \end{cases} \quad f_B(c_9) = \begin{cases} 0 & , c_9 \geqslant 95 \\ \dfrac{95 - c_9}{15}, & 80 \leqslant c_9 < 95 \\ \dfrac{c_9 - 70}{10}, & 70 < c_9 < 80 \\ 0 & , c_9 \leqslant 70 \end{cases},$$

$$f_C(c_9) = \begin{cases} 0 & , c_9 \geqslant 80 \\ \dfrac{80 - c_9}{10}, & 70 < c_9 < 80 \\ 1 & , c_9 \leqslant 70 \end{cases}$$

作业场所粉尘浓度合格率($c_{10}$)：

$$f_A(c_{10}) = \begin{cases} 1, & c_{10} \geq 90 \\ \dfrac{c_{10}-80}{10}, & 80 < c_{10} < 90 \\ 0, & c_{10} \leq 70 \end{cases}, \quad f_B(c_{10}) = \begin{cases} 0, & c_{10} \geq 90 \\ \dfrac{90-c_{10}}{10}, & 80 \leq c_{10} < 90 \\ \dfrac{c_{10}-70}{10}, & 70 < c_{10} < 80 \\ 0, & c_{10} \leq 70 \end{cases},$$

$$f_C(c_{10}) = \begin{cases} 0, & c_{10} \geq 80 \\ \dfrac{80-c_{10}}{10}, & 70 < c_{10} < 80 \\ 1, & c_{10} \leq 70 \end{cases}$$

作业场所 $NO_2$ 浓度合格率($c_{11}$)：

$$f_A(c_{11}) = \begin{cases} 1, & c_{11} \geq 95 \\ \dfrac{c_{11}-80}{15}, & 80 < c_{11} < 95 \\ 0, & c_{11} \leq 70 \end{cases}, \quad f_B(c_{11}) = \begin{cases} 0, & c_{11} \geq 95 \\ \dfrac{95-c_{11}}{15}, & 80 \leq c_{11} < 95 \\ \dfrac{c_{11}-70}{10}, & 70 < c_{11} < 80 \\ 0, & c_{11} \leq 70 \end{cases},$$

$$f_C(c_{11}) = \begin{cases} 0, & c_{11} \geq 80 \\ \dfrac{80-c_{11}}{10}, & 70 < c_{11} < 80 \\ 1, & c_{11} \leq 70 \end{cases}$$

矿井通风监测仪表完好率($c_{12}$)：

$$f_A(c_{12}) = \begin{cases} 1, & c_{12} \geq 90 \\ \dfrac{c_{12}-80}{10}, & 80 < c_{12} < 90 \\ 0, & c_{12} \leq 70 \end{cases}, \quad f_B(c_{12}) = \begin{cases} 0, & c_{12} \geq 90 \\ \dfrac{90-c_{12}}{10}, & 80 \leq c_{12} < 90 \\ \dfrac{c_{12}-70}{10}, & 70 < c_{12} < 80 \\ 0, & c_{12} \leq 70 \end{cases},$$

$$f_C(c_{12}) = \begin{cases} 0, & c_{12} \geq 80 \\ \dfrac{80-c_{12}}{10}, & 70 < c_{12} < 80 \\ 1, & c_{12} \leq 70 \end{cases}$$

矿井风压合理性($c_{13}$)：

$$f_A(c_{13}) = \begin{cases} 1, & c_{13} \leq 0 \\ \dfrac{1-c_{13}}{1}, & 0 < c_{13} < 1 \\ 0, & c_{13} \geq 1 \end{cases}, \quad f_B(c_{13}) = \begin{cases} 0, & c_{13} \leq 0 \\ \dfrac{c_{13}-0}{1-0}, & 0 < c_{13} \leq 1 \\ \dfrac{1.5-c_{13}}{1.5-1}, & 1 < c_{13} < 1.5 \\ 0, & c_{13} \geq 1.5 \end{cases},$$

$$f_C(c_{13}) = \begin{cases} 0 & , c_{13} \leqslant 1 \\ \dfrac{c_{13} - 1}{1.5 - 1}, & 1 < c_{13} < 1.5 \\ 1 & , c_{13} \geqslant 1.5 \end{cases}$$

吨矿通风电耗($c_{14}$)：

$$f_A(c_{14}) = \begin{cases} 1 & , c_{14} \leqslant 4 \\ \dfrac{5 - c_{14}}{5 - 4}, & 4 < c_{14} < 5 \\ 0 & , c_{14} \geqslant 5 \end{cases}, \quad f_B(c_{14}) = \begin{cases} 0 & , c_{14} \leqslant 4 \\ \dfrac{c_{14} - 4}{5 - 4}, & 4 < c_{14} \leqslant 5 \\ \dfrac{6 - c_{14}}{6 - 5}, & 5 < c_{14} < 6 \\ 0 & , c_{14} \geqslant 6 \end{cases},$$

$$f_C(c_{14}) = \begin{cases} 0 & , c_{14} \leqslant 5 \\ \dfrac{c_{14} - 5}{6 - 5}, & 5 < c_{14} < 6 \\ 1 & , c_{14} \geqslant 6 \end{cases}$$

主风机综合效率($c_{15}$)：

$$f_A(c_{15}) = \begin{cases} 1 & , c_{15} \geqslant 80 \\ \dfrac{c_{15} - 70}{10}, & 70 < c_{15} < 80 \\ 0 & , c_{15} \leqslant 70 \end{cases}, \quad f_B(c_{15}) = \begin{cases} 0 & , c_{15} \geqslant 80 \\ \dfrac{80 - c_{15}}{10}, & 70 \leqslant c_{15} < 80 \\ \dfrac{c_{15} - 50}{20}, & 50 < c_{15} < 70 \\ 0 & , c_{15} \leqslant 50 \end{cases},$$

$$f_C(c_{15}) = \begin{cases} 0 & , c_{15} \geqslant 70 \\ \dfrac{70 - c_{15}}{20}, & 50 < c_{15} < 70 \\ 1 & , c_{15} \leqslant 50 \end{cases}$$

### 4.4.3 通风系统综合评价

#### 4.4.3.1 评价等级的确定

（1）二级模糊综合评价。$B$ 层评价指标测量值的隶属函数分别为：

$$R_{b1} = \begin{pmatrix} 0.61 & 0.39 & 0 \\ 1 & 0 & 0 \\ 1 & 0 & 0 \end{pmatrix} \tag{4-47}$$

$$R_{b2} = \begin{pmatrix} 0 & 0 & 1 \\ 0 & 0 & 1 \end{pmatrix} \tag{4-48}$$

$$R_{b3} = \begin{pmatrix} 0.975 & 0.025 & 0 \\ 0 & 0.735 & 0.265 \\ 0.425 & 0.575 & 0 \\ 0.047 & 0.953 & 0 \\ 0 & 0 & 1 \\ 1 & 0 & 0 \\ 0 & 0 & 1 \\ 0 & 0.4 & 0.6 \end{pmatrix} \tag{4-49}$$

$$R_{b4} = \begin{pmatrix} 0 & 0.260 & 0.740 \\ 0 & 0.137 & 0.863 \end{pmatrix} \tag{4-50}$$

又由表 4-22，权重集合分别为：

$W_{b1} = (0.3333, 0.3333, 0.3334)$

$W_{b2} = (0.4615, 0.5385)$

$W_{b3} = (0.1321, 0.1132, 0.1132, 0.1509, 0.1132, 0.1509, 0.1132, 0.1132)$

$W_{b4} = (0.4615, 0.5365)$

因此，矿井通风系统的二级模糊综合评价为：

$E_{b1} = (0.5366, 0.1634, 0.3)$

$E_{b2} = (0, 0, 1)$

$E_{b3} = (0.4028, 0.3704, 0.2264)$

$E_{b4} = (0, 0.1938, 0.8062)$

（2）一级模糊综合评价。由表 4-21 可得 $W = (W_{b1}, W_{b2}, W_{b3}, W_{b4}) = (0.2331, 0.2331, 0.2720, 0.2617)$，所以：

$$E = (0.2331, 0.2331, 0.2720, 0.2617) \begin{pmatrix} 0.5366 & 0.1633 & 0.3 \\ 0 & 0 & 1 \\ 0.4028 & 0.3407 & 0.2264 \\ 0 & 0.1938 & 0.8062 \end{pmatrix}$$

$= (0.2346, 0.1815, 0.5756)$

（3）确定评价等级。评价结果为：$E = (0.2346, 0.1815, 0.5756)$。根据等级确定规则，锡铁山铅锌矿井下通风系统基本等级为 $C$ 级（待整改）。根据修订原则，$e_A + e_B = 0.4244$，$e_C/2 = 0.2878$，$e_A + e_B > e_C/2$，所以评价等级最终为 $C$ 级（待整改）。

### 4.4.3.2  评价结论

由综合评价结果可以看出，该矿山通风系统主要存在以下问题：

（1）作业地点氧含量合格率不高。作业人员长时间在低氧的环境下工作，既影响劳动效率，又威胁作业人员的身体健康。对此，矿山应采取增氧措施，增加工作环境的氧含量。

（2）通风监测设备较少。该矿山只有少量通风监测设备，不能及时掌握矿井通风的状态和发现存在的问题。为保护工人的身体健康和生命安全，预防事故的发生，需要增加监测设备。

（3）局部地区有毒有害气体浓度超标。由于大型矿山机械尾气排放或矿石本身释放的有毒有害气体聚集，使局部（如斜坡道）有毒有害气体浓度超标，危害作业人员的安全，所以需要对重点地区重点关注，采取措施保护作业人员安全。

（4）供风量不足。由于锡铁山铅锌矿开采中段较多，而且逐渐向深部开采，矿井供风量不足。为了保证井下作业地点有足够的风量和改善井下作业环境，需要采取措施增加矿井供风量。

（5）作业场所温度、湿度合格率不高。由于高寒地区气候特点，该矿井下温度较低、湿度较大，为了保证工作人员的身体健康，需要采取措施改善工人作业环境。

## 4.5　本章研究结论

本章主要针对高寒地区非煤矿山矿井通风系统鉴定指标和评价方法做了深入的阐述、分析与研究，得出以下结论：

（1）进行高寒地区矿井通风系统综合评价中，考虑了高寒地区特殊的地理和气候环境影响，建立了适合高寒地区的矿井通风系统评价指标体系。

（2）应用建立的高寒地区矿井通风系统评价指标体系，选用模糊综合评价法对矿井通风系统进行评价研究，对通风系统的安全状况做出准确评判。

（3）以锡铁山铅锌矿通风系统为例，应用建立的综合评价指标体系对矿山通风系统进行评价，确定锡铁山铅锌矿现有通风系统的评价等级为 $C$ 级（待整改），并提出了整改措施。

# 5　高寒地区矿井通风系统优化研究

## 5.1　锡铁山铅锌矿通风系统概述

### 5.1.1　矿井通风系统简介

　　锡铁山铅锌矿原设计采矿方法为无底柱分段崩落法，由于储量减少，加之上部氧化矿未能先行回采，采矿方法所必需的覆盖层无法形成，故矿山正式投产后，结合矿体赋存状态和围岩性质，将矿山主体采矿方法更改为有底柱分段空场法，辅以部分浅孔留矿法。各种采矿方法的矿柱回采是在矿房回采结束后进行的，采用大量崩落法回采，矿床总体开拓方案为平硐－盲竖井－斜坡道联合开拓。目前已形成的矿井通风系统是 3055m 主平硐－混合井、主斜坡道进风、38 线风井回风的分区通风系统。锡铁山铅锌矿矿井通风系统图如图 5-1 所示。

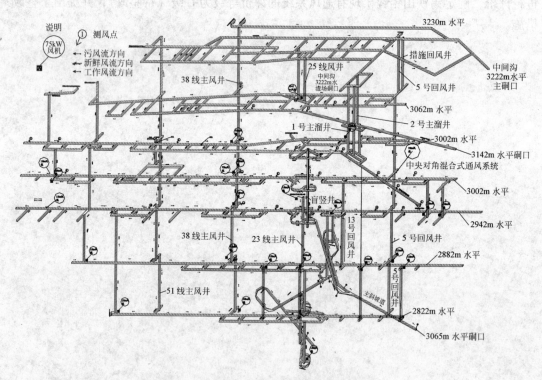

图 5-1　锡铁山铅锌矿矿井通风系统图

　　其中，38 线主风机的参数为：型号 DK4-6-21，叶片转角 29°，全轴流；风压 730 ~ 3312Pa；风量 50 ~ 119.7m³/s；现场测量值 80m³/s；转速 980r/min，额定电流 375A，实际电流 310A；功率 2 × 200kW；功率因数 0.98。

由于自然风压受外界大气压、温度和湿度的影响比较大，特别是在每年的 4~6 月和 10~12 月，井下风流方向昼夜不同，致使井下运输巷在这两个季节易形成串联风流，极大地影响了井下大气环境。另外，由于近 20 年的回采工作，目前 3142m 中段 1~19 线、27~60 线已形成采空区，3062m 中段 1~9 线间、43~55 线间已形成大量采空区。而且采空区间上下、左右相互连接，部分采空区与地表塌透，形成"通风天窗"，致使在春夏季节地表塌陷区和采空区造成大量的漏风现象，对矿井通风效果造成了不良影响。为减少污风串联对回采作业面的影响，锡铁山铅锌矿针对井下风流污染源的形成情况、分布特点及井下风流昼夜、季节性的改变，进行了风网改造，采取了以下措施：

（1）密封通往采空区的通道。针对采空区的形成情况，结合采空区处理，将通往采空区的天溜井、平巷进行了密封，部分地段加设了风窗或风墙，充分利用了采空区的漏风，使风速平稳，合理分配风量，尽可能使采空区周围形成负压，让污风通过采空区排出。

（2）增加风压。在部分并联风网中，两相邻巷道的通风阻力相差较大，采用增阻或减阻方法难以调节，于是在风量不足的巷道中增设了 25kW 风扇，以提高克服风路阻力的通风风压，达到调节风量的目的。增压调节采用无风墙的增压调节法，即在需增压的巷道中按需要安装风机，通过风机出口动压的引射风流，增加风路的风压。

### 5.1.2 矿井各水平中段采场统计

锡铁山铅锌矿的中段从上到下可分为 3142m 中段、3062m 中段、3002m 中段、2942m 中段、2882m 中段、2822m 中段、2762m 中段和 2702m 中段。井下工作面较多，每一中段都有数个甚至十几个工作面。3002m 中段、2942m 中段、2882m 中段这三个中段主要进行回采作业；2822 中段一边进行开拓，一边进行回采；2762m 中段、2702m 中段都在进行开拓，还没有进行采掘作业；而最上层的两个中段 3142m 中段和 3062m 中段，矿石基本已经采完，因此对很多巷道进行了封闭。截至 2008 年 12 月，锡铁山铅锌矿各水平中段采场统计如下：

（1）3142m 中段，2 个回采采场；

（2）3062m 中段，3 个回采采场，2 个备采采场；

（3）3002m 中段，4 个回采采场，即将开采 2 个，12 个备采采场；

（4）2942m 中段，4 个回采采场，东部 6 个备采采场；

（5）2882m 中段，浅孔开采 2 个采场，中深孔开采 2 个采场。

主要生产中段为 3002m 中段，2942m 中段和 2882m 中段，各中段水平采掘平面图如图 5-2~图 5-4 所示：

对锡铁山铅锌矿的井下斜坡道和开采中段断面进行调查和测量，断面参数见表 5-1和图 5-5。

### 5.1.3 研究技术路线

通过结合高寒地区的特殊环境因素，对锡铁山铅锌矿的通风系统进行优化研究。首先应用 Ventsim 进行通风系统优化仿真，对比两种通风系统优化方案；再采用 MVSS 对通风方案进行优化，提高通风系统的有效风量率。通过分析对比优化方案的两个步骤，提出最优的通风方案。研究的主要内容有：原有通风系统调查及分析，Ventsim 和 MVSS 两种模拟软件的通风系统网络优化应用，通风系统优化方案的比较及选择。

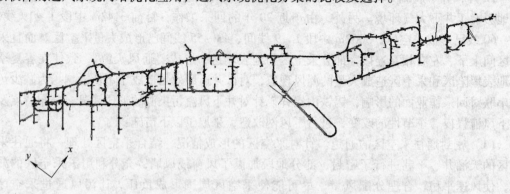

图 5-2 3002m 中段水平采掘平面图

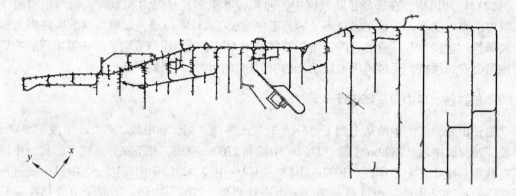

图 5-3 2942m 中段水平采掘平面图

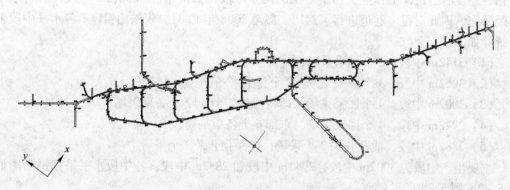

图 5-4 2882m 中段水平采掘平面图

表 5-1 井下斜坡道和开采中段巷道断面参数 （m）

| 巷　道 | 开采中段 | | 斜　坡　道 | | |
|---|---|---|---|---|---|
| | 直道 | 弯道 | 直道 | 错车道 | 弯道 |
| 巷道宽度 | 2.46 | 2.76 | 4.66 | 5.26 | 7.92 |
| 巷道全高 | 2.99 | 3.20 | 4.553 | 4.753 | 5.44 |

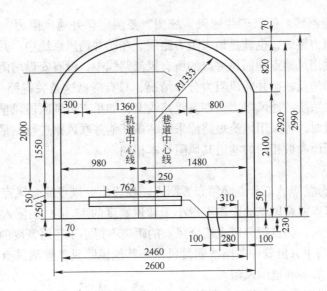

图 5 - 5　井下斜坡道和开采中段断面参数图

## 5.2　通风系统阻力测量及自然风压分析

矿井通风阻力大小及其分布是否合理，直接影响主要风机的工作状态和井下采掘工作面的风量分配，也是评价矿井通风系统和通风管理优劣的主要指标之一。测量矿井通风阻力是做好生产矿井通风管理工作的基础，也是掌握生产矿井通风情况的重要手段，其主要目的有：

（1）掌握矿井通风阻力的分布情况，改善矿井通风系统，减少通风阻力，降低矿井风机的能耗；

（2）为通风系统设计和通风技术管理提供资料；

（3）为发生事故时选择风流控制方法提供必要的参数。

### 5.2.1　测量的基本内容

#### 5.2.1.1　测量准备工作及方案

制订测量方案时，首先要明确通过阻力测定需要获得的资料及要解决的问题，如果通风系统阻力大，矿井风量不足，想了解阻力分布，则需要对矿井通风系统的关键阻力路线进行测量；如要获得某类支护巷道的阻力系数，只需测量局部地点。通过现场的通风测量，充分了解锡铁山铅锌矿整个通风系统的现状，两种测量方案都采用，以便全面地了解其全面的通风状况，测量的技术方法如下：

（1）对最大阻力路线上各个测量点的通风参数进行测量，得到矿井最大阻力；

（2）测量各类巷道的矿井通风阻力和风量，了解其分配情况；

（3）计算和标定各类巷道的标准风阻值和标准摩擦阻力系数，供通风管理及设计参考使用。

#### 5.2.1.2　选择测量路线和布置测点

根据通风系统图和通风网络图，对矿井通风系统的测量路线和测点进行布置。

（1）选择测量路线。依照矿井通风系统图，要测定矿井通风阻力，就必须选择矿井通风中的最关键阻力路线，也就是最大阻力路线。在矿井通风系统中，其最大阻力路线是指从进风井口经过用风地点到回风井口的所有风流路线中，没有安设增阻设施的一条风流路线。它能较全面地反映矿井通风阻力分布情况，只有降低这条关键路线上的通风阻力，才能降低整个矿井系统的通风阻力。在测量路线上，如果有个别区段风量不大或测量人员携带仪器难以通过时，可采用风流短路或采用一条其他并联风路进行测量，因为在相邻区域内，同长度且断面参数相同的巷道其风阻基本相同。

（2）布置测点。

1）在风流的分岔点或汇合点必须布置测点。在流出分风点或合风点的风流中布置测点时，测点距分风点或合风点的距离不得小于巷道宽度的 12 倍；在流入分风点或合风点的风流中布置测点时，测点距分风点或合风点的距离不得小于巷道宽度的 3 倍。

2）在并联风路中只沿着一条路线测量风压，其他风路只布置测风点测算风量，再根据相同的风压来计算各巷道的风阻。

3）测点应尽量不靠近井筒和主要风门，以减少井筒提升和风门开启的影响。

4）测点间距一般在 200m 左右，两点的压差应不小于 10～20Pa，但也不能大于仪器的量程。当巷道长且漏风大时，测点的间距宜尽量缩短，以便逐步追查漏风的情况。

5）测点应设在安全状况良好的地段。测点前后 3m 应支护完好，没有空顶、空帮、不平或堆积物等。

6）测点应顺风流流向依次编号并标明，为了减少正式测量时的工作量，可提前将测点间距、巷道断面积测出，并按测量图纸确定标高。

7）测量某段的摩擦阻力系数时，要求该段巷道方向不变，且没有分岔；巷道断面形状不变，不存在扩大或缩小，支护类型不变。

8）待测路线和测点位置选定后，绘制出测量路线图，并将测点位置、间距、标高和编号注入图中。

（3）测量考察。沿选择好的测点路线下井进行实地考察，以保证测定工作顺利进行。观察通风系统有无变化、分岔点和漏风点有无遗漏、测量路线上人员是否能安全通过以及沿程巷道的支护状况等，并对各测段巷道状况、支护变化和局部阻力物分布情况做好记录。

（4）测量仪器、工具准备（采用气压计基点逐步法测量）。通风系统阻力测量所用仪器为：JFY - 2 型通风参数仪 3 台，空气盒气压计（或数字式）2 个，5～10m 皮尺 2 个（测量巷道断面），百米皮尺 1 个（测量两侧点距离），风表 2 块。利用通风参数仪能直接读出该点的静压值，同时测定该点的湿度、温度、巷道风速和巷道断面积，从而根据公式计算出两点间的通风阻力。测量仪器、仪表的准备工作如下：

1）井下每组携带仪器包括风表 1 块、JFY - 2 型通风参数仪 1 台、5m 皮尺 1 个；

2）准备记录表格、圆珠笔若干；

3）副井（或井口）留 1 个气压计，用于基点测量；

4）所有仪器设备在使用前都必须进行校正，合格后方可使用。

（5）测定步骤。

1）把校准过的精密气压计和其他仪器按人员分工，各司其职，到 3065m 斜坡道口附近，将气压计置于同一水平面上，开机后约20min即可同时读取大气压值。随之记录气压值。以后每隔5min读一次基点气压计压差值并记录，主要是检测大气压力的变化值，以消除地面气压变化对仪器读数的影响。

2）到井下第1个测点时，先开启检验仪，过2min后记录静压值、温度、湿度、风速读数。到第2个测点时，等2min后记录静压值、相对压力、温度、湿度、风速值。每个测点要记录读数时间，记录所有测定数据及巷道断面形状与支持方式，并描绘实测节点及所有与此节点相邻的进、出节点的关系素描图。以此类推其他各测点的测量。

（6）现场测试数据处理。根据各主要参数的计算公式，把实测的各种参数代入相应的计算公式，就能得到矿井的通风阻力。

（7）现场测量与分工。井下现场测验共分三组，第一组由2人在井口基点每隔10~20min记录井口气压计读数；另两组在井下测量，每组3人，分别测量巷道参数和测点空气参数。根据测量方法和测量范围的配备测量人员，按照工作性质组织分工，如通风参数观测组、巷道参数观测组、地面观测组等，每组2或3人。

（8）准备好记录表格，为方便后期计算模拟，应规范填写现场数据。通过现场大量的测量工作，先后对该矿7个水平中段、1个回风井、1个进风平硐、一个进风斜坡道进行了测量，共计337个测点，获得了矿井通风的大量基础数据。

## 5.2.2 通风参数计算

### 5.2.2.1 巷道断面的计算
三心拱、半圆拱、不规则、矩形或梯形巷道的断面积按以下各式计算。
三心拱巷道断面积：
$$S = B(H - 0.07B) \tag{5-1}$$
半圆拱巷道断面积：
$$S = B(H - 0.11B) \tag{5-2}$$
不规则巷道断面积：
$$S = 0.85BH \tag{5-3}$$
矩形或梯形巷道断面积：
$$S = BH \tag{5-4}$$
式中　$S$——巷道断面积，$m^2$；
　　　$B$——巷道宽度或两壁腰线处之间的长度，m；
　　　$H$——巷道全高，m。

### 5.2.2.2 巷道内风量和风速的计算
巷道内风量和风速分别按下式计算：
$$Q = Sv \tag{5-5}$$
$$v = \frac{S - 0.4}{S}(av_{表} + b) \tag{5-6}$$
式中　$Q$——巷道内通过的风量，$m^3/s$；
　　　$S$——巷道断面积，$m^2$；
　　　$v$——巷道平均风速，m/s；

$v_表$——表风速，m/s；

$a$，$b$——风表校正系数。

### 5.2.2.3 空气密度的计算

用通风参数仪测量各测点空气的湿度、温度及压力，然后按下式计算出空气密度：

$$\rho_i = (0.00348p_i - 0.378\psi_i p_b)/(273.15 + t_d) \tag{5-7}$$

式中 $\rho_i$——测点 $i$ 处湿空气的密度（$\psi \neq 0$），kg/m³；

$p_i$——测点 $i$ 处空气的绝对静压，Pa；

$\psi_i$——测点 $i$ 处空气的相对湿度，%；

$p_b$——测点 $i$ 处空气温度下的饱和蒸汽压力，Pa；

$t_d$——测点 $i$ 处空气的干温度，℃。

### 5.2.2.4 两测点间巷道通风阻力的计算

两测点间巷道的通风阻力按下式计算：

$$H_{i,i+1} = (p_i + p_{i+1}) + (p_i' - p_{i+1}') + (z_i - z_{i+1})(\rho_i + \rho_{i+1})g/2 + (v_i^2\rho_i - v_{i+1}^2\rho_{i+1})/2 \tag{5-8}$$

式中 $H_{i,i+1}$——两测点间巷道的通风阻力，Pa；

$p_i$，$p_{i+1}$——前后测点的气压计读数，Pa；

$p_i'$，$p_{i+1}'$——校正气压计读数，Pa；

$z_i$，$z_{i+1}$——测点标高，m；

$\rho_i$，$\rho_{i+1}$——测点空气密度，kg/m³；

$v_i$，$v_{i+1}$——测点巷道的风速，m/s；

$g$——重力加速度，取 9.8m/s²。

### 5.2.2.5 两测点间巷道风阻的计算

两测点间巷道的风阻按下式计算：

$$R = p_i/(Q/60)^2 \tag{5-9}$$

式中 $R$——巷道的风阻，N·s²/m⁸；

$Q$——巷道通过的风量，m³/min。

巷道摩擦阻力系数为：

$$a = \frac{RS^3}{LU} \tag{5-10}$$

式中 $a$——摩擦阻力系数，N·s²/m⁴；

$U$——巷道周长，m；

$L$——巷道长度，m。

### 5.2.2.6 系统总阻力的计算

系统总阻力为进风井口到出风井口各段巷道的通风阻力之和，按下式计算：

$$H = \sum_{i=1}^{n} H_{i,i+1} \tag{5-11}$$

式中 $H$——系统总阻力，Pa；

$n$——进风井口到出风井口间测量的段数。

### 5.2.2.7 系统自然风压的计算

系统的自然风压按下式计算：

$$H_n = 9.8 \sum_{i=1}^{n} He_{i,i+1}(\rho_i + \rho_{i+1})/2 \tag{5-12}$$

式中　$H_n$——系统的自然风压，Pa；

　　$He_{i,i+1}$——两个测点间的位压差，Pa；

　　$\rho_i$，$\rho_{i+1}$——两个测点的空气密度，kg/m³。

## 5.2.3　通风系统阻力分析

### 5.2.3.1　通风系统网络解算方法

矿井通风网络分风包括网络解算和风量调节（控制）两个方面，建立在流体网络分流理论的基础上，经国内外学者的努力研究，现已经形成了完整的通风网络理论。掌握井下各条风路的通风参数，简便易行的方法就是进行网络解算。对于锡铁山铅锌矿这种复杂网络，用传统人工方法解算可能要花很长的时间，而且很难保证结果的准确性。随着计算机应用的发展，广大科研工作者为了从繁杂的手工网络解算劳动中解放出来，开发了大量的通风网络解算软件。研究采用计算机风网解算分析技术，引进国内外先进的专业通风模拟软件，使计算的速度和可靠性大大提高。通风系统参数测试是构建矿井通风仿真系统的核心内容，对生产矿井的参数测试主要包括矿井通风阻力测定、风机性能测试、井下所有风量调节设施构筑物与漏风量测试、地面和井下每个节点的大气压、温度、湿度测试等。

在进行模拟仿真之前，首先要对矿井通风系统进行调查，调查的内容有巷道名称、节点标高、运输方式、支护方式、用途、断面形状、断面积、周长、长度、实际风量、实际风流方向、通风构筑物、温度、湿度、可调节性、存在的问题等。课题组通过对锡铁山铅锌矿原有通风系统的调查获得了大量基本参数，并且进行了阻力测试。通风系统阻力测试和数据处理的工作量相当大，这就需要一个快速、简单、适用的数据处理程序来处理。矿山每隔一定时间都要汇报通风报表，也需要对平时测试数据进行汇总。以往的数据处理是图形和数据分离，此处的数据处理直接建立在 AutoCAD 环境下，图形和数据合二为一。数据处理完成后，仿真系统程序可以直接读取 DXF 文件建立矿井的通风仿真系统。

### 5.2.3.2　通风系统阻力分布及分析

矿井通风系统分析是在充分掌握现场实际情况的基础上进行的，分析的对象是实测、计算的数据，通过对数据的统计找出通风系统存在的问题，为通风系统的改造提供依据。满足通风设计要求的风量的必要条件是：所选用的主风机的风压必须保证克服矿井通风系统的最大总阻力，并供应矿井所需的总风量。

对于生产矿井的通风网络，每个主风机服务的系统中都有一条关键阻力路线（原通风设计中的最大阻力路线），其阻力分布即反映了通风系统阻力的分布。了解矿井通风系统关键路线的位置及其阻力分布，不仅有助于主风机的优选及合理使用，而且对优化风量调节、指导合理安排采掘工作面及其配风、降低矿井通风系统阻力以及改善通风状况都具有重要意义。通风网络的阻力分析是通过统计各风路的风阻、阻力、功耗分布状况，找出高风阻、高阻力、高功耗的区域和巷道。关键路线在矿井中的位置并不是一成不变的，它随着生产布局变化、需风量变化和网络结构及其某些分支的通风参数变化而变动。通风系统总阻力是选择矿井主风机的重要参数之一，为了经济合理、不致因主风机的风压过大造成安全生产难以管理以及避免主风机选型太大而使购置、运输、安装、维修等费用加大，必须控制总阻力不能太大（一般不超过 3000Pa，大型矿山例外），必要时应采取降阻措施。

针对锡铁山铅锌矿的通风系统阻力进行分析，本着只有降低最大阻力路线上的阻力才能使通风系统功耗下降的原则，分析各水平中段的通风阻力和最大阻力路线上巷道的阻力、风量、风阻分布情况，找出高阻力的巷道，为整个通风系统的分析与优化改造提供依据。为了能够更加真实地模拟井下的实际情况，对井下主要大巷、联络巷及井下构筑物共计 300 多条巷道和 24 个构筑物进行了相关数据的测试，产生直接数据 2000 多个、间接数据 8 万多个。其中，存在角联结构 147 个，在夏季受自然风影响风量变化明显的巷道有 3 条，受自然风压作用较大的独立通路有 2 条。锡铁山铅锌矿最大阻力路线选定为：3065m 斜坡道—2762m 斜坡道—2822m 水平—38 线回风井，测得最大阻力路线的通风阻力为 3200Pa，计算结果如表 5 - 2 所示。

表 5 - 2    最大阻力线路测量统计

| 测量路线 | 沿程阻力/Pa | 风量测量/m³·s⁻¹ | 风流状况 |
|---|---|---|---|
| 3065m 斜坡道 | 1308 | 25 | 新鲜风流 |
| 2762m 斜坡道 | 435 | 9 | 系统漏风 |
| 2822m 水平 | 625 | 21 | 系统漏风 |
| 38 线回风井 | 832 | 78 | 污风 |

由于矿井通风总阻力 $h = 3200\text{Pa}$，总通风风量 $Q = 80\text{m}^3/\text{s}$，则矿井总风阻 $R$ 和等积孔 $A$ 可由下列公式计算得出：

$$R = \frac{h}{Q^2} = \frac{3200}{80^2} = 0.5\text{kg}/\text{m}^7$$

$$A = \frac{1.19}{\sqrt{R}} = \frac{1.19}{\sqrt{0.5}} = 1.68\text{m}^2$$

由表 5 - 3 可得，锡铁山铅锌矿通风系统难易程度为中等，但是系统总阻力在 3000Pa 以上，说明总阻力过大，不利于主风机回风。

表 5 - 3    矿井通风难易程度分级表

| 矿井通风难易程度 | 矿井总风阻 $R$/kg·m⁻⁷ | 等积孔 $A$/m² |
|---|---|---|
| 容易 | <0.355 | >2 |
| 中等 | 0.355 ~ 1.420 | 1 ~ 2 |
| 困难 | >1.42 | <1 |

### 5.2.3.3 通风系统自然风压

自然风压是矿井中客观存在的一种自然现象，受季节气温的影响，矿井通风系统均受到自然风压不同程度的干扰，其作用有时对矿井通风有利，有时却相反，是一种不可忽视的重要动力。对于大中型矿井而言，均采用功率较大的风机进行机械通风，主风机通常安装在地势较高的井口进行抽出式通风，进风井口地势一般较低。进风井内的气温是随着季节不同而变化的，而回风井内的气温一般是保持常年不变。在冬季，进入进风井的风量越大，两井筒内空气柱的平均温度相差越大，因而自然风压越大，且自然风压的方向与机械风压的方向一致，故在冬季自然风压帮助机械通风。在夏季，由于地面温度高，自然风压的方向发生反向，自然风压是对机械风压起反作用的，矿井主风机需克服自然风压进行矿井通风。

经测量，夏季锡铁山铅锌矿的自然风压范围为 40~120Pa，其方向与矿井通风方向相反，有阻碍风流的负面效果。由于矿山顶部有大量空区，而空区的密闭性能较差，同时开采中段延伸距离超过 1000m，生产中段数目达到 5 个，导致空区在自然风压的作用下上部空区往下部中段大量漏风，严重影响矿山生产正常进风。要解决夏季自然风压起通风阻碍作用的问题，在做好空区密闭工程的同时，应该加大主风机风压以克服自然风压。锡铁山铅锌矿自然风压水平差值统计如表 5-4、表 5-5 所示。

表 5-4　午间自然风压各水平差值统计

| 断面编号 | $t/℃$ | $p/kPa$ | $\psi/\%$ | $p_b/kPa$ | 自然风压/Pa |
|---|---|---|---|---|---|
| 1 回风 | 17.0 | 68.4 | 65 | 1.933 | |
| 2 进风空气 | 30.0 | 68.1 | 28 | 4.239 | 67.8 |
| 3062~3002m 回 | 17.0 | 69.81 | 60 | 1.933 | |
| 3062~3002m 进 | 24.0 | 69.7 | 47 | 2.986 | 17.9 |
| 3002~2942m 回 | 17.0 | 68.39 | 60 | 1.933 | |
| 3002~2942m 进 | 22.0 | 68.3 | 50 | 2.639 | 14.2 |
| 2942~2882m 回 | 17.0 | 71.11 | 70 | 1.933 | |
| 2942~2882m 进 | 20.0 | 71 | 55 | 2.32 | 10.7 |
| 2882~2822m 回 | 17.2 | 72.32 | 70 | 1.933 | |
| 2882~2822m 进 | 19.0 | 72.2 | 56 | 2.199 | 8.6 |
| 2822~2762m 回 | 17.8 | 78.6 | 70 | 2.094 | |
| 2822~2762m 进 | 19.0 | 78.5 | 60 | 2.199 | 7.6 |

注：逐段相加午间自然风压的最大值为 120Pa。

表 5-5　夜间自然风压各水平差值统计

| 断面编号 | $t/℃$ | $p/kPa$ | $\psi/\%$ | $p_b/kPa$ | 自然风压/Pa |
|---|---|---|---|---|---|
| 1 回风 | 17.0 | 68.4 | 65 | 1.933 | |
| 2 进风空气 | 20.0 | 68.1 | 28 | 4.239 | 19.1 |
| 3062~3002m 回 | 17.0 | 69.81 | 60 | 1.933 | |
| 3062~3002m 进 | 20.0 | 69.7 | 47 | 2.986 | 6.4 |
| 3002~2942m 回 | 17.0 | 68.39 | 60 | 1.933 | |
| 3002~2942m 进 | 18.0 | 68.3 | 50 | 2.639 | 2.7 |
| 2942~2882m 回 | 17.0 | 71.11 | 70 | 1.933 | |
| 2942~2882m 进 | 20.0 | 71 | 55 | 2.32 | 5.6 |
| 2882~2822m 回 | 17.2 | 72.32 | 70 | 1.933 | |
| 2882~2822m 进 | 19.0 | 72.2 | 56 | 2.199 | 3.6 |
| 2822~2762m 回 | 17.8 | 78.6 | 70 | 2.094 | |
| 2822~2762m 进 | 19.0 | 78.5 | 60 | 2.199 | 2.5 |

注：逐段相加夜间自然风压的最小值为 40Pa。

## 5.3 原有通风系统存在的问题及解决方案

锡铁山铅锌矿建矿以来一直沿用的采矿方法是电耙出矿浅孔留矿法和电耙出矿分段空场法，采完后仅对采空区进行了简单密闭处理。经过多年开采，采空区的体积已经达到约 $350 \times 10^6 m^3$，部分采空区已经与地表贯通，并且由于新老系统井筒、斜坡道、措施井、采场人行通风天井、中段开拓巷道分段巷道、硐室等纵横交错，有数百条之多，必将给整个矿山的通风效果带来不利的影响。

### 5.3.1 通风系统亟待解决的问题分析

（1）供风能力无法满足安全生产要求。主斜坡道是主要运矿通道，也是原设计的进风巷道之一。由于矿井通风系统不完善、自然风压影响等原因，主斜坡道自投入使用以来一直没有达到设计进风量，尤其是存在着季节性反风；同时，由于运矿卡车断面积过大，带动周围空气呈活塞运动，进一步影响系统进风。矿山井下 3055m 主运输平巷受自然风压影响，上部空区大量漏风，从而导致夏季回风、冬季进风，形成不了固定的风流方向，在春秋季节将会造成风流的紊乱或者风流不畅，导致通风效果不佳，从而严重影响矿山井下安全生产。深部基建主体工程斜坡道已经开拓到 2762m 水平，与 2942m 水平车场相通，虽然在 2942m 水平加了一道风门，但污风还是能够大量进入 2942m 水平，造成新鲜风流和污风的混流，影响新鲜风流的正常供给。此外，深部开采中段 2762m 水平正处于基建阶段，在 2882m 中段和 2822m 中段全面生产后，通风系统要维持正常安全生产将非常困难。

（2）井下无轨设备和车辆排出的大量尾气难以有效排除。矿区除了井下 5 个中段 14 个采场间同时作业、爆炸作业产生大量炮烟和粉尘外，井下同时运行的大型无轨设备达 10 多台，每天下井汽车达 200 多台次，这些车辆排出大量尾气，严重污染井下作业环境，尤其是窝风地段，有毒有害气体浓度局部超标。此外，无轨设备运行过程中还释放大量热量，造成井下温度升高。

（3）通风管理手段无法适应矿区快速发展的需要。这方面的问题包括：不能科学、实时地对通风现状做出评价并提出技术改造方案；对通风系统技术改造及通风系统设计的合理性缺乏科学的评价系统；废旧巷道和新掘工程对通风系统的影响没有一套有效的评价体系；不能准确地进行通风数据处理，不能做出准确的决策；不能科学地评价和论证供风、用风、回风段的匹配程度；不能识别复杂角联网络；绘制通风系统图和风网特征图还停留在手工阶段，成图时间长，不适应矿山生产建设的需要。

### 5.3.2 通风系统优化解决方案

针对锡铁山铅锌矿矿井通风系统存在的问题，开展矿井通风仿真系统理论研究，并将其应用于矿山，可解决矿井通风系统存在的优化问题。在仿真系统建立后，可以灵活地模拟各种方案，并对通风系统进行相关的分析，在通风方案制定时只需在系统图中对巷道进行修改，仿真系统便可自动解算，然后通过比较分析做出最优方案。

矿井通风系统的风量调节分为总风量调节、区域风量调节和分支风量调节，一般来说，要在搞好分支风量调节的基础上进行区域风量调节。对于分支风量调节，一般采用局扇或减阻措施和风窗相结合的综合调节方案比较合理。对于矿井总风量调节，通常考虑改变风机的工况点，如果需要增加系统的总风量，一般优先考虑降低矿井风阻，其次是考虑改变风机的特性；如果需要减少系统的总风量，则优先考虑改变风机性能（减小风机转速或改变叶片安装角），最好不采用增加风阻的方法。而区域风量调节可以采取改变分区主机的负担范围、增加并联风道、增加新的分区系统、集中生产以缩小生产区域、调整工作面个数等多种措施，在某些情况下，也可采用总风量调节的方法，改变风机特性或矿井风阻特性。总之，通过多种调节方案比较，选择动力消耗最少、各台风机工况均为最佳的调节方案。

矿井通风系统合理与否，对矿井安全生产好坏会产生长远的影响。进行通风系统优化设计之前，应有可靠的安全技术资料，以便合理地确定通风系统参数不变化或变化时的时间区域。在进行通风设计时，既要兼顾各时间段的安全生产，又要进行通风指标优化，力求做到所设计通风系统的网络结构、阻力和风量与投产后的实际情况基本符合。

### 5.3.3　矿井所需风量计算

#### 5.3.3.1　总风量的计算

根据矿井生产的特点，全矿所需总风量应为各个工作面需要的最大风量与需要独立通风的硐室风量之总和，同时还应考虑到矿井漏风、生产不均衡及风量调节不及时等因素，给予一定的备用风量。全矿总风量可按下式计算：

$$Q_t = k\ (\sum Q_s + \sum Q'_s + \sum Q_d + \sum Q_r) \tag{5-13}$$

式中　$Q_t$——矿井总风量，$m^3/s$；

$k$——矿井风量备用系数，该系数考虑到漏风、风量不能完全按需分配和调整不及时等因素；

$Q_s$——回采工作面所需的风量，$m^3/s$；

$Q'_s$——备用回采工作面所需的风量，$m^3/s$；

$Q_d$——掘进工作面所需的风量，$m^3/s$；

$Q_r$——要求独立风流通风的硐室所需的风量，$m^3/s$。

按照《金属非金属地下矿山通风系统技术规范　通风系统》（AQ 2013.1—2008）的要求，有效风量率不得低于60%，风量备用系数 $k$ 的值通常为 1.20～1.45，可根据矿井开采范围的大小、所用的采矿方法、设计通风系统中风机的布局等具体条件进行选取。传统设计资料介绍，一般矿井 $k = 1.3～1.45$，漏风容易控制的矿井 $k = 1.25～1.40$，漏风难以控制的矿井 $k = 1.35～1.45$。

锡铁山铅锌矿井下共有 12 个回采工作面、20 个备用工作面、6 个掘进工作面、11 个硐室及其他用风地点，经测量，各用风点所需总风量应为 134.7$m^3/s$，由于矿山漏风较严重，取 $k = 1.35$。根据式（5-13）得：$Q = 1.35 \times 134.7 = 181.85 m^3/s$。38 线风机设计工况风量为 80$m^3/s$，计算新建回风井风机的设计风量需达到 100$m^3/s$。

#### 5.3.3.2　风机的性能参数分析

在高寒地区，由于大气压力降低，空气稀薄，风流的密度也随之降低，主风机的工作性能与样本性能有很大的差别。因此，进行风机选型时不能直接选用样本性能参数。

风机的性能是指风机运转时，其风量、风压、效率、功率等参数的状况及其变化。风机样本性能参数一般是指标准状态下的风机性能参数，即在大气压力为 101325Pa、大气温度为 20℃、相对湿度为 50%、空气密度为 1.2kg/m³ 时的参数。风机的实际工作性能受诸多因素的影响，在高海拔条件下进行风机性能选型时，空气密度对风机性能的影响是一个重要因素。主风机选型时，选择主风机的工作风压应特别注意以下几方面：

（1）高海拔条件下空气稀薄，风机的工作性能发生改变。对同一主风机，转速和工作风量相同时，高海拔条件下风机的工作风压降低，风机的电动机功率也降低。

（2）高海拔条件下进行风机的选型时，应根据相似比定律对计算的风压和功率进行修正。

（3）高海拔条件下，风机的工作性能除受空气密度的影响外，还受安装因素的影响。建议风机安装后对风机性能进行现场测试，拟合风机的工作性能曲线，在此基础上研究自然风压变化对风机工作的影响，为运营机电控制提供依据。

风机的风量和风压计算公式如下：

（1）风机的风量。按下式计算：

$$Q_f = \phi Q_t \tag{5-14}$$

式中　$\phi$——风机装置的风量备用系数，一般取 $\phi = 1.1$；

　　　$Q_t$——矿井要求的总风量，m³/s。

（2）风机的全压。风机产生的全压不仅用于克服矿井通风阻力 $h_t$，同时还要克服与风机通风方向相反的矿井自然风压 $H_n$、风机装置的通风阻力之和 $h_r$ 以及风流流到大气时的出口动压损失 $h_v$，故风机的全压可按下式计算：

$$H_t = h_t + H_n + h_r + h_v \tag{5-15}$$

式中　$h_t$——矿井总阻力，Pa；

　　　$H_n$——与风机通风方向相反的矿井自然风压，Pa；

　　　$h_r$——风机装置的通风阻力之和（包括风机、风硐和扩散器的阻力），一般设计中
　　　　　　取 150～200Pa；

　　　$h_v$——风流流到大气时的出口动压损失，Pa。

根据通风容易时期与困难时期所算出的两组 $Q_f$ 与 $H_t$ 数据，在风机个体特性曲线上找出相应的工况点，并且要求这两个工况点均在风机特性曲线的合理工作范围内，即效率在 60% 以上，风压在曲线驼峰点最高风压的 90% 以下。根据风机工况点的 $H_t$ 与 $Q_f$ 以及在风机特性曲线上查出相应的风机效率 $\eta_t$，由系统测量所得的最大阻力路线上的风阻为 3200Pa，故新选风机的工况风压最好大于 3200Pa。

## 5.4 基于 Ventsim 的通风系统优化研究

### 5.4.1 Ventsim 软件简介

早在 20 世纪 30 年代国外学者就已开始研究矿井通风理论和计算方法，然而直到近 30 年引入电脑分析以来，对通风系统的设计和模拟仍然是主要根据个人的经验、猜测和大量的计算得来。随着计算机技术的发展和普及，出现了许多矿井通风系统运行模拟的计算模型、算法和软件程序，系统模拟的数学模型选用回路法或节点法，其求解算法采用斯考德－恒斯雷法或牛顿法，并编制了相应的非通风自动化条件下的计算机

软件。近年来，有的国家开始研究开发矿井通风网络实时模拟系统。我国在 20 世纪 80 年代初开始矿井通风网络研究，一些高校和科研单位相继开展了理论研究与软件开发研究工作。近年来，由于计算机技术的迅速发展，用户对计算机可视化、智能化的要求越来越高，原来 DOS 版本的矿井通风网络分析软件已被 Windows 版本取代，并逐步向着适用性强、可视化程度高、兼有实时分析和智能控制功能的方向发展。即使电脑通风软件能够模拟大量的矿井通风巷道，但是对于这个领域的专家来说，输入和解释这个过程仍然是个难题。

Ventsim 软件由澳大利亚 GeoMeM 有限公司开发，是一个专业的地下矿井通风仿真软件，模拟功能强大，可以提供风网风量、风流方向、风速、风压等各种通风系统参数的模拟计算结果。Ventsim 第一个在通风模拟软件里面封装集成简单易用的 Windows 图形设计，采用三维图形交互界面，允许对风路进行简单创造、改变等操作。该软件目前在 300 多个地下矿山使用，同时世界各地的大学和研究机构也都在使用。Ventsim 系统基于 $\theta$ 法判别原理，利用通路集合运算法，不仅能够识别角联风路，而且能够给出影响角联风路的角联结构七元组，可以准确地、科学地判断复杂网络或风路中的角联风路。Ventsim 软件利用的工具可以实现以下功能：模拟和记录空气在巷道中的流动，对巷道发生变化后的情况进行模拟，给短期或者长期的矿井通风规划提供帮助，帮助矿山选择合理风机，从经济方面对通风系统进行分析，模拟平时和紧急时刻巷道里烟、尘、气体的浓度。

## 5.4.2 仿真系统图的生成

可视化矿井通风仿真系统的图形共有三种生成方式：第一种是在仿真系统的绘图区域利用鼠标直接绘制；第二种是利用 DXF 格式文件转换成仿真系统图；第三种是利用巷道三维节点坐标数据文件生成。在本次测试中采用第二种方式。

在 AutoCAD 界面下对矿井通风系统图进行描绘，其操作步骤为：

（1）新建一图层，且以风路作为图层名称；

（2）沿风流方向用单线型直线描绘巷道，在巷道的交叉处或端点处采用 AutoCAD 的捕捉功能，以确保线段间的连接；

（3）描绘完成后利用 AutoCAD 另存，在保存类型中选择 DXF 文件类型，命名文件即形成 DXF 格式的文件。

首先将矿井通风系统图（＊.dwg，见图 5-6）另存为 DXF 文件格式，然后利用 Ventsim 将 DXF 文件生成系统图。在形成仿真系统图后，需要重新检查系统图的正确性，具体包括：

（1）风井检查，主要核实进、回风井的正确性；

（2）拓扑关系检查，确保仿真图与矿井现用通风系统图的拓扑关系保持一致；

（3）单向回路检查，主要是防止在仿真系统图中出现单向回路；

（4）图的连通性检查，主要是检查系统图中巷道间的连接性（见图 5-7）。

点击工具菜单模拟选项“运行”→“风流模拟”，查看系统是否可以运行。通常会出现一些错误，系统会给出提示，然后按照系统提示进行手动修改（如图 5-8～图 5-11 所示）。

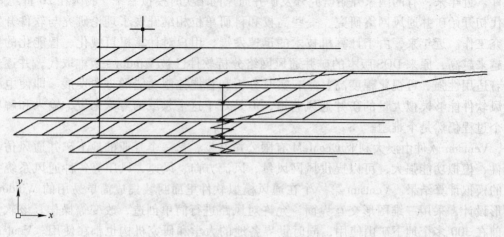

图 5 - 6　通风系统简图

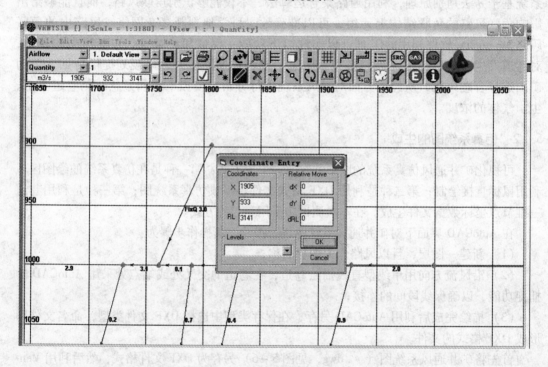

图 5 - 7　节点坐标参数输入

　　将错误修改完成后就得到了可以模拟的锡铁山铅锌矿通风系统图，点击不同的模拟选项就可以得到所需的不同系统参数。

### 5.4.3　数据录入

　　数据是仿真系统运行的基础参数，仿真系统的数据录入主要包括巷道、节点、构筑物、风机等的数据录入。其中，巷道数据包含长度、风量、百米风阻、密度、支护形式等，节点数据包含节点名称、节点标高、大气压等，构筑物数据包含构筑物名称、测试压差等，风机数据中纳入风机性能曲线。

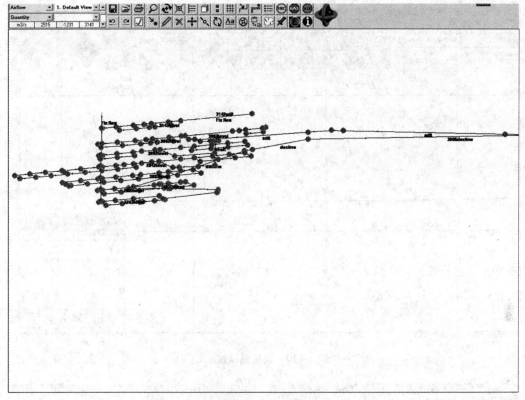

图 5-8　通风系统构建

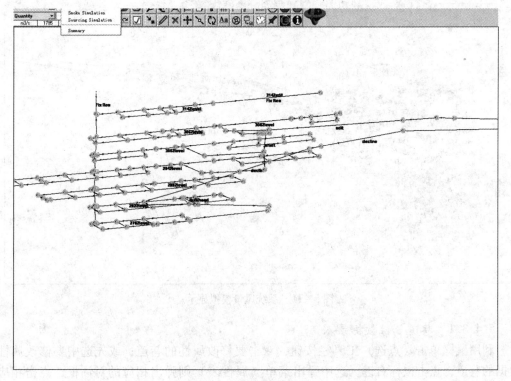

图 5-9　通风系统风量模拟

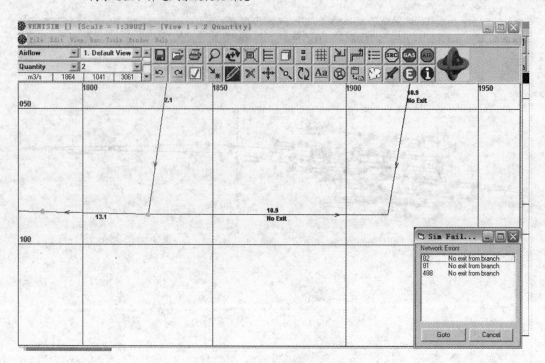

图 5 - 10　系统错误提示

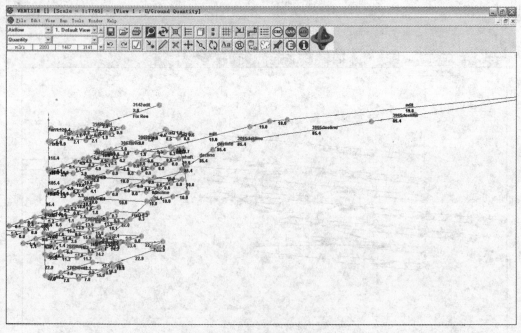

图 5 - 11　系统风量模拟显示

### 5.4.3.1 巷道属性数据录入

利用鼠标单击（点选）工具栏按钮，双击要修改属性的巷道；或先选中要修改属性
数据的巷道，点击鼠标右键，选中弹出菜单（属性表）则弹出相应的对话框，点击相应
的属性数据项，就可以对其进行编辑。

节点属性数据录入利用鼠标单击（点选）工具栏按钮，双击要修改属性的节点；或先选中要修改属性数据的节点，点击鼠标右键，选中弹出菜单（节点属性表）则弹出相应的对话框，点击相应的属性数据项，就可以对其进行编辑，如图 5 - 12 所示。

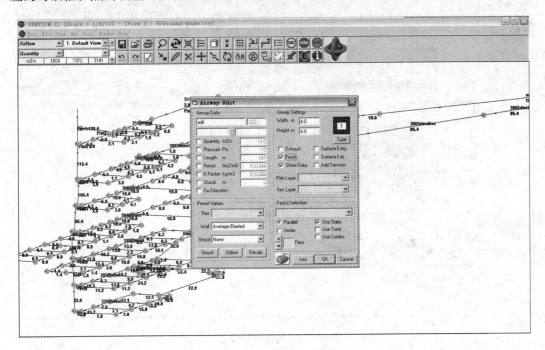

图 5 - 12　风路参数编辑

### 5.4.3.2　通风动力装置录入

通风动力装置仿真控制主要是对风机的控制操作、应用，在仿真系统风机选项对话框中设置（如图 5 - 13 ~ 图 5 - 15 所示）。显示的属性包括风机名称、型号、运行状态、转速、工况风量、工况风压、电动机功率和风机效率等。控制台的操作包括开机、停机、反转和调整叶和片角度，通过对这些操作的控制来给矿井供风（即给通风仿真系统）提供动力和参数，当点击"开机"按钮时，风机动画开始旋转，当点击"停机"或"反转"时，风机立即停止或反转。

## 5.4.4　矿井风流分配仿真

所谓通风系统仿真，就是模拟组成通风系统的一个或数个元件（如巷道、风机、构筑物等）发生变化后所引起的矿井风流状态参数变化。系统默认无自然风压作用。在巷道属性数据和通风构筑物设置完毕后就可以进行通风模拟，系统提供风量、风速、风压、风阻模拟选择，点击不同的选项可以得出相关的通风参数，如图 5 - 16、图 5 - 17 所示。

点击"运行"→"总结"，得到系统通风现状整体评价，如图 5 - 18 所示（参见书末彩图）。

## 5.4.5　Ventsim 模拟分析

通过现场调查，结合 Ventsim 软件对通风系统的分析结果，得出以下结论：

（1）通风系统进风量不足，多水平同时作业导致各中段回风量不够，造成污风循环；

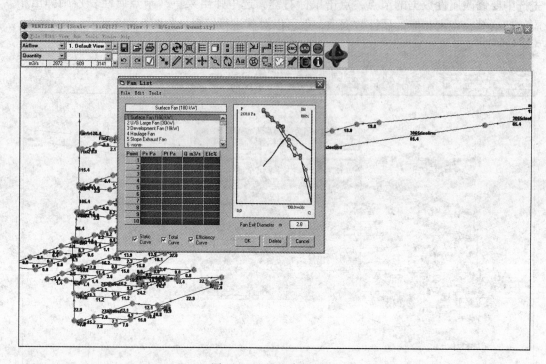

图 5 - 13　风机参数设置

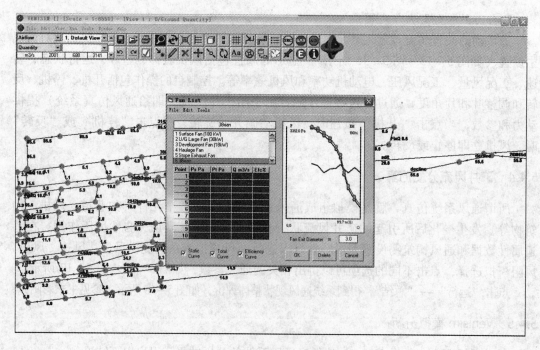

图 5 - 14　38 线风机性能参数输入

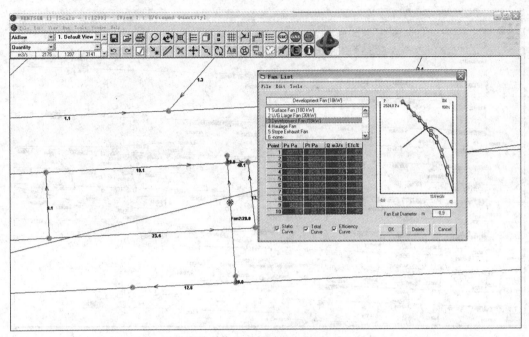

图 5 – 15　局部风扇性能参数输入

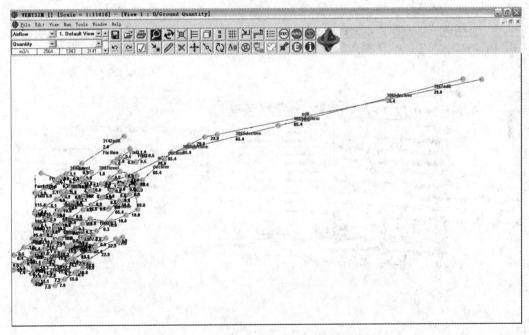

图 5 – 16　锡铁山铅锌矿通风系统风量模拟

（2）38 线主风机效率不够，没有达到设计工况参数，进一步加剧通风困难，系统运行效率只有 44%；

（3）多年开采使上部留有大量空区，夏季由于自然风压的作用，空区漏风严重，进一步增加进风困难；

（4）斜坡道、平硐开拓系统路径较长，沿程阻力和局部阻力过大，进风困难。

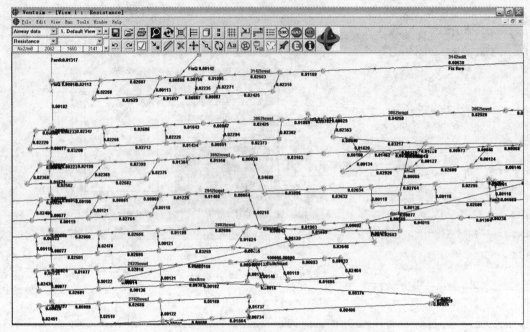

图 5 - 17　锡铁山铅锌矿通风系统风阻模拟

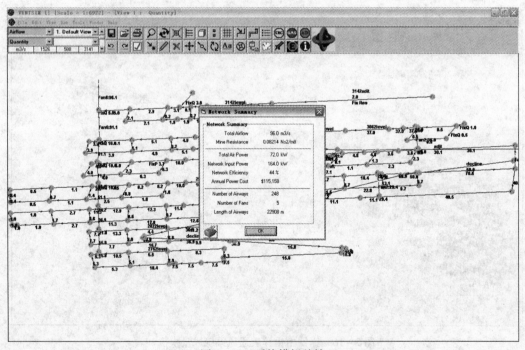

图 5 - 18　系统模拟总结

## 5.4.6　通风系统优化设计方案的 Ventsim 仿真模拟研究

### 5.4.6.1　通风系统优化设计方案分析

根据锡铁山铅锌矿的通风系统现状，结合矿山的实际情况和对矿井生产的整体规划，同时考虑其应对灾变能力和新旧中段的转移情况，为了改善当前的通风环境和满足后期的通风要求，利用通风仿真系统模拟如下两套通风系统优化设计方案。

（1）方案一。尽快完成3142m中段上部矿石的回采，将3142m中段作为专用回风井使用，同时将38线主风机位置下移80m至3142m水平，如图5-19、图5-20所示。

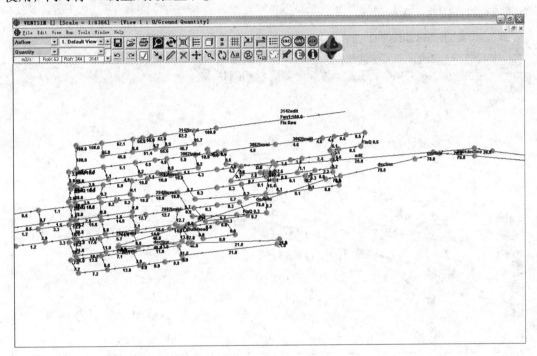

图5-19 方案一系统建成后的各分支风量

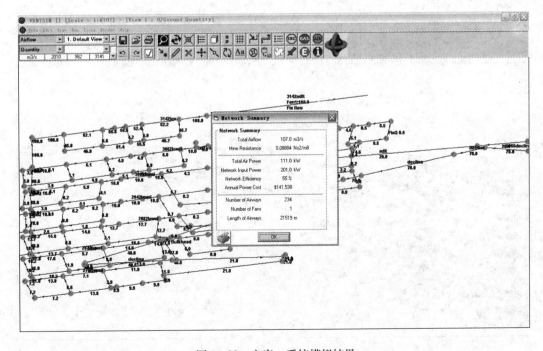

图5-20 方案一系统模拟结果

（2）方案二。为保证中段需风量，将通风系统由原来的"两进一回"调整为"两进两回"，在保证采区风量充足的情况下实现降低矿井总阻力。在矿床东翼 03 线附近另外开拓一回风井，如图 5-21 所示。由于下部开采矿体向东偏移，可以考虑把新建 03 线风井作为主回风井，根据矿山产量确定风机工况参数，建议选用国内 K 系列节能矿用风机，如图 5-22、图 5-23 所示。

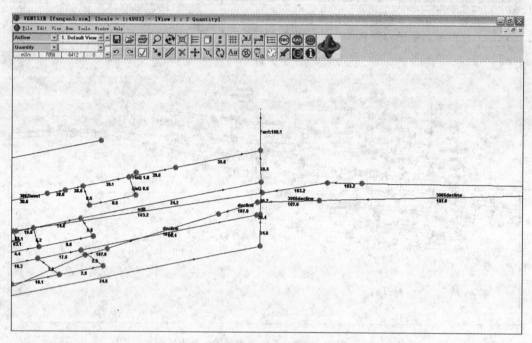

图 5-21　03 线回风井

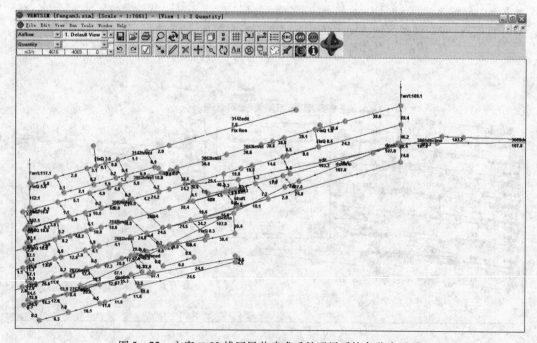

图 5-22　方案二 03 线回风井建成后的通风系统各分支风量

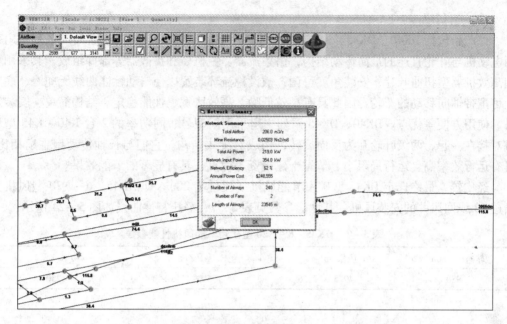

图 5 - 23 方案二 03 线回风井建成后的模拟运行结果

表 5 - 6 为通风系统优化方案的 Ventsim 模拟结果对比表。从表中可以看出，系统优化后的效率为 62%，比原系统提高了 18 个百分点，而用风量也完全满足未来矿山生产需求。

表 5 - 6 通风系统优化方案的 Ventsim 模拟结果对比表

| 结果统计 | 现 状 | 方案一 | 方案二 |
| --- | --- | --- | --- |
| 总风量/m$^3$ · s$^{-1}$ | 96 | 107 | 206 |
| 风阻/N · s$^2$ · m$^{-8}$ | 0.0821 | 0.0884 | 0.02503 |
| 风扇功率/kW | 380 | 380 | 860 |
| 通风效率/% | 44 | 55 | 62 |
| 分支风路数 | 248 | 234 | 240 |
| 风路总长度/m | 22908 | 21519 | 23545 |

#### 5.4.6.2 风机的选型及安装

根据优化结果，可选用新一代 K 系列矿用节能风机。该系列风机主要应用于金属矿山，在地面或井下作为主扇、辅扇通风，也可用于其他通风换气场合。风机的主要性能、技术指标如下：

（1）系列机号：N7 ~ N26；

（2）系列转速：1450r/min，980r/min，730r/min；

（3）风量范围：2.0 ~ 164.2m$^3$/s；

（4）全压范围：380 ~ 3819Pa；

（5）功率范围：1.1 ~ 500kW；

（6）风机效率：K 型单级全压效率 $\eta$ = 94%，DK 型对旋静压效率 $\eta$ = 86%；

（7）运行噪声：LA≤85dB（A）。

该产品包括 DK40、DK45、K40、K45 等矿用节能风机。其中，K40、K45 系列辅扇采用电动机与叶轮直连的最简传动结构，由集流器、主机体和扩散器等部件组成。其采用新型高效机翼型扭曲叶片，安装角度可调，敷设稳流环装置以使气动性能曲线无驼峰，底座上可配带轴向移动的车轮，因此具有高效低噪、高效区宽、性能稳定、结构简单、安装容易、使用方便等优点。DK40、DK45 系列主扇采用同型号、同功率的 2 台 K40、K45 型风机对接在一起，两级叶轮互为反向旋转，构成对旋式结构。它们与长轴传动型主扇相比，具有运行效率高、运行局阻小、节省土建投资等优点，具有显著的节能效果。

经比较，最终选定 DK45 型矿用节能风机（机号为 20），即 DK45 - 6 - N20 型风机为新建03 线回风井的安装风机。其性能参数见表 5 - 7，静压特性曲线如图 5 - 24 所示：

表 5 - 7　DK45 - 6 - N20 型矿用节能风机性能参数

| 转速/r·min⁻¹ | 风量/m³·s⁻¹ | 全压/Pa | 功率/kW |
|---|---|---|---|
| 980 | 49.5 ~ 127.6 | 1750 ~ 3446 | 2 × 250 |

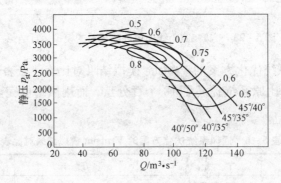

图 5 - 24　DK45 - 6 - N20 型矿用节能风机静压特性曲线图

矿井主扇可安装在地表或井下，其优缺点分别如下。

（1）主扇安装在地表的主要优点有：安装、检修、维护管理方便，井下发生灾变事故时不易受到损害，比较安全可靠，便于采取停风或控制风量等通风措施。其主要缺点有：井口密闭以及风硐的短路漏风较大，矿井较深时主扇距工作面较远，沿途漏风大，要求地表有一定的安装条件。

（2）主扇安装在井下的主要优点有：主扇装置的漏风少，主扇距工作面较近，沿途漏风较少，密闭工程量较小，可同时利用较多巷道入风或排风，能降低通风阻力。其主要缺点有：安装、检修、维护管理不便，易受井下灾害破坏。

考虑到锡铁山铅锌矿下一步延深开采工程的新建风井要兼作措施井，井筒内安装提升运输设备以负担提升废石和下人的任务等；另外，新建风井还有可能作为二期开采工程的措施井，若在其井口掘风硐安装主扇设备，可能会影响通风效果或造成新建风井不能起到措施井的作用，因此，建议主扇安装在井下的 3142m 东部回风道 03 线附近。

### 5.4.6.3　方案综合分析

（1）方案一。简单易行，基建工程量小，投资少，见效快，可有效减少 3142m 中段上部空区漏风，能短期缓解矿山的通风压力，却难以解决整个系统用风量不足的问题。但锡铁山铅锌矿通风系统全年均在自然风压作用下，上行风时间远比下行风时间多，可以对系统回风有一定帮助，能够增加总回风量。

（2）方案二。可以很好地解决系统用风量的问题，符合矿山长远规划设计；但是新建回风井和添加主风机会增加资金的投入，回风井基建周期也较长。

（3）考虑到 3142m 中段矿石开采即将结束，可以先选择方案一来改善系统通风不良状况，同时加快回风井建设。然后再用方案二，采用"两进两回"的方式通风，彻底解决通风问题，为矿山安全生产提供有力保证。

## 5.5 基于 MVSS 的通风系统优化研究

### 5.5.1 MVSS 软件简介

MVSS 软件是由辽宁工程技术大学刘剑教授等开发完成的，其主要功能有：矿井风流分配仿真；模拟新建和报废巷道；模拟巷道断面或长度变化；模拟风门个数、位置、调节量，模拟风机数量、位置和特性；通风网络风流按需分配仿真；固定半割集下的按需分风；基于最小调节功耗的网络增阻调节通路法；网络调节节点法；反风模拟；基于仿真技术的通风网络角联结构分析；基于平衡图技术的通风系统分析；矿井自然风压分析；矿井功耗分析；通风系统调节位置与调节量分析与评价；巷道风速分析与评价；矿井需风量分析与评价；通风系统最大通风能力分析；井下空气成分、温度、湿度分析与评价；矿井分区通风分析与评价；矿井串联通风分析与评价。

### 5.5.2 矿井风速及阻力分配仿真

根据通风系统调查得到的数据，可以在 MVSS 中输入图形和数据。其生成方式也采用 DXF 格式文件转换成仿真系统图，数据录入方式与 Ventsim 软件一致。基于 MVSS 的矿井通风系统图如图 5 – 25 所示。

从矿井通风系统图上可以得到最大阻力路线，其详情见表 5 – 8。

根据各巷道的阻力情况，分别作出最大阻力路线阻力分布图和风量分布图，如图 5 – 26、图 5 – 27 所示。

原有通风系统的主要进风井风量见表 5 – 9，回风井风量见表 5 – 10。

从表 5 – 9、表 5 – 10 可以看出，由于采空区漏风严重，导致平硐与斜坡道进风量较少，除了表中列出的地点存在较多的漏风外，其他地点也有漏风存在。从最大阻力路线可以看出：

（1）原有通风系统的最大阻力路线为 3065m 斜坡道硐口进风，一直到 2072m 中段与斜坡道联络道，经 9 线风机抽到 2822m 中段，沿 2822m 中段自东向西，最后经 38 线风井抽到地表，全长 10248m，阻力为 3053.53Pa。

（2）阻力主要分布在 38 线风井，因为主回风井风量较大，而阻力与风量的平方成正比，故此段阻力很大。

（3）总回风量为 121.66m³/s，不能满足生产的要求。

### 5.5.3 MVSS 模拟分析

通过使用 MVSS 软件对原有通风系统进行分析，得出以下结论：

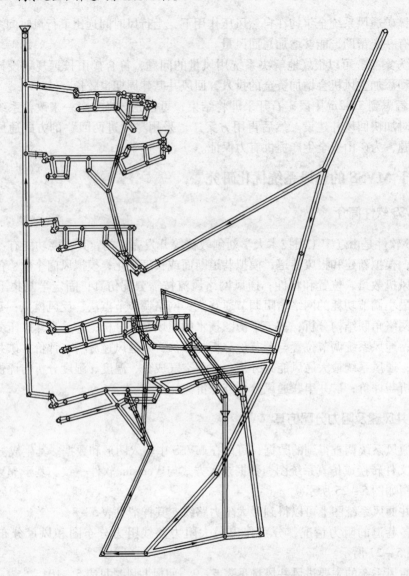

图 5 - 25 基于 MVSS 的矿井通风系统图

表 5 - 8 最大阻力路线详情

| 序 号 | 巷道名称 | 长度/m | 风量/m³·s⁻¹ | 阻力/Pa |
|---|---|---|---|---|
| 1 | 斜坡道 | 880 | 11. 21 | 162. 26 |
| 2 | 斜坡道 | 1000 | 6. 49 | 25. 24 |
| 3 | 斜坡道 | 1811 | 6. 49 | 14. 9 |
| 4 | 斜坡道 | 200 | 23. 3 | 104. 32 |
| 5 | 斜坡道 | 2200 | 5. 08 | 25. 56 |
| 6 | 斜坡道 | 1000 | 20 | 130. 9 |
| 7 | 斜坡道 | 1200 | 20 | 200 |
| 8 | 2762m 中段 | 400 | 11. 12 | 173. 2 |

| 序　号 | 巷道名称 | 长度/m | 风量/m³·s⁻¹ | 阻力/Pa |
|---|---|---|---|---|
| 9 | 9 线风井 | 60 | 5.90 | 10.47 |
| 10 | 9 线风井 | 2 | 5.91 | 6.98 |
| 11 | 2882m 中段 | 5 | 4.09 | 1.97 |
| 12 | 2882m 中段 | 100 | 7.48 | 19.6 |
| 13 | 2882m 中段 | 100 | 7.48 | 19.6 |
| 14 | 2882m 中段 | 100 | 7.48 | 19.6 |
| 15 | 2882m 中段 | 100 | 12.80 | 57.38 |
| 16 | 2882m 中段 | 100 | 12.80 | 57.38 |
| 17 | 2882m 中段 | 100 | 8.27 | 23.93 |
| 18 | 2882m 中段 | 150 | 16.57 | 144.14 |
| 19 | 2882m 中段 | 150 | 16.57 | 144.14 |
| 20 | 2882m 中段 | 50 | 16.57 | 48 |
| 21 | 2882m 风道 | 5 | 18.41 | 440.6 |
| 22 | 2882m 风道 | 15 | 18.41 | 67.8 |
| 23 | 38 线风井 | 60 | 18.41 | 22.08 |
| 24 | 38 线风井 | 60 | 38.8 | 98.29 |
| 25 | 38 线风井 | 60 | 49.75 | 161.6 |
| 26 | 38 线风井 | 60 | 65.97 | 284.2 |
| 27 | 38 线风井 | 280 | 82.99 | 641.34 |

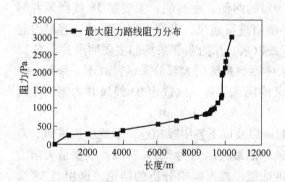

图 5 - 26　最大阻力路线阻力分布情况图　　　　图 5 - 27　最大阻力路线风量分布图

表 5 - 9　进风井风量表

| 序　号 | 位　置 | 风量/m³·s⁻¹ |
|---|---|---|
| 1 | 平硐口 | 21.56 |
| 2 | 斜坡道口 | 14.33 |
| 3 | 3002m 中段 40 线西 | 6.13 |
| 4 | 3062m 中段 40 线西 | 5.95 |
| 合　计 | | 47.97 |

表 5 - 10  回风井风量表

| 序　号 | 位　　置 | 风量/$m^3 \cdot s^{-1}$ |
|---|---|---|
| 1 | 38 线风井 | 82.14 |
| 2 | 3002m 中段 5 线风井 | 25.52 |
| 3 | 3062m 中段 21 线 | 8.5 |
| 4 | 3062m 中段 17 线 | 5.4 |
| 总　风　量 | | 82.14 |

（1）应合理分配井下风量，提高综合通风效率，减少投资和维护费用。

（2）通风阻力主要集中在 38 线回风井，因此，通过增加 38 线回风井的风量来增加矿井的供风量必然会使通风阻力增大。所以，要增加供风量，就需要在其他地点掘一条回风井。

（3）通风系统优化时应当充分利用现有的巷道、风井和通风设施，以减少工程量和节省资金。

（4）原有通风系统中斜坡道和主平硐的进风量偏少，漏风比较严重，故需要采取封堵等措施减少漏风量，提高有效风量率。

### 5.5.4　优化设计方案步骤一

根据优化分析，需在原有通风系统的基础上增加一条回风井。对此，应结合对通风系统分析后所得出的结论来考虑此回风井的选址。

#### 5.5.4.1　新建回风井的选址及风机的选型

（1）采场分布在各个中段 15 线斜坡道入口的两侧，在西侧，主要靠 38 线回风井回风，通风条件较好；在 15 线以东，主要依靠辅扇进行通风，没有专用回风井，容易引起污风串联，故新建回风井的位置应该位于 15 线以东，作为东部采场的主要回风井。在 15 线以东的现有风井中，9 线和 1 线风井都无法照顾到东部的大部分采区，故不予采纳。03 线风井现有条件较好，并且能够承担东部采区的回风任务，故选定 03 线风井为第二个回风井。

（2）将 03 线风井与上部掘通，并与 2942m 以及以下各中段相连，形成中央进风、两翼对角式回风的通风方案。经计算，3 线回风井的最大阻力为 2819.24Pa。根据最大阻力为 2819.24Pa、风量为 $60 \sim 100 m^3/s$ 进行风机选型。根据模拟分析的结论，选用与 38 线风井同型号的风机，以提高管理效率和便于配件的管理。

#### 5.5.4.2　风量分配的模拟仿真

回风井的选址和风机选择优化后，其主要进风井风量见表 5 - 11，回风井风量见表 5 - 12。对通风系统优化设计方案步骤一进行 MVSS 模拟，结果如图 5 - 28 所示。

表 5 - 11　进风井风量表　　　　　　　　　　　　　　　($m^3/s$)

| 序　号 | 位　置 | 风　量 |
|---|---|---|
| 1 | 平硐口 | 37.12 |
| 2 | 斜坡道口 | 40.00 |

| 序　号 | 位　置 | 风　量 |
|---|---|---|
| 3 | 3002m 中段 40 线西 | 20.00 |
| 4 | 2882m 中段 40 线西 | 7.00 |
| 5 | 3062m 中段 11 线东 | 13.07 |
| 6 | 2942m 中段 40 线以西 | 12.00 |
| 合　计 | | 129.19 |

**表 5 - 12　回风井风量表**　　　　　　　　　　　　　　（m³/s）

| 序　号 | 位　置 | 风　量 |
|---|---|---|
| 1 | 38 线回风井 | 76.84 |
| 2 | 03 线回风井 | 67.32 |
| 3 | 3002m 中段 5 线风井 | 11.39 |
| 4 | 3062m 中段 17 线 | 5.40 |
| 5 | 3062m 中段 23 线 | 8.40 |
| 合　计 | | 169.35 |

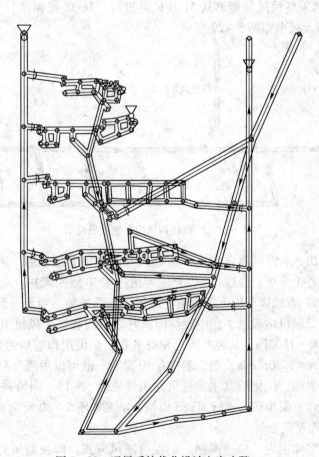

图 5 - 28　通风系统优化设计方案步骤一

### 5.5.4.3 方案评价及下一优化步骤

根据优化设计方案步骤一可以得到以下结论：

（1）矿井回风量增加，但离正常生产时所需考虑的 1.5 倍备用系数风量尚有差距。

（2）主平硐和斜坡道进风量增加，能够减轻斜坡道的污染状况，使有效风量率增加；但进风巷道分散，漏风严重。

随着开采往深部发展，进风困难，且风路延长后通风阻力增加，需要增加深部采场的进风量，减少漏风，故需要进一步优化。下一优化步骤为：

（1）对上部中段已开采完毕的采场进行封闭或安装风门，提高下部采场的供风量。

（2）鉴于原有通风系统的进风主要依靠主平硐和斜坡道，此两者皆为运输巷道，故风速不宜过大，增加进风量较为困难，所以需要一条专用进风井。

（3）深部开采的通风可考虑采用多级机站的通风方式，并且充分利用现有通风设备，以减少工程量和投资。

## 5.5.5 优化设计方案步骤二

### 5.5.5.1 模拟仿真及结果

把原有 51 线风井向下掘到 2762m 中段，作为 25 线以西的主要进风井，并且通过增加风门使 25 线以西的采场的风流能够从 51 线风井进风、从 38 线回风，以避免污风串联。25 线以西风门布置及风向如图 5 - 29 所示。

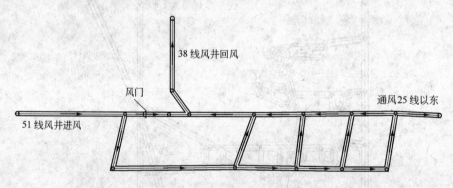

图 5 - 29 25 线以西风门布置及风向图

从图中可以看出，新鲜风流自 51 线风井进入中段西部巷道以后，通过穿脉进入上盘运输巷道，供应到各个采场，最后经下盘运输巷道进入 38 线回风井。除供应西部采场外，其余新鲜风流还通过 25 线以东的下盘运输巷道供应东部采场。当开采到深部以后，由于阻力增加，可采用二级机站通风，在中段与回风井之间加装一个风机组，其风量为 20 ~ 30m³/s，压力为 500 ~ 1500Pa。从现有风机设备来看，矿山用作辅扇的风机型号为 30kW 的 FBCZ - 4 - No（$n = 1450$r/min）型，现在有 10 余台，故可以用两台 FBCZ - 4 - No 串联为一组，作为一级机站。优化后其主要进风井风量见表 5 - 13，回风井风量见表 5 - 14。对通风系统优化设计方案步骤二进行 MVSS 模拟，结果如图 5 - 30 所示。

### 5.5.5.2 通风方式分析

最终的通风方案确定为"三进两回"的混合通风方式，即新鲜风流一经主平硐沿主盲竖井进入各中段，其风量为 36.41m³/s；新鲜风流二经斜坡道进入各中段，其风量为

42.48m³/s；新鲜风流三经主进风井 51 线风井进入各中段，其风量为 112.92；回风井为两个，分别位于 38 线和 03 线，其回风量分别为 97.8m³/s 和 93.99m³/s。在下盘主运输巷道 40 线以西位置安置风门，使新鲜风流自 51 线风井进入 40 线以东上盘运输巷道，进入采场后经下盘运输巷道流入 38 线风井。各中段用风量见表 5 - 15。

**表 5 - 13  进风井风量表** (m³/s)

| 序 号 | 位 置 | 风 量 |
|---|---|---|
| 1 | 平碉口 | 36.41 |
| 2 | 斜坡道口 | 42.48 |
| 3 | 51 线主进风井 | 112.92 |

**表 5 - 14  回风井风量表** (m³/s)

| 序 号 | 位 置 | 风 量 |
|---|---|---|
| 1 | 38 线回风井 | 97.80 |
| 2 | 3 线回风井 | 93.99 |
| 合 计 | | 191.79 |

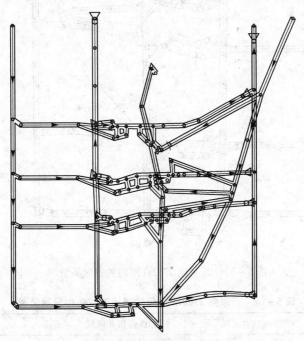

图 5 - 30  通风系统优化设计方案步骤二

**表 5 - 15  各中段用风量** (m³/s)

| 中段名 | 38 线风井回风 | 03 线风井回风 | 中段总回风 |
|---|---|---|---|
| 2942m | 31.99 | 28.80 | 60.79 |
| 2882m | 23.43 | 21.08 | 44.51 |
| 2822m | 18.28 | 25.57 | 43.95 |
| 2762m | 24.08 | 18.43 | 42.51 |

### 5.5.6 MVSS优化效果分析

当开采进入深部以后，继续沿用此通风方案可以确保开采用风量。图5-31为开采到2702m中段的通风系统图。其各中段用风量见表5-16，从表中可以看出，当开采延伸到深部时，本通风优化方案仍然是适用的。

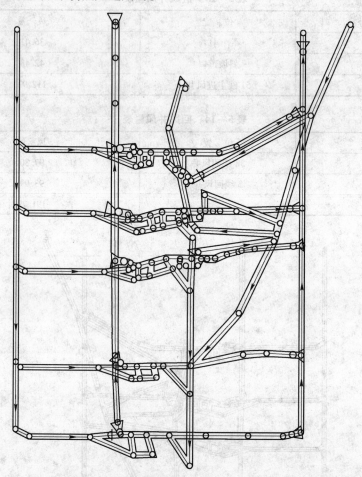

图5-31 开采到2702m中段的通风系统图

表5-16 开采到2702m中段的通风系统各中段用风量 （m³/s）

| 中段名 | 38线风井回风 | 03线风井回风 | 中段总回风 |
|---|---|---|---|
| 2942m | 30.65 | 25.94 | 56.59 |
| 2882m | 21.13 | 19.29 | 40.42 |
| 2822m | 14.91 | 22.83 | 37.74 |
| 2762m | 16.52 | 15.84 | 32.36 |
| 2702m | 17.14 | 21.07 | 38.21 |
| 合　计 | 100.35 | 104.97 | 205.32 |

通风优化效果如表5-17所示。由表可以看出，经过优化以后，总风量有了很大的提

高，且大大提高了有效风量率和通风效率。

表 5 – 17　通风优化效果表

| 结果统计 | 现　状 | 方案步骤一 | 方案步骤二 |
|---|---|---|---|
| 总风量/m³·s⁻¹ | 82.14 | 169.35 | 191.79 |
| 风阻/N·s²·m⁻⁸ | 0.2063 | 0.1356 | 0.1033 |
| 风扇功率/kW | 655 | 970 | 1160 |
| 通风效率/% | 44 | 58 | 75 |
| 有效风量率/% | 58.4 | 76 | 87 |
| 风路总长度/m | 10248 | 10648 | 10648 |

## 5.6　本章研究结论

通过对锡铁山铅锌矿通风系统进行调查并对通风阻力进行分析可知，原有通风系统存在供风量不足、有毒有害气体无法排除等问题，且系统总阻力过大，不利于主风机回风。应用通风模拟软件 Ventsim 和 MVSS 对通风系统进行优化研究后，得出了以下结论：

（1）根据 Ventsim 软件进行通风系统优化模拟仿真的结果，提出并对比了两套通风系统优化设计方案。方案一提出完成 3142m 中段的回采工作，将该巷道作为专用回风井。该方案基建工程量小、投资少、见效快，可短期缓解矿山的通风压力，但难以解决整个通风系统风量不足的问题。方案二提出在 03 线附近新建回风井，采用"两进两回"的通风方式。该方案能有效解决系统风量不足的问题，但投资较大、回风井基建周期长。用该方法进行优化后，通风系统的风机运行效率由原有的 44% 提升至 62%。

（2）根据 MVSS 软件进行通风系统优化模拟仿真的结果，提出了两个步骤的优化设计方案，确定将原有 51 线风井下掘至 2762m 中段作为主要进风井，以 03 线风井为第二个回风井，最终选定"三进两回"的通风方式。分析表明，当矿井开采延伸至深部时，该通风方案仍然是适用的。用该方法优化后，系统的有效风量率由 58.4% 提高至 87%；通风系统的运行效率由原有的 44% 提升至 75%。

（3）通过对两个软件的模拟结果分析可知，通风系统的改造需要在东翼 03 线附近新建一个回风井，选用型号为 DK45 – 6 – N20 的矿用节能风机为主风机，能够满足矿山安全生产和通风的需要。

# 6 矿井有毒有害气体扩散规律研究

## 6.1 矿井有毒有害气体危害事故概述

　　井下掘进、采矿等都会产生有毒有害气体和粉尘，矿井通风是保障井下安全生产环境的基本条件。井下的有毒有害气体主要有 CO、NO、$NO_2$、$H_2S$、$SO_2$、HC 等，其主要来源是爆破作业产生的炮烟和柴油机尾气。近年来，井下有毒有害气体造成人员伤亡的事故时有发生，并造成了严重的危害事故。2001 年 4 月 11 日，河南灵宝市阳平镇白草坪黄金开采坑口发生气体中毒事故，当日放炮作业完成后，放炮人员撤出现场，晚上出渣工、电工、翻车工共计 13 人进入坑道作业后感觉异常，随即撤离，但 7 名中毒较深的工人经抢救无效死亡，4 人受伤。2005 年 1 月 14 日，陕西铅洞山铅锌矿发生炮烟中毒事故，工人经过工作面时与放炮时间仅隔 20 分钟，导致中毒，致 2 人死亡，数人受伤。2005 年 5 月 25 日，新疆鄯善县南部矿区彩霞山铅锌矿发生一起炮烟中毒事故，放炮通风 2 小时后，工人进入工作面出渣，但此时有毒气体浓度仍高，导致事故发生，造成 8 人死亡。造成这些事故的根本原因是矿井通风管理措施不当，导致爆破后有毒有害气体未能及时排除。此外，相关人员对井下有毒有害气体分布与扩散规律不了解，选择错误的撤离路线，也是事故扩大的原因之一。

　　在高寒地区的矿井开拓工程中，由于缺氧造成耗氧设备燃料燃烧不充分而产生大量的有毒有害气体。此外，风机效率低、矿井深部的通风困难等因素，导致对矿井深部开拓水平有毒有害气体的控制更加困难。高寒地区大气氧分压低，井下人员进行强度较高的体力劳动时，呼吸量大大增加，吸入的有毒有害气体随之增多，对身体的危害也更大。因此，有毒有害气体扩散规律的研究对保障高寒地区矿井井下人员健康安全尤为重要。

## 6.2 矿井有毒有害气体扩散规律理论研究综述

### 6.2.1 国外研究现状

　　对气体扩散规律的研究一般有三种方法，即建立气体扩散数学模型的理论方法、实验室模拟和 CFD 数值模拟的方法。目前，国内外有关有毒有害气体扩散规律的研究主要集中在对于有毒有害气体泄漏后在大气中的扩散、隧道内烟气的扩散以及瓦斯在井下巷道的运移扩散规律，烟囱排污，污染沟渠排放有毒气体等。国内外对金属矿山井下有毒有害气体扩散规律的研究较少，特别是对高寒地区井下掘进工作面炮烟及铲运机尾气扩散规律研究还未见报道。隧道内烟气及有毒有害气体扩散和煤矿瓦斯的运移和扩散研究，与金属矿山井下有毒有害气体扩散研究的共同之处，是研究对象都处于有限空间的巷道内，其基本理论都是空气动力学原理。

理论及实验研究方面，20世纪60年代，国外就开始用紊流扩散理论讨论井下污染物的传递规律。1972年，苏联学者 Краеноргейн 在定坐标下讨论了井下柴油设备在运动状态下的废气扩散模型。美国学者 Thalur 于1974年在他的博士论文中对柴油设备的废气扩散作了大量的研究，建立了柴油设备各种工况下废气扩散的数学模型。Bandopadhyay 也对井下废气的弥散作了实验室研究和计算机模拟，推导出不同状态下的紊流扩散方程。对于自由空间气体扩散，国外20世纪70、80年代就有研究，到目前为止提出不少扩散计算模型，应用比较广泛的有高斯烟羽和烟团模型、BM 模型、Sutton 模型、FEM 有限元模型等。对于有限空间内气体扩散的研究，从以上模型的基础上发展了封闭型烟团扩散模型。

20世纪80年代中期，随着流体力学模拟 CFD 的兴起，国外应用计算机模拟对封闭空间内有毒有害气体扩散的研究日益成熟，研究的重点是隧道发生火灾后烟气的扩散过程及通风研究。由于全真模拟隧道通风过程的费用太高，计算机模拟隧道通风的费用低、模拟结果可靠等优点得到更多应用。Beard、Dyrdsale 和 Bihspo 于1995年调查研究了纵向通风隧道内的通风排烟过程。1998年，日本的 Nakayama 对矿井巷道甲烷扩散进行了现场试验研究并用 CFD 方法进行了数值模拟，结果显示甲烷浓度分布的实验值与计算机数值模拟结果基本相同。法国人 Emouge 和 Lacroix 采用三维的 CFD 方法计算并分析了横向火灾通风下的烟气流动；美国人 Lvey 和 Snadzimei 利用 CFD 方法进行三维瞬态模拟，探讨 TedWimaims 隧道火灾时排风量和烟气控制效果之间的关系；瑞士学者 Rudin 对特长隧道的烟气扩散进行了研究；中国香港学者 Chow 利用 CFD 技术对公路隧道 CO 浓度的扩散进行了数值模拟，等等。

## 6.2.2 国内研究现状

国内对于矿井有毒有害气体的扩散理论研究起步较晚，1985年，李恩良在对井下紊流扩散课题的研究中建立了紊流纵向弥散模型；罗云针对地质坑探巷道实际情况，对地质坑探巷道内燃设备废气的扩散做了研究，他考虑了巷道漏风及漏风中污染浓度对井下环境的影响。当前国内对于有限空间内有毒有害气体扩散的研究主要集中在隧道烟气的扩散及煤矿井下巷道和采空区瓦斯的扩散规律的研究上。郑汝松针对地下洞室施工通风，对在理想状态下气体运动状态及通风过程的分析研究，得出施工通风过程中有毒有害气体扩散的浓度变化公式，揭示了有毒有害气体的扩散变化规律，并用工程实例对理论分析进行了验证。

利用 CFD 软件进行有限空间内气体扩散的数值模拟在国内也得到了应用，其中大部分应用是有关公路隧道内气体的扩散规律以及建筑环境污染物通风排除的模拟研究，对于井下巷道有毒有害气体扩散的数值模拟报道较少。

秦丹通过 CFD 数值模拟与相似模型试验对北盘江水电站电缆层速度场、$SF_6$ 浓度场、压力场结果的对比，验证了 CFD 数值模拟方法对于此类空间 $SF_6$ 浓度场分布模拟的可行性和可靠性，而后通过 CFD 数值模拟来分析电缆层冷态下 $SF_6$ 浓度场分布及其各个主要影响因素。

刘蓓利用商业数值模拟软件（CFD），对拉日线隧道建立了竖井（斜井）送排式通风的三维物理数学模型，分别模拟计算了不同隧道长度、不同排风量和不同送（排）风道与隧道轴线夹角的情况下隧道内流场的速度场和压力场分布，分析了以上三个因素对隧道内流场的影响，并建议了相关参数的优化取值范围。

2007 年，天津大学王晓玲等应用计算流体力学软件 STAR2CD 对云南南汀河引水隧洞独头掘进工作面通风进行了模拟，分析了不同的通风时刻隧洞内 CO 迁移和分布规律，并以 Nakayama 等的矿井通风甲烷浓度分布实验结果进行了验证，模拟结果与实验基本吻合。但未对风筒布置及风量等条件对毒有害气体排除的影响进行研究。

对于井下有毒有害气体的污染控制问题，催化净化可有效减少柴油铲运机尾气的污染。当前这些催化转化装置大部分是国外的产品，价格比较昂贵，国产催化转化装置由于存在匹配及质量等一些问题还未广泛推广。因此，采用有效的通风手段和价格相对低廉的尾气净化装置，仍然是当前大多数矿山的主要控制措施。对于井下炮烟的控制，除了对炸药的配比、包装材料以及爆破参数进行优化外，研究合理的通风措施也是控制炮烟污染的重要途径。

综上所述，国内外的学者对于有毒有害气体扩散的研究多局限于平原地区，未有针对高寒地区矿井开拓工程中有毒有害气体扩散规律的研究。利用 CFD 软件模拟有毒有害气体的扩散，大多用以分析有毒有害气体扩散特征，极少有通过模拟分析各种外界条件对气体扩散的影响，从而对有效控制井下气体污染提出建议措施。随着计算机技术的发展，利用数值模拟技术对有限空间的气体扩散进行仿真，是气体扩散规律研究的趋势，也显现出 CFD 数值模拟的优势。

## 6.3 矿井有毒有害气体扩散规律研究内容与方法

以锡铁山铅锌矿井下 2762m 水平有毒有害气体为研究对象，并以现场监测的有毒有害气体浓度为依据，根据空气动力学基本原理，以井下空气流动理论为指导，研究有毒有害气体在井下深部水平的分布规律。利用 FLUENT 软件对各工况条件下铲运机尾气扩散、掘进工作面爆破后有毒有害气体扩散过程进行数值模拟，根据模拟的结果确定有效控制有毒有害气体的风流组织方式。具体研究的内容如下：

（1）分析锡铁山铅锌矿开拓水平有毒有害气体产生的原因，讨论高寒地区深部矿井有毒有害气体浓度标准。对矿井开拓水平有毒有害气体污染程度进行评价，分析 2762m 水平巷道空间有毒有害气体的浓度分布规律。

（2）对独头巷道中铲运机尾气排除过程进行数值模拟研究，并将模拟结果与现场检测数据对比，验证 CFD 数值模拟研究气体扩散的可靠性。考察铲运机铲装作业 240s 内，风筒口距离掌子面 10m、15m、20m 三种工况下，尾气在巷道空间的扩散特征。对铲运机安装尾气烟雾稀释器后尾气的扩散过程进行模拟，研究有效控制尾气污染的措施。

（3）建立穿脉独头巷道爆破后有毒有害气体扩散的数值计算模型，包括计算几何模型的建立，网格划分，计算模型和算法的确定，模拟工况的设计，爆破后巷道内炮烟中各组分气体初始浓度的计算，以及其他边界条件的设定等。

（4）对十二种工况模拟结果进行对比分析。比较不同通风方式对炮烟扩散的影响；比较穿脉巷道掘进至 20m、30m、40m、50m、60m 时爆破后有毒有害气体浓度变化特性，分析不同风筒出风口距离掌子面距离以及不同新风量条件对通风排除炮烟的影响，依据数值模拟的结果对开拓水平巷道有毒有害气体的控制提出建议。

## 6.4　气体扩散规律研究

### 6.4.1　气体扩散规律研究的理论综述

#### 6.4.1.1　气体流动控制方程

气体流动要受物理守恒定律的支配，基本的守恒定律包括：质量守恒定律、动量守恒定律和能量守恒定律。扩散过程的求解满足流动应遵循的流体力学基本方程组，即连续性方程、动量方程、组分方程和能量方程。在不影响计算结果的前提下，为了简化计算，首先对流体作出以下基本假定：

（1）流体的不可压缩性。巷道通风计算中，通风压力一般在常压范围内，巷道内温度变化不大，因此空气体积和密度变化不足以影响计算结果的精度，所以将巷道内的气体假定为不可压缩气体。

（2）流体为稳定流。流体流动过程中，流场中各空间上的任何流动要素均不随时间变化，即此种流动为稳定流。巷道通风计算中所遇到的各种气流类型，一般可认为是稳定流，或者可以简化为稳定流。

（3）流体为连续介质。假定气体是由无数无间隙的质点组成，而且气体质点的物理参数（如压强、流速、密度等）是空间坐标和时间的连续函数。即为气体连续性模型，将流体视为连续介质。

在以上假定条件下，可得到气体流动的基本控制方程。

A　连续性方程

任何流动问题都必须满足质量守恒定律。该定律可表述为：单位时间内流体微元体中质量的增加，等于同一时间间隔内流入该微元体的净质量。按照这一定律，可以得到质量守恒方程。

$$\frac{\delta\rho}{\delta x}+\frac{\mathrm{d}u}{\mathrm{d}x}+\frac{\mathrm{d}v}{\mathrm{d}y}+\frac{\mathrm{d}w}{\mathrm{d}z}=0 \tag{6-1}$$

式中，$u$，$v$，$w$ 分别为 $x$，$y$，$z$ 方向上速度分量，m/s；$\rho$ 为流体密度，kg/m³。质量守恒方程又常称为连续方程。

B　动量守恒方程

（1）$u$ 动量方程：

$$\frac{\delta(\rho u)}{\delta t}+\frac{\delta(\rho uu)}{\delta x}+\frac{\delta(\rho vu)}{\delta y}+\frac{\delta(\rho wu)}{\delta z}$$

$$=-\frac{\delta p}{\delta x}+\frac{\delta}{\delta x}\left(2\mu\frac{\delta u}{\delta x}\right)+\frac{\delta}{\delta t}\left[\mu\left(\frac{\delta v}{\delta x}+\frac{\delta u}{\delta y}\right)\right]+\frac{\delta}{\delta z}\left[\mu\left(\frac{\delta u}{\delta z}+\frac{\delta w}{\delta x}\right)\right]-\frac{2}{3}[\,\mathrm{div}U]+\rho g_x$$

（2）$v$ 动量方程：

$$\frac{\delta(\rho v)}{\delta t}+\frac{\delta(\rho uv)}{\delta x}+\frac{\delta(\rho vv)}{\delta y}+\frac{\delta(\rho wv)}{\delta z}$$

$$=-\frac{\delta p}{\delta y}+\frac{\delta}{\delta y}\left(2\mu\frac{\delta v}{\delta y}\right)+\frac{\delta}{\delta x}\left[\mu\left(\frac{\delta u}{\delta y}+\frac{\delta w}{\delta x}\right)\right]+\frac{\delta}{\delta z}\left[\mu\left(\frac{\delta v}{\delta z}+\frac{\delta w}{\delta y}\right)\right]-\frac{2}{3}[\,\mathrm{div}U]+\rho g_y$$

（3）$w$ 动量方程：

$$\frac{\delta(\rho w)}{\delta t}+\frac{\delta(\rho uw)}{\delta x}+\frac{\delta(\rho vw)}{\delta y}+\frac{\delta(\rho ww)}{\delta z}$$

$$= -\frac{\delta p}{\delta z} + \frac{\delta}{\delta z}\left(2\mu\frac{\delta w}{\delta z}\right) + \frac{\delta}{\delta x}\left[\mu\left(\frac{\delta u}{\delta z} + \frac{\delta w}{\delta x}\right)\right] + \frac{\delta}{\delta y}\left[\mu\left(\frac{\delta v}{\delta z} + \frac{\delta w}{\delta y}\right)\right] - \frac{2}{3}[\,\mathrm{div}U] + \rho g_z \qquad (6-2)$$

式中，$\mu$ 为黏性系数，Pa·s。

对于不可压缩的黏性流体，动量方程可简化为：

$$\frac{\delta u}{\delta t} + \mathrm{div}\,(\rho u U) = \mathrm{div}\,(v\,\mathrm{grad}u) - \frac{\delta p}{\delta x}$$

$$\frac{\delta v}{\delta t} + \mathrm{div}\,(\rho v U) = \mathrm{div}\,(v\,\mathrm{grad}v) - \frac{\delta p}{\delta y} \qquad (6-3)$$

$$\frac{\delta w}{\delta t} + \mathrm{div}\,(\rho w U) = \mathrm{div}\,(v\,\mathrm{grad}w) - \frac{\delta p}{\delta z}$$

C 能量守恒方程

$$\frac{\delta(\rho h)}{\delta t} + \frac{\delta(\rho u h)}{\delta x} + \frac{\delta(\rho v h)}{\delta y} + \frac{\delta(\rho w h)}{\delta z} = -p\,\mathrm{div}U + \mathrm{div}(\lambda\,\mathrm{grad}T) + \Phi + S_h \qquad (6-4)$$

式中　$\lambda$——流体导热系数；

　　　$S_h$——流体内热源；

　　　$\Phi$——黏性作用机械能转化为热能的部分，为耗散系数。

对于不可压缩流体，密度为常数，并将耗散函数归入源项，上式可以整理为：

$$\frac{\delta T}{\delta t} + \mathrm{div}(UT) = \mathrm{div}\left(\frac{\lambda}{\rho c_p}\mathrm{grad}T\right) + \frac{S_T}{\rho} \qquad (6-5)$$

连续性方程、动量守恒、能量守恒方程三个方程组组成基本 Navier – Stocks 方程组，方程都表示成通用形式：

$$\frac{\delta(\rho\varphi)}{\delta t} + \mathrm{div}(\rho U\varphi) = \mathrm{div}(\varepsilon_\varphi\,\mathrm{grad}\varphi) + S_\varphi \qquad (6-6)$$

式中　$\varphi$——通用变量；

　　　$\varepsilon_\varphi$——广义扩散系数；

　　　$S_\varphi$——广义项。

控制方程组中从左到右分别表示了变量的瞬变项、对流项、扩散项和源项，具有以下特点：

（1）非线性，存在未知量或它们的导数的非一次项，主要表现在对流项；

（2）源项、扩散项和瞬变项也可能包含非线性；

（3）耦合性，即各个方程不是相互独立的，因变量交错地存在于各个方程之中。

### 6.4.1.2 质量传输的基本方式

物质的分子或原子在空间迁移的方式有三种：扩散传质、对流传质和相间传质。

A 扩散传质

当体系中某一组元的浓度分布不均匀时，由高浓度区迁出的该组元分子（或原子）数目将比低浓度区迁出的分子（或原子）数目多，使两区的浓度差减小。这种由于体系中存在某组分浓度差而引起的质量传输称为扩散传质。

费克于 1855 年首先肯定了扩散过程与热传导过程的相似性，提出了各向同性物质中扩散过程的数学表达式：对于两组分系统，单位时间内通过单位面积的扩散物质的量（质量通量）与垂直于截面方向的浓度梯度成正比，即

$$J_A = -D_{AB} \frac{d\rho_A}{dy}$$ (6-7)

式中　$J_A$——组分 $A$ 的扩散质量通量，$kg/(m^2 \cdot s)$；

　　　$D_{AB}$——组分 $A$ 在组分 $B$ 中的扩散系数，$m^2/s$；

　　　$\rho_A$——组分 $A$ 的密度或质量浓度，$kg/m^3$；

　　　$y$——组分 $A$ 的密度发生变化的方向坐标，$m$；

$\dfrac{d\rho_A}{dy}$——组分 $A$ 的质量浓度（密度）梯度，$kg/m^4$。

式中负号表示质量通量的方向与浓度梯度的方向相反，即组分 $A$ 朝着浓度降低的方向传输。

**B　对流传质**

在流体中，由于流体宏观运动引起的物质从一处迁移到另一处，这种现象称为对流传质。对流传质与流体的状态、流体动量传输密切相关，其机理与对流换热相似。

对流传质的过程比扩散传质复杂，质量传递与流体性质、流动状态（层流还是湍流）和流场的几何特性有关。对流传质通量可以用类似于对流换热中牛顿冷却公式的形式来表示，即：

$$N_A = k_c \Delta C_A$$ (6-8)

式中　$N_A$——组分 $A$ 的摩尔通量，$mol/(m^2 \cdot s)$；

　　　$C_A$——以 $C_A$ 为基准的对流传质系数，$m/s$。

　　　$k_c$——组分 $A$ 的物质的量浓度差，$mol/m^3$；

式（6-8）并没揭示影响对流传质系数的各种复杂因素，对流传质系数与传质过程中的许多因素有关。对流传质通量不仅取决于流体的物理性质和传质表面的形状，还与流动状态、流动产生的原因等有密切关系。当运动着的流体流过固体表面时，由于流体黏性的作用，越靠近表面流速越低，通常贴壁处流体的流速等于零。也就是说，贴壁处流体是静止不动的。在静止流体中质量的传递只有扩散，因此对流传质通量就是贴壁处流体的扩散传质通量。扩散传质通量可用费克定律表示，在无总体流动、物质的量浓度和 $c$ 为常数的条件下有：

$$N_A = -D_{AB} \frac{dc_A}{dz} \bigg|_{z=0}$$ (6-9)

式中，$\dfrac{dc_A}{dz}\bigg|_{z=0}$ 表示贴壁处组分 $A$ 沿法向的浓度变化率。由式(6-9)得：

$$k_c^0 = \frac{D_{AB}}{\Delta c_A} \frac{dc_A}{dz} \bigg|_{z=0}$$ (6-10)

理论求解的目的是从描述流体流动的基本方程和质量传输微分方程以及相应的定解条件中，解出贴壁处组分 $A$ 沿法向的浓度变化率 $\dfrac{dc_A}{dz}\bigg|_{z=0}$，然后求出无总体流动时对流传质系数的具体表达式。

C　相间传质

前两种传质是在均一的相内进行的，既有原子（分子）扩散，又有流体中对流传质，在界面上有时发生积聚状态的变化或化学反应，相界面两边介质的性质和运动状态等都对相间传质有所影响。因此，相间传质是个综合的过程。

### 6.4.1.3　紊流传质的基本方程

有毒有害气体释放到巷道风流中参与风流一起流动，这种流动在主流方向上主要表现为对污染物的平移输送作用和污染物的浓度梯度引起的迁移作用。在紊流风流中，由于紊流脉动，使污染物在离开污染源一定距离后，沿巷道横断面扩散。有毒有害气体的转移过程是平移输送与紊流扩散的综合作用。紊流平移－扩散型方程是一质量转移过程，它符合质量守恒定律、Fick 第一扩散定律和 Boussineq 假设。欲推导紊流平移－扩散方程，只需在巷道受污染流体介质中取一体积微元体，运用上述三个基本前提，同时注意紊流运动中瞬时量、时均量和脉动量的关系，可得到：

$$\frac{\delta c}{\delta t} + \frac{\delta uc}{\delta x} + \frac{\delta vc}{\delta y} + \frac{\delta wc}{\delta z}$$

$$= \frac{\delta}{\delta x}\left[ (D_x + K_x)\frac{\delta c}{\delta x} \right] + \frac{\delta}{\delta y}\left[ (D_y + K_y)\frac{\delta c}{\delta y} \right] + \frac{\delta}{\delta z}\left[ (D_z + K_z)\frac{\delta c}{\delta z} \right] + J_i + J_e \qquad (6-11)$$

式中　　　$c$——污染物时均浓度；

　　　　　$t$——时间变量；

$u, v, w$——$x, y, z$ 方向流体的时均速度；

$D_x, D_y, D_z$——$x, y, z$ 方向的分子扩散系数；

$K_x, K_y, K_z$——$x, y, z$ 方向的紊流扩散系数；

　　　　　$J_i$——由于巷道条件使单位时间、单位体积微元体内污染物减少或增加的量；

　　　　　$J_e$——由于化学反应和生物反应使单位时间、单位体积微元体内污染物减少或增加的量。

在巷道紊流流动中，从宏观上讲，流体只有沿 $x$ 方向的运动（即主流运动），在 $y$ 和 $z$ 方向上只有紊流脉动，即 $v = w = 0$，而且在紊流流动中，污染物被迁移的主要机理是紊流脉动，即：

$$\frac{\delta c}{\delta t} + U\frac{\delta c}{\delta x} = E_x\frac{\partial^2 c}{\partial x^2} + J_e\frac{\delta}{\delta x}\left( K_x\frac{\delta c}{\delta x} \right) + \frac{\delta}{\delta y}\left( K_y\frac{\delta c}{\delta y} \right) + \frac{\delta}{\delta z}\left( K_z\frac{\delta c}{\delta z} \right) + J_i \qquad (6-12)$$

在一般的巷道污染物传质过程中，化学反应和生物反应都是微弱的，因此可忽略 $J_e$，从而式(6-12)被简化为：

$$\frac{\delta c}{\delta t} + \frac{\delta uc}{\delta x} = \frac{\delta}{\delta x}\left( K_x\frac{\delta c}{\delta x} \right) + \frac{\delta}{\delta y}\left( K_y\frac{\delta c}{\delta y} \right) + \frac{\delta}{\delta z}\left( K_z\frac{\delta c}{\delta z} \right) + J_i \qquad (6-13)$$

考虑到流体运动的连续性方程，上式可写为：

$$\frac{\delta c}{\delta t} + u\frac{\delta c}{\delta x} = \frac{\delta}{\delta x}\left( K_x\frac{\delta c}{\delta x} \right) + \frac{\delta}{\delta y}\left( K_y\frac{\delta c}{\delta y} \right) + \frac{\delta}{\delta z}\left( K_z\frac{\delta c}{\delta z} \right) + J_i \qquad (6-14)$$

### 6.4.1.4　纵向弥散模型

式(6-14)中含有较多的系数，诸如 $K_x$，$K_y$ 等，这些参数在理论上的不易确定和实验上的不易求出导致式(6-14)的应用受到限制。Sukumar Bandopadhuay 认为，对于长巷道，当距离污染源足够远以后，污染物浓度沿巷道横断面可以作为常数处理，此时污染物传递方程可作一维处理。我们认为这种简化应以纵向弥散机理为依据，即认为由于紊流的横向混合和脉动以及流体层与层之间的交换，在离开污染源一定距离后，污染物浓度沿巷道横断面趋于均匀。这时就可以以平均参数研究巷道污染物的传质过程。纵向扩散模型为

$$\frac{\delta c}{\delta t} + U\frac{\delta c}{\delta x} = E_x \frac{\partial^2 c}{\partial x^2} + J_{ix} \qquad (6-15)$$

式中　$c$——断面平均污染物浓度，$g/m^3$；

　　　$U$——断面平均流动速度，$m/s$；

　　　$E_x$——纵向弥散系数，$m^2/s$。

### 6.4.1.5　纵向与径向紊流扩散系数

纵向紊流弥散系数和径向紊流扩散系数是紊流传质问题的研究核心。污染物在巷道中的弥散过程是横断面上风速分布不均匀和紊流风流纵向脉动的结果。径向紊流扩散系数是紊流横向脉动作用的结果，前者比后者大数千倍。纵向弥散系数 $E_x$ 由两部分组成，即

$$E_x = E_{x1} + E_{x2} \qquad (6-16)$$

式中　$E_{x1}$——巷道横断面上，风速分布不均匀而引起的传质系数，$m^2/s$；

　　　$E_{x2}$——紊流风流纵向脉动而引起的传质系数，$m^2/s$。

传质系数 $E_{x1}$ 和 $E_{x2}$ 的计算式：

$$E_{x1} = 65.41 \, r_o \sqrt{a}\, \overline{\mu_s}$$
$$E_{x2} = 0.056 \, r_o \sqrt{a}\, \overline{\mu_s} \qquad (6-17)$$
$$E_x = 65.47 \, r_o \sqrt{a}\, \overline{\mu_s}$$

式中　$\overline{\mu_s}$——断面平均风速，$m/s$；

　　　$r_o$——巷道半径，非圆形巷道时为水力半径，$m$；

　　　$a$——井巷摩擦阻力系数，$N \cdot s^2/m^4$。

径向紊流扩散系数 $K_r$ 的计算式为：

$$K_r = 0.076 r_o \sqrt{a}\, \overline{u_s} Re^{-0.04} \qquad (6-18)$$

式中　$Re$——雷诺数。

## 6.4.2　计算流体动力学理论综述

### 6.4.2.1　概述

CFD 是英文 Computational Fluid Dynamics（计算流体动力学）的简称。它是以数值计算为基础，对流体流动、热量传递以及化学反应等现象进行分析模拟的一种仿真技术，是建立在经典流体动力学与数值计算方法基础之上的一门新型独立学科。CFD 的基本思想可以归纳为：把原来在时间域及空间域上连续的物理量的场，如速度场和压力场，用一系列有限个离散点上的变量值的集合来代替，通过一定的原则和方式建立起关于这些离散点上场变量之间关系的代数方程组，然后求解代数方程组获得场变量的近似值。可以认为CFD 是现代模拟仿真技术的一种，是进行"三传"（传热、传质、动量传递）及燃烧、多相流和化学反应研究的核心，广泛应用于热能动力、航空航天、机械、土木水利、环境化工等诸多工程领域。

随着工程实际的需要，计算流体力学已发展成为流体动力学第三种研究方法。它的兴

起促进了实验研究和理论分析方法的发展，将实验研究和理论分析方法联系起来，为简化流动模型的建立提供了更多的依据，使很多简化方法得到了发展和完善。随着计算机技术的迅速发展，计算速度的不断提高，CFD 作为一门独立的学科在近三十年来已经成为流体力学与应用数学的热门研究内容，在传热与流体流动问题的研究中起着越来越重要的作用。采用 CFD 的方法对流体流动进行数值模拟，求解工作流程见图 6-1，通常包括如下步骤：

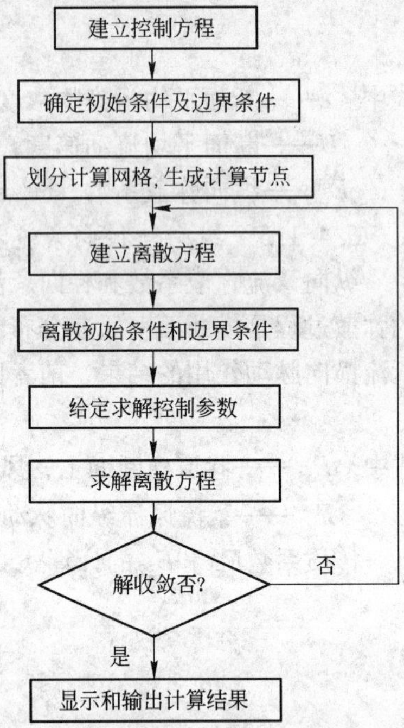

（1）建立反映工程问题或物理问题本质的数学模型。具体地说，就是要建立反映问题各个量之间关系的微分方程及相应的定解条件。这是数值模拟的出发点。流体的基本控制方程通常包括质量守恒方程、动量守恒方程、能量守恒方程以及这些方程相应的定解条件。

（2）寻求高效率、高准确度的计算方法，即建立针对控制方程的数值离散方法，如有限差分法、有限元法和有限体积法等。该计算方法不仅包括微分方程的离散化方法及求解方法，还包括贴体坐标的建立和边界条件的处理等。这些内容，可以说是 CFD 的核心。

（3）编制程序和进行计算。这部分工作包括计算网格划分、初始条件和边界条件的输入、控制参数的设定等。这是整个工作中耗时最多的部分。

（4）显示计算结果。计算结果一般通过图表等方式显示，这对检查和判断分析计算的质量和结果有重要参考意义。

图 6-1 CFD 求解工作流程图

### 6.4.2.2 不同类型的离散化控制方程

在对指定问题进行 CFD 计算之前，首先要将计算区域离散化，即将空间上连续的计算区域划分成许多个子区域，并确定每个区域中的节点，从而生成网格。由于应变量在节点之间的分布假设及推导离散方程的方法不同，就形成了有限差分法、有限元法和有限体积法等不同类型的离散化方法。

A 有限差分法

有限差分法是数值解法中最经典的方法。它将求解域划分为差分网格，用有限个网格节点代替连续的求解域，然后将偏微分方程的倒数用差商代替，推导出含有离散点上有限个未知数的差分方程组。求差分方程组的解，就是微分方程定解问题的数值近似解。这是一种直接将微分问题变为代数问题的近似数值解法。

B 有限元法

有限元法将一个连续的求解区域任意分成适当形状的许多微小单元，并于各小单元分片构造插值函数，然后根据极值原理，将问题的控制方程转化为所有单元上的有限元方程，把总体的极值作为各单元极值之和，即将局部单元总体合成，形成指定边界条件的代数方程组，求解该方程组就得到各节点上带球的函数值。有限元法的基础是极值原理和划分差值，它吸收了有限差分法中离散处理的内核，又采用了数值计算中选择逼近函数并对区域进行积分的合理方法，是这两类方法相互结合、取长补短发展的结果。

### C 有限体积法

有限体积法基本思路是将计算区域划分为网格，并使每个网格点周围有一个互不重复的控制体积，将待解微分方程对每一个控制体积积分，从而得出一组离散方程。其中的未知数是网格点上的因变量$\varphi$。为了求出控制体积的积分，必须假定$\varphi$值在网格点之间的变化规律。从积分区域的选取方法看来，有限体积法属于加权余量法中的子域法加离散。

#### 6.4.2.3 代数方程组的求解

控制方程离散成代数方程后，如何求解这些代数方程组，是计算流体力学一个重要的内容。求解离散化方程有两个内容，一个是对单个变量的离散方程求解；另一个是不同的求解变量间的相互耦合、相互影响，必须对这些变量的方程组联立求解。对单个变量方程组的求解方法通常分为两类，一类是直接求解法，如 Gauss 消去法；另一类是迭代求解法，如 Gauss - Seidel 迭代法、牛顿迭代法等。在离散方程系数都为已知的情况下，此时方程是线性的，方程组可直接求解。通常流体力学的方程离散后的方程都是非线性的，即方程的系数与求解变量有关，因而必须先假定变量的值，从而算出方程的系数，再用迭代法算出方程组的解；然后更新系数，再求方程组，如此循环迭代。

对于含有多个变量的流动方程组，方程系数中含有流动项，因而须先知道流场后才能求出变量的离散化方程的系数。但是除了某些特殊情况外，流场是不能预先知道的，因而有必要在求变量方程之前求解动量方程和连续性方程；反过来，动量方程中的一些物性参数可能受变量（如温度 $T$）的影响，因而求解的变量（$u$、$v$、$w$、$T$ 等）之间相互耦合。若将求解的方程分成三类：连续性方程、动量方程和其他方程，则三者的关系如下：连续方程、动量方程解出 $u$、$v$、$w$，代入其他方程中，得到 $\rho$、黏度 $v$ 后又回到连续方程、动量方程，再求解 $\rho$。

在流场计算中，有一些特定的耦合计算法，使用广泛的是 SIMPLE 算法。SIMPLE 算法的核心思想是先假定一压力场 $p^*$，代入动量方程中求得速度场 $u^*$、$v^*$、$w^*$，如果该速度满足连续方程，则流场求解完毕；如果所得速度场不满足连续方程，则表明所假定的压力场 $p^*$ 不准确，需要重新假定一个压力场 $p^*$，直至由该压力场得到的速度场满足连续方程为止。

#### 6.4.2.4 气体湍流的数值模拟

巷道气流一般都处于紊流状态，无论湍流运动多么复杂，非稳态的连续方程和 Navier - Stokes（简称 N - S 方程）方程对于湍流的瞬时运动仍然是适用的。对湍流流动最根本的模拟方法是在湍流尺度的网格尺寸内求解瞬态三维 N - S 方程的全模拟，这时无需引入任何模型。在此，考虑不可压流动，适用笛卡儿坐标系，速度矢量 $u$ 在 $x$、$y$ 和 $z$ 方向的风量为 $u$、$v$ 和 $w$，湍流瞬时控制方程如下：

$$\frac{\delta u}{\delta t} + \text{div}(uu) = -\frac{1}{\rho}\frac{\delta p}{\delta x} + v\text{div}(\text{grad}u)$$

$$\frac{\delta v}{\delta t} + \text{div}(vu) = -\frac{1}{\rho}\frac{\delta p}{\delta y} + v\text{div}(\text{grad}v) \tag{6-19}$$

$$\frac{\delta w}{\delta t} + \text{div}(wu) = -\frac{1}{\rho}\frac{\delta p}{\delta z} + v\text{div}(\text{grad}w)$$

由于湍流中最大和最小旋涡尺度之比与雷诺数 $Re^{\frac{3}{4}}$ 成比例，每个方格上布置的网格数至少也是 $Re^{\frac{3}{4}}$，而实际巷道中空气的流动，雷诺数都比较大，求解 N－S 方程需要有大量的网格节点和计算机容量。另一种要求稍低的办法是亚网格尺度模拟，即大涡模拟（LES），也是从 N－S 方程出发，其网格尺寸比湍流尺度大，可以模拟湍流发展过程的一些细节。但由于计算量仍很大，只能模拟一些简单情况，目前也不能直接用于工程实际。因而常用的模拟方法还是由 Reynolds 时均方程出发的模拟方法，也就是常说的"湍流模拟"。目前，针对封闭湍流输运项提出的模型基本上有两种：湍流黏性系数模型和雷诺应力模型。对黏性系数模型而言，应用时间最长、积累经验最丰富的是混合长度模型和 $k-\varepsilon$ 模型。雷诺应力模型在一定程度上考虑了浮力、流线弯曲及旋转等因素带来的湍流输运各向异性的影响，不过因其模型本身的复杂性和收敛方面的困难，限制了它在工程实际中的应用。

在关于湍动能 $k$ 的方程的基础上，引入一个关于湍动耗散率 $\varepsilon$ 的方程，便形成了 $k-\varepsilon$ 两方程模型，成为标准 $k-\varepsilon$ 模型。该模型式由 Launder 和 Spalding 于 1972 年提出。在模型中，表示湍动耗散率的 $\varepsilon$ 被定义为：

$$\varepsilon = \frac{\mu}{\rho}\left(\frac{\delta u_i}{\delta x_k}\right)\left(\frac{\delta u_i}{\delta x_k}\right) \tag{6-20}$$

湍动黏度 $u_i$ 可表示成 $k$ 和 $\varepsilon$ 的函数，即

$$\mu_i = p\, C_u\, \frac{k^2}{\varepsilon} \tag{6-21}$$

式中，$C_u$ 为经验常数，在下文中推导给出。在标准 $k-\varepsilon$ 模型中，$k$ 和 $\varepsilon$ 式两个基本未知量，与之对应的输送方程为：

$$\frac{\delta(\rho k)}{\delta t} + \frac{\delta(\rho k u_i)}{\delta x_i} = \frac{\delta}{\delta x_j}\left[\left(\mu + \frac{\mu_t}{\delta_k}\right)\frac{\delta k}{\delta x_j}\right] + G_k + G_b - \rho\varepsilon - Y_M + S_k \tag{6-22}$$

$$\frac{\delta(\rho\varepsilon)}{\delta t} + \frac{\delta(\rho\varepsilon u_i)}{\delta x_i} = \frac{\delta}{\delta x_j}\left[\left(\mu + \frac{\mu_t}{\delta_\varepsilon}\right)\frac{\delta\varepsilon}{\delta x_j}\right] + G_{1\varepsilon} + C_{3\varepsilon}G_b - C_{2\varepsilon}\rho\frac{\varepsilon^2}{k} + S_\varepsilon - Y_M + S_k \tag{6-23}$$

式中，$G_k$ 为由于平均速度梯度引起的湍动能 $k$ 的产生项；$G_b$ 为由于浮力引起的湍动能 $k$ 的产生项；$Y_M$ 代表可压湍流中脉动扩张的值；$C_{1\varepsilon}$、$C_{2\varepsilon}$ 和 $C_{3\varepsilon}$ 为经验常数；$\delta k$ 和 $\delta\varepsilon$ 分别是与湍流 $k$ 和耗散率 $\varepsilon$ 对应的 Prandtl 数；$S_k$ 和 $S_\varepsilon$ 为用户定义的源项。

### 6.4.2.5　FLUENT 软件简介

FLUENT 是美国 FLUENT 公司于 1983 年推出的 CFD 软件。它提供了非常灵活的网格特性，允许用户根据解的情况对网格进行修改。可用于二维平面、二维轴对称和三维流动分析，可完成各种参考系下流场模拟、定常与非定常流动分析、不可压流和可压流计算、层流和湍流模拟、传热和热混合分析、化学组分混合和反应分析、多相流分析、固体与流体耦合传热分析、多孔介质分析等。它的湍流模型包括 $k-\varepsilon$ 模型、Reynolds 应力模型、LES 模型、标准壁面函数、双层近壁模型等。

FLUENT 可让用户定义多种边界条件，如流动入口及出口边界条件、壁面边界条件等，可采用多种局部的笛卡儿和圆柱坐标系的分量输入，所有边界条件均可随空间和时间变化，包括轴对称和周期变化等。FLUENT 提供的用户自定义子程序功能，可让用户自行设定连续方程、动量方程或组分输运方程中的体积源项，自定义边界条件、初始条件、流

体的物性、动量方程、能量方程或组分输运方程中的体积源项，自定义边界条件、初始条件、流体的物性，添加新的标量方程和多孔介质模型等。

FLUENT 是用 C 语言编写的，可实现动态内存分配及高效数据结构，具有很大的灵活性与很强的处理能力。此外，FLUENT 使用 Client/Server 结构，允许同时在用户桌面工作站和强有力的服务器上分离地运行程序。

## 6.5 矿井有毒有害气体浓度分布规律研究

### 6.5.1 矿井有毒有害气体产生的原因分析

#### 6.5.1.1 爆破产生的有毒有害气体

现代工业炸药主要为有机和无机的硝胺化合物、硝基化合物和各种含碳化合物，以及以金属无机盐如 NaCl 作为消焰剂的化学成分，此外还有氯酸盐炸药和含硫炸药。一般来说，炸药爆炸会生成 CO 和氮氧化物（$NO_x$），此外，在含硫矿床中进行爆破作业，还可能产生 $SO_2$ 和 $H_2S$。上述四种气体都是有毒有害气体。炸药通常是由碳（C）、氢（H）、氧（O）、氮（N）4 种元素组成，其中 C、H 是可燃元素，O 是助燃剂，N 一般是载氧体。炸药爆炸的过程就是可燃元素与助燃元素发生极其迅猛的氧化燃烧反应，反应的结果必然出现 3 种情况：氧较多而剩余，称为正氧平衡；碳、氢元素较多而氧不足，称为负氧平衡；炸药本身含氧量恰好等于其中可燃物质完全氧化所需的氧量，即氧完全氧化，与碳原子生成 $CO_2$，与氢原子生成水，则称为零氧平衡。正氧平衡过大的炸药爆炸时，过剩的氧将使氮元素氧化成氧化氮（NO、$N_2O_5$）；负氧平衡过大的炸药爆炸时，由于氧不足，碳原子不能完全氧化，因而生成较多的 CO。在爆破工程中，即使零氧平衡的炸药，因为爆炸时周围介质也会参加反应、反应本身的不完全等因素、包装材料参与反应及整个过程的复杂性，仍然会生成相当数量的有毒有害气体。

#### 6.5.1.2 柴油设备尾气

柴油机的废气成分复杂，它是柴油在高温高压下燃烧时所产生的各种有毒有害气体的混合体，一般情况下有氮氧化物、含氧碳氢化合物、低碳氧化合物、油烟等，但其中的主要成分为氧化氮、CO、醛类和油烟等。柴油机排放的废气量由于受各种因素的影响，变化较大，没有统一的标准。柴油设备在金属矿山井下有着广泛的应用，如铲运机、矿用运输汽车等。

锡铁山铅锌矿 2762m 水平目前处于开拓阶段，各环形巷道尚未贯通，用铲运机出渣。从 2762m 水平可由斜坡道通往地面用柴油汽车进行运输作业，故柴油机排出的尾气也是该矿 2762m 水平有毒有害气体产生的主要来源。

#### 6.5.1.3 硫化矿物的氧化

在开采高硫矿床时，由于硫化矿物缓慢氧化，除产生大量的热外，还会产生 $SO_2$ 和 $H_2S$ 气体：

$$FeS_2 + 2H_2O \longrightarrow Fe(OH)_2 + H_2S + S$$
$$CaS + H_2O + CO \longrightarrow CaCO_3 + H_2S$$
$$Fe_7S_8 + O_8 \longrightarrow 7FeS + SO_2$$

在含硫矿岩中进行爆破工作，或硫化矿尘爆炸以及坑木腐烂和硫化矿物水解，都会产生硫化气体（$SO_2$，$H_2S$）。

#### 6.5.1.4  其他来源

当井下失火引起坑木燃烧时，会产生大量 CO；坑木等有机物的腐烂，含硫矿物水解会产生一定量的 $H_2S$；井下设备运行时，由于温度升高可使得润滑油等有机物分解产生 CO、$CO_2$ 及碳氢化合物。

### 6.5.2  有毒有害气体浓度变化计算模型

#### 6.5.2.1  局部通风方式

由于开拓水平独头巷道多，污染物的排除是通过局部风机风流稀释作用排向矿井的回风井。局部风机的通风方式有三种：压入式、抽出式和混合式。三种通风方式如图6-2～图6-4所示。

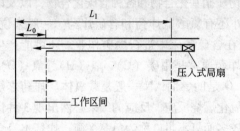

图6-2  压入式通风示意图

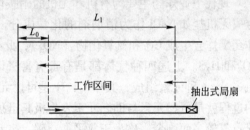

图6-3  抽出式通风示意图

（1）压入式通风：利用局扇通过风筒导风，将新鲜空气送至工作面，使空气形成相当于当地大气压力的"正压状态"。压入式通风的优点是有效射程大，冲淡和排除炮烟的作用较强；工作面回风不通过风机、风管，对设备污染小，风流不受污染，风质好。其缺点是由于集中进风，阻力较大，电耗大、风压

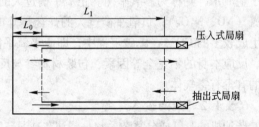

图6-4  压抽混合式通风示意图

高、漏风多；而在用风段和回风段，由于风路多，风流分散，压力梯度较小，易受自然风流干扰而发生风流反向。

（2）抽出式通风：利用局扇从局部用风地点抽出污浊空气，使空气形成低于当地大气压力的"负压状态"。抽出式通风的优点是回风负压梯度高，可使各作业面的污浊风流迅速向回风道集中，烟尘不易向其他巷道扩散，排除速度快。其缺点是当回风系统不严密时，容易造成短路吸风。对于寒冷地区，应考虑冬季提升井的防冻问题。

（3）混合式通风：压入式和抽出式两种通风方式联合运用，按局部通风机和风筒的布设位置，分为长压短抽、长抽短压和长抽长压。长抽短压指作业面的污风由压入式风筒压入的新风予以冲淡和稀释，由抽出式主风筒排出；长压短抽指新鲜风流经压入式长风筒送入工作面，工作面污风经抽出式通风除尘系统净化，被净化后的风流沿巷道排出。混合式通风可驱使风流沿指定路线流动，故排烟快，漏风少，也不易受自然风流干扰而造成风流反向，是大断面长距离巷道掘进通风的较好选择。其主要缺点是降低了压入式与抽出式两列风筒重叠段巷道内的风量，当掘进巷道断面大时，风速会较小；混合式通风所需通风

设备较多，管理较复杂。

由于锡铁山铅锌矿在独头巷道采用的是压入式通风方式，故主要讨论压入式通风风流中巷道污染物浓度的变化。

#### 6.5.2.2 有毒有害气体浓度计算

空气从圆形风筒出口射入同一介质的空间所形成的气流称为空气射流。空气射流在流动过程中不受壁面限制的称为自由射流，受到限制的称为受限射流。独头巷道的压入式通风风筒一般布置在掘进巷道的一侧，沿巷道侧壁形成贴附射流。风流从风筒出口射出后，开始按自由射流规律发展，到达独头巷道迎头后，形成迎头冲击贴附射流。但由于受独头巷道局限空间的限制和风流的连续性影响，不久便出现了与射流方向相反的流动。因此，独头巷道射流通风风流结构可分为附壁射流区、冲击射流附壁区与回流区，如图 6-5 所示。射流区的气流一部分从圆形风筒射出，同时卷吸一部分回流区的气流；冲击附壁区的气流是气流到迎头折返，回流区的气流一部分被射流卷吸，一部分沿掘进巷道排出。因此，独头巷道压入式通风实际上是有限空间的受限贴附射流。

图 6-5　独头巷道射流通风流场图

独头巷道的通风包括两个区段，一为工作面区，即炮烟抛出带；另一为整个独头巷道。工作区间的烟尘排出过程是紊流扩散过程，巷道中的烟尘排出过程属于紊流变形过程。假定有毒有害气体的区域为风筒末端到掌子面的空间，设风管出口至掌子面的空间为工作区间，通风换气长度为 $L_1$，通风管出口至掌子面的距离为 $L_0$，巷道的断面面积为 $S$，得工作区间的容积为 $V = S \times L_0$；设工作区间内有毒有害气体的初始浓度为 $C_0$，通风时间为 $t$，把通风时间分为 $n$ 个时间区段 $\Delta t$，$\Delta t = t/n$。当通风时间达到 $\Delta t$ 后，排出工作区间的有毒有害气体为 $Q\Delta t$，则工作区间内的有毒有害气体浓度表示为：

$$C_{yn} = C_0 \left( \frac{V - Q\Delta t}{V} \right)^n \tag{6-24}$$

同时有 $Q\Delta t$ 的新鲜空气进入工作区间，则经过时间 $t$ 后，工作区间的有毒有害气体浓度为：

$$C_{yn} = \lim_{n \to \infty} C_0 \left( \frac{V - Q\Delta t}{V} \right)^n = \lim_{\Delta t \to 0} C_0 \left( 1 - \frac{Q\Delta t}{V} \right)^{\frac{1}{\Delta t}} C_0 = C_0 \mathrm{e}^{\frac{-Q}{V}} \tag{6-25}$$

工作区间的烟尘沿着巷道向外排出过程中，由于巷道断面上的风速分布不均匀，形成了逐渐伸长的变形带，即紊流变形，使得同一断面上的烟尘浓度不同。如图 6-6 所示，变形带的任一断面平均浓度为：

$$C_s = \frac{\int_0^{r_0} 2\pi r c_u \, \mathrm{d}r}{\pi r_0^2} \tag{6-26}$$

式中　$c_u$——距巷道轴心距离，m；

　　　$r$——有毒有害气体浓度。

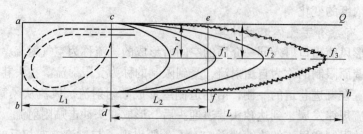

图 6-6　独头巷道有毒有害气体紊流扩散过程示意图

巷道中的有毒有害气体经过工作面区的紊流扩散后，浓度随时间延长而降低。在巷道断面上距离轴不同距离处，有毒有害气体浓度不相同，先排出的气体浓度较低。各层的浓度 $C_u$ 可按下式表示：

$$C_u = KC_o e^{-\frac{Qk(t-t_1)}{v_2}} \qquad (6-27)$$

式中　$t$——通风时间，$t = \dfrac{l}{u_m}$，其中 $l$ 为距离轴间距，$u_m$ 为轴风速；

　　　$t_1$——风流由 $ab$ 断面到 $ef$ 断面的时间，$t_1 = \dfrac{l_1}{u_i}$，$u_i$ 为距离轴线处风速。

### 6.5.3　锡铁山铅锌矿 2762m 中段有毒有害气体检测

锡铁山铅锌矿 2762m 中段具有独头巷道多、巷道不贯通、柴油设备多等特点，经初步检测发现该水平的有毒有害气体浓度较矿井上部水平的有毒有害气体浓度高。通过气体检测设备，可得到 2762m 水平各作业点有毒有害气体浓度，分析有毒有害气体在空间上分布的规律，初步认识有毒有害气体在巷道中的扩散规律。

#### 6.5.3.1　检测方法

（1）测试仪器。目前国内外用于测量可燃和多种气体的仪器仪表归纳为接触燃烧式气体传感器、热导式气体传感器。本次测试所用的四合一气体检测仪为热导式气体传感器。其基本原理是利用被测气体与纯净空气的热传导率之差和在金属氧化物表面燃烧的特性，将被测气体浓度转换成热丝温度或电阻的变化，达到测定气体浓度的目的。

（2）检测时间。2762m 水平有毒有害气体及氧气浓度的检测在该水平各作业点正常工作条件下进行，检测前 0.5h 内该水平没有进行爆破作业。铲运机及柴油设备处于工作状态，整个检测过程持续 1h。

（3）检测地点及方法。一般情况下，井下有毒有害气体主要存在于采掘作业点及回风巷道中。因此，测定点主要选择在井下掘进作业面及其联络道、回风道和候车硐室等处。测定时检测仪手持放于离地面 1.6m 的位置，每个检测点测定 3 次，取平均值为测定值。

图 6-7 所示为 2762m 水平有毒有害气体检测路线图，以斜坡道入口处及候车硐室为起点测定有毒有害气体浓度，沿着 2762m 水平运输大巷往西线方向进行检测，进入各已贯通的穿脉巷道检测后返回，继续沿水平运输大巷直至 39 线穿脉巷道检测完毕，由 39 线

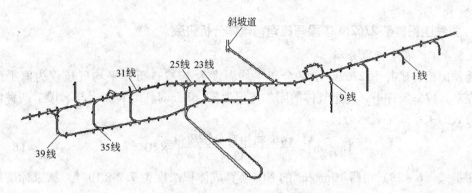

图 6 – 7　2762m 水平有毒有害气体检测路线图

进入回风巷道至 9 线穿脉独头巷道，对东区各线独头巷道的有毒有害气体进行检测。

### 6.5.3.2　检测结果

根据以上测试方法测定 CO、$CO_2$、$NO_2$ 和 $SO_2$ 四种有毒有害气体及 $O_2$ 浓度，由于各检测点的 $SO_2$ 浓度都为 0，即锡铁山铅锌矿井下基本不存在此气体污染情况，故不对 $SO_2$ 进行分析。测定的各气体浓度如表 6 – 1 所示。

表 6 – 1　2762m 水平各点气体浓度测定表

| 测　点 | 测定地点 | 平均浓度 | | | |
|---|---|---|---|---|---|
| | | $O_2$/% | CO/ $\times 10^{-6}$ | $CO_2$/% | $NO_2$/ $\times 10^{-6}$ |
| 1 | 西运输大巷掘进头 | 14.6 | 18.4 | 0.39 | 2.32 |
| 2 | 39 线穿脉 | 14.9 | 15.68 | 0.27 | 1.72 |
| 3 | 39 线岔口 | 14.9 | 11.84 | 0.21 | 1.18 |
| 4 | 35 线岔口 | 15.0 | 9.28 | 0.32 | 1.52 |
| 5 | 35 线穿脉 | 15.1 | 13.12 | 0.3 | 1.82 |
| 6 | 31 线穿脉 | 15.2 | 10.03 | 0.25 | 1.33 |
| 7 | 31 线岔口 | 15.3 | 12.56 | 0.25 | 1.18 |
| 8 | 23 线穿脉 | 15.2 | 14.80 | 0.3 | 0.89 |
| 9 | 23 线岔口 | 15.0 | 14.32 | 0.25 | 1.03 |
| 10 | 17 线穿脉 | 15.1 | 12.16 | 0.28 | 0.84 |
| 11 | 17 线岔口 | 15.3 | 10.64 | 0.31 | 0.89 |
| 12 | 斜坡道候车硐室 | 15.4 | 9.12 | 0.24 | 1.33 |
| 13 | 9 线岔口 | 15.2 | 15.36 | 0.4 | 1.43 |
| 14 | 9 线穿脉掌子面 | 14.9 | 19.76 | 0.23 | 4.38 |
| 15 | 5 线岔口 | 15.2 | 22.10 | 0.41 | 1.28 |
| 16 | 5 线穿脉掌子面 | 15.1 | 26.64 | 0.26 | 3.74 |
| 17 | 1 线岔口 | 15.0 | 20.96 | 0.43 | 2.61 |
| 18 | 1 线穿脉掌子面 | 14.9 | 18.4 | 0.39 | 2.32 |

### 6.5.4　锡铁山铅锌矿2762m中段有毒有害气体分析研究

#### 6.5.4.1　浓度标准分析

锡铁山铅锌矿井下2762m水平全年平均温度为17℃，历年平均气压仅为海平面的71%左右。17℃条件下，理想气体的摩尔体积为33.4L/mol。则mg/m³与×10⁻⁶两种浓度表达方式的关系式可表示为：

$$1mg/m^3 = \frac{污染物相对分子质量}{33.4} \times 10^{-6} \tag{6-28}$$

根据式（6-28）可得10mg/m³的$NO_2$换算成体积浓度为$7.2 \times 10^{-6}$。国家标准规定的安全浓度换算为体积浓度则为$5 \times 10^{-6}$，可见在锡铁山铅锌矿井下单位体积空气中，相同质量的$NO_2$体积浓度是平原的1.44倍。由于高寒地区氧分压低，单位体积空气中氧气绝对含量低。因此，在耗氧量一定的条件下，高寒地区作业人员吸入的空气量大于平原地区，作业人员吸入的有毒有害气体随之增加。现行的工作场所有害因素职业接触限值依据的是低海拔环境，对高寒地区条件下有毒有害气体浓度标准未作特别说明。因此有必要根据锡铁山铅锌矿井下实际条件讨论该环境下有毒有害气体的适宜浓度标准。

一种物质对人体的有害程度，与它被人体接触的量、接触的时间长短以及接触的方式有关。为了确定有害的剂量标准，就需要建立一条剂量-危害响应曲线。污染物的剂量-危害有两种类型，一类是无阈值曲线，另一类是有阈值曲线。所谓有阈值曲线，考虑的是人体对某些毒物具有一定的自我清除能力或某一浓度下污染物产生的毒害作用难以察觉，可以忽略。人们吸收的有害物质的剂量可用公式表示：

$$有害剂量 = (呼吸速率 - 人体排毒去除速率) \times 时间 \tag{6-29}$$

环境的不同有害物质被人体吸收的情况有所区别。在高寒地区，由于式（6-29）中的"人体排毒去除速率"不能准确测定，为了便于比较平原和高原环境下人体所吸收的有害物质的剂量，现以吸入剂量作对比指标，其计算式为：

$$D = C \cdot v \cdot t \tag{6-30}$$

式中　　$D$——人体吸入污染物的量，mg；

　　　　$C$——污染物的浓度，mg/m³；

　　　　$v$——呼吸速率，m³/h，随年龄、活动方式、所处环境不同而有差异；

　　　　$t$——暴露时间，h。

人体吸入空气中的污染物的量与肺通气量成正比，在空气中有害物质浓度相同的前提下，高寒地区人体吸入的有害物质剂量为平原地区的1.4倍。设作业场所的$NO_2$浓度为10mg/m³，该浓度为国家安全标准短时间容许接触浓度的剂量标准，在平原地区工人劳动呼吸量为$V_0$，则吸入的$NO_2$为$10V_0$，锡铁山铅锌矿2762m水平在同等耗氧量的前提下吸入的$NO_2$量为$1.4 \times 10 V_0$。要使呼吸的$1.4 V_0$体积的空气中$NO_2$量低于10mg/m³，则在该海拔高度下$NO_2$的浓度为$1/1.4 \times 10 = 7.1mg/m^3$，即从吸入剂量方面考虑，在井下2762m水平$NO_2$浓度为7.1mg/m³，等效于在平原地区的10mg/m³对人体的危害。因此，引入剂量系数$k$，建议将现行工业场所有害物质浓度标准的0.71倍作为锡铁山铅锌矿2762m水平有毒有害气体污染评价依据。研究结果建议的锡铁山铅锌矿2762m中段有毒有害气体浓度指标见表6-2。

**表 6-2  锡铁山铅锌矿 2762m 中段有毒有害气体浓度指标**　　　　（$mg/m^3$）

| 气体名称 | 分子式 | 最高容许浓度 | 时间加权平均容许浓度 | 短时间接触容许浓度 | 备　注 |
|---|---|---|---|---|---|
| 一氧化碳 | CO | 20 | — | — | |
| 二氧化碳 | $CO_2$ | — | 6390 | 12780 | 锡铁山铅锌矿 |
| 二氧化氮 | $NO_2$ | — | 3.55 | 7.1 | 2762m 中段 |
| 二氧化硫 | $SO_2$ | — | 3.55 | 7.1 | |

### 6.5.4.2　气体分布特征分析

将 2762m 水平测定的有毒有害气体体积浓度数据换算为 $mg/m^3$，见表 6-3。

**表 6-3  2762m 水平 $O_2$ 及有毒有害气体浓度**

| 测点 | 测定地点 | 平均浓度 | | | |
|---|---|---|---|---|---|
| | | $O_2$ /% | CO /$mg \cdot m^{-3}$ | $CO_2$ /$mg \cdot m^{-3}$ | $NO_2$ /$mg \cdot m^{-3}$ |
| 1 | 西运输大巷掘进头 | 14.9 | 23 | 7644 | 4.7 |
| 2 | 39 线穿脉 | 14.9 | 19.6 | 5292 | 3.5 |
| 3 | 39 线岔口 | 15.0 | 14.8 | 4116 | 2.4 |
| 4 | 35 线岔口 | 15.0 | 11.6 | 6272 | 2.8 |
| 5 | 35 线穿脉 | 15.1 | 16.4 | 5880 | 3.1 |
| 6 | 31 线穿脉 | 15.0 | 12.5 | 4900 | 2.7 |
| 7 | 31 线岔口 | 15.1 | 15.7 | 4900 | 2.4 |
| 8 | 23 线穿脉 | 15.1 | 18.5 | 5880 | 1.8 |
| 9 | 23 线岔口 | 15.0 | 17.9 | 4900 | 2.1 |
| 10 | 17 线穿脉 | 15.0 | 15.2 | 5488 | 1.7 |
| 11 | 17 线岔口 | 15.1 | 13.3 | 6076 | 1.8 |
| 12 | 斜坡道候车硐室 | 15.1 | 11.4 | 4704 | 2.7 |
| 13 | 9 线岔口 | 15.0 | 19.2 | 7840 | 2.9 |
| 14 | 9 线穿脉掌子面 | 14.9 | 24.7 | 4508 | 8.9 |
| 15 | 5 线岔口 | 14.9 | 27.5 | 8036 | 4.6 |
| 16 | 5 线穿脉掌子面 | 14.8 | 33.3 | 5096 | 2.6 |
| 17 | 1 线岔口 | 14.8 | 26.2 | 8428 | 5.3 |

现场测定的气压为 72941Pa，将 $O_2$ 浓度转换为平原条件下的浓度，由气体状态方程有：$\dfrac{V_1}{V_0} = \dfrac{p_1}{p_0} = \dfrac{72941}{101300} = 0.72$，即 2762m 水平的理论 $O_2$ 浓度为 $0.72 \times 21\% = 15.1\%$。

以 17 线、43 线为界限，将 2762m 水平划分为东区、中区、西区，中区为 17 线至 43 线，西区还未开始开拓。当前中区的穿脉巷道大部分已与上下盘运输巷道贯通，形成通风回路；东区穿脉巷道暂未贯通，通风方式为压入式局部通风。从检测的结果看，$O_2$ 浓度稍低于理论值，除气体监测仪器本身的误差外，主要原因是耗氧设备及人员消耗了巷道的 $O_2$ 以及有毒有害气体的存在。2762m 水平 $O_2$ 浓度的最高值与理论值一致，最低值为 14.8%。由西向东方向 17 个测点 $O_2$ 浓度变化趋势如图 6-8 所示。

图 6-8 中水平轴为由西向东方向的测点，17 线穿脉巷道为 2762m 水平中区、东区的分界点。$O_2$ 浓度在该水平具有两头低，中间高的特征。当前 2762m 水平东西两侧均为掘进巷道，锡铁山铅锌矿风井位置在 1 线、38 线穿脉附近，当前掘进头已越过 1 线、38 线。

接近掘进工作面区域的 $O_2$ 浓度偏低，一方面是由于掘进独头巷道通风困难，独头巷道内有毒有害气体浓度增高，造成 $O_2$ 浓度降低；另一方面是由于风井附近的气流中含量有大量的污染物而导致 $O_2$ 浓度低于理论浓度值。

在检测 CO 浓度的 17 个测点中，超出国家标准的点有 5 个，为总数的 30%，其中最高浓度出现在 5 线穿脉巷道掌子面，超出国家标准规定的 1.95 倍；$CO_2$ 最大浓度时间加权平均容许浓度 1.5 倍，高于浓度标准的测点数为 4 个，是总测点数的 23.5%；$NO_2$ 气体浓度有 3 处超出浓度标准，占总测点数的 17.5%。可见，锡铁山铅锌矿井下开拓工程中超标最严重的有毒有害气体为 CO，直接原因是掘进工作面爆破后的炮烟以及铲运机尾气含有大量的 CO 气体。三种有毒有害气体在 2762m 水平由西向东的浓度分布如图 6-9 ~ 图 6-11 所示。

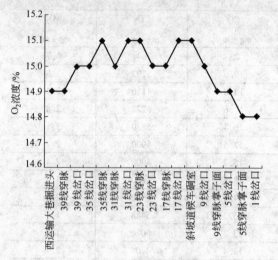

图 6-8　2762m 水平由西向东各测点 $O_2$ 浓度图

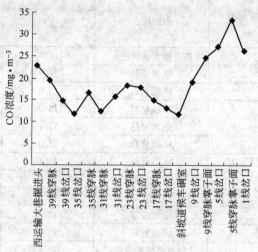

图 6-9　CO 气体在各测点的浓度分布图

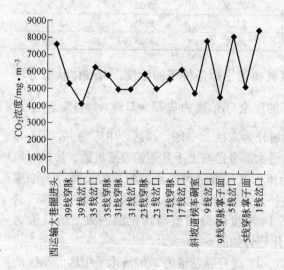

图 6-10　$CO_2$ 气体在各测点的浓度分布图

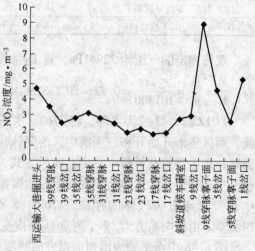

图 6-11　$NO_2$ 气体在各测点的浓度分布图

2762m 中有毒有害气体超标的检测点 80% 以上为东区测点，运输大巷及穿脉独头巷道掌子面附近区域的有毒有害气体浓度最高。检测时近两小时内该中段都没有爆破作业，铲运机主要在东区运行，故东区水平运输大巷的有毒有害气体来源主要是铲运机等柴油设备排出的尾气。当局部通风措施不当时，这些尾气对井下空气质量有相当大的影响。

由图 6-9~图 6-11 可知，有毒有害气体分布的趋势大致相同，在中区运输巷道掌子面区域浓度高于其他中区巷道；39 线向东的巷道各测点有毒有害气体浓度在较小范围内变化，大部分测点未超过国家标准；从 17 线穿脉岔口测点往东，有毒有害气体浓度逐渐升高，各独头巷道空间的有毒有害气体浓度均高于水平运输巷道的浓度。中区、东区有毒有害气体浓度的差异主要是两区巷道风流结构的不同，中区巷道贯通，各巷道有新鲜风流通过，有毒有害气体通过紊流扩散的方式排至回风井，从而在独头巷道及回风井区域浓度偏高外，其他区域有毒有害气体浓度均符合标准；东区巷道大多为正在掘进的独头巷道，当采取的局部通风措施不可靠时，有毒有害气体不能及时排出，导致气体积聚而超出国家标准规定浓度。可见在矿井开拓水平中，独头巷道是有毒有害气体最易积聚的区域。在当前技术条件下，加强 2762m 水平独头巷道的通风，是改善锡铁山铅锌矿井下有毒有害气体的重要措施。

## 6.6 井下铲运机尾气扩散数值模拟研究

锡铁山铅锌矿 2762m 水平与斜坡道相通，采用柴油设备进行铲装、运输作业。独头巷道爆破后崩落的岩堆一般使用铲运机出渣，铲运机在铲装作业时的功率最大，排出的尾气量最多。研究铲运机工作时尾气排放的扩散特征，对了解独头巷道气流组织的方式有重要的意义。《金属非金属矿山安全规程》（GB 16423—2006）中对局部通风的风筒口到掌子面的距离做了明确规定，压入式通风时应不超过 10m，但从矿山实际看，风筒口距离掌子面的距离普遍大于 10m。通过研究风筒口距工作面距离为 10m、15m 和 20m 三种条件下尾气排放后的扩散规律，即风流对尾气稀释排除的过程进行数值模拟，初步探索独头巷道柴油铲运机尾气扩散的特征，为选择有效排除巷道中尾气的通风措施提供指导。由上节分析可知，井下气体污染最严重的是 CO 气体，因此主要对 CO 气体的浓度进行分析。

### 6.6.1 数值计算网格的建立

#### 6.6.1.1 数值计算物理模型

进行 CFD 数值模拟计算前，要进行物理模型的建立及网格的划分。计算模型根据 2762m 水平实际尺寸利用 GAMBIT 软件建立，局扇风筒出风口距离掌子面距离为 10m 条件下的模型如图 6-12 所示。考虑网格的划分的质量，物理模型构建时对铲运机及岩石堆进行了简化。巷道模型长 25m，局扇风筒出风口距掌子面 10m，铲运机和岩石堆总长 6.1m。

另两个物理模型除了风筒口到掌子面距离不同（分别为 15m、20m），其余与图 6-12 模型一致。

#### 6.6.1.2 数值计算网格的划分

网格划分的质量对计算速度、精度及收敛性都有极其重要的作用。网格节点是离散化物理量的存储位置，网格的形式和密度等对数值计算结果有着重要的影响。在二维问题

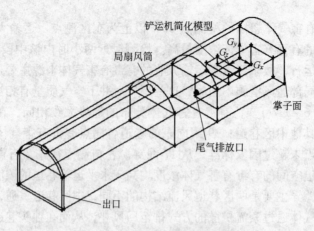

图 6 - 12 独头巷道物理模型图

中，有三角形和四边形单元；在三维问题中，有四面体、六面体、棱锥体和楔形体等单元。

整个模型的网格采用结构化和非结构化混合网格。图 6 - 12 模型中部添加的巷道截面，目的在于分块划分网格，包括四面体和六面体网格单元。铲运机的尾气排放口往外区域的速度和气体组分浓度的变化梯度大，适当加密网格。采用 GAMBIT 软件对铲运机 - 巷道模型进行网格划分后的网格模型如图 6 - 13 所示。

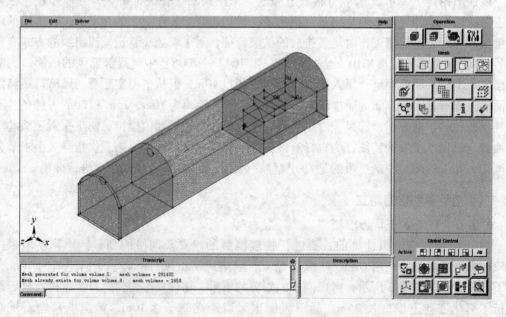

图 6 - 13 独头巷道物理模型网格划分图

## 6.6.2 数值计算模型及算法

进行数值计算时有两种求解器可供选择，即分离式求解器和耦合式求解器。一般来说，耦合式求解器更适用于求解高速可压流动，在非常精细的网格上求解的流动。耦合隐式求解器所需内存约为分离式求解器的 1.5~2 倍。课题研究的流体为空气及有毒有害气体，流动可视为不可压流，分离式求解器适用于本模型。由于需要考察有毒有害气体随时间的变化在空间的浓度分布，本模拟启用非稳态求解，选择 1st – roder – implicit 即一阶隐式。对于黏性模型，选用 k – epsilon （2qn）模型。铲运机释放的尾气温度较高，与巷道空气存在热交换，对气体扩散有一定影响。因此模拟考虑能量交换，启用能量方程。忽略有毒有害气体间及有毒有害气体与空气的化学反应，采用无化学反应的 Species Transport（组分输运）模型。

### 6.6.3 数值计算边界条件及初始条件

#### 6.6.3.1 数值计算模拟工况

在锡铁山铅锌矿 2762m 水平运输大巷独头巷道的现行局部通风条件下，铲运机工作时排放的尾气得不到有效的排除，独头巷道空间有毒有害气体浓度易超出国家标准。首先以现行通风条件为边界条件进行模拟，与现场测定的数值进行比较。

根据现场测定的局部通风参数可知，独头巷道尾气浓度超标的主要原因是新风量不足，测定的新风量为 1.7m³/s，根据设计的风量标准，按柴油设备单位功率计算风量：

$$Q = q_0 N \tag{6-31}$$

式中 $q_0$ ——单位功率的风量指标，通常取 0.06~0.07m³/(s·kW)；

$N$ ——柴油设备的功率，kW。

根据锡铁山铅锌矿实际情况，以 $Q = 0.07 \times 40 = 2.8$m³/s。风量参数为模拟条件进行尾气扩散的数值模拟计算及分析。

#### 6.6.3.2 数值计算边界条件

独头巷道局扇通风排除铲运机尾气过程的数值模拟在以下合理的假定条件下进行：等温通风，流体为不可压缩、非稳态紊流，满足 Boussinesq 假设，以距离掌子面 25m 处巷道断面为出口，风筒进口风速分布均匀。模型边界条件描述如下：

（1）进口边界。本数值模型中的进口边界有两个，即局扇进风口和铲运机尾气排放口。边界类型为 velocity inlet，对现行通风条件进行模拟时，风筒出风口风速 $v_1 = 6$m/s；以设计的风量为条件进行模拟时，风筒口风速为 $v'_1 = 10$m/s。2762m 水平现用的铲运机正常排气量为 81~88L/s，最大排气量为 135~142L/s，排气管直径为 80mm，实测排气口尾气流动的平均速度为 20.3m/s。紊流动能

$$k_{in} = \alpha_{in} v^2 \tag{6-32}$$

式中，$\alpha_{in}$ 取 0.005。

紊流动能耗散率为：

$$\varepsilon_{in} = C_\mu k_{in}^{2/3} / 0.015 D_e \tag{6-33}$$

式中 $C_\mu$ ——试验常数，取 0.09；

$D_e$ ——风管当量直径，m。

（2）出口边界：巷道流动出口的边界条件设置为 out flow 类型。

（3）固体壁面：巷道边壁及工作面均为无滑动壁面边界。为了解决高雷诺数流动与壁面附件黏性次层的衔接问题，采用标准壁面函数法。

（4）其他条件：模拟中应用的组分输运模型，需要对各组分的质量分数进行定义，

根据实测结果，尾气排放口 CO 浓度为 $287 \times 10^{-6}$，尾气口温度为 365K。

#### 6.6.3.3  流场初始条件

根据井下实际情况，设定计算区域的初始环境温度为 291K，风筒出风温度为 291K，假定铲运机工作前的有毒有害气体浓度为 0。

#### 6.6.3.4  其他条件

本模拟的基本环境条件为海拔为 2762m 的高寒地区矿井深部水平，因此需要对各组分气体的密度进行调整。根据文献所述的矿井湿空气密度的经验公式：

$$\rho = 3.45 \times \frac{p}{T} \quad kg/m^3 \tag{6-34}$$

式中　　$p$——空气压力，kPa；

　　　　$T$——空气绝对温度，K。

由式(6-34)计算的计算区域的密度 $\rho_0 = 3.45 \times \dfrac{725.5}{291} = 0.86 kg/m^3$。

进行模拟时，需要指定流场区域的参考压力点，以模型的流场出口处为参考压力基点，设定值为 72550Pa。

### 6.6.4  数值模拟结果及分析

#### 6.6.4.1  模拟结果及与实测值的对比分析

**A  数值模拟计算结果**

以锡铁山铅锌矿 2762m 水平运输大巷现行通风条件为数值模拟的边界条件和初始条件进行求解，得到铲运机工作后各时刻独头巷道空间的浓度场分布。图 6-14（参见书末彩图）为供风风量为 $1.7m^3/s$ 时尾气扩散模拟的计算收敛情况。总计迭代近 3000 步后完成 480 个时间步的运算，每 30s 保存一次计算结果文件，得到铲运机工作 4min 内巷道流场的数据。

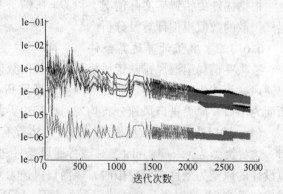

图 6-14  非稳态求解收敛情况图

图 6-15（参见书末彩图）为铲运机工作 60s、120s、180s、240s 后独头巷道排气管纵向中心截面的浓度分布云图。当铲装工作进行到 180s 时，截面约 1/2 的区域 CO 浓度高于规定的安全标准。可见，在当前通风条件下，尾气得不到有效的排除，与现场测试一致。

**B  模拟结果与实测值对比分析**

在现行通风条件下，将铲运机进行铲装工作 240s 后实测的距底板 1.6m 高度 CO 气体浓度与数值模拟的结果比较，如图 6-16 所示。

实测值与数值模拟结果在 CO 浓度分布特征上基本一致，都是在离掌子面 14m 邻近区域 CO 浓度达到最大值后逐渐降低。由于现场实际因素比较复杂，如空气湿度、铲运机未工作前巷道存在的有毒有害气体以及测试和数值模拟本身的误差，导致模拟值与实测值有

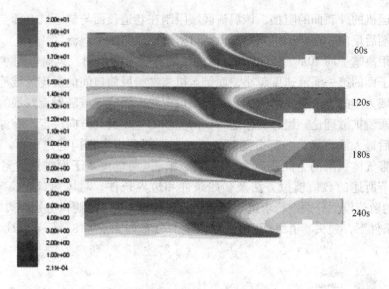

图 6 - 15　$x = 1.14$ 截面各时刻铲运机尾气中 CO 浓度分布云图

一定差别，但数值相差基本控制在 15% 以内，可见对铲运机尾气扩散过程用 CFD 数值模拟方式进行研究是可靠的。

### 6.6.4.2　风量调整后的数值模拟

在进行浓度场计算分析前，首先对三种工况下独头巷道流场结构进行分析。风筒布置于独头巷道中心拱顶，风流沿巷道顶面形成贴附射流。射流的发展与风筒口到掌子面的距离有密切关系。图 6 - 17（参见书末彩图）为风筒口距离掌子面不同距离的巷道纵

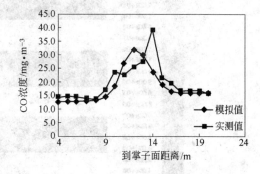

图 6 - 16　实测值与模拟值对比图

剖面速度云图。在射流运动过程中，射流不断卷吸周围的空气，射流范围扩大；由于巷道顶面空间的影响，射流范围扩展受到限制，射流到达掌子面后折返，形成了第一个涡流区

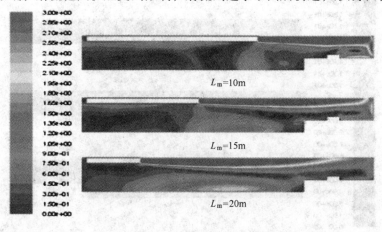

图 6 - 17　风筒口距离掌子面不同距离的巷道纵剖面速度云图

域；由于铲运机的外表面的阻挡，该涡流区域限制在巷道顶面与铲运机上部空间。射流到达铲运机末端后反向，在铲运机末端与风筒口附近形成第二个涡流区。

风筒口距离掌子面10m、15m、20m时的流场有明显的差别。风筒口到掌子面距离越长，贴近掌子面的第一涡流速度越小，而铲运机末端与风筒口间的涡流区域范围越广。可见，涡流区域大小的一个重要影响因素是风筒口位置，涡流区域随射流发展的空间增大而增大。根据紊流扩散理论，组分的输运特征由流场的速度及其方向决定。有毒有害气体由排气管喷出后进入涡流区，一部分随旋涡流动，一部分析出排向巷道出口。涡流范围越广，有毒有害气体积聚的空间则越大。因此推测，风筒口离掌子面越远，尾气越不易排出。采用上节所述的数值模拟方法及初始条件和边界条件，对风筒口距离掌子面10m、15m、20m的数值模型分别进行求解。铲装作业进行30s后，风筒口分别距离掌子面10m、15m、20m条件下，独头巷道纵断面上CO浓度的分布如图6-18~图6-21所示（参见书末彩图）。

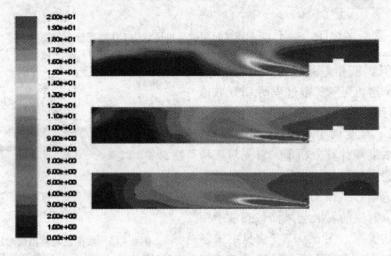

图6-18　$t=30s$时巷道纵断面CO浓度分布云图

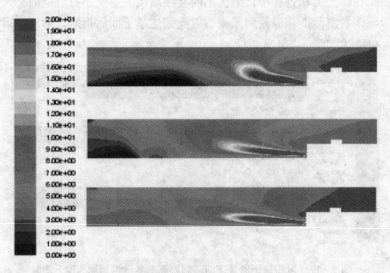

图6-19　$t=60s$时巷道纵断面CO浓度分布云图

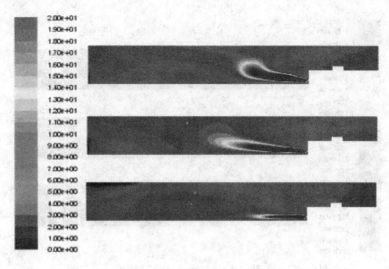

图 6 – 20  $t = 120s$ 时巷道纵断面 CO 浓度分布云图

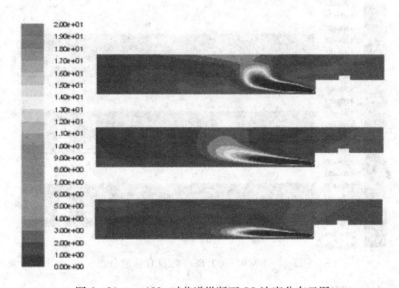

图 6 – 21  $t = 180s$ 时巷道纵断面 CO 浓度分布云图

风筒口距掌子面分别为 10m、15m、20m 时，在不同时刻独头巷道距底板 1.6m 高度剖面 CO 浓度分布云图如图 6 – 22 ~ 图 6 – 25 所示（参见书末彩图）。

### 6.6.4.3 模拟结果分析

由上节模拟结果可知，在风量为 2.8m³/s 条件下，铲运机尾气排放口向外 6m 的巷道空间内，沿着尾气喷射的轨迹，形成了一个狭长的 CO 浓度超标带，其形态因风流流场的不同而有差异。巷道内绝大部分空间的 CO 浓度在任一时刻均低于国家规定的安全标准。

铲运机排出的尾气温度较巷道的空气温度高，气体密度小，废气喷出后向上流动。尾气排放区域位于独头巷道风流场的回流区，由传质理论知，气体扩散过程中，分子扩散作用很小，气体污染物的排除主要通过紊流扩散作用。

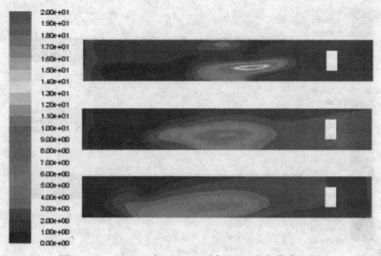

图 6 – 22　$t = 30s$ 时 $y = 1.6m$ 剖面 CO 浓度分布云图

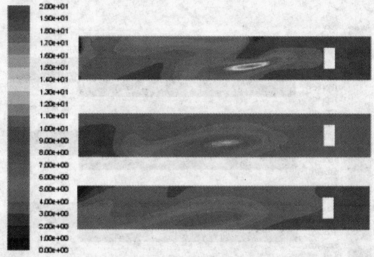

图 6 – 23　$t = 60s$ 时 $y = 1.6m$ 剖面 CO 浓度分布云图

图 6 – 24　$t = 120s$ 时 $y = 1.6m$ 剖面 CO 浓度分布云图

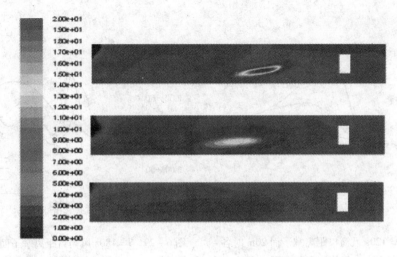

图 6-25 $t=180s$ 时 $y=1.6m$ 剖面 CO 浓度分布云图

铲运机尾气排放后进入旋涡中，随气流运移到涡流上部区域。在这一过程中，一部分尾气在涡流中析出，随风流排向巷道出口，形成了尾气喷出→随涡流卷吸→析出排除这一动态过程，涡流上部的尾气一部分因风筒射流的卷吸作用进入掌子面射流区，污染铲运机工作空间；另一部分随涡流继续流动。铲运机排放的尾气不断填补涡流中析出的部分，因此一段时间后有毒有害气体的分布保持在一个稳定状态。

独头巷道的流场的风流速度、方向不同，柴油尾气排除过程中其扩散特征必然不同。风筒口到掌子面距离（$L$）10m、15m、20m 三种条件下的 CO 气体浓度分布有明显差异。如图 6-20 所示，铲运机工作 30s 后，$L=10m$ 时，风筒口距离掌子面较近，涡流范围小，卷入旋涡的尾气量小，CO 浓度高于 6mg/m³ 的空间明显低于风筒口距掌子面 15m、20m 时的情况。尾气在巷道顶面区域积聚，风筒口到掌子面 15m、20m 时，涡流区的 CO 气体平均浓度较距离 10m 时浓度高，并随着距离的增加，CO 气体积聚的区域向巷道顶面向巷道底部偏移。尾气积聚区域的差异在铲运机开始工作后 120s 内较为明显，时间越长，由于风流的横向紊流扩散作用，巷道断面的尾气浓度趋于平均。

三种工况下，在铲运机工作 120s、180s 时，分别距离底板 0.5m、1.6m、3.0m 巷道中心线上 CO 气体浓度分布如图 6-26 ~ 图 6-31 所示。

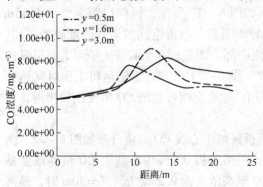

图 6-26 $t=120s$ 风筒口距离掌子面 10m 时各中心线 CO 气体浓度分布图

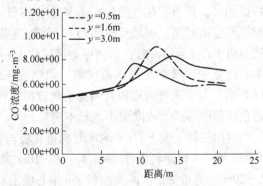

图 6-27 $t=120s$ 风筒口距离掌子面 15m 时各中心线 CO 气体浓度分布图

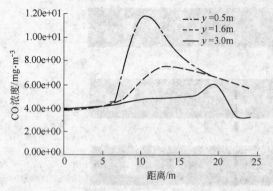

图6-28 t=120s 风筒口距离掌子面20m时各
中心线CO气体浓度分布图

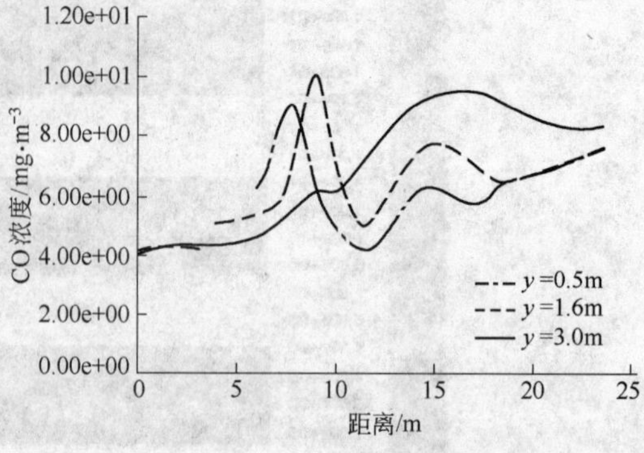

图6-29 t=180s 风筒口距离掌子面10m时各
中心线CO气体浓度分布图

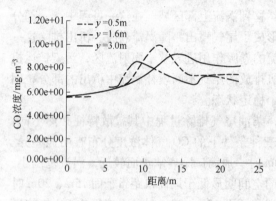
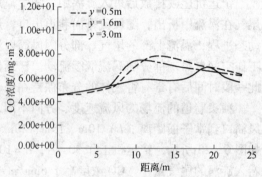

图6-30 t=180s 风筒口距离掌子面15m时各
中心线CO气体浓度分布图

图6-31 t=180s 风筒口距离掌子面20m时各
中心线CO气体浓度分布图

由图可见，铲运机工作120s时，风筒口距离掌子面10m、20m时的巷道顶、底部气体浓度差异较大。$L=10m$ 时，距底板3m中心线上CO浓度峰值是0.5m中心线上的3倍；$L=20m$ 时，距底板0.5m中心线上CO浓度峰值是3m中心线上的5.5倍，与 $L=10m$ 时特征相反，其浓度在空间分布差异十分明显。如图6-27所示，风筒口距离掌子面15m时，在巷道底部、中部及顶部CO气体浓度差异不明显，巷道空间的尾气浓度较为平均。这是由于在 $L=15m$ 时，涡流中心区域位于巷道中部，离底板0.5m、3m平面上巷道纵向中心线处于尾气积聚的涡流区域。由图6-29~图6-31可知，当铲运机工作时间达到180s后，由于风流的横向及纵向的紊流扩散作用，巷道空间各点的CO浓度比较接近，巷道顶底部中心线上浓度大小差异不明显。

对比三种工况下，$t=180s$ 时巷道底板与顶板区域中心线CO浓度分布如图6-32、图6-33所示。铲运机工作180s后，$L=10m$ 时，距离底板0.2m中心线上CO最高浓度是 $L=20m$ 时的近2倍。距离底板3m中心线上CO最高浓度为9.2mg/m³，$L=20m$ 时，最高浓度为3.5mg/m³。

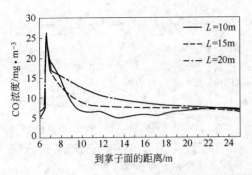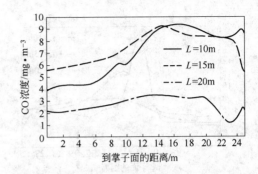

图 6-32　距底板 0.2m 高度巷道中心线浓度分布图　　图 6-33　距底板 3m 高度巷道中心线浓度分布图

　　人站立时呼吸的高度平均为 1.6m，故有必要了解距离巷道底板 1.6m 高度处的铲运机尾气分布情况。由模拟的结果图 6-18～图 6-21 可知，当风筒口距离掌子面距离 10m 时，在铲运机工作 90s 内，尾气污染区域明显小于其他两种情况；而风筒口距离掌子面 15m 时，在 $y=1.6m$ 截面尾气污染区域最大。当 $L=10m$ 时，在距离掌子面 8～10m 部分区域，CO 气体浓度高于其他两种情况，是由于在 $L=10m$ 时的流场中涡流范围小，涡流强度较大，尾气由铲运机排出后上升至顶板区域过程中，卷吸进旋涡在小空间聚集。虽然有部分尾气析出，但析出作用对涡流内的尾气浓度影响不大，所以旋涡内的 CO 浓度一直较高。可见，当 $L=10m$ 时，独头巷道工作面工人不应在距离铲运机尾部 8～10m 的区域活动。其他两种情况下，风筒口距离掌子面较远时，回流区产生的旋涡范围广，尾气卷吸到涡流中后流动区域大，部分尾气随风流向外扩散，部分尾气因风筒口射流卷吸作用进入铲运机工作空间。

　　从图中可以看出，司机工作区域的 CO 浓度在 $L=10m$ 工况下在各时间段下明显低于另外两种工况。从铲运机司机健康的角度考虑，风筒口距离掌子面越近，铲运机司机室处的尾气浓度越低，在保证爆破碎石不破坏风筒设施前提下，风筒口应尽量贴近掌子面布置。

　　图 6-34～图 6-37 为铲运机工作 30s、60s、120s 和 180s 后距底板 1.6m 高度巷道中心线 CO 气体浓度分布图。

　　在非涡流区域取一截面，监视该截面的 CO 平均浓度随时间的变化，可作为尾气排除效率的评价依据。距离掌子面 25m 处巷道断面的 CO 平均浓度随时间的变化如图 6-38 所示。

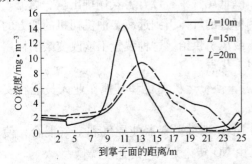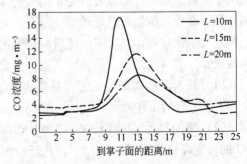

图 6-34　$t=30s$ 时距底板 1.6m 高度巷道　　　图 6-35　$t=60s$ 时距底板 1.6m 高度巷道
中心线浓度分布图　　　　　　　　　　　　　　中心线浓度分布图

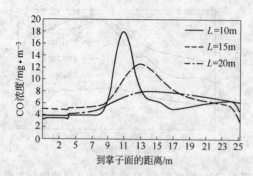

图 6-36  $t=120\text{s}$ 时距底板 1.6m 高度巷道
中心线浓度分布图

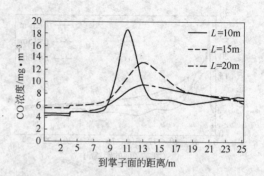

图 6-37  $t=180\text{s}$ 时距底板 1.6m 高度巷道
中心线浓度分布图

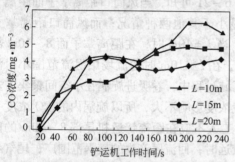

图 6-38  出口断面平均 CO 浓度随时间变化图

在三种工况下，随铲运机工作时间的延长，独头巷道断面的平均浓度总体呈升高趋势。在巷道模型出口断面，$L=10\text{m}$ 工况下尾气扩散整个过程中 CO 浓度较其他两个工况下高。其原因是 $L=10\text{m}$ 时涡流区域小，尾气没有大范围积聚，大部分尾气随风流向巷道口扩散排除。随着风筒口到掌子面距离的增加，尾气积聚范围增大，排向巷道口的尾气较少，

因此模型出口断面上 CO 浓度低于 $L=10\text{m}$ 的工况。铲运机尾气的持续排放到稳定状态时，由于 $L=20\text{m}$ 模型的巷道出口较 $L=15\text{m}$ 时更接近涡流区域，故断面平均 CO 浓度较 $L=15\text{m}$ 时高。

### 6.6.5  铲运机尾气净化控制

#### 6.6.5.1  净化方法

控制铲运机尾气污染的方法有采用高质量的燃油等机内净化措施和机外净化措施。各国铲运机普遍采用的机外净化方法有催化净化法和水洗法，两种方法联合使用效果更好。另外还有采用烟尘过滤器和喷流式烟雾稀释器。这些尾气处理方法中，氧化催化净化器、水洗净化器、烟尘过滤器都改变了尾气的成分，降低尾气中有毒有害气体排出量。喷流式烟雾稀释器是把柴油机尾气和空气混合，并把稀释过的气体引到远离柴油机司机的地方的一种尾气净化装置，其所需的能量由尾气的背压或风机供给。这种装置不能改变柴油机尾气的成分，成本较其他三种装置低廉，主要有以下优点：

（1）稀释和冷却柴油机尾气并喷离作业地点，使铲运机司机和其他作业人员能在安全和卫生的环境下作业；

（2）柴油机尾气中含 $(300\sim500)\times10^{-6}$ 的 NO，烟雾稀释器使尾气和空气混合，使 NO 的浓度降至低于 $30\times10^{-6}$，在此低浓度下，由 NO 转化为 $NO_2$ 的速度降低；

（3）使吸入柴油机的空气少受废气污染；

（4）减少易燃材料起火的危险；

（5）购置费用低，坚固耐用，没有移动部件，几乎不需维护。

鉴于以上优点，矿山应优先选用喷流式烟雾稀释器控制巷道有毒有害气体浓度，可通过研究数值模拟方法考察此种装置在2762m水平铲运机上的应用。

### 6.6.5.2 净化后的尾气扩散数值模拟结果

喷流式烟雾稀释器应用时固定于铲运机排气口，装置导入大量的空气以降低尾气初始浓度。尾气从稀释器排气口喷出时，其浓度已下降至铲运机尾气口的1/10。课题以加拿大ECS公司生产的喷流式烟雾稀释器的相关参数为条件进行数值模拟，考察在独头巷道现行通风措施下应用该装置后的尾气排除效果。模拟的物理模型与6.6.1节所述模型一致，风筒口距离掌子面距离为15m。模拟的初始条件为尾气排放口CO为$30 \times 10^{-6}$，$NO_x$浓度为$25 \times 10^{-6}$，排气口温度为327K，风筒出风口的风量为$1.5 m^3/s$，其他边界条件、初始条件及求解过程与6.6.2节中所述一致。

经过一系列的求解过程，得到尾气扩散的流场数据。CO气体在120s、240s时的浓度分布如图6-39所示（参见书末彩图）。

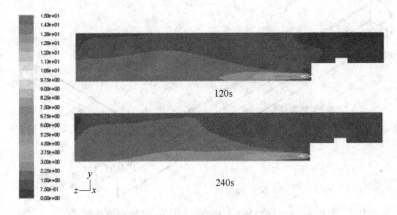

图6-39 铲运机工作后120s、240s时CO巷道截面浓度分布云图

无尾气处理装置及安装喷流式烟雾稀释器铲运机工作180s时，独头巷道中心线上CO气体浓度分布如图6-40所示。

现行通风方式下，由模拟结果可知铲运机工作180s后CO气体浓度最高达到32mg/m³，超出标准浓度1.6倍。采用增大风量及添加尾气净化装置后，CO未超标准浓度，并且铲运机安装喷流式烟雾稀释器降低工作面尾气浓度的效果优于增加风量方法。

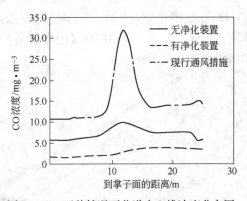

图6-40 两种情况下巷道中心线浓度分布图

安装净化装置后，距离掌子面越远，尾气浓度越高，净化装置喷出的尾气初始速度大，尾气自身的动量将其输运到离掌子面15m外的区域，风筒口到巷道出口的空间气流速度小，污染气体的排除较慢，因此随着到掌子面距离增大，CO气体浓度呈上升趋势。

两种气体污染控制的结果的共同点是 CO 气体浓度在风筒口附近达到最高值，原因是该处的气流紊乱，风流方向不一，有毒有害气体在此处积聚。但由于尾气出口的 CO 浓度极低，尾气喷射到该相对高浓度区域时，仍不超过安全标准浓度。因此，采用安装喷流式烟雾稀释器方式控制井下铲运机尾气污染是一个有效、便捷的措施，可在锡铁山铅锌矿 2762m 水平推广应用。

## 6.7 穿脉巷道爆破后有毒有害气体扩散的数值模拟

### 6.7.1 网格的建立及模型

根据模拟条件的不同，课题需要建立 7 种不同的物理模型，其共同点是都包含穿脉独头巷道及水平运输大巷，水平运输大巷的长度为 50m。各模型的不同点是局扇布置与否、风筒口距离掌子面的距离及穿脉独头巷道长度。图 6-41 所示为风筒口距离掌子面 10m、穿脉进尺 20m 时的物理模型。

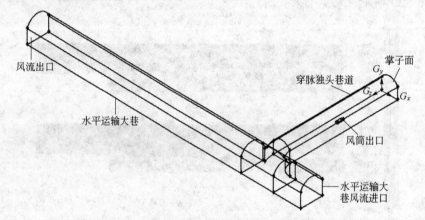

图 6-41 穿脉独头巷道进尺 20m 时物理模型图

利用 GAMBIT 软件对物理模型进行网格划分，对于本模型采用分块划分的方式（见图 6-42）。模型划分为 6 块，1、3、4、6 采用 Cooper（非结构网格）方式划分，选用六面体网格单元，2、5 采用 TGird（混合网格）方式划分，选用四面体网格单元。划分后的整体网格如图 6-43 所示。

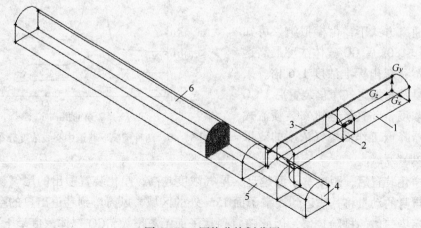

图 6-42 网格分块划分图

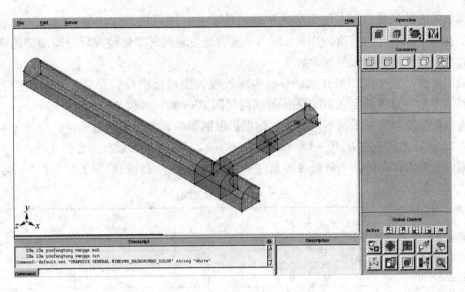

图 6 - 43　划分后整体网格图

### 6.7.2　数值计算边界条件及初始条件

#### 6.7.2.1　数值模拟工况

根据需要，进行 12 种工况条件下炮烟扩散的数值模拟分析，包括是否布置局扇、不同风量、不同穿脉巷道长度、风筒口到掌子面不同距离条件下气体扩散的对比。当穿脉独头巷道较短时，采用无需局部风机的扩散通风可在规定时间内将有毒有害气体稀释至安全浓度，主要考察穿脉进尺 15m、20m 两种情况下的扩散通风情况。

锡铁山铅锌矿 2762m 水平穿脉掘进工作面局扇风量为 1.05m³/s，从爆破后炮烟中 CO 浓度监测的结果看，该风量条件下在规定时间（30min）内 CO 浓度不能达到要求，因此有必要对独头巷道需风量进行核算。根据东北大学王英敏教授推导的压入式独头巷道排除炮烟风量计算公式进行计算：

$$Q = \frac{25.5}{t} \sqrt{AV(1 - 5/\sqrt{l})} \qquad (6 - 35)$$

式中　$Q$ ——新风量，m³/s；

　　　$V$ ——巷道空间体积，m³；

　　　$A$ ——炸药消耗量，kg；

　　　$l$ ——掘进巷道长度，m；

　　　$t$ ——通风时间，s。

根据锡铁山铅锌矿穿脉掘进巷道实际条件，巷道长度取 60m，通风时间为 1800s，一次进尺炸药消耗 43kg，巷道断面 8.1m²，代入式(6 - 35)，得 $Q = 1.2$m³/s。将此计算值作为一边界参数进行数值模拟。

风量的计算适用于平原条件，考虑高寒地区环境下炮烟的容积增大，使得排烟通风条件恶化，因此高寒地区矿井掘进工作面爆破后排除炮烟所需风量应较式(6 - 35)计算的结果大。根据文献的研究结论，引入风量增大系数 $k$（取 $k = 1.25$）。得到 $Q' = 1.5$m³/s。该值是排烟所需的风量值。在使用柴油铲运机的矿井，还应核算排除柴油机尾气的最小风量，根据第 5 章研究的结论，$Q' = 1.5m^3/s$ 能满足安装尾气净化装置后的柴油铲运机尾气的排放，故将此值作为模拟的参数之一。

根据锡铁山铅锌矿 2762m 水平穿脉实际长度，通过模拟分析穿脉长度炮烟扩散的影响，数值模型中穿脉长度在 20 ~ 60m 范围内每隔 10m 取一参数。

为分析风筒口到掌子面不同距离对炮烟扩散的影响，考虑锡铁山铅锌矿掘进每个进尺循环为 2.5m，本研究将在 10 ~ 17.5m 范围内每隔 2.5m 取一参数作为模拟条件。

综合上述模拟条件，为获得各种条件下需要的数据，设计的模拟工况见表 6 - 4。

表 6 - 4　各模拟工况

| 工况编号<br>模拟条件 | 1 | 2 | 3 | 4 | 5 | 6 | 7 | 8 | 9 | 10 | 11 | 12 |
|---|---|---|---|---|---|---|---|---|---|---|---|---|
| 穿脉进尺 15m | ● | | | | | | | | | | | |
| 穿脉进尺 20m | | ● | ● | | | | | | | | | |
| 穿脉进尺 30m | | | | ● | | | | | | | | |
| 穿脉进尺 40m | | | | | ● | | | ● | ● | ● | | |
| 穿脉进尺 50m | | | | | | ● | | | | | | |
| 穿脉进尺 60m | | | | | | | ● | | | | ● | ● |
| $L = 10m$ | | | ● | ● | ● | ● | ● | | | | | |
| $L = 12.5m$ | | | | | | | | ● | | | | |
| $L = 15m$ | | | | | | | | | ● | | | |
| $L = 17.5m$ | | | | | | | | | | ● | | |
| 风量 1.05m³/s | | | | | | | | | | | ● | |
| 风量 1.2m³/s | | | | | | | | | | | | ● |
| 风量 1.5m³/s | | | ● | ● | ● | ● | ● | ● | | | | |
| 无局部通风 | ● | ● | | | | | | | | | | |

注：$L$ 为风筒口到掌子面的距离。

### 6.7.2.2　数值模拟边界条件

本数值模型中的进口边界有两个，即局扇进风口和水平运输大巷风流进口。进行模拟的 9 种工况中，水平运输大巷的工况 1、2 无局部通风，故这两个工况下进口边界条件只有水平运输巷道风流进口；流动出口的边界条件是相同的，即为 out flow，采用标准壁面函数法。水平运输大巷的环境温度及新风温度为 291K。其他各工况下水平运输大巷的风流进口速度为 1.2m/s，除工况 11、12 的局扇风量分别为 1.05m³/s、1.2m³/s 外，工况 3 ~ 工况 10 的局扇风量都为 1.5m³/s。

### 6.7.2.3　爆破产生有毒有害气体初始浓度计算

掘进工作面爆破后有毒有害气体的初始浓度与炸药装药量及炸药性质有关。一次爆破的炸药量：

$$G = S \times L \times q \tag{6 - 36}$$

式中　$G$——同时爆破的炸药量，kg；
　　　$S$——巷道断面面积，$m^2$；
　　　$q$——单位耗药量，$kg/m^3$。

炮烟抛掷长度的计算：

$$b = 15 + G/5 \text{（电雷管起爆）} \tag{6-37}$$

式中　$b$——炮烟抛掷长度，即放炮后炮烟弥漫区域的长度，m。

CO 初始浓度：

$$C_1 = \frac{d_1 G}{(bS - V)\rho + d_1 G + d_2 G} \tag{6-38}$$

$NO_2$ 初始浓度：

$$C_2 = \frac{d_2 G}{(bS - V)\rho + d_1 G + d_2 G} \tag{6-39}$$

式中　$C_1$——CO 气体初始浓度，$mg/m^3$；

　　　$C_2$——$NO_2$ 气体初始浓度，$mg/m^3$；

　　　$V$——爆破产生的有毒有害气体体积，L；

　　　$d_1$——每千克炸药产生的 CO 量，g；

　　　$d_2$——每千克炸药产生的 $NO_2$ 量，g；

　　　$b$——炮烟抛掷长度，m；

　　　$S$——巷道断面面积，$m^2$；

　　　$\rho$——巷道空气密度，0.86g/L；

　　　$G$——总耗药量，kg。

　　根据锡铁山铅锌矿井下实际情况，$G$ 为 43kg，$V = 43 \times 40 = 1720L$，$S = 8.2m^2$，查阅文献可知：$d_1 = 2150g$，$d_2 = 350g$。代入式（6-38）和式（6-39）得：$C_1 = 0.0129$，$C_2 = 0.002$。

### 6.7.3　数值模拟结果分析研究

#### 6.7.3.1　合理风量的确定

　　将工况为穿脉长度 60m，风量分别为 1.05$m^3$/s、1.2$m^3$/s、1.5$m^3$/s 条件下模拟的数据进行后处理。图 6-44 和图 6-45 分别为风量 1.0$m^3$/s、1.2$m^3$/s 条件下爆破 30min、35min 后，距巷道底板 1.6m 高度截面的 CO 浓度分布云图。

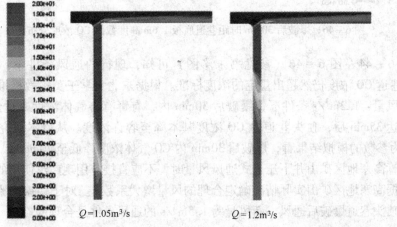

图 6-44　爆破后 30min 时距巷道底板 1.6m 高度截面 CO 浓度分布图

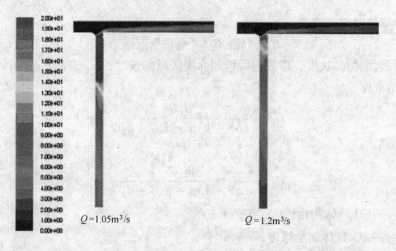

图6-45 爆破后35min时距巷道底板1.6m高度截面CO浓度分布图

图6-46为风量为1.5m³/s时，爆破30min后CO气体在距底板1.6m高度截面上的浓度分布云图。

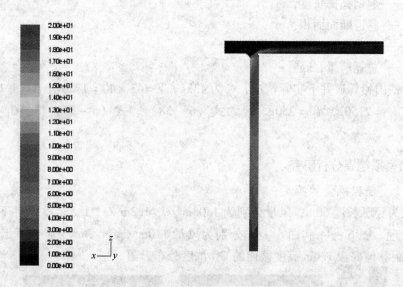

图6-46 爆破后30min时距巷道底板1.6m高度截面CO浓度分布图

由图6-44～图6-46（参见书末彩图）可知，现行的通风条件下，在爆破通风35min内巷道CO浓度仍然超出规定的浓度标准。根据东北大学王英敏教授推导的计算公式得出的风量：1.2m³/s条件下，爆破后30min内，有毒有害气体浓度未达到规定标准；通风时间达35min后，独头巷道内CO浓度基本降至容许浓度。从以本研究确定的风量1.5m³/s为参数的模拟结果看，爆破后30min内CO气体浓度降低至20mg/m³，符合标准。因此，计算高寒地区矿山井下压入式通风风量时，不应直接应用现广泛使用的风量计算公式，应根据高寒地区矿山实际情况确定合理的风量增大系数k。对于锡铁山铅锌矿2762m水平穿脉独头巷道爆破后通风，新风量为1.5m³/s的通风条件是合理的。

#### 6.7.3.2 无局扇通风时的炮烟扩散特征

对于短距离的独头工作面,可利用新鲜风流的紊流扩散作用清洗工作面的爆破后烟尘,但当掘进巷道进尺到一定长度后通过这种方式排除烟尘时,在规定的时间内往往达不到安全浓度标准。可对穿脉独头巷道分别进尺 15m、20m 时利用扩散通风排除炮烟过程进行模拟。爆破后 20min、25min、30min 时的 CO 气体在距巷道底板 1.6m 高度截面上的浓度分布如图 6 – 47 ~ 图 6 – 49 所示(参见书末彩图)。可见独头掘进 15m 时扩散通风进行 20min 时独头巷道大部分区域 CO 浓度高于 20mg/m³,通风进行 25min 后,距离掌子面 7m 内的区域 CO 浓度依然高于 20mg/m³。

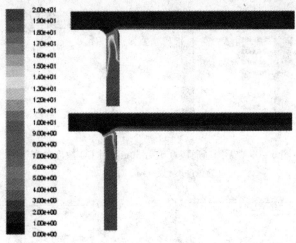

图 6 – 47 无局扇通风爆破后 20min 时 CO 浓度分布云图
(穿脉进尺上为 15m,下为 20m)

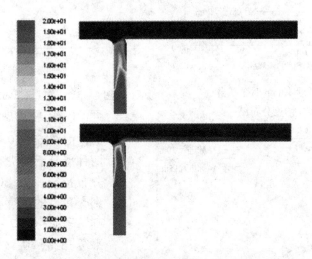

图 6 – 48 无局扇通风爆破后 25min 时 CO 浓度分布云图
(穿脉进尺上为 15m,下为 20m)

由图 6 – 49 可知,当独头巷道掘进 15m 时,巷道内炮烟中 CO 气体在 30min 内能稀释至 20mg/m³ 以下;掘进至 20m 时,独头巷道 3/4 区域的 CO 仍高于 20mg/m³。因此,采用扩散通风方式排除炮烟有较大的局限性，仅适用于较短的独头巷道。当穿脉掘进至 15m 后，应考虑布置局扇，架设风筒。爆破 10min、20min、30min 后，从掌子面到水平运输大巷巷道壁整个巷道空间的中心线上 CO 浓度分布如图 6-50～图 6-52 所示。

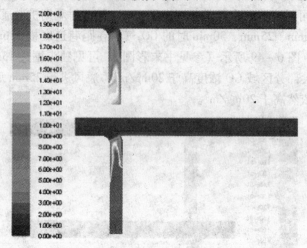

图 6-49　无局扇通风爆破后 30min 时 CO 浓度分布云图
（穿脉进尺上为 15m，下为 20m）

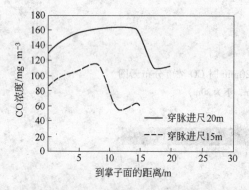

图 6-50　爆破后 10min 时独头巷道中心线 CO 浓度分布图

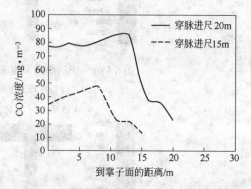

图 6-51　爆破后 20min 时独头巷道中心线 CO 浓度分布图

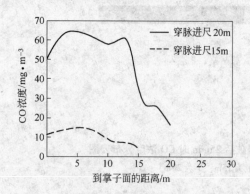

图 6-52　爆破后 30min 时独头巷道中心线 CO 浓度分布图

由图 6-50～图 6-52 可见，两种情况下独头巷道空间 CO 浓度分布特征相似，CO 浓度从掌子面到交叉口的浓度整体呈下降趋势。到掌子面距离 7～8m 处，CO 浓度平缓升高，从该点到交叉口处的 CO 浓度急剧衰减；穿脉进尺 20m 爆破 10min 时，距离交叉口 7m 处浓度为 160mg/m³，在交叉口处浓度为 115mg/m³。CO 从交叉口处排到水平运输大巷后，迅速被大巷新鲜风流稀释。当爆破后通风进行 30min 后，穿脉进尺 15m 时 CO 浓度已达到安全标准；穿脉进尺 20m 时独头巷道最高 CO 浓度为 $65mg/m^3$，超出安全标准 3 倍。对模拟的结果数据分析表明，穿脉独头巷道长 20m 时进行扩散通风排除 CO 所需要的时间为 43min，不符合锡铁山铅锌矿井下工作要求。

### 6.7.3.3 不同通风方式的炮烟扩散特征

穿脉独头巷道刚刚掘进时，爆破后大部分炮烟被抛掷到运输大巷随风流排除，此时不需局扇进行局部通风。当掘进尺度到 20m 左右时，爆破后炮烟积聚在独头巷道内，在不采取将运输大巷风流导向独头巷道或局扇通风措施时，有毒有害气体在规定通风时间内可能达不到安全浓度标准。对穿脉掘进到 20m 时有无局扇通风两种情况有毒有害气体的扩散过程进行模拟，得到不同时刻 CO 气体在距巷道底板 1.6m 截面上的浓度分布，如图 6-53 ~ 图 6-55 所示（参见书末彩图）。

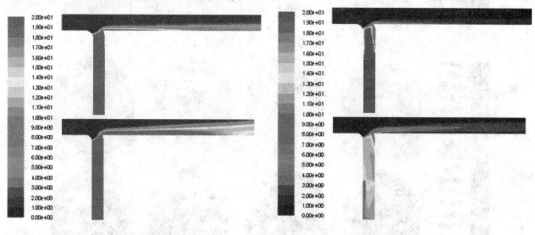

图 6-53　穿脉进尺 20m 爆破后 10min 时　　　　图 6-54　穿脉进尺 20m 爆破后 20min 时
　　　　　CO 浓度分布云图　　　　　　　　　　　　　CO 浓度分布云图
　　（上为无局扇通风，下为有局扇通风）　　　　　（上为无局扇通风，下为有局扇通风）

穿脉巷道进尺 20m 时，在有局扇通风条件下，爆破后 30minCO 气体浓度已降到 $5mg/m^3$ 以下，通风 20min 后 CO 浓度已低于安全标准。在扩散通风条件下爆破后 30min 掘进巷道大部分区域 CO 浓度仍高于 $20mg/m^3$。说明当独头进尺到 20m 时，扩散通风方式已不能满足通风的需要，排除有毒有害气体的时间大于 30min，应采取局扇进行排烟。在排烟开始的一段时间，有局扇通风工况下，水平运输大巷的 CO 气体扩散的区域及其浓度明显大于无局扇通风工况时，巷道横向截面上 CO 气体浓度分布如图 6-56 ~ 图 6-59 所示（参见书末彩图）。

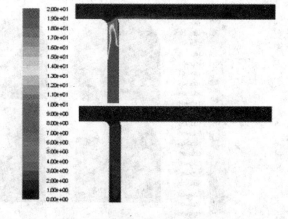

图 6-55　穿脉进尺 20m 爆破后 30min 时 CO 浓度分布云图
（上为无局扇通风，下为有局扇通风）

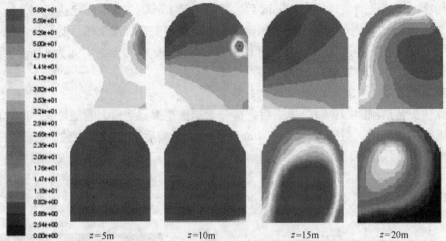

图 6-56 爆破后 10min 时独头巷道各截面 CO 浓度分布云图

（上为有局扇通风，下为无局扇通风）

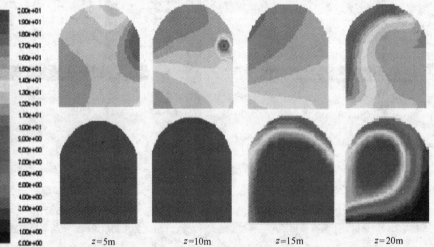

图 6-57 爆破后 20min 时独头巷道各截面 CO 浓度分布云图

（上为有局扇通风，下为无局扇通风）

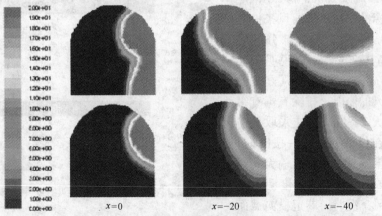

图 6-58 爆破后 10min 时水平运输大巷各截面 CO 浓度分布云图

（上为有局扇通风，下为无局扇通风）

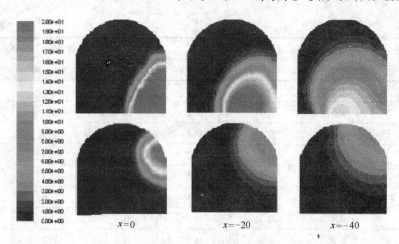

图 6-59 爆破后 15min 时水平运输大巷各截面 CO 浓度分布云图
（上为有局扇通风，下为无局扇通风）

由图 6-56~图 6-59 可知，有局扇和无局扇通风时炮烟排除过程的特点完全不同。穿脉独头掘进 20m，采用局扇通风排除炮烟 10min 时，从掌子面到独头巷道与水平运输大巷交叉口处的 CO 气体浓度分布特征为风筒口到巷道交叉口区域的 CO 浓度高于其他任何地方。

爆破后各时刻水平运输大巷交叉口及距离交叉口 20m、40m 巷道截面的平均 CO 浓度模拟计算值见表 6-5。

表 6-5　各时刻水平运输大巷三截面 CO 气体浓度模拟计算值 　　　　（mg/m³）

| 爆破后通风时间/min | 无局扇通风时 CO 浓度 | | | 有局扇通风时 CO 浓度 | | |
|---|---|---|---|---|---|---|
| | $x = 0$ | $x = -20$ | $x = -40$ | $x = 0$ | $x = -20$ | $x = -40$ |
| 1 | 1514.2 | 1648.9 | 1395.8 | 834.3 | 1376.7 | 1664.3 |
| 2 | 177.1 | 217.0 | 225.6 | 194.5 | 97.9 | 271.5 |
| 3 | 78.7 | 74.4 | 95.8 | 117.0 | 105.6 | 112.9 |
| 4 | 46.9 | 41.1 | 48.9 | 80.5 | 69.6 | 76.3 |
| 5 | 27.8 | 24.6 | 28.9 | 80.5 | 69.6 | 76.3 |
| 6 | 16.9 | 14.4 | 16.2 | 51.7 | 42.7 | 45.6 |
| 7 | 12.1 | 9.6 | 10.3 | 42.1 | 34.1 | 36.2 |
| 8 | 9.0 | 7.0 | 7.4 | 34.1 | 27.3 | 28.9 |
| 9 | 6.9 | 5.2 | 5.4 | 27.8 | 21.8 | 22.9 |
| 10 | 5.9 | 4.2 | 4.1 | 24.2 | 17.0 | 17.8 |
| 11 | 5.1 | 3.6 | 3.5 | 17.9 | 12.5 | 14.3 |
| 12 | 4.4 | 3.2 | 3.1 | 13.5 | 9.9 | 9.8 |
| 13 | 3.7 | 2.7 | 2.7 | 10.6 | 7.7 | 8.0 |
| 14 | 2.9 | 2.3 | 2.3 | 8.3 | 6.0 | 6.3 |
| 15 | 2.2 | 1.8 | 1.8 | 6.7 | 4.7 | 4.9 |
| 16 | 1.8 | 1.4 | 1.4 | 5.0 | 3.7 | 3.9 |
| 17 | 1.5 | 1.1 | 1.1 | 3.9 | 2.9 | 3.0 |
| 18 | 1.3 | 0.9 | 0.9 | 3.1 | 2.3 | 2.4 |
| 19 | 1.3 | 0.9 | 0.8 | 2.4 | 1.8 | 1.8 |

| 爆破后通风时间/min | 无局扇通风时 CO 浓度 | | | 有局扇通风时 CO 浓度 | | |
|---|---|---|---|---|---|---|
| | $x = 0$ | $x = -20$ | $x = -40$ | $x = 0$ | $x = -20$ | $x = -40$ |
| 20 | 1.2 | 0.9 | 0.8 | 1.9 | 1.4 | 1.4 |
| 21 | 1.5 | 1.1 | 1.1 | 1.1 | 0.8 | 0.8 |
| 22 | 1.2 | 0.8 | 0.9 | 1.1 | 0.8 | 0.7 |
| 23 | 0.9 | 0.7 | 0.7 | 1.0 | 0.7 | 0.7 |
| 24 | 0.7 | 0.5 | 0.5 | 0.9 | 0.7 | 0.6 |
| 25 | 0.6 | 0.4 | 0.4 | 0.9 | 0.6 | 0.6 |
| 26 | 0.4 | 0.3 | 0.3 | 0.8 | 0.6 | 0.5 |
| 27 | 0.3 | 0.2 | 0.3 | 0.8 | 0.5 | 0.5 |
| 28 | 0.3 | 0.2 | 0.2 | 0.7 | 0.5 | 0.5 |
| 29 | 0.3 | 0.2 | 0.2 | 0.7 | 0.5 | 0.4 |
| 30 | 0.2 | 0.1 | 0.1 | 0.7 | 0.5 | 0.4 |

结果表明水平运输大巷 CO 气体浓度在爆破后前 2～3min 衰减迅速。在水平运输大巷与穿脉独头巷道交叉口处的截面上，无局扇通风情况下，爆破 3min 后，CO 气体浓度从初始浓度降至 78.7mg/m$^3$；通风 6min 后，水平运输大巷空间各点的浓度降至 20mg/m$^3$ 以下。有局扇通风时，通风 10min 后水平运输大巷 CO 气体平均浓度降至 20mg/m$^3$ 以下。不论是否采用局扇通风，爆破后 3min 内的水平运输大巷 CO 气体浓度衰减情况大致相同。掌子面爆破后，炮烟被迅速抛掷到独头巷道空间。实际上，由于炮烟抛掷带大于穿脉进尺长度 20m，部分炮烟直接被抛掷到水平运输大巷，经过 2～3min 的紊流扩散作用，抛掷到水平运输大巷的炮烟排除至回风巷道。爆破后 4～30min 内，巷道交叉口处的 CO 平均浓度变化如图 6 – 60 和图 6 – 61 所示。在巷道交叉口处爆破后 22min 内，有局扇通风时 CO 浓度始终高于无局扇通风时，是由于局扇压入到独头巷道的新风不断将炮烟排向巷道出口，由巷道交叉口进入水平运输大巷的 CO 质量流率高于独头巷道没有局扇通风的情况。

### 6.7.3.4 风筒口到掌子面的距离对炮烟扩散的影响

独头巷道工作面局扇风筒口随着爆破进尺到掌子面的距离越来越远，一般架设风筒时将风筒口布置在距离掌子面 10m 以内，2762m 水平一次爆破进尺 2.5m。因此，架设完风筒后进行的三次爆破过程中，风筒口到掌子面距离分别为 12.5m、15m、17.5m，以下重点研究各个爆破进尺后炮烟中 CO 气体扩散的一般规律。气体的扩散与巷道的风流特征有必然联系，三个爆破进尺后工作面的风流结构如图 6 – 62 所示（参见书末彩图）。

图 6 – 62 所示数值计算结果表明，风筒出口距工作面迎头的距离为 12.5m、15m 时，独头巷道形成一个涡流区；而该距离为 17.5m 时，产生的涡流区域有两个，射流不能到达迎头，在巷道迎头形成涡流区，而且涡流区的流动方向与射流区的流动方向相反，与文献实验观察的流动方向一致；另一涡流区出现在有效射程区域。理想的排烟风流为新鲜风携带有毒有害气体向同一方向运移，而迎头涡流的产生不利于炮烟的排除。图 6 – 63 为风筒口距离掌子面不同距离条件下，爆破后 22min 时巷道横向截面 CO 气体浓度分布云图。

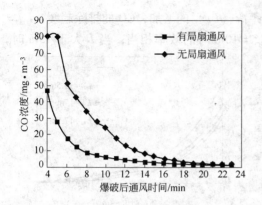

图 6-60 水平运输大巷交叉口截面平均浓度随
时间变化图（Ⅰ）

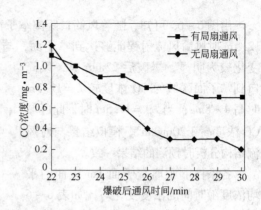

图 6-61 水平运输大巷交叉口截面平均浓度随
时间变化图（Ⅱ）

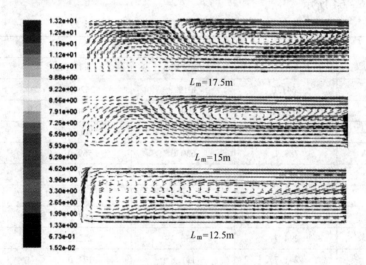

图 6-62 独头巷道风流结构图

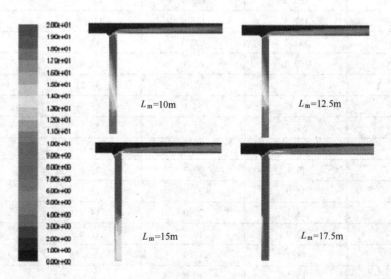

图 6-63 爆破 22min 后 $y=1.6$ 截面 CO 浓度分布云图（$L_m$为风筒口到掌子面距离）

由图 6-63 可知，随着风筒口距离掌子面距离（$L_m$）的增加，CO 的排除趋缓，$L_m =$ 12.5m 时风筒风流射程能够达到掌子面，与 $L_m = 10m$ 时的效率相当；当 $L$ 大于 15m 时，变化较为明显，爆破后 22min 时，风筒口到掌子面区域的 CO 浓度较 $L = 12.5m$ 时高 4~8mg；当 $L_m = 17.5m$ 时，此区域 CO 浓度高于 20mg/m³。模拟结果与对风流结构分析时预测的结果一致。

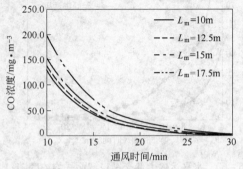

图 6-64 CO 浓度随时间衰减特征图

各条件下距离掌子面 1m 截面的平均浓度随时间的浓度变化对比如表 6-6 所示。四种情况下，距掌子面 1m 截面的 CO 浓度在连续通风条件下随时间的衰减特征如图 6-64 所示。

表 6-6 各时刻到掌子面 1m 截面平均浓度表 （mg/m³）

| 通风时间/min | CO 浓度 | | | |
| --- | --- | --- | --- | --- |
| | $L_m = 17.5m$ | $L_m = 15m$ | $L_m = 12.5m$ | $L_m = 10m$ |
| 1 | 3641.0 | 3019.8 | 2629.0 | 2568.9 |
| 2 | 1703.1 | 1368.3 | 1240.7 | 1205.8 |
| 3 | 1130.5 | 901.7 | 806.3 | 774.4 |
| 4 | 789.1 | 630.0 | 569.0 | 549.8 |
| 5 | 575.1 | 454.0 | 407.7 | 391.8 |
| 6 | 436.7 | 356.8 | 325.0 | 308.1 |
| 7 | 359.1 | 290.7 | 263.0 | 248.8 |
| 8 | 294.7 | 236.3 | 212.2 | 200.3 |
| 9 | 241.7 | 191.8 | 171.0 | 160.9 |
| 10 | 198.2 | 155.7 | 137.6 | 129.1 |
| 11 | 162.5 | 126.3 | 110.7 | 103.4 |
| 12 | 133.2 | 102.3 | 88.9 | 82.8 |
| 13 | 109.1 | 82.8 | 71.4 | 66.1 |
| 14 | 89.3 | 67.0 | 57.2 | 52.8 |
| 15 | 73.0 | 54.1 | 45.8 | 42.8 |
| 16 | 59.7 | 43.7 | 37.1 | 35.0 |
| 17 | 48.8 | 36.0 | 29.0 | 27.5 |
| 18 | 40.1 | 30.2 | 23.4 | 21.7 |
| 19 | 34.0 | 24.8 | 18.7 | 17.7 |
| 20 | 28.1 | 20.0 | 14.9 | 14.2 |
| 21 | 22.9 | 16.1 | 11.8 | 11.4 |
| 22 | 18.7 | 12.9 | 9.4 | 9.0 |
| 23 | 15.2 | 10.4 | 7.5 | 7.2 |

| 通风时间/min | CO 浓度 | | | |
|---|---|---|---|---|
| | $L_m = 17.5m$ | $L_m = 15m$ | $L_m = 12.5m$ | $L_m = 10m$ |
| 24 | 12.4 | 8.4 | 6.0 | 5.7 |
| 25 | 10.1 | 6.7 | 4.8 | 4.6 |
| 26 | 8.3 | 5.4 | 3.8 | 3.7 |
| 27 | 6.7 | 4.4 | 3.0 | 2.9 |
| 28 | 5.5 | 3.5 | 2.4 | 2.3 |
| 29 | 4.5 | 2.8 | 1.9 | 1.9 |
| 30 | 3.6 | 2.3 | 1.5 | 1.5 |

CO 浓度的衰减总体特征近似，CO 浓度与通风时间的关系接近指数曲线，通风始末该截面 CO 平均浓度在 $L = 17.5m$ 情况时最高，各时刻的浓度值平均为 $L = 10m$ 工况下的 1.8 倍。可见，风筒口到掌子面的距离对 CO 气体排除的影响较大。

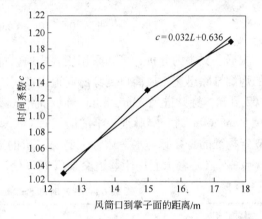

图 6-65 各种工况条件下通风所需时间图

设巷道空间内任一点的浓度低于 $20mg/m^3$ 时为炮烟排除任务结束，则根据数值模拟的浓度场数据，计算 $L > 10m$ 时通风所需时间与 $L = 10m$ 时通风所需时间的比值 $c$。将 $c$ 定义为通风时间系数，$c$ 与 $L$ 的函数关系如图 6-65 所示。

随着风筒口距离掌子面越远，通风时间系数 $c$ 变大，$c$ 与 $L$ 的线性关系为：

$$c = 0.032L + 0.636 \quad 10m \leqslant L \leqslant 17.5m \tag{6-40}$$

#### 6.7.3.5 不同穿脉长度条件下的炮烟扩散特征

随着独头巷道的不断向前掘进，掌子面爆破后炮烟从抛掷带排除到回风巷的行程越远，所需通风时间越长。掌子面爆破 25min 后，距底板 1.6m 截面 CO 气体浓度分布云图如图 6-66 和图 6-67 所示。

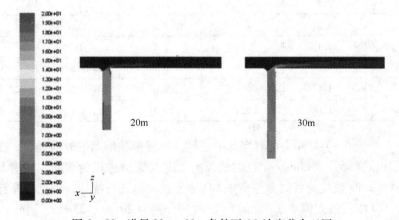

图 6-66 进尺 20m、30m 条件下 CO 浓度分布云图

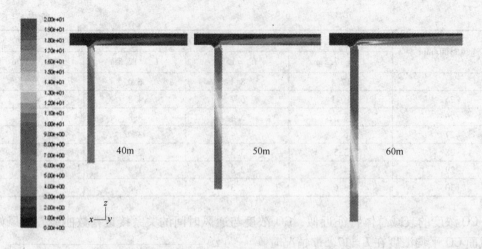

图 6-67 进尺 40m、50m、60m 条件下 CO 浓度分布云图

根据上文中的分析,可知采用压入式通风排除炮烟的特点是:风筒口到掌子面之间区域的炮烟排除迅速,风筒口到穿脉巷道出口间区域中炮烟扩散过程缓慢。由图 6-66 和图 6-67 可知,穿脉进尺 20m、30m、40m 时,爆破后 25min 内 CO 浓度可降至 $20mg/m^3$;而进尺 50m、60m 时,穿脉近一半的区域 CO 浓度超出规定的标准。巷道中 CO 浓度最后达到规定标准的是穿脉与水平运输大巷交叉口的区域。各时刻模型 $z=20$(巷道交叉口处)及 $x=-20$(运输大巷中距巷道交叉口 20m 处)截面的 CO 平均浓度值如表 6-7 所示。

表 6-7 各时刻 $z=20m$ 截面平均浓度表 （$mg/m^3$）

| 爆破后通风时间/min | CO 浓度 | | | | |
|---|---|---|---|---|---|
| | 穿脉 20m | 穿脉 30m | 穿脉 40m | 穿脉 50m | 穿脉 60m |
| 20 | 13.3 | 25.7 | 33.1 | 73.6 | 102.8 |
| 21 | 10.4 | 20.5 | 25.9 | 64.5 | 104.7 |
| 22 | 8.1 | 16.3 | 20.9 | 51.3 | 84.0 |
| 23 | 6.3 | 12.9 | 16.9 | 40.7 | 67.4 |
| 24 | 5.0 | 10.2 | 13.7 | 28.9 | 52.1 |
| 25 | 3.9 | 8.0 | 11.1 | 21.5 | 37.6 |
| 26 | 3.0 | 6.3 | 8.9 | 15.4 | 24.9 |
| 27 | 2.4 | 5.0 | 7.1 | 11.3 | 18.6 |
| 28 | 1.9 | 3.9 | 5.7 | 8.5 | 15.3 |
| 29 | 1.4 | 3.1 | 4.6 | 7.2 | 12.5 |
| 30 | 1.1 | 2.4 | 3.7 | 6.1 | 10.1 |

由表 6-6 和表 6-7 可知,随着穿脉的延伸,所需排除炮烟的时间延长。在巷道交叉口处,CO 平均浓度降低至 $20mg/m^3$ 耗时最长的工况是穿脉进尺为 60m。利用 FLUENT 软件中 Surface Integrals 模块对各时刻巷道中 CO 浓度最大值进行统计,得到:穿脉进尺 20~60m 工况下,CO 浓度最大值小于 $20mg/m^3$ 的时间分别为 20min、23min、24min、26min 和 28.5min。通风时间与穿脉进尺长度线性相关,如图 6-68 所示。

穿脉进尺长度与排除炮烟所需时间线性关系表示为：

$$t = 0.2x + 16.3 \quad 20m \leqslant x \leqslant 60m \tag{6-41}$$

当风筒口距离掌子面 10m，穿脉掘进过程中的各进尺长度下排除炮烟所需的时间可由式（6-41）估计。

前面已讨论通风时间系数 $c$ 与风筒口到掌子面距离的关系，结合式（6-41），可得到穿脉巷道在掘进过程中排烟所需的通风时间：

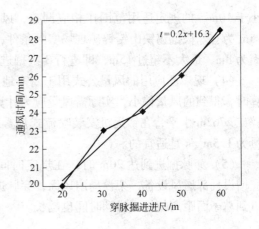

图 6-68　穿脉进尺与炮烟排除时间的关系图

$$\begin{cases} t = (0.2x + 16.3)c & 20m \leqslant x \leqslant 60m \\ c = 0.032l + 0.636 & 10m < l \leqslant 17.5m \end{cases} \tag{6-42}$$

式（6-42）可应用于计算风筒口在各个位置时，各穿脉巷道进尺长度下爆破所需通风时间。例如，当穿脉进尺 60m，风筒口到掌子面距离为 10m 时，由式（6-42）得所需通风时间为 27.6min，与数值模拟中得到的结果（28.5min）相差小于 4%。不同矿山应用此公式指导巷道掘进时，可在现场进行监测后与该式计算结果进行比较，对式（6-42）作相应修正，以指导矿山技术人员掌握通风时间规律，为井下通风管理规程的制订提供依据。

## 6.8　本章研究结论

以锡铁山铅锌矿 2762m 水平为研究对象，通过测定巷道各点有毒有害气体浓度，分析有毒有害气体在空间上的分布规律。对铲运机工作时尾气在独头巷道中扩散过程进行了数值模拟分析，对比了风筒口距离掌子面 10m、15m、20m 条件下的巷道风流结构及尾气分布特征，讨论了铲运机尾气控制的两种方式。对穿脉独头巷道爆破后有毒有害气体扩散过程进行了模拟，模拟工况包括不同穿脉进尺长度、不同通风方式、风筒口距离掌子面不同距离、不同风量条件。通过分析研究得出了以下主要结论：

（1）在风量为 $1.7m^3/s$ 的独头巷道通风条件下，铲运机进行铲装作业 3min 后，距离掌子面 25m 内的巷道空间约一半区域尾气浓度超标；模拟条件中风量为 $2.8m^3/s$ 时，有毒有害气体浓度符合标准规定；对采用喷流式烟雾稀释器后尾气的扩散过程的模拟结果表明，该方法控制尾气的效果优于采用增大风量的措施。

（2）独头巷道铲运机尾气扩散特点与风筒口布置位置有密切关系，风筒口距离掌子面越近，涡流区域越小；反之，涡流区域大造成尾气的积聚范围广，并随着距离的增加，尾气积聚的中心区域向巷道中下部偏移。风筒口到掌子面距离为 10m 时，尾气在巷道底部积聚；距离为 20m 时，尾气在巷道底部积聚；距离为 15m 时，尾气积聚区域接近人呼吸高度的巷道中部。

（3）在当前普遍采用大直径、低漏风系数的风筒以及高效率局扇的通风条件下，可对国标《金属非金属矿山安全规程》（GB 16423—2006）中关于"风筒口到掌子面距离不小于 10m" 的规定适用范围作相应调整，风筒口到掌子面的距离可适当增大，以不超过 15m 为宜。根据锡铁山铅锌矿现场实际条件，建议掘进爆破前风筒口到掌子面最适宜的距离为 8m，最大不超过 15m，即进行 3 次掘进爆破循环后，应及时架接风筒。

（4）现广泛应用的风量公式用于高寒地区矿山井下独头巷道排除炮烟所需风量的计算时，得到的风量偏小，实际需风量应为计算的风量与增大系数 $k$ 的乘积。对于锡铁山铅锌矿 2762m 水平，在铲运机安装喷流式烟雾稀释器条件下，风量增大系数 $k$ 取 1.25，风量为 1.5m³/s 是适宜的。

（5）穿脉掘进到达 20m 时，在规定时间内，采用扩散通风方式才能完全排除炮烟，应增设局部通风设备，架设局扇风筒；穿脉进尺长度越长，所需排烟通风时间越长；风筒口到掌子面距离越长，排烟时间也越长。

# 7  高寒地区矿井粉尘治理研究

## 7.1  研究方法及技术路线

锡铁山铅锌矿空气干燥，矿山地下水不足，井下回采过程的凿岩、爆破、出矿和运输等各个环节中都易出现大量粉尘，需分别讨论并分析各环节中粉尘产生的原因，并提出治理方案。以理论研究为基础，实验研究为手段，通过测定润湿后的粉尘含水率优选润湿剂，并测定粉尘在表面活性剂溶液中的沉降时间优选表面活性剂，然后按一定比例不同质量分数复配润湿型化学抑尘剂，综合分析测定结果及其规律，进一步探索降尘机理。主要有以下几个方面的研究内容：

(1) 粉尘浓度及分散度的现场测试及数据分析。

(2) 矿井二次扬尘及沉降速率研究。

(3) 化学抑尘剂的实验研究。

(4) 粉尘治理研究。

## 7.2  粉尘的性质及危害

粉尘是悬浮在气体中的固体粒子，是由于固体物质在破碎、研磨、爆破、凿岩之类的机械过程中分裂而成的。矿山粉尘是矿山生产过程中所产生的矿石与岩石的微细颗粒，可分为浮尘和积尘。根据粉尘在人的呼吸系统中沉降的位置，可将粉尘分为：呼吸性粉尘——能被吸入沉降于肺泡中的粉尘；非呼吸性粉尘——能沉降于上呼吸道的粉尘。

### 7.2.1  粉尘的性质

(1) 粉尘的化学成分。粉尘的化学成分及含量直接决定着对人体的危害程度。粉尘中所含的游离二氧化硅的含量越高，则引起硅肺病变的程度越重，病情发展的速度越快，所以危害也越大。

(2) 粉尘的分散度。粉尘的粒径分布称为粉尘的分散度。对球形粒子而言，粉尘的粒径是指它的直径。实际尘粒的形状大多是不规则的，只能用以某代表性的数值作为粉尘的粒径。粉尘的分散度不同，其存在的形态及对人体健康的危害程度也有所不同。分散度与粉尘在呼吸道中的阻留有关。一般情况下，$10\mu m$ 以上的尘粒，在上呼吸道沿途被阻留；$5\mu m$ 以下的尘粒，可到达肺泡。硅肺尸检发现，肺组织中多数是 $5\mu m$ 以下的尘粒，也有极个别的尘粒大于 $5\mu m$。粒径在 $0.5\mu m$ 以下的粉尘，因质量极小，在空气中随空气分子运动，可随呼出气流排出。

(3) 粉尘的溶解度。粉尘的溶解度大小与其对人体的危害程度的关系因粉尘性质的不同而异。毒性粉尘，随着溶解度的增加，有害作用也相应加强；对人体呼吸系统主要起机械性刺激作用的粉尘，尘粒溶解得越迅速、越安全，则危害性越小。

（4）粉尘的荷电性。生产性粉尘所带电荷的来源有：在粉碎过程中形成；在运动中粉尘间互相摩擦而产生，吸附了空气中的离子而带电；由其他带电表面直接接触而得到。粉尘离子的荷电量取决于尘粒的大小和质量，同时受温度和湿度的影响，温度升高，则电荷量增高；湿度增加时，荷电量降低。

（5）粉尘的浸润性。液体对粉尘粒子的浸润是粉尘颗粒原有的固-气界面被固-液界面所代替的现象。浸润发生的主要原因是由于粉尘颗粒物质晶体的表面呈原子键或离子键，它们对水分子的引力大于水分子之间的引力。液体对粉尘粒子的浸润程度主要取决于浸润的力学特性，即表面张力、粉尘粒子表面晶体结构及表面清洁度等因素。液体表面张力小的、粒子表面呈原子键或离子键的以及表面清洁度好的，其浸润性就好。

## 7.2.2 粉尘的危害

粉尘的危害是多方面的，其中包括对人体的危害、造成大气环境的污染、影响产品质量、加速机械部件的磨损。有些易燃易爆的粉尘除会造成经济上的一般损失外，可能会引起爆炸事故的发生，不利于安全生产。

粉尘对人体的危害是不可小视的。粉尘是指能够较长时间飘浮在空气中的固体微粒。在生产过程中形成的粉尘叫做生产性粉尘。生产性粉尘通过呼吸进入人体，吸入生产性粉尘对身体会造成一定的危害。吸入生产性粉尘的人容易患慢性鼻炎、咽炎、支气管炎，长期吸入大量重金属粉尘还可引起职业中毒或呼吸道肿瘤，最严重的可引起肺组织纤维性病变——尘肺。

粉尘对大气的污染也十分严重。目前中国能源构成中煤炭占70%以上，石油及天然气占25%，而能量利用率在30%以下，加上民用炉灶及采暖锅炉效率低，燃烧点分散，更加重了大气污染。

粉尘对生产的影响主要是降低产品的质量和机器工作精度。有些工厂车间经常由于对生产环境的粉尘控制不严格而受到损失。粉尘还使光照度和能见度降低，影响室内作业的视野。有些粉尘还会对建筑物表面造成物理的及化学的侵蚀和破坏。

分散在空气中的某些粉尘同时具备氧气和高温条件，可燃粉尘在一定的条件下就会燃烧、爆炸。爆炸在瞬间发生，伴随高温、高压、热空气膨胀形成的冲击波具有很强的破坏性。

在矿山生产过程中，矿尘危害人体健康主要表现在以下几个方面：有毒矿尘（如铅、锰、砷、汞等）进入人体能使血液中毒；长期吸入含游离二氧化硅的矿尘或煤尘、石棉尘，能引起职业性的尘肺病；某些矿尘（如放射性气溶胶、砷、石棉等）具有致癌作用，是构成矿工肺癌的主要原因之一；矿尘落于人的潮湿皮肤上与五官接触，有刺激作用，能引起皮肤、呼吸道、眼睛、消化道等炎症。尘肺病为长期吸入大量二氧化硅与其他粉尘所致，粉尘长期滞留在细支气管与肺泡内，即使病人脱离粉尘作业场所后，病变也会继续发展。尘肺病人由于长期接触生产性粉尘，使呼吸系统的防御机能受到损害，抵抗力明显降低，常发生多种不同的并发症，如呼吸系统感染，主要是肺内感染，这是尘肺病人常见的并发症。特别是接触粉尘作业的工人，比一般人群易患肺结核。截至2005年，中国的尘肺累积病例60多万例，其中来自矿山行业的病人接近50%，仅矿山工人就有14万人死于尘肺病，每年尘肺病造成的直接经济损失高达200亿元。这还只是国有大型矿山的统计数据，不包括地方矿和乡镇矿。地方矿和乡镇矿的尘肺病发生率要远远高于国有大型矿山。

各种金属矿山的开采、煤矿的掘进和采煤以及其他非金属矿山的开采，是产生尘肺的主要作业环境，主要作业工序包括凿岩、爆破、支护、运输。

## 7.3 粉尘基本性质分析

### 7.3.1 粉尘的含水率

粉尘中一般含有一定的水分，它包括附着在颗粒表面上的和处于细孔中的自由水分，以及紧密结合在颗粒内部的结合水分。化学结合的水分如结晶水等是作为颗粒的组成部分，不能用干燥的方法除去，否则将破坏物质本身的分子结构，因而不属于水分的范围。干燥作业时可以去除自由水和一部分结合水，其余部分作为平衡水分残留，其数量随干燥条件而变化。粉尘中的水分含量一般用含水率 $W$ 表示，是指粉尘中所含水分质量与粉尘总质量之比。粉尘含水率的大小，会影响到粉尘的其他物理特性，如导电性、黏附性、流动性等。含水率计算公式为：

$$W = \frac{W_1 - W_2}{W_1} \times 100\% \qquad (7-1)$$

式中，$W_1$、$W_2$ 分别为粉尘的原重和干重。

选用矿井尾砂作为实验物料，经过 100 目的标准筛筛分取用筛下小于 0.150mm 的尾砂。取一定量筛分后的粉尘装入玻璃皿中，然后放入电子天平称量，称量结果 $W_1 = 35.000g$，记录数据。接着把称重后的粉尘放入 105℃ 的烘箱中烘 2~3h，取出称重，称量结果 $W_2 = 34.989g$。可得粉尘含水率 $W = 0.03\%$。

### 7.3.2 粉尘的自由沉降规律

粉尘在下落过程中受到重力、浮力和空气阻力的作用，当重力大于浮力时，尘粒沉降下落。尘粒在静止空气中从静止或某一速度开始沉降，沉降过程尘粒的速度不断变化，阻力也随之变化。当阻力、浮力和重力平衡时，尘粒以恒定的速度沉降，此速度称为最终沉降速度。视尘粒为球形，则尘粒的运动方程为：

$$m_p \frac{d\boldsymbol{u}}{dt} = \boldsymbol{F}_d + \boldsymbol{F}_f + \boldsymbol{F}_g \qquad (7-2)$$

式中　$m_p$——球形尘粒质量，$m_p = \frac{\pi}{6} d_p^3 \rho_p$，mg；

$\quad u$——尘粒的沉降速度，m/s；

$\quad \boldsymbol{F}_d$——尘粒运动过程受到的阻力，$F_d = C_d \frac{\pi}{4} d_p^2 \frac{\rho u^2}{2} = 3\pi\mu d_p u$；

$\quad \boldsymbol{F}_f$，$\boldsymbol{F}_g$——分别为尘粒受到的重力和浮力，$F_g = \frac{\pi}{6} d_p^3 \rho_p g$，$F_f = \frac{\pi}{6} d_p^3 \rho g$；

$\quad \rho_p$，$\rho$——尘粒密度和空气密度，kg/m³；

$\quad d_p$——粒径，m；

$\quad C_d$——阻力系数，尘粒在静止空气中运动属于层流区运动，服从斯托克斯阻力定律，$C_d = \dfrac{24}{R_g} = \dfrac{24\mu}{d_p u}$，$\mu$ 表示空气黏性系数，kg/（m·s）。

以重力方向为正方向，则式（7-2）可变为：

$$\frac{du}{dt} = \left(1 - \frac{\rho}{\rho_p}\right)g - \frac{\mu}{\tau} \qquad (7-3)$$

式中，$\tau = \dfrac{d_p^2 \rho_p}{18\mu_g}$，表示张弛时间。

当尘粒受力平衡时，加速度为零，尘粒的沉降速度达到最大值，并且是恒定值，开始做等速沉降运动，此时 $\dfrac{du}{dt} = 0$，则由式（7-3）可得层流运动时最终沉降速度为：

$$u_{pt} = \frac{(\rho_p - \rho)g}{18\mu} d_p^2 \qquad (7-4)$$

式中 $u_{pt}$——粉尘最终沉降速度，m/s。

解式（7-4），得粉尘达到最终沉降速度以前的运动速度为：

$$u = \left[1 - \left(1 - \frac{u_0}{u_{pt}}\right)e^{\frac{t}{\tau}}\right]u_{pt} \qquad (7-5)$$

式中 $u_0$——尘粒的初速度，m/s。

当尘粒从静止开始沉降时，初速度为零，简化式（7-5），得：

$$u = u_{pt}\left(1 - e^{-\frac{t}{\tau}}\right) \qquad (7-6)$$

尘粒的加速运动过程沉降的距离为：

$$z_a = \int u dt = u_{pt}\left[t - \tau\left(1 - e^{-\frac{t}{\tau}}\right)\right] \qquad (7-7)$$

尘粒的匀速运动距离为：

$$z_p = \int u_{pt} dt = \frac{(\rho_p - \rho)g d_{pt}^2}{18\mu} t \qquad (7-8)$$

由式（7-8）可知粉尘从 $H$ 距离高度沉降时间为：

$$t = \frac{H}{u_{pt}} = \frac{18\mu H}{(\rho_g - \rho)g d_{pt}^2} \qquad (7-9)$$

由以上推导得出结论：

（1）当 $u = 0.99 u_{pt}$ 时，可认为已经完成加速运动沉降过程，此时，$t = 4.6\tau$，加速运动距离 $z = 3.6 u_{pt}$。不同粒径粉尘的加速运动时间和距离如表 7-1 所示，在极短时间内细微粉尘可达到终极沉降速度，而且经历的路程非常短暂，因此可忽略加速运动的过程。

表 7-1  不同粒径粉尘的沉降运动情况

| 粒径/μm | 100 | 50 | 10 | 5 | 1 |
|---|---|---|---|---|---|
| 加速沉降时间/s | 0.34 | 0.1 | 0.0034 | 0.001 | 0.000034 |
| 加速沉降距离/mm | 23 | 14.24 | 0.23 | 0.14 | 0.0023 |

（2）尘粒直径越小，达到终极速度所需的时间越短，其运动状态越易改变。

（3）常温状态，标准大气压条件下，硅尘（球形、密度为 $2.630 \times 10^3 \, \text{kg/m}^3$）的沉降速度和匀速沉降 1m 所需时间见表 7-2。粉尘颗粒越大沉降越快，大的颗粒经几秒钟便可沉降，而微细粉尘则可长时间悬浮在空气中。

表 7 – 2　不同粒径粉尘所需的沉降时间

| 粒径/μm | 沉降速度/m·s$^{-1}$ | 匀速沉降 1m 所需时间/s |
|---|---|---|
| 0.5 | $1.97 \times 10^{-5}$ | 50761（14.1h） |
| 1 | $7.86 \times 10^{-5}$ | 12700（3.5h） |
| 1.5 | $1.77 \times 10^{-4}$ | 5650（94min） |
| 3.5 | $9.64 \times 10^{-4}$ | 1037 |
| 7.5 | $4.43 \times 10^{-3}$ | 226 |
| 10 | $7.86 \times 10^{-3}$ | 127 |
| 20 | $3.14 \times 10^{-2}$ | 31.85 |
| 100 | 0.786 | 1.27 |

## 7.4　粉尘分散度的测试与分析

粉尘的粒度是代表粉尘颗粒大小的尺寸，一般用尘粒的直径或其投影的定向长度来表示。粉尘分散度是指粉尘整体组成中各种粒度的尘粒所占的百分比，也称为粒度分布。分散度有重量百分比和数量百分比两种表示方法：重量百分比是以各粒级尘粒的重量占总重量的百分数表示，又称为重量分散度；数量百分比是以各粒级尘粒的颗粒数占总颗粒数的百分数表示，又称为数量分散度。

### 7.4.1　粉尘分散度的分级

在我国，粉尘分散度按数量百分比定为四个计量范围。

（1）粗尘：粒度大于 10μm 的粉尘为粗尘，是一般筛分的最小粒径，极易沉降；

（2）细尘：粒度为 5 ~ 10μm，在明亮的光线下，肉眼可以看到，在静止空气中呈加速沉降；

（3）微尘：粒度为 2 ~ 5μm，用普通显微镜可以观察到，在静止空气中呈等速沉降；

（4）超微粉尘：粒径小于 2μm 的粉尘，要用超倍显微镜才能观察到，能长时间悬浮于空气中，并能随空气分子做布朗运动。

在粉尘分散度的四级组成中，小颗粒占的百分数大，即分散度高，它对人体的危害性也大。人在正常呼吸时，粒径较大的粉尘容易被阻留在呼吸道，而小于 5μm 的粉尘有80% ~ 90% 能够随人的呼吸到达肺泡，对肺部的危害很大。所以把 5μm 以下的粉尘称做呼吸性粉尘。这部分粉尘是引起职业病的主要原因，是研究的重点。

### 7.4.2　粉尘分散度的测试方法

粉尘分散度的测定方法有显微镜观测法、沉降分级法和粒谱仪直读法。目前我国常用前两种测定方法。

#### 7.4.2.1　数量分散度测定

数量分散度是指某粒级的粉尘颗粒数占粉尘总颗粒数的百分比。其计算方法如下：

$$P_{n_i} = \frac{n_i}{\sum n_i} \times 100\% \qquad\qquad (7-10)$$

式中  $P_{n_i}$——某粒级尘粒的数量百分比,%;

   $n_i$——某粒级尘粒的颗粒数。

在现代技术条件下,粉尘粒子数量分散度可以直接通过光电粒子计数器、粒谱仪等仪器测定。我国目前的常规方法是用显微镜观察,此法按样品制作原理可分为格林式沉降法、滤膜透明法、滤膜涂片法。

(1) 格林式沉降法,将含尘空气采集于金属圆筒中,使矿尘自然沉降于放在底部的玻璃片上。取出玻璃片固定在载物玻璃片上,然后用显微镜观测。此法因矿尘自然沉降需要很长时间,一般不为现场使用。

(2) 滤膜透明法,将采样过的滤膜,受尘面向下平铺于载物玻璃片上,然后往样品的中心部位滴一小滴二甲苯。二甲苯即向滤膜的周边扩散,并使其变成透明的薄膜,经5~10min 后,即可进行显微镜观测。采用此种方法时,滤膜上沉积的粉尘量不宜过多,否则不易观察计数。

(3) 滤膜涂片法,也称滤膜溶解法,目前我国厂矿常用此法。它是根据滤膜可以溶解在有机溶液而矿尘不溶解的原理,将采样后的滤膜放在瓷坩埚中,加入 1~2mL 的醋酸丁酯并用玻璃棒充分搅拌,使滤膜溶解,制成均匀的粉尘混悬液,然后用滴管吸取混悬液,加一滴于载物玻璃片上,用显微镜进行计数观测。

### 7.4.2.2  重量分散度测定

#### A  重量分散度

重量分散度是指某粒级粉尘的重量占粉尘总重量的百分比。按下式计算:

$$P_{W_i} = \frac{W_i}{\sum W_i} \times 100\% \qquad (7-11)$$

式中  $P_{W_i}$——某粒级尘粒的重量百分比,%;

   $W_i$——某粒级尘粒的重量, mg。

必须说明,同一矿尘组成,用不同方法表示的分散度,在数值上相差很大。矿山多用数量分散度,粉尘一般划分为四个粒度区间:小于 $2\mu m$, $2~5\mu m$, $5~10\mu m$, 大于 $10\mu m$。矿山在实行湿式作业情况下,粉尘分散度(数量)大致是小于 $2\mu m$ 占 46.5%~60%;$2~5\mu m$ 占 25.5%~35%;$5~10\mu m$ 占 4%~11.5%;大于 $10\mu m$ 占 2.5%~7%。一般情况下,$5\mu m$ 以下尘粒占90%以上,说明粉尘不仅危害性很大,也难以沉降和捕获。粉尘分散度可用表格或曲线表示。

累计分布曲线可用如下参数表示:

(1) 筛上累计分布 $R$,表示大于某一粒径的粉尘的累计值占矿尘总量的百分数。

(2) 筛下累计分布 $D$,表示小于某一粒径的粉尘的累计值占矿尘总量的百分数。

(3) $R+D=100\%$,且 $R$ 与 $D$ 各为 50% 时的粒径,成为粉尘的中位径。

粉尘的粒径分布是连续的,将累计分布连成曲线即为累计分布曲线。多采用质量累计分布。设粉尘为均质球形,则尘粒质量正比粒径的三次方,依此可换算出各粒径尘粒的等效质量百分比,再计算筛上与筛下累计分布并绘制累计分布曲线。

#### B  测定方法

粉尘重量分散度可通过两种途径测定:一是利用显微镜技术和计算机测定;二是利用

冲击或离心式沉降分级仪器测定。

a  显微镜观察计算

粗略计算粉尘重量分散度，可以直接利用显微镜观察的结果。即将不规则的粉尘粒子简化成规则的球形体，然后取各组成粒度级的体积中间径为单级计算粒径，再用公式（7－12）计算某一分散粒度级粉尘粒子的重量和。

$$P = \frac{4}{3}\pi R^3 \gamma N = \frac{1}{6}\pi D^3 \gamma N \qquad (7-12)$$

式中  $P$——某一粒度级若干尘粒重量和，kg；

$R$——某一粒度级体积中间径的半径，m；

$D$——某一粒度级体积中间径，m；

$\gamma$——单位体积尘粒容重，kg/m$^3$；

$N$——某一粒度级尘粒个数，个。

若要精确计算重量分散度，需根据显微镜观察逐个绘制出粒子立体形状，然后逐个按实际形状计算重量，继而求算出比较真实的重量分散度。

b  粒度分级仪直接测定

目前研制出不少直接测定粉尘粒度分级（重量分散度）的仪器，可大大简化粉尘分散度测定操作程序。这些仪器大部分只适用于地面产尘环境和试验室。用各种方法、各种仪器所测定的粉尘粒度分布，都需要用数学方法计算，找出其所适应的分布规律。目前常用的分布规律有三种：即正态分布、对数正态分布和罗森－拉姆勒分布。

（1）正态分布

正态分布是一种窄分布，它适用于某些特殊的但具有分散性质的或者粒径比较均匀的气溶胶。

（2）对数正态分布

实际上，工业粉尘的粒度分布都是呈偏态的，符合正态分布的情况很少。由于大多数粉尘的粒度分布呈偏态，故不能用正态分布曲线来表示粉尘的粒度分布。如果把正态分布的横坐标作一下变换，用粉尘粒径的对数来代替粉尘粒径，即使用对数正态分布来表示粉尘的粒度分布，很多偏态的曲线，就可以转变为近似的正态概率曲线（对称曲线），正态分布曲线的所有优点都可以得到利用。它一般适用于大气气溶胶和各种生产过程中排放的粉尘。

（3）罗森－拉姆勒分布

罗森－拉姆勒分布（以下简称罗森分布）是威布尔概率分布的一种特殊情况，由于矿山的采矿生产是对矿石和岩石进行凿岩、爆破、装载、破碎、运输，形成粉尘的矿石、岩石一般均为脆性材料，而脆性材料形成的粉尘粒度一般都是呈偏态分布的，而且偏倚系数一般都比较大。虽然可以用对数正态分布来表示偏态的分布，但因不同的粉尘粒度分布的偏倚系数不可能是完全一致的，故对粉尘粒径取对数后，也不可能把各种偏态分布全变成正态曲线，故对数正态分布只能近似用来表示偏态的粒度分布。而罗森－拉姆勒分布中的系数和指数，可根据具体的粉尘通过实验确定，故一般的偏态的粉尘粒度分布，都可以用这种分布曲线表示。

### 7.4.3 分散度测试

#### 7.4.3.1 测试方法选定

测试主要挑选有代表性的地方的粉尘进行测试，分别是凿岩巷道的粉尘、电耙工作面的粉尘、放矿处的粉尘和大巷中不同风速下的粉尘。

试验使用数量测试法测试粉尘的数量分散度。测试使用扫描电镜显微镜对采样的滤膜进行观察，以看清滤膜上的粉尘颗粒为标准。根据滤膜上粉尘的不同情况放大不同的倍数，利用扫描电镜显微镜照下图片，通过对图片上粉尘颗粒的分析，得到粉尘的数量分散度。

扫描电镜可以直接照出每个粉尘颗粒，相片提供了一个长度标度，通过标度可以测量出相片中各个粉尘的粒度大小。根据分散度粒度的分级，把粒度分为：粒度大于 $10\mu m$、粒度 $10 \sim 5\mu m$、$5 \sim 2\mu m$ 和小于 $2\mu m$ 四个范围。统计出每个级别的粒度各有多少，统计出粉尘的分散度。图 7-1 为滤膜分散度测试部分电子显微镜图。

(a)                                    (b)

图 7-1 滤膜分散度测试电子显微镜图

#### 7.4.3.2 测试结果分析

A 凿岩巷道粉尘分散度

（1）14 号滤膜：2942 中段短距离独头凿岩巷道，图 7-2 点 3 处。粉尘中粒度 $5 \sim 2\mu m$ 占 18%，小于 $2\mu m$ 占 82%。

（2）20 号滤膜：2882 中段，穿脉巷道向里凿岩巷道，图 7-3 点 3 处。粉尘中粒度大于 $10\mu m$ 占 4.49%，粒度 $10 \sim 5\mu m$ 占 16.86%，$5 \sim 2\mu m$ 占 56.18%，小于 $2\mu m$ 占 22.47%。

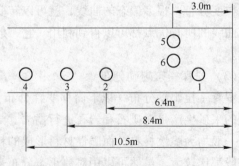

图 7-2 14 号滤膜测试点

越靠近凿岩工作面，大粒度粉尘所占比例越大。在凿岩点处，大于 $10\mu m$ 的粒度能占 7.23% 左右，$10 \sim 5\mu m$ 占 18.59% 左右，$5 \sim 2\mu m$ 占 29.78% 左右，小于 $2\mu m$ 为 44.40% 左右；离凿岩处 $5 \sim 7m$ 的粉尘中粒度

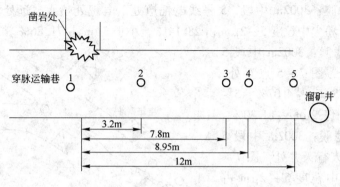

图 7－3　20 号滤膜测试点

大于 10μm 占 4.49%，10～5μm 占 16.86%，5～2μm 占 56.18%，小于 2μm 占 22.47%；离凿岩处 10m 左右的粉尘，粒度 5～2μm 占 18%，小于 2μm 占 82%。凿岩巷道粉尘分散度见表 7－3。

表 7－3　凿岩巷道粉尘分散度 （%）

| 滤膜编号 | 测试地点 | >10μm | 10～5μm | 5～2μm | <2μm |
|---|---|---|---|---|---|
| 14 | 2942m 中段短距离独头凿岩巷道 | 0 | 0 | 18 | 82 |
| 20 | 2882m 中段，穿脉凿岩巷道 | 4.49 | 16.86 | 56.18 | 22.47 |
| 1 | 2882m 中段凿岩巷道 | 7.23 | 18.59 | 29.78 | 44.40 |

**B　电耙道粉尘分散度**

（1）18 号滤膜：3002m 中段，5 号线电耙道处，电耙处喷水，远处风机抽风除尘，图 7－4 点 2 处。粉尘中粒度 5～2μm 占 10.6%，小于 2μm 占 89.4%。

（2）16 号滤膜：3002m 中段 5 线电耙道处，喷水，风机工作中。图 7－4 点 2 处。粉尘中粒度 5～2μm 占 29.94%，小于 2μm 占 70.06%。

（3）7 号滤膜：3002m 中段 5 线电耙道工作面处，喷水，未开风机，图 7－4 点 1 处。粉尘中粒度大于 10μm 占 2.10%，粒度 10～5μm 占 5.59%，5～2μm 占 43.36%，小于 2μm 占 48.95%。

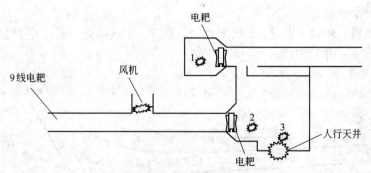

图 7－4　18、16、7 号滤膜测试点

（4）21 号滤膜：3002m 中段，5 号线电耙道处，电耙处喷水，远处风机抽风除尘，图 7－5 点 4 处。粉尘中粒度 5～2μm 占 30%，小于 2μm 占 70%。

（5）25 号滤膜：3002m 中段，5 号线电耙道处，电耙处喷水，远处风机抽风除尘，图 7 - 5 点 6 处。粉尘中粒度 5 ~ 2μm 占 28.14%，小于 2μm 占 71.86%。

（6）24 号滤膜：3002m 中段 5 线电耙道放矿处，图 7 - 5 点 6 处。粉尘中粒度 10 ~ 5μm 占 4.07%，5 ~ 2μm 占 4.63%，小于 2μm 占 81.30%。

（7）23 号滤膜：3002m 中段 5 线电耙道工作面人行天井处，图 7 - 5 点 5 处。粉尘中粒度 5 ~ 2μm 占 26.23%，小于 2μm 占 73.73%。电耙道粉尘分散度见表 7 - 4。

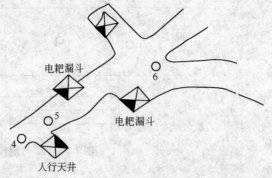

图 7 - 5　21、25、24、23 号滤膜测试点

表 7 - 4　电耙道粉尘分散度　　　　　　　　　　　　　　　（%）

| 滤膜编号 | >10μm | 10 ~ 5μm | 5 ~ 2μm | <2μm |
|---|---|---|---|---|
| 18 | 0 | 0 | 10.60 | 89.40 |
| 16 | 0 | 0 | 29.94 | 70.06 |
| 7 | 2.10 | 5.59 | 43.36 | 48.95 |
| 21 | 0 | 0 | 30 | 70 |
| 25 | 0 | 0 | 28.14 | 71.86 |
| 24 | 0 | 4.07 | 14.63 | 81.30 |
| 23 | 0 | 0 | 26.23 | 73.73 |

电耙道内的除尘设施未开启时，粉尘粒度情况为：大于 10μm 占 2.10%，粒度 10 ~ 5μm 占 5.59%，5 ~ 2μm 占 43.36%，小于 2μm 占 48.95%；除尘设施正常开启时，电耙道的粉尘粒度情况为：5 ~ 2μm 占 29.94%，小于 2μm 占 70.06%。说明电耙道的除尘设施能有效地加快大粒度粉尘的沉降速度，使大粒度的粉尘迅速沉降，达到降尘的目的。人行天井处粉尘粒度情况为：5 ~ 2μm 占 26.23%，小于 2μm 占 73.73%。

C　大巷粉尘分散度

（1）4 号滤膜：3002m 中段，5 线下盘处，图 7 - 6 点 2 处。粉尘中粒度 5 ~ 2μm 占 22.62%，小于 2μm 占 77.38%。

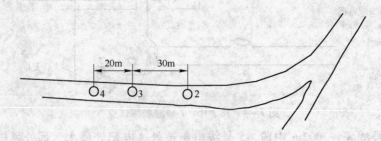

图 7 - 6　4、2 号滤膜测试点

（2）2 号滤膜：3002m 中段，5 线下盘处，图 7 - 6 点 3 处。粒度全部在 2μm 以下，粒度大小为 1μm 左右。

（3）9 号滤膜：3002m 中段，5 线风机处，图 7 - 7 点 1 处。粉尘中粒度 5～2μm 占 5.6%，小于 2μm 占 94.4%。

（4）12 号滤膜：3002m 中段，5 线风机附近，图 7 - 7 点 2 处。粉尘中粒度 5～2μm 占 14%，小于 2μm 占 86%。

（5）11 号滤膜：3002m 中段，5 线风机附近，图 7 - 7 点 1 处。粉尘中粒度 5～2μm 占 24%，小于 2μm 占 76%。

（6）15 号滤膜：3002m 中段，5 线风机附近，图 7 - 7 点 3 处。粉尘中粒度 5～2μm 占 25.24%，小于 2μm 占 74.76%。

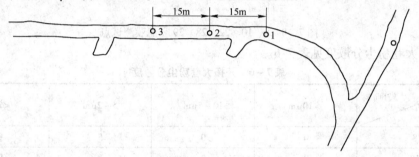

图 7 - 7　9、12、11、15 号滤膜测试点

大巷粉尘分散度见表 7-5。

表 7 - 5　大巷粉尘分散度　　　　　　　　　　（%）

| 滤膜编号 ＼ 粒度 | >10μm | 10～5μm | 5～2μm | <2μm |
|---|---|---|---|---|
| 4 | 0 | 0 | 22.62 | 77.38 |
| 2 | 0 | 0 | 0 | 100 |
| 9 | 0 | 0 | 5.60 | 94.40 |
| 11 | 0 | 0 | 24 | 76 |
| 15 | 0 | 0 | 25.24 | 74.76 |
| 12 | 0 | 0 | 14 | 86 |

矿山大巷的粉尘粒度情况：粒度 5～2μm 平均在 20% 左右，小于 2μm 在 80% 左右。在局部风速较大的地方粉尘粒度基本全在 2μm 以下。说明粉尘从产尘点扩散到大巷的过程中，大粒度的粉尘均已沉降结束，大部分小粒度的粉尘没有沉降，一直在大巷中扩散。

D　开拓大巷粉尘分散度

（1）8 号滤膜：2762m 中段，开拓巷道，图 7 - 8 点 4 处。粉尘中粒度 5～2μm 占 5%，小于 2μm 占 95%。

（2）10 号滤膜：2762m 中段，开拓巷道，图 7 - 8 点 5 处。粉尘中粒度 5～2μm 占 8%，小于 2μm 占 92%。

（3）22 号滤膜：2762m 中段，开拓巷道，斜坡道与中段连接处。图 7 - 8 点 1 处。粉尘中粒度 5～2μm 占 29.69%，小于 2μm 占 70.31%。

（4）28号滤膜：2762m中段，开拓巷道，图7-8点2。粉尘中粒度5~2μm占21.47%，小于2μm占78.53%。

（5）29号滤膜：2762m中段，开拓巷道，图7-8点3。粉尘中粒度10~5μm占1.30%，5~2μm占20.78%，小于2μm占77.92%。

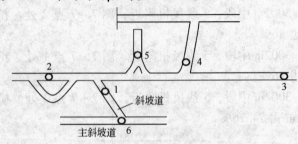

图7-8　8、10、22、28、29号滤膜测试点

开拓大巷粉尘分散度见表7-6。

表7-6　开拓大巷粉尘分散度　　　　　　　　　　（%）

| 滤膜编号 \ 粒度 | >10μm | 10~5μm | 5~2μm | <2μm |
|---|---|---|---|---|
| 8 | 0 | 0 | 5 | 95 |
| 10 | 0 | 0 | 8 | 92 |
| 22 | 0 | 0 | 29.69 | 70.31 |
| 28 | 0 | 0 | 21.47 | 78.53 |
| 29 | 0 | 1.30 | 20.78 | 77.92 |

开拓中段粉尘的分散度情况为：粒度5~2μm占20%左右，小于2μm占80%左右。在有局部风扇的地方粉尘粒度更小，2μm以下的占90%以上。开拓大巷中基本都是在进行凿岩作业，由于通风系统不完善，导致粉尘的扩散较慢，粉尘的粒度比回采工作中段粉尘粒度大。

## 7.5　粉尘浓度的现场测试及数据分析

### 7.5.1　矿井尘源调查及采样点选择

矿山井下的各生产工序都会产生粉尘，其中凿岩、爆破和装运三个基本生产工序是主要尘源产生工序。各工序的矿尘浓度，除与矿岩性质、采掘工艺和设备有关外，还与通风防尘措施有密切的关系。采样点的选定则以能代表粉尘对人体健康危害为原则。

#### 7.5.1.1　矿井生产性尘源调查及特征分析

通过调查，对矿井粉尘污染较严重的地点进行了粉尘测试，主要包括以下几个地点：（1）凿岩工作面；（2）电耙道工作面；（3）机械装矿工作点；（4）矿岩运输点；（5）卸矿点。

研究表明，尘源的产尘强度、源尘的粒度分布取决于矿岩岩性和作业参数，对岩性稳定的矿层，在正常生产状态下，可以作为常量处理。这表明正常状态的生产性尘源在生产过程中可以作为等强度连续源处理。

尘源的另一个重要参数是其发尘面积。一般情况，尘粒在离开尘源时，由于外界动力作用都有一个初始速度，虽然这一初始速度由于尘粒所受的阻力下降很快，但是它决定了尘粒的运动方向。尘粒离开尘源后，在风流作用下随风流运动，由于紊流扩散效应，尘粒同时向其他方向扩散，尘粒运动的轨迹是非常复杂的。因此，尘源越靠近断面一侧，发尘面积越小，则众多尘粒所构成的尘云扩散到全断面要经过的时间越长，这一断面距离尘源越远。

### 7.5.1.2 采样点的选择原则及测试方法

**A 采样点要选择能代表粉尘对人体健康危害的地点**

考虑粉尘发生源在空间和时间上扩散规律，以及工人接触粉尘情况的代表性，测定点应根据工艺流程和工人操作方法来确定：

（1）在生产作业点较固定时，应在工人经常操作和停留的地点，采集工人呼吸带水平的粉尘，距地面的高度应随工人生产时的具体位置而定。为了测得作业场所的粉尘平均浓度，应在作业范围内选择若干点进行测定，求得其算术或几何平均值和标准差。

（2）在生产作业不固定时，应在接触粉尘浓度较高、接触粉尘时间较长和工人集中的地点分别进行采样。

（3）在有分流影响的作业场所，应在产尘点的下风侧或回风侧粉尘扩散较均匀地区的呼吸带进行粉尘浓度的测定。

采样方法的分类应随测尘的目的而定，如为了探索作业场所粉尘分布规律和监督检查，采用快速测尘法较为方便；为了确定尘源强度，了解产尘环节被尘污染程度，研究改善防尘措施，采用现行的短时定点采样法较为合适；对粉尘作业场所的常规检测，采用个体及连续采样方法较为合适。

**B 测试地点及仪器**

测试时使用的是 FC-4 粉尘采样仪和 CCCZ-1000 直读式粉尘仪，测试中两种仪器结合使用。使用直读式的粉尘仪对粉尘浓度进行测试，可以很快得到粉尘的浓度值；再选取一些点，用粉尘采样仪进行采样得到粉尘样本，带回去进行实验分析。

测试时，先根据不同测试地点的不同情况，布置数目不同的测点，从工人开始工作时开始测试。直读式粉尘仪根据现场情况分别采样 1min 或 5min 的时间，粉尘采样器则根据不同情况分别采样 10 或 15min。

## 7.5.2 测试内容及方法

（1）粉尘类型的确定。通过询问现场工作人员以及查阅现有矿山资料，同时将测试时的滤膜留下作为样本，通过滤膜样本对分散度和二氧化硅浓度进行测试。

（2）分布地点的选择。确定粉尘分布地点的方法是：通过对相关文献资料的了解，初步拟定现场的测试点；在现场向技术人员和现场工作人员咨询，了解目前矿山粉尘产生和影响严重的地方，根据矿山的开采方法和运输方法等来确定可能产生影响劳动者身体健康的粉尘出现的地方。主要测试的粉尘点有：

1）进风井处含尘量：测试进风井处粉尘浓度，注意进风井处的风量有无被污染，有无净化装置；

2）主要工作面：测试主要工作面的粉尘浓度，了解工人工作时的粉尘情况，对工作面的除尘情况进行调查，了解现行除尘技术的除尘效果；

3）主要运输巷道、天井凿岩、平巷凿岩、铲装、放矿、出矿等处的粉尘浓度。

（3）粉尘浓度的测试。粉尘浓度的测试是本次测试的主要内容，根据分布地点规律在已确定的测试地点进行粉尘浓度的测试。

（4）除尘方法的调查。在测试粉尘的同时对矿山现有除尘方法进行了解和记录，主要是通过咨询工作人员和对矿山现有通风资料以及矿山实际情况的调查了解除尘状况。

### 7.5.3 粉尘浓度测试过程

#### 7.5.3.1 凿岩巷道粉尘浓度测试

测试选择 3 个地点，分别是 2942m 水平中段的一个独头凿岩巷道；2882m 水平中段的一个凿岩巷道；2882m 水平中段的一个穿脉凿岩巷道。

**A 2942m 水平中段独头凿岩巷道**

测试的现场见图 7 - 9，巷道的尽头正在凿岩作业，巷道宽 3m，点 1 是气腿凿岩机所在位置，点 2、3、4 是根据现场情况决定的布点，分别距凿岩处 6.4m、8.4m 和 10.5m，同时在距离凿岩处 3m 处并排布置了 2 个测试点，一共对 6 个点进行测试。测试时大部分时间都处于凿岩作业中，中途有短时间的停止，期间进行凿岩机位置的调整或者调试凿岩机。此处使

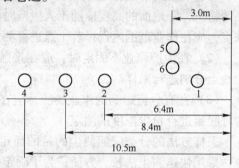

图 7 - 9 2942m 中段凿岩巷道测试示意图

用直读式粉尘仪测试，测试的是采样时间内的平均粉尘浓度，测试时仪器距地面 1.5m，滤膜的含尘面迎向含尘气流。

此凿岩巷道较短，工作面离大巷的距离只有 10m，大部分粉尘可以直接扩散到大巷中去。由测试数据可知：离凿岩工作面最近的地方点 1，粉尘浓度是 1.7mg/m³，为最接近尘源的地方，粉尘扩散快，粉尘浓度不高；在点 1 后面的点 5、点 6 两个点距离尘源的直线距离是一样的，粉尘浓度分别是 1.8mg/m³、2.5mg/m³。点 2 距离凿岩处 6.4m，测试的浓度在 2.1 ~ 6.6mg/m³ 之间，此处的粉尘受凿岩的影响较大，当凿岩时产生的粉尘较大时，粉尘的浓度会较高；凿岩产生的粉尘较小时，粉尘浓度也相对较低。点 3 距凿岩处 8.4m，处于靠近巷道口的位置，测试的粉尘浓度在 3.1 ~ 4.4mg/m³ 之间，此处的粉尘浓度基本上处于稳定状态，平均浓度是 3.88mg/m³。处于巷道口的点 4，测试的值分别是 6.5mg/m³、4.5mg/m³、3.2mg/m³。此处靠近巷道口，粉尘直接扩散到大巷里。具体测试数据如表 7 - 7 所示。

表 7 - 7 2942m 中段凿岩处测试结果

| 测试地点 | 采样时间/min | 粉尘浓度/mg·m⁻³ |
| --- | --- | --- |
| 点 6 | 3 | 2.5 |
| 点 5 | 3 | 1.8 |
| 点 1 | 2 | 1.7 |
| 点 2 | 3 | 2.4 |

| 测试地点 | 采样时间/min | 粉尘浓度/mg·m⁻³ |
| --- | --- | --- |
| 点2 | 2 | 6.6 |
| 点2 | 2 | 4.5 |
| 点2 | 2 | 2.1 |
| 点3 | 2 | 3.1 |
| 点3 | 2 | 4.4 |
| 点3 | 2 | 4.5 |
| 点3 | 2 | 3.5 |
| 点4 | 2 | 6.6 |
| 点4 | 2 | 4.6 |
| 点4 | 2 | 3.2 |

**B 2882m 水平中段独头凿岩巷道**

该巷道相对前一凿岩巷道而言较长，长度为30m左右。测试时有两个凿岩工作点，工作时两个凿岩点不会同时凿岩，每次只在一个地点凿岩。在凿岩巷道的入口处有一耙矿机，耙矿机处有一矿车，巷道内废石积累过多时，耙矿机将废石耙到矿车上。

巷道里有两个地方进行凿岩作业，分别是巷道里的两个分支处。在此测试点测试了两次。

（1）第一次测试示意图见图7-10，此时凿岩在巷道的尽头处进行。首先测试了穿脉运输巷道靠近凿岩巷道的3个点的粉尘浓度：分别是凿岩巷道口处的点1以及靠后的点2和点3，每个测试点相隔5m。然后在凿岩巷道距巷道口2m处测试点4的粉尘浓度、与点4距离6m处巷道的另一边测试点5的粉尘，点5往后5m处测试点6的粉尘。

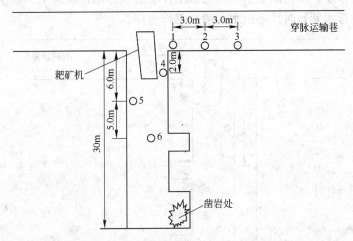

图7-10 2882m 中段凿岩巷道8月26日测试示意图

由测试数据可知：处于凿岩巷道外的点1、点2、点3的粉尘浓度基本上是一样的，点1和点2平均为1.0mg/m³左右，点3的浓度为2.0mg/m³；凿岩巷道里面，从靠近凿岩点开始，点4的粉尘平均浓度为2.8mg/m³，点5为1.8mg/m³，点6为0.8mg/m³。粉尘浓度由外到内逐渐变低了。测试数据见表 7 – 8。

表 7 – 8　2882m 中段独头凿岩 8 月 26 日测试结果

| 测试地点 | 采样时间/min | 粉尘浓度/mg·m$^{-3}$ | 备　注 |
|---|---|---|---|
| 点 1 | 3 | 1.2 | |
| 点 1 | 3 | 0.9 | |
| 点 2 | 3 | 1.1 | 渣机启动 |
| 点 2 | 3 | 1.1 | |
| 点 2 | 5 | 1.2 | |
| 点 3 | 5 | 2 | |
| 点 4 | 5 | 3.2 | |
| 点 4 | 5 | 2.4 | |
| 点 5 | 5 | 2.2 | |
| 点 5 | 5 | 1.3 | |
| 点 6 | 5 | 0.5 | |
| 点 6 | 5 | 1.0 | |

　　(2) 第二次测试的图示见图 7 – 11，测试的地点是 2882m 水平中段的一个长距离凿岩巷道，测试开始时，在凿岩点 1 进行凿岩工作，随后凿岩工作在凿岩点 2 进行。在距离凿岩巷道口 2m 处测试点 4 的粉尘浓度，在距巷道口 6m 处另一边测试了点 5。测试这两个点时，凿岩工作是在第一个拐角处（图示中的凿岩处 1）。测试点 6、点 7、点 8 时，凿岩工作在巷道的尽头进行（图示中凿岩处 2），点 8 布置在距离凿岩机 2m 处，点 5、点 6 两点并排，距离点 5 处 5m。这两个凿岩点在巷道边上，凿岩深度为 1 ~ 2m。在点 4 测试了凿岩工作时的粉尘浓度，还测试了出渣机处于工作状态和非工作状态下的粉尘浓度。对点 7 进行测试时，高压水管暂时性不出水，凿岩工作暂停。

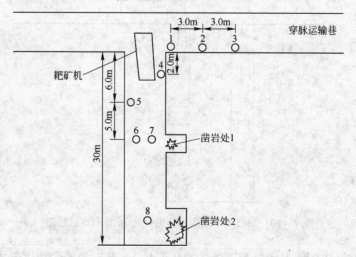

图 7 – 11　2882m 中段凿岩巷道 8 月 27 日测试示意图

　　第二次测试开始时，凿岩工作在第一个凿岩点进行。未开始凿岩时，点 4 的平均粉尘浓度为 1.1mg/m³；凿岩开始后，粉尘浓度分别为 1.7mg/m³、2.0mg/m³、2.9mg/m³、1.9mg/m³，平均粉尘浓度为 2.1mg/m³，粉尘浓度的波动不是很大。点 5 的粉尘平均浓度为 1.7mg/m³。后 3 个点测试时，凿岩在第二个凿岩点上进行，和第一次测试时的凿岩点一致。点 8 测试的粉尘浓度分别为 8.3mg/m³、4.5mg/m³、11.1mg/m³，此点靠近凿岩点，粉尘浓度的变化比较大，短时间内凿岩粉尘的变化对其影响较大，粉尘浓度较高；点 7 和点 6 与凿岩点距离一样，点 7 测试的是停下工作修理水管时的粉尘浓度，点 6 测的是凿岩时的粉尘浓度，它们的粉尘浓度分别为 2.2mg/m³、2.4mg/m³，可见短时间的停止凿岩对此处的粉尘浓度影响不大。具体测试数据见表 7-9。

表 7-9  2882m 中段独头凿岩 8 月 27 日测试结果

| 测试地点 | 采样时间/min | 粉尘浓度/mg·m⁻³ | 备  注 |
|---|---|---|---|
| 点 4 | 5 | 1.1 | 工作前 |
| 点 4 | 3 | 1.1 | 工作前 |
| 点 4 | 3 | 1.7 | 开始工作 |
| 点 4 | 5 | 2.0 | |
| 点 4 | 3 | 2.9 | |
| 点 4 | 3 | 1.9 | 渣机停止 |
| 点 5 | 5 | 1.9 | |
| 点 5 | 5 | 1.4 | |
| 点 8 | 5 | 8.3 | |
| 点 8 | 5 | 4.5 | |
| 点 8 | 3 | 11.1 | |
| 点 7 | 3 | 2.2 | 停止工作，修水管 |
| 点 6 | 3 | 2.4 | |

C  2882m 水平中段穿脉凿岩巷道

此处的测试选择的是 2882m 中段的穿脉大巷，测试时凿岩工作刚开始，在大巷进行凿岩工作，凿岩产生的粉尘直接在大巷里扩散。点 1 设在凿岩处，然后在离凿岩工作处 3.2m 处设置点 2，7.8m 处设置点 3，8.95m 处设置点 4，12m 处设置点 5。示意图见图 7-12。

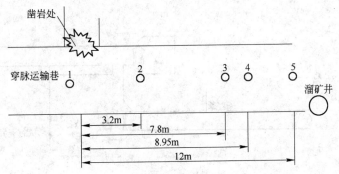

图 7-12  2882m 中段穿脉凿岩巷道测试示意图

凿岩工作直接在大巷处进行，粉尘的扩散相对较快，停止凿岩时粉尘浓度较低。

测试点 1 处于凿岩机的后方，凿岩时的粉尘浓度是 1.3mg/m³，测试点 2 位于凿岩的下风处 3.2m，粉尘浓度为 0.3mg/m³，粉尘在此处扩散速度快，粉尘浓度较低，测试点 3 处于凿岩下风处 7.8m，粉尘浓度为 1.3mg/m³，测试点 4 距离凿岩下风处 8.95m，粉尘浓度为 2.6mg/m³，测试点 5 附近有一电耙道溜井，电耙道未开时，粉尘浓度为 0.4mg/m³；电耙道在放矿时，粉尘浓度为 8.1mg/m³。测试数据见表 7 - 10。

表 7 - 10　2882m 中段穿脉凿岩巷道测试结果

| 测试地点 | 采样时间/min | 采样时凿岩机工作时间/min | 粉尘浓度/mg·m⁻³ |
|---|---|---|---|
| 点 1 | 5 | 4 | 1.3 |
| 点 1 | 5 | 4 | 1.3 |
| 点 2 | 5 | 4 | 0.4 |
| 点 2 | 5 | 4 | 0.3 |
| 点 2 | 5 | 4 | 0.4 |
| 点 2 | 5 | 4 | 0.4 |
| 点 3 | 1 | 4 | 0.9 |
| 点 3 | 1 | 4 | 1.6 |
| 点 4 | 1 | 4 | 2.6 |
| 点 4 | 1 | 4 | 2.6 |
| 点 5 | 5 | 4 | 0.4 |
| 点 5 | 5 | 4 | 8.1 |

### 7.5.3.2　电耙工作面粉尘浓度测试

电耙工作面的测试在 3002m 中段 5 线处一电耙道上进行，此电耙工作面同时有两个电耙在工作，如图 7 - 13 所示。工作面内有两个电耙相向错位布置，每个电耙由两个工人操作，一共 4 个工人处于此工作面内。工作面在电耙操作台前方有喷水设施，在电耙巷道的尽头有风机进行抽风，将粉尘从上一个中段（回风井巷）抽出。现场测试对凿岩工作面的粉尘浓度进行测试，测试工作面工作时的粉尘浓度时，分别测试了除尘设施运行和没有运行时的粉尘浓度，同时还测试了工作面人行天井处的浓度，以及人行天井附近大巷的粉尘浓度和上中段回风巷道的粉尘浓度。

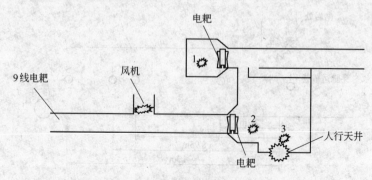

图 7 - 13　电耙工作面测试示意图

测试结果表明，在电耙工作面风机和电耙处的喷水设施同时打开时，在操作人员操作处，电耙工作时的粉尘浓度为 2.8mg/m³，电耙未工作时粉尘浓度为 2.0mg/m³；如果没有开风机和电耙处的喷水设备，粉尘浓度则高达 33.6mg/m³。人行天井电耙道里面的入口位于电耙人员操作处 2m 的地方，粉尘浓度为 1.6mg/m³；在巷道里，人行天井爬梯处的粉尘浓度为 1.2mg/m³ 和 0.93mg/m³，和大巷里的粉尘浓度相差不多，电耙道里的粉尘没有通过人行天井影响大巷里面的粉尘，回风现象不是很严重；同时测试处于上中段的电耙回风巷道的粉尘浓度为 2.6mg/m³ 和 3.9mg/m³，粉尘浓度比大巷要高。

电耙道是矿山粉尘的主要产生地点，主要是被碎大块和电耙拖动矿石时产生的粉尘。电耙道处产生的粉尘扩散主要是通过远处的风机抽到上一个中段来实现的，每个电耙道尽头处有风机，直接连接到上中段的回风巷中。电耙工作时，风机同时启动，将粉尘抽到上一中段的回风巷道。同时，在工作人员处有喷水除尘设备，能大量减少耙矿时产生的粉尘。

电耙道工作时的粉尘浓度较高，如果不开启除尘设备，粉尘浓度高达 33.6mg/m³，是产生粉尘较多的地点。由于电耙工作的空间相对狭小，通风也比较困难，粉尘扩散很慢，因此对工人的健康危害非常大。测试数据表明，开启了电耙道的局部风扇和喷水除尘时，粉尘浓度能降低到 2.8mg/m³，说明现有的除尘设置除尘效果明显，能有效降低电耙工作面的粉尘浓度。因此工作时必须开启除尘设施，加强工作面的通风和增加整个工作面的湿度，降低工作面的粉尘浓度。测试数据见表 7 – 11。

表 7 – 11　电耙工作面测试结果

| 采样地点 | 采样流量/L · min⁻¹ | 采样时间/min | 浓度/mg · m⁻³ | 备　注 |
|---|---|---|---|---|
| 点 1 | 25 | 5 | 33.6 | 未开风机，喷水 |
| 点 2 | 25 | 10 | 2.8 | |
| 点 2 | 25 | 10 | 2.0 | 休息，未工作 |
| 点 3 | 25 | 10 | 1.6 | |

#### 7.5.3.3　放矿点粉尘浓度测试

矿山的放矿工作是通过电车在每个电耙漏斗处将矿石收集起来，然后运送到每个中段的大溜井，放矿到斜坡道的漏斗或者直接运到本中段的盲竖井处，使用罐笼提升到中段运输巷中。放矿粉尘影响较大的是电耙道处漏斗的放矿工作。测试选择 3002m 中段 5 线处的一个电耙放矿处进行测试。在电耙道溜井放矿时对粉尘的浓度进行测试，由于放矿时矿石会溅射出矿车，同时放矿漏斗附近没有足够的空间放置粉尘仪，测试点只能做到尽可能地接近放矿漏斗，而没有放在漏斗边上。测试时先测试放矿点附近未放矿时的粉尘浓度，放矿开始后测试放矿时的粉尘浓度，放矿结束后再次测试放矿点的粉尘浓度。放矿处测试示意图见图 7 – 14。

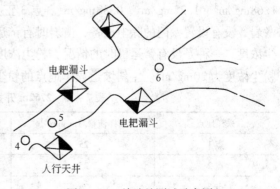

图 7 – 14　放矿处测试示意图

未放矿时，粉尘浓度为 $1mg/m^3$；放矿时，粉尘浓度为 $3.2mg/m^3$。可见放矿时产生的粉尘较多，使附近的粉尘浓度迅速上升，放矿结束 10min 后再次测试了放矿点的粉尘浓度，基本上与之前所测相同，由此可见由于放矿作业是在通风良好的大巷中进行的，放矿产生的粉尘扩散较快。测试数据见表 7-12。

表 7-12 放矿处测试结果

| 采样地点 | 采样流量 | 采样时间/min | 浓度/mg·m$^{-3}$ | 备 注 |
|---|---|---|---|---|
| 点 4 | 25 | 15 | 1.2 | |
| 点 5 | 25 | 15 | 0.93 | |
| 点 6 | 25 | 9 | 3.2 | 放矿 |
| 点 6 | 25 | 15 | 1.09 | 未放矿 |

### 7.5.3.4 开拓中段粉尘浓度测试

处于开拓阶段的巷道，通风系统并不完善，除尘效果不如其他作业中段。除了工作面外，大巷的粉尘浓度也较高。现场对正在掘进的 2762m 中段进行了大巷粉尘测试。

整个巷道开拓处于初始阶段，东西两向掘进了数百米，正在沿着大的环形运输巷道往各处凿岩分支巷道进行开拓。此中段由一短斜坡道连接主斜坡道和中段，开拓巷道所需的各种物资和产生的各种废弃物均通过这个短斜坡道运输。

测试是沿着已经凿岩完成的环形运输巷道进行的，左边是已经凿岩完成的巷道，不远处有一硐室，用做炸药库，如图 7-15 所示。测试当天右边正在进行凿岩作业。巷道由斜坡道进风，在 5 线处有一出风井，形成开拓巷道的通风系统环路。整个巷道处于开拓初期，巷道的通风系统未建设

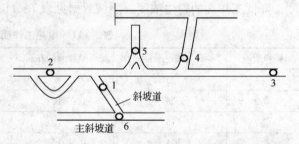

图 7-15 2762m 开拓中段测试示意图

完全，为了改善通风环境，在中段的许多地方设置有局部风扇，整个已成型的巷道中通风情况良好。正在凿岩的巷道处，采用局部风机通风。

粉尘测试数据见表 7-13。由测试可知，连接中段和主斜坡道的斜坡道处的粉尘浓度为 $1.64mg/m^3$，点 2、点 4、点 5 是中段环形巷道的几条大巷的测试点，粉尘浓度分别为 $1.68mg/m^3$、$1.22mg/m^3$、$0.88mg/m^3$。点 3 正处于凿岩工作面的位置，使用气腿凿岩机凿岩，没有设置专门的除尘设备，凿岩时有铲运机来回运送废石。测试了两种情况下的粉尘浓度，一种是没有铲运机时的情况，粉尘浓度为 $14.4mg/m^3$，而有铲运机来回作业时的粉尘浓度为 $20mg/m^3$。主斜坡道候车地点的粉尘浓度为 $1.52mg/m^3$。

表 7-13 2762m 开拓中段测试结果

| 采样地点 | 采样流量/L·min$^{-1}$ | 采样时间/min | 浓度/mg·m$^{-3}$ |
|---|---|---|---|
| 点 1 | 25 | 10 | 1.64 |
| 点 2 | 25 | 10 | 1.68 |
| 点 3 | 25 | 4 | 20 |

| 采样地点 | 采样流量/L·min⁻¹ | 采样时间/min | 浓度/mg·m⁻³ |
|---|---|---|---|
| 点3 | 25 | 3 | 14.4 |
| 点4 | 25 | 10 | 0.88 |
| 点5 | 25 | 10 | 1.28 |
| 点6 | 25 | 10 | 1.52 |

注：包括凿岩作业时的水雾含尘。

在开拓巷道中，大巷处的粉尘浓度在1~2mg/m³之间，粉尘的浓度不是很高，现有的通风系统和局部风扇可以起到良好的通风作用。而对正在凿岩的工作面的通风除尘效果不是很理想，由于开拓巷道均是独头作业，局部风扇作用有限，是需要加强通风和除尘的重点地方。

### 7.5.3.5 其他地点粉尘浓度测试

现场还对国家规程中粉尘浓度有要求的地点以及工作人员经常停留的地点进行了测试。主要测试点有：

（1）3002m中段大巷的粉尘浓度。测试了大巷内几个不同风速点的粉尘浓度：

1）测试地点1在5线风机附近处，见图7-16。

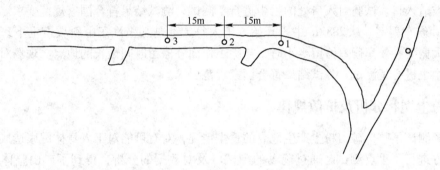

图7-16 大巷（3002m中段5线风机处）粉尘测试示意图

测试了图7-16中的3个点的粉尘浓度和风速。测试数据见表7-14。

表7-14 大巷粉尘（3002m中段5线风机处）测试结果

| 采样地点 | 风速/m·s⁻¹ | 采样流量/L·min⁻¹ | 采样时间/min | 浓度/mg·m⁻³ |
|---|---|---|---|---|
| 点1 | 2.2 | 25 | 10 | 1.6 |
| 点2 | 2.2 | 25 | 10 | 2.0 |
| 点3 | 1.9 | 25 | 10 | 1.6 |

2）测试地点2在3002m中段，5线下盘处，此处是3002m中段下盘的运输大巷，点2、点3、点4位于大巷的尽头处，附近有一个电耙道在工作，见图7-17。

测试时，点1距离较远，处于一个3线的交叉口处，受附近局部风机的影响，风速较大；点2、点3、点4处于大巷中，风速不是很大，测试时，未受其他尘源和局部风扇影响。测试数据见表7-15。

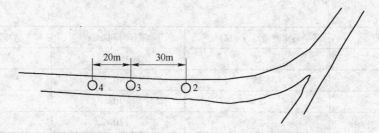

图 7 - 17　大巷（3002m 中段 5 线下盘处）粉尘测试示意图

表 7 - 15　大巷粉尘（3002m 中段 5 线下盘处）测试结果

| 采样地点 | 风速/m·s$^{-1}$ | 采样流量/L·min$^{-1}$ | 采样时间/min | 浓度/mg·m$^{-3}$ |
|---|---|---|---|---|
| 点 1 | 2.5 | 25 | 15 | 1.2 |
| 点 2 | 0.7 | 25 | 15 | 0.7 |
| 点 2 | 0.6 | 25 | 15 | 1.2 |
| 点 3 | 0.6 | 25 | 15 | 0.37 |
| 点 3 | 0.6 | 25 | 10 | 0.48 |

（2）入风处的粉尘含量。井下入风处有两个，一是 3062m 水平的平硐入口，二是高处的斜坡道入口。试验对入口处的粉尘进行了测试，测试结果符合国家规范要求。

（3）候车硐室。从 2882m 中段开始，工人每天都是乘坐汽车由斜坡道上下班，下班候车时大概要在候车硐室停留半小时，是除工作面外停留时间最长的地点。现场对候车硐室的粉尘也进行了测试，测试结果符合国家规范要求。

## 7.6　粉尘现状分析及扩散规律

现场测试了整个矿山粉尘产生地点的粉尘情况，对有可能对工人身体健康造成危害的几个地方进行了重点测试。通过现场的测试以及对数据的分析，得到了矿山整体的粉尘情况。

《金属非金属矿山安全规程》（GB 16423—2006）和《作业场所空气中呼吸性岩尘接触浓度管理标准》（AQ 4203—2008）对进入巷道和采掘工作面的风源含尘量要求应不超过 0.5mg/m$^3$。

### 7.6.1　凿岩工作面粉尘分析

根据现场调查和测试可见，凿岩是矿山日常生产中产生粉尘严重的作业。凿岩产生粉尘的来源有：（1）从钻孔逸出的矿尘；（2）从钻孔中逸出的岩浆为压气所雾化形成的矿尘；（3）被压气吹扬起已沉降的矿尘。在凿岩过程中，大量的岩石被磨成粉末进入空气中，构成井下采矿主要的粉尘危害。凿岩产生的粉尘的特点是长时间连续的，而且大部分尘粒的粒径小于 5μm，是矿内微细矿尘主要来源之一。

对于处于回采工作的中段，凿岩的工作不多，正在凿岩的工作面的粉尘浓度较高；对于长的凿岩巷道，凿岩产生的大部分粉尘在巷道里就可以沉降，只有一小部分的粉尘扩散到较大巷里面；而对于较短的凿岩巷道，凿岩产生的粉尘大部分直接扩散到大巷里，导致大巷粉尘浓度升高。对3个凿岩工作面的粉尘浓度测试结果进行总结分析，粉尘浓度如表7-16~表7-19所示。

**表7-16 2882m 中段凿岩巷道8月26日测试粉尘浓度** （mg/m³）

| 测试结果 \ 测试地点 | 点1 | 点2 | 点3 | 点4 | 点5 | 点6 |
|---|---|---|---|---|---|---|
| 第一次 | 0.2 | 1.1 | 2.0 | 3.2 | 2.2 | 1.5 |
| 第二次 | 0.4 | 0.7 | 1.6 | 2.4 | 1.3 | 1.0 |
| 第三次 | 0.9 | 0.7 | 1.4 | 2.2 | 1.8 | 1.8 |
| 第四次 | 0.5 | 1.2 | 1.8 | 2.8 | 2.5 | 1.9 |
| 平　均 | 0.5 | 0.9 | 1.7 | 2.6 | 2.0 | 1.6 |

**表7-17 2882m 中段凿岩巷道8月27日测试粉尘浓度** （mg/m³）

| 测试结果 \ 测试地点 | 点4（测前） | 点4 | 点5 | 点6 | 点8 |
|---|---|---|---|---|---|
| 第一次 | 1.1 | 1.9 | 1.9 | 2.4 | 8.4 |
| 第二次 | 1.1 | 2.0 | 1.4 | 2.2 | 4.5 |
| 第三次 | 1.3 | 2.9 | 1.7 | 2.2 | 11.1 |
| 平　均 | 1.2 | 2.3 | 1.7 | 2.3 | 8.0 |

**表7-18 2942m 中段短距离凿岩巷道粉尘浓度** （mg/m³）

| 测试结果 \ 测试地点 | 点1 | 点2 | 点3 | 点4 | 点5 | 点6 |
|---|---|---|---|---|---|---|
| 第一次 | 1.7 | 6.6 | 3.1 | 6.5 | 1.8 | 2.5 |
| 第二次 | 1.9 | 4.5 | 4.4 | 4.5 | 1.8 | 2.3 |
| 第三次 | 1.6 | 2.1 | 3.5 | 3.2 | 1.7 | 2.8 |
| 平　均 | 1.8 | 4.4 | 3.7 | 4.8 | 1.8 | 2.5 |

**表7-19 2882m 中段穿脉凿岩巷道粉尘浓度** （mg/m³）

| 测试结果 \ 测试地点 | 点1 | 点2 | 点3 | 点4 | 点5 |
|---|---|---|---|---|---|
| 第一次 | 1.3 | 0.4 | 0.9 | 2.6 | 0.4 |
| 第二次 | 1.3 | 0.3 | 1.6 | 3.2 | 8.1 |
| 平　均 | 1.3 | 1.3 | 1.3 | 2.9 | 4.2 |

凿岩工作产生的粉尘产生都是瞬时的，凿岩机工作时，粉尘的浓度会上升得很快；凿岩机停止时，粉尘的浓度降低较快。离凿岩工作面越近，表现越明显。凿岩巷道的粉尘浓度的方差较大。同时由这3个测试结果表可以看出，越靠近凿岩工作的地方，粉尘的浓度越高，而且随工作状态的变化也越明显。

在大巷里面进行的凿岩工作，由于大巷的通风条件良好，凿岩时产生的粉尘扩散很快，因此粉尘的浓度比较低，在 $1 \sim 2mg/m^3$ 之间。点 5 处是一电耙道工作面，测试时由于在进行放矿，粉尘浓度比较高。

　　根据对上面 3 个凿岩处各点的粉尘浓度分析，可以得出锡铁山铅锌矿井下巷道凿岩时粉尘的一般规律。在短距离的凿岩巷道或者大巷里凿岩，粉尘可以扩散到大巷里，工作面和整个凿岩巷道的粉尘变化较大，随凿岩进行或停止而变化；在长的凿岩巷道里，离凿岩处一段距离，粉尘开始自由沉降；在巷道的尾部，粉尘浓度趋于稳定值，粉尘浓度比大巷里的要高。凿岩工作面处的粉尘浓度很高，是粉尘危害严重的地方。处于开拓作业的中段，凿岩是主要的工作，而且由于中段处于开拓阶段，通风系统还没有完全建设好，粉尘的扩散较慢。同时由于使用机械作业多，产生的油烟以及有毒有害气体较多，粉尘和油烟集合在一起，对工人的健康危害较大。

　　根据上面测试的 3 处凿岩巷道的粉尘浓度，可以将凿岩工作的粉尘浓度分为凿岩工作处、凿岩巷道的中部和凿岩巷道的末端 3 种情况。粉尘浓度综合的测试结果如图 7 - 18 所示。

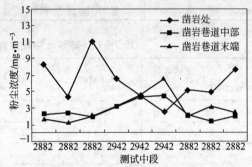

图 7 - 18　凿岩巷道粉尘浓度示意图

　　由图可知，在凿岩巷道中凿岩机工作的地方，粉尘浓度都很高，即使凿岩机短暂停止的时候，粉尘浓度也达 $2.4mg/m^3$。凿岩机工作时粉尘浓度高达 $11.1mg/m^3$，平均粉尘浓度为 $6.1mg/m^3$。综合来说，凿岩巷道粉尘浓度很高，超过国家标准 $2mg/m^3$，不符合国家安全生产标准，对工人身体健康的危害很大，需要加强除尘措施。因此，在凿岩工作面，虽然采用湿式凿岩，但作业人员仍然需要采取必要的防尘措施，如佩戴防尘呼吸器。

　　在离凿岩工作处 $3 \sim 5m$ 的巷道中间的地方，粉尘浓度趋于稳定，在 $2 \sim 4.5mg/m^3$ 之间，粉尘浓度较高。巷道入口处的粉尘浓度和凿岩巷道的长度有关，粉尘浓度在 $2 \sim 6.5mg/m^3$ 之间。短巷道的巷道入口处在凿岩工作时粉尘的浓度比较高，可以达到 $6.5mg/m^3$；而长巷道的巷道入口处的粉尘浓度就较稳定，在 $2mg/m^3$ 左右，基本上符合矿山作业的要求。

## 7.6.2　电耙工作面的粉尘分析

　　在矿山日常生产中，电耙道处的耙矿工作也是矿山粉尘产生的主要原因。矿山部分采场采用有底柱分段空场法回采，依靠电耙来完成矿石运搬。电耙工作时产生的粉尘是连续性的，期间工人一直在电耙道内，电耙道内的粉尘对工人的健康影响很大。

　　电耙道处粉尘是由于电耙的拖动产生的，电耙道的长度根据矿块情况而不同，一般在 30m 左右。电耙道处的除尘手段主要有两个：一是通过电耙道尽头或者中间的局部风机，将产生的粉尘抽到上中段的回风巷道里面；二是在电耙道工作人员操作处的前方也就是在电耙道放矿处设有喷水除尘设备，工作时设备一直喷水，抑制粉尘的产生并加快粉尘的沉降速度。

　　现场对 3002m 中段 5 线处一个电耙工作面的粉尘进行测试。与凿岩巷道不同，电耙道工作时粉尘的产生是连续的，粉尘的浓度随着工作状态短时间内不会有明显的改变。电耙道的粉尘情况如表 7 - 20 所示，工作时和休息时工人工作处的粉尘浓度分别为 2.6mg/m³ 和 2mg/m³，相差不大。电耙道回风巷的粉尘浓度为 2.6mg/m³，进入电耙工作面的人行天井处的粉尘浓度为 1.6mg/m³，电耙道处的回风现象不明显。

**表 7 - 20   2882m 电耙道粉尘浓度**

| 测试地点 / 测试结果 | 人行天井处 | 电耙操作处 | | |
| --- | --- | --- | --- | --- |
| | | 休息时 | 工作时 | 未开除尘设施时 |
| 粉尘浓度/mg·m⁻³ | 1.6 | 2.0 | 2.6 | 33.6 |

由测试可知，在电耙道内，除尘设施全开时粉尘浓度为 2.8mg/m³，工人短暂休息时的粉尘浓度为 2mg/m³，基本上符合国家标准，粉尘浓度在控制的范围内。但不开风机时，粉尘浓度高达 33.6mg/m³，远远超过了国家标准。所以在电耙工作时，一定要启动风机和耙矿处的喷水设施。在电耙道工作的空间里，粉尘的浓度为 1.6mg/m³，电耙道回风巷的粉尘浓度为 2.6mg/m³。综合而言，电耙道粉尘浓度基本符合国家标准。

### 7.6.3　放矿的粉尘分析

放矿也是矿山日常工作中粉尘产生的主要原因。矿山使用的有底柱分段空场法，电耙道的漏斗中的矿石达到一定量时，矿车会被推到电耙放矿漏斗处，进行放矿作业。放矿机带有喷水设施，能减少落矿时粉尘的产生。放矿作业是在大巷里直接进行的，放矿时产生的粉尘直接扩散到大巷里面，在风流的作用下直接扩散，随大巷的风流一直扩散到回风巷道。放矿作业时粉尘浓度见表 7 - 21。

**表 7 - 21   放矿作业时粉尘浓度**　　　　　　　　（mg/m³）

| 测试地点 / 测试结果 | 放矿时粉尘浓度 | 未放矿时粉尘浓度 |
| --- | --- | --- |
| 第一次 | 3.2 | 0.9 |
| 第二次 | 4.5 | 1.1 |
| 平　均 | 3.9 | 1.0 |

电耙漏斗放矿时的粉尘浓度在 3.2 ~ 4.5mg/m³ 之间，未放矿时粉尘浓度在 0.9 ~ 1.1mg/m³ 之间。放矿时粉尘浓度较高，需要加强除尘手段。

### 7.6.4　大巷内的粉尘分析

矿山日常生产产生的粉尘大部分都要扩散到大巷里去，在附近有生产工作或者是尘源产生的时候，大巷的粉尘浓度会升高。粉尘在风流的作用下，在大巷里扩散或沉降，最后进入出风井，排出矿山。测试的结果如图 7 - 19 所示。

大巷大部分地点的粉尘浓度都在 2mg/m³ 以

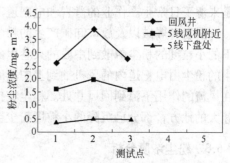

图 7 - 19　大巷粉尘浓度示意图

下，符合国家安全生产标准。对于有尘源产生的地点，如回风井、凿岩巷道附近和电耙道附近，粉尘的浓度会偏高。一段距离以外，粉尘的浓度会降低。

### 7.6.5 开拓中段大巷的粉尘分析

在开拓阶段，粉尘的扩散是通过局部风扇来完成的，通过凿岩风扇将凿岩处的粉尘抽出，然后通过分布在大巷各处的局部风机将粉尘排到出风井处。

由于局部风扇的布置和通风系统的初步建成，大巷的粉尘含量不高，粉尘浓度一般在 $0.88 \sim 1.68 \mathrm{mg/m^3}$ 之间，符合国家安全生产的标准。

### 7.6.6 入风井的粉尘分析

国标中对进风口的粉尘浓度要求不高于 $0.5 \mathrm{mg/m^3}$，矿山的入风井是 3062 平硐和斜坡道。经测试，两处的粉尘浓度都很低，符合国家标准。

### 7.6.7 粉尘扩散过程

矿山日常产生的粉尘扩散过程基本如下：粉尘在几大尘源处产生，在尘源处一般都有简单的除尘设施，以尽量降低该处的粉尘量；然后粉尘在工作面的局部风机的作用下，或者通过自由扩散和沉降后扩散到大巷；流到大巷的粉尘在通风系统的作用下，最终扩散到矿井的回风井处。

处于回采阶段凿岩作业的地方都没有设置专门的除尘措施，粉尘基本上是自由沉降。矿山采用的是气水联动的凿岩方式，对于处于大巷或者是短距离的凿岩巷道的地方，粉尘快速扩散到大巷里面，大巷的风量和风速较大，粉尘可以在风流的作用下迅速扩散。工作时产生的粉尘可以很快消除；而对于长距离的凿岩巷道，凿岩产生的粉尘不能直接扩散到大巷里面，而是在凿岩巷道里面自由沉降，因此巷道里的粉尘浓度是比较高的。

电耙工作面的产尘量非常大，主要是由于电耙在地上的拖动产生的粉尘，还有耙矿时矿石之间的互相碰撞与地面的摩擦，以及矿石放到漏斗时，均会产生大量的粉尘。电耙工作面是一个相对封闭的空间，粉尘产生后一直停留在空中，如果没有专门的除尘设备和手段的话，粉尘不宜扩散，且粉尘的浓度会越来越高。所以电耙道的除尘设施一定要完善，在工作时也一定要及时开启。电耙道内粉尘的扩散是靠电耙道内的局部风扇将电耙道产生的粉尘抽到上中段回风井来实现的。

开拓和采准阶段的粉尘主要来源于凿岩、爆破和支护作业，出矿作业的中段粉尘主要是来源于日常生产作业的凿岩和电耙道工作以及放矿工作。

凿岩和爆破以及放矿卸矿产生的粉尘经过扩散后，大部分大粒度的粉尘沉降下来，剩下的小粒度的粉尘飘散到中段的大巷里面，随着大巷风流一直到回风井处排出。电耙道产生的粉尘由电耙道内的风机抽到上中段的回风巷道里面，直接进入了上中段的大巷，然后在风流的作用下流到回风井处。粉尘在扩散过程中大粒度的粉尘会沉降在巷道里面，在风速大的地方，部分已沉降的小粒度粉尘会再次扬起，加大了粉尘的浓度。

### 7.6.8 粉尘浓度分析

通过对照国家标准，对矿山各个地点的粉尘浓度进行分析。矿山的粉尘浓度危害比较严重的地方集中在凿岩巷道和电耙巷道工作面。凿岩工作面巷道进风困难，风量不够，除尘效果较差，凿岩工作时粉尘浓度较大，测试中最高的粉尘浓度高达 $11\text{mg}/\text{m}^3$，需要加强除尘措施。电耙道工作面空间狭小，工作时产生的粉尘大，在不采取通风措施的时候粉尘浓度很高，测试中最高粉尘浓度高达 $33.6\text{mg}/\text{m}^3$。

## 7.7 二次扬尘及沉降速率测试研究

能使 $5\mu\text{m}$ 以下的粉尘保持悬浮并随风运动的风速为最低排尘风速。按《金属非金属矿山安全规程》（GB 16423—2006）规定的排尘风速，要求井下风速至少在 $0.15\text{m}/\text{s}$ 以上，远大于重力和机械力所给予粉尘的速度，因此粉尘的扩散主要受控于风流，必须控制好通风排尘的风速。当排尘风速由最低风速逐渐增大时，微粒稍大的粉尘也能悬浮，其稀释作用也有所增强。在产尘量一定的条件下，粉尘浓度随风速的增加而降低。当风速增加到一定数值时，工作面的粉尘浓度降到最低值。粉尘浓度的最低值所对应风速称为最优排尘风速。如有外加扰动时，最优排尘风速较低。在巷道潮湿的条件下，随着风速增大，粉尘浓度不断下降，当风速超过最优排尘风速后，若继续增高风速，原来沉降的粉尘将被重新吹起，粉尘浓度再度增高。使粉尘浓度再度增高的风速称为扬尘风速。粉尘飞扬的条件是风流作用在粉尘粒子上的浮力大于或等于粉尘粒子所受重力。

### 7.7.1 粉尘的扬尘过程分析

#### 7.7.1.1 影响粉尘的因素

（1）随机力。由于气体分子在不停地做无规则的热运动而使微细颗粒做无规则的布朗运动所受力的随机性，因而称该力为随机力。微细颗粒本身由于与大量进行热运动的气体分子相碰撞而做布朗运动，但单独依靠它的运动而得到的扩散是微不足道的。

（2）黏性力。粉尘颗粒依靠随机力和重力作用而得到的运动速度很低，不能成为粉尘扩散和飞扬的主要原因。粉尘的扩散和飞扬只能由空气的流动而产生的，即空气给予粉尘颗粒的黏滞动力。

#### 7.7.1.2 扬尘机理综述

粉尘在完成沉降的扩散过程中可能受到剪切压缩空气、诱导空气流、通风造成的流动空气及设备运动部件转动生成的气流的作用，细微粉尘颗粒首先从中分离而飞扬，然后由于空气的流动而引起粉尘的扩散，从而完成了粉尘从产生到扩散的过程。

对于粉尘由静止到随风飞扬的过程，其机理是非常复杂的。为了更好地说明问题，首先从最简单的一种物理模型出发。假设粉尘颗粒为理想的球形，由于大巷中粉尘的粒度大部分在 $2\mu\text{m}$ 以下，故研究颗粒粉尘的直径 $D$ 为 $1\mu\text{m}$ 的情况，空气的主流速度为 $1\text{m}/\text{s}$，空气的密度为 $\rho_{\text{气}}$，该粉尘的密度为 $\rho_{\text{尘}}$，在标准状况下，空气运动黏性系数 $\nu$ 取 $1.57 \times 10^{-7}\text{m}^2/\text{s}$。则该颗粒由水平速度为 $0$ 状态，在空气黏滞动力作用下，迅速加速，达到和水平空气主流速度一致，从而悬浮在空气中。黏滞力的计算公式为：

$$F_{\text{粘}} = CA\frac{\nu\rho_{\text{气}}}{2} \qquad (7-13)$$

式中　$C$——黏滞动力系数，与 $Re$（雷诺数）有关；

　　　$A$——颗粒物在与空气主流流速垂直面上的投影；

$v$——空气主流流速。

由牛顿第二定律得:

$$F_{黏} = m \frac{\mathrm{d}v_{尘}}{\mathrm{d}t} = \rho \frac{\pi D^3}{6} \cdot \frac{\mathrm{d}v_{尘}}{\mathrm{d}t} \qquad (7-14)$$

由于 $Re = \dfrac{Dv}{\nu} = \dfrac{10^{-6} \times 1}{1.57 \times 10^{-7}} < 1$,所以 $C$ 取 $\dfrac{24}{Re}$。

即

$$C = \frac{24\nu}{Dv} \qquad (7-15)$$

而

$$A = \frac{\pi D^2}{4} \qquad (7-16)$$

联立式 (7-13) ~式 (7-16) 得:

$$\frac{\mathrm{d}v_{尘}}{\mathrm{d}t} = \frac{18v}{D^2} \frac{\rho_{气}}{\rho_{尘}} = 0.015\% \sim 1\%$$

$$\left(\frac{\mathrm{d}v_{尘}}{\mathrm{d}t}\right)_{\min} = 4.239 \times 10^4$$

$$\left(\frac{\mathrm{d}v_{尘}}{\mathrm{d}t}\right)_{\max} = 2.826 \times 10^6$$

由此可见,直径为 $1\mu m$ 的粉尘颗粒在一般气流风速下和黏性力作用下,其加速度可达到约 $10^4 \sim 10^6 m/s^2$。可见其在很短的时间内即可达到和空气主流速度一致,即十万分之一秒即可达到 $1m/s$。而重力加速度相对于此加速度非常小,所以在此忽略重力和浮力的影响是适当的。

上面的物理模型是建立在空气处于层流这种理想状况下的,而实际上大部分扬尘点是处于非层流状态,即紊流状态。在该流态当中产生大量的空间涡流,引发气动浮力,而气动力的空间方向是不确定的,其中向上的气动力分力引起粉尘颗粒的悬浮。另外,气体流速分布的偏差将造成粉尘颗粒上下部的压力差,根据流体力学原理,空间某点的流速越高,该点的静压力越低,反之亦然。因此,当粉尘颗粒上部流速高于其下部的流速时,上部的静压力就会低于下部,从而粉尘颗粒获得向上的升力。还有在粉尘颗粒脱离表面后进入空气的过程中,由于微细粉尘颗粒发生空间旋转而引发的升力,这时粉尘颗粒所做的运动有点类似于足球场上经典的"香蕉球"。这种由于微细粉尘颗粒发生空间旋转而引发的升力现象称为马格努斯效应。由此可见,微细粉尘的扬尘机理是非常复杂的。

### 7.7.1.3 微细粉尘的扬尘特点

(1) 对于大于 $1\mu m$ 小于 $10\mu m$ 的微细粉尘颗粒,在扬尘过程中可忽略其所受的重力、浮力和随机力的影响,而机械力、由于压差而产生的升力及黏滞动力是其关键因素;

(2) 在理想情况下,对于微米级微细粉尘颗粒从静止到获得与主流速度一致速度所需时间极为短暂,可以视为瞬间完成;

(3) 微细粉尘扬尘过程是复杂多变的,因为大部分扬尘点处于非层流状态。

## 7.7.2 井下粉尘颗粒情况

井下作业场所由于井下截割、冲击摩擦、震动所产生的细微矿物尘粒在受到风流吹动和粉尘重力作用时,将做定向运动或不规则运动。如果掘进工作面风速较高,除较大颗粒的粉尘就地沉落外,绝大部分细微粉尘将被风流带走。这种粉尘的浮沉距离与粒度大小及风速高低有很大关系。

井下粉尘的悬浮沉降情况与粉尘的分散度关系极大。一般来说,粉尘中的呼吸性粉尘含量越高,粉尘的沉降速度越慢;粉尘的浮沉距离越远,粉尘危害的持续时间越长。粉尘产生的粒度大小受矿石的赋存条件、开采方法、采掘机械截齿和钻头的钝利程度及其分散度的影响,有很大差别。

尘粒在流动的空气中的沉降速度与粒径的平方成反比,悬浮空气中的粉尘一部分随着风流带出矿井,大部分沉积在矿井中的巷道里面,其中回风巷最多。从尘源开始,粒径大的先沉积下来,粒径小的沉积在风流的下风处较远的地方。沉积在巷道顶板和两帮的粉尘粒径小的较多,而沉积底板上的粉尘粒径大的较多,它们在重量分布上是底板最多,两帮次之,顶板最少。

### 7.7.3 二次扬尘实验的测试及研究

高寒地区矿井需要采用增氧措施,提高风速是比较简单而又有效的方法,但是风速的增加会引起已沉降的粉尘的二次扬起,引起粉尘浓度的增高。研究矿井粉尘的二次扬尘规律,可了解井下风速与粉尘浓度之间的关系,通过对不同风速情况下粉尘的浓度以及分散度情况进行分析,以寻求抑制粉尘和增氧的平衡点。

研究选择锡铁山铅锌矿3002m中段,该中段接近开采的中后期,各种系统和采矿作业都已经相对完善。每天的产尘量、作业人员人数和工作情况都比较稳定,适合进行测试。

测试包括两个地点,一个是在3002中段5线上盘的一个有局扇的地方,此处位于一个拐角附近,风扇在拐角处,测试的几个点靠近风扇,整条巷道很长,没有拐弯;另一个测试地点是3002下盘的一条直道,就是直的运输大巷,转角附近有一个电耙道在工作。测试的示意图和测试的数据如图7-16、图7-17、表7-22、表7-23所示。

表7-22 3002m中段5线局部风机处测试结果

| 滤膜编号 | 采样地点 | 风速/$m \cdot s^{-1}$ | 浓度/$mg \cdot m^{-3}$ |
| --- | --- | --- | --- |
| 9 | 点1 | 1.2 | 0.8 |
| 11 | 点1 | 2.2 | 1.6 |
| 12 | 点2 | 2.2 | 2 |
| 15 | 点3 | 1.9 | 1.6 |

表7-23 3002m中段5线下盘处测试结果

| 滤膜编号 | 采样地点 | 风速/$m \cdot s^{-1}$ | 浓度/$mg \cdot m^{-3}$ |
| --- | --- | --- | --- |
| 4 | 点2 | 0.7 | 1.3 |
| 5 | 点2 | 0.6 | 1.2 |
| 2 | 点3 | 0.6 | 0.37 |
| 3 | 点3 | 0.6 | 0.48 |

通过对矿山3002m中段的大巷风速、粉尘浓度和粉尘分散度的分析,对矿山粉尘的

二次扬起进行了现场测试和研究。综合以上的数据可以得到：5 线上盘局部风扇处，风速普遍较高，粉尘浓度也比较高；而 5 线下盘处，风速较低，粉尘的浓度也比较低。5 线上盘处点 1 风速变高后，粉尘的浓度增高，粉尘中大粒度的含量相应增加；5 线下盘处点 2 的浓度相对较高，粒度大的也较多。因为比较靠近电耙工作面的地点，粉尘大粒度的颗粒还没有完全沉降。由以上数据可以得到大巷中粉尘的情况：

（1）在相同的环境下，风速高的地方，粉尘浓度也比较高，同时粉尘中粒度大的比例也比较高；风速低的地方，粉尘浓度也低，粉尘中粒度大的比例也低；

（2）由粉尘的分散度情况可知，风速增高时，粉尘浓度增高的原因是由于 $5 \sim 2\mu m$ 的粉尘含量增加，就是说，风速增高时，已沉降的粉尘会再次扬起；

（3）由测试可得到，在井下大巷中，在大巷里的现有风速下粉尘粒度均小于 $5\mu m$。从测试的数据中可以看出，在不同的风速情况下，粉尘的浓度是在变化的。在达到最低值后，随着风速的增加，粉尘的浓度会相应地增加。因此，矿井防尘应从最优排尘风速方面进行研究，以达到最优的排尘风速。另外，为降低高寒地区矿井的二次扬尘，需要研究粉尘保湿特性，采用适宜的抑尘手段，减少二次扬尘。

### 7.7.4 粉尘沉降速率的测试及研究

高寒地区低压、低温的环境，对粉尘的自由沉降也有影响，为研究高寒地区矿井粉尘的沉降速率，在 3002m 中段对粉尘的沉降速率进行了测试。

测试的地点是在 3002m 中段 5 线下盘处一个电耙道附近的大巷，电耙道进行碎大块爆破作业，引起大巷粉尘的增加。从爆破开始，每隔 5min 测试一次粉尘浓度。测试数据见表 7 - 24。

表 7 - 24　爆破后大巷粉尘浓度测试表

| 采样时间/min | 风速/m · s$^{-1}$ | 浓度/mg · m$^{-3}$ |
| --- | --- | --- |
| 5 | 0.7 | 1.7 |
| 5 | 0.6 | 0.7 |
| 5 | 0.6 | 0.4 |

由测试数据可知，大巷的最大粉尘粒度在 $5 \sim 2\mu m$ 之间，可知在测试过程中沉降的粉尘粒度应该在 $5\mu m$ 左右。爆破后 15min，粉尘浓度由 $1.7mg/m^3$ 降到 $0.4mg/m^3$，在大巷风速 $0.6m/s$ 的情况下，粉尘浓度为 $0.37mg/m^3$。由于爆破震动带起的粉尘，在 15min 后基本结束沉降。

## 7.8 化学抑尘剂的应用研究

### 7.8.1 化学抑尘剂概述

在已有的防尘固尘方法中，化学抑尘是最有效的方法。化学抑尘方法产生于 20 世纪 30 年代，一直得到人们的高度重视。近数十年来，该方法发展迅速，并且化学抑尘的应用范围也得到了进一步拓展。化学抑尘剂根据使用场所和作用不同，可分为粉尘润湿型化学抑尘剂、黏结型化学抑尘剂和凝聚型化学抑尘剂三大类，抑尘机理分别是润湿、固结和凝并。

### 7.8.1.1 润湿型化学抑尘剂

润湿型化学抑尘剂能够提高水对粉尘的润湿能力，即在粉尘被润湿后，能够继续吸收空气中的水分，提高粉尘的含水率，从而抑制因为水分蒸发而引起的粉尘飞扬。凡是能提高水对粉尘润湿效果的化学试剂都可以作为润湿型化学抑尘剂的吸湿型化学试剂。湿润型化学抑尘剂通常是由一种或多种表面活性剂以及某些无机盐和卤化物组成。这种抑尘剂产品是由亲水基和疏水基组成的化合物。湿润剂溶于水时，其分子完全被水分子包围，亲水基一端被水分子吸引，疏水基一端则被排斥伸向空中，这样湿润剂物质的分子在水溶液表面形成紧密的定向排列层（界面吸附层），使水的表层分子与空气接触状态发生变化，接触面积大大缩小，导致水的表面张力降低；同时，朝向空气的疏水基与粉尘之间有吸附作用，而把尘粒带入水中，使得粉尘得到充分润湿。润湿型化学抑尘剂抑尘效果比洒水防尘效果好，例如采用纯水作为路面的抑尘剂时，路面的微细尘粒往往不能被水润湿，因而抑尘效果不佳，如对 $2\mu m$ 粉尘的捕获率仅为 1% ~ 28%。因此，有必要研究加入某些化学试剂来提高抑尘效果。

生产实践证明，添加润湿剂的抑尘效果明显优于水的抑尘效果。例如，质量分数 5% ~ 10% 的 $CaCl_2$ 溶液的抑硅尘能力比水的抑硅尘能力可提高约 30%，而十二烷基苯磺酸钠的质量分数为 0.2% 时，其润湿硅尘的能力可提高 40% 左右。研究表明，当表面活性剂的质量分数为 0.01% ~ 0.5% 时，能显著降低水的表面张力，也就是增加了液滴与黏附粉尘颗粒的比表面积。因此，在路面或堆场的粉尘上喷洒润湿型抑尘剂，可以显著增强水对粉尘的润湿能力，从而提高抑尘剂的抑尘效果。

### 7.8.1.2 黏结型化学抑尘剂

黏结型化学抑尘剂是利用覆盖、黏结、硅化和聚合等原理防止泥土和粉尘飞扬，其经常应用于以下领域：（1）土质路面扬尘控制；（2）物料搬运过程产尘控制；（3）土质堤坝、路基、地基的稳定土；（4）地表和地下岩土结构工程漏水控制等。部分基于黏结机理的化学抑尘剂配方见表 7-25。

**表 7-25 部分基于黏结机理的化学抑尘剂配方**

| 作　者 | 成　分 | 应　用 |
|---|---|---|
| 吴超，等 | $CaCl_2$，水玻璃，丁二酸钠，十二烷基磺酸钠，十二烷基苯磺酸钠 | 黏结粉尘 |
| Steenari B M，et al | 生物油灰渣 | 稳定土 |
| Lestner M O | 纤维素滤料悬浮液 0.1% ~ 20% | 黏结煤尘 |
| 孟廷让，等 | 渣油，乳化剂，水 | 黏结路面粉尘 |
| Gillies J A，et al | 生物催化剂稳定剂，乳化聚合物，乳化石油，无害原油 | 黏结路面粉尘 |
| 王坪龙，等 | 渣油乳化液 | 黏结粉尘 |
| Johnson J W，et al | 黏结剂 40% ~ 90%，有机液载体 10% ~ 60% | 黏结粉尘 |

黏结型化学抑尘剂目前所研究和应用的主要是黏结型有机化学抑尘剂，其主要成分是有机黏性材料，包括油类产品、造纸、酒精工业的废液、废渣等。这些材料的特点是不溶于水，通常应用之前需要对其进行乳化，最终配制成油、水、乳化剂为一体的具有一定黏性的乳状液。当乳状液喷洒到尘面时，外相水首先与粉尘接触，使粉尘润湿、凝结。同

时，乳状液中游离的少量表面活性剂分子在水面的憎水基在水和尘粒之间架起"通桥"，冲破尘粒表面吸附的空气膜，促进了水对粉尘的润湿、凝结作用。乳状液喷洒到粉尘表面后会发生破乳现象，由于破乳现象的发生，一方面能够使得粉尘较容易被润湿，另一方面乳状液中的表面活性剂分子在尘粒表面形成定向排列的吸附膜，能抑制表面活性剂基底水分的蒸发。乳状液喷洒到粉尘表面后，分散介质的一部分油珠由于密度和布朗运动的影响而从下向上运动，有的油珠在运动过程中发生碰撞而凝并成大颗粒，其中的水逐渐下渗并借助表面活性剂的作用润湿粉尘；大颗粒的油珠继续向上移动，直到到达乳状液或粉尘的表面。随着粉尘表面聚集的大颗粒油珠数量的增多，油珠间相互碰撞的几率增大，凝并速度加快。当粉尘表面聚集的油珠达到一定数量时，它们就凝结成一个整体，即形成一层油膜。该油膜具有较好的耐蒸发性和强度，同时油膜能够抑制水分的蒸发，使粉尘颗粒被润湿的时间更长。当乳状液与粉尘颗粒接触时，由于乳状液中各相分子与粉尘颗粒间的相互作用，形成以范德华力为主的物理吸附和以化学键为主的化学吸附，从而促进了乳状液与尘粒之间的黏结。

### 7.8.1.3　凝聚型化学抑尘剂

凝聚型化学抑尘剂是由能吸收大量水分的吸水剂组成的，能使泥土或粉尘保持较高的含湿量从而防止扬尘。凝聚剂主要用于保水和吸收大气中的水分以便使泥土或粉尘聚合，常用于路面扬尘控制，物料搬运和物料仓库产尘的防治。凝聚剂按照作用机理与制造材料可分为吸湿性无机盐凝聚剂和高倍吸水树脂凝聚剂。

#### A　吸湿性无机盐

吸湿性无机盐材料很多，如 $MgCl_2$、$CaCl_2$、$NaCl$、$Na_2SiO_3$、$AlCl_3$、活性氧化铝、硅胶等。这些材料都能够从空气中吸收水分，使粉尘凝并，保持粉尘的含湿量，从而达到抑尘的目的。当用吸湿性无机盐水溶液喷洒粉尘时，水在润湿的粉尘中能形成水化膜，促进粉尘的凝聚。水化膜与粉尘固体的结合相当牢固，干燥水化膜的粉尘所需的热，除了用来供给水的蒸发外，还需克服水化膜与粉尘固体间的黏附力。水化膜越厚，水分蒸发越慢，因而保持粉尘润湿的时间越长。另外，吸湿性无机盐在大自然中有很高的吸湿性，其吸湿量随环境相对湿度的增加而增加，当吸湿后形成的盐水溶液的蒸气压力与空气中水的蒸气压力相等时，吸湿就停止；如果大于空气中水的蒸气压力，则开始蒸发，反之则吸湿。因此，即使在干燥的气候条件下，也可使粉尘从空气中吸收一定的水分，保持有利于抑尘的含水量。

#### B　高倍吸水树脂

1961 年，美国农务省北方研究所 C. R. Russell 等从淀粉接枝丙烯腈开始研究制备超强吸水剂，其后 Fanta 等人于 1966 年首先提出"淀粉衍生物的吸水性树脂具有优越的吸水性能，吸水后形成的膨胀凝胶体保水性很强，即使加压也不与水分离，甚至也具有吸湿保湿性"。1975 年，日本开发出淀粉接枝丙烯酸的共聚物，并于 1978 年投入市场。这种超强吸水剂的安全性更好。此后 20 多年里，世界各国对超强吸水剂进行了大量的研究。我国高倍吸水材料的研究从 20 世纪 80 年代开始，取得了一些成果，如兰州大学的柳明珠、义建军等人将丙烯酰胺与洋芋淀粉进行接枝共聚，然后水解制得的高倍吸水性聚合物，在室温 24h 内可吸蒸馏水 5085 倍；中国科学院兰州化学物理研究所研制的 LPA － 1 和 LSA － 1 吸水剂，吸水能力为 1000 ~ 2000 倍。部分基于吸水凝结机理的化学抑尘剂配方见表 7 － 26。

表 7 – 26 部分基于吸水凝结机理的化学抑尘剂配方

| 作 者 | 成 分 | 应 用 |
|---|---|---|
| 吴超，等 | 固体 $MgCl_2$，$CaCl_2$，$NaCl$ | 凝结粉尘 |
| 王海宁，等 | 淀粉接枝丙烯酸钠 | 树脂抑尘剂 |
| 中科院长春应用化学研究所 | 含膨润土的交联聚丙烯酰胺 | 树脂抑尘剂 |
| Olson S K，et al | $MgCl_2$ 32%，树脂 1% ~ 4.2% | 凝结粉尘 |
| Roe D C | 水溶性解制共聚物 | 凝结粉尘 |
| 王坪龙，等 | 聚丙烯酸钠 | 凝结粉尘 |
| Sheskey P J，et al | 增塑型和水的聚合物 | 凝结粉尘 |

## 7.8.2 抑尘剂配制实验

矿山生产中，许多环节都会产生大量的粉尘，特别是地下开采的矿山，由于其空间有限，产生粉尘后很不容易扩散。尤其是呼吸性粉尘，如果不能有效地将它们清除掉，就会严重威胁井下工人的身体健康。最好的方法就是防止粉尘飞扬，同时使已经扬起的粉尘快速沉降下来。防止粉尘飞扬有三种机理：固结、湿润和凝聚。其中，抑尘剂湿润机理是使被抑尘面在较长的时间内保持一定的湿度，从而增大粉尘密度；抑尘剂固结机理是使被抑尘面形成具有一定强度和硬度的表层以抵抗风力等一些因素的破坏作用；抑尘剂凝聚机理主要是将细微粉尘凝聚成较大直径的粉尘颗粒。抑尘剂主要通过这三方面的作用抑制粉尘飞扬。而润湿型化学抑尘剂在吸湿性化学物质和表面活性剂的双重作用具有良好的抑尘效果，因此，根据研究目的和需要，研究配制润湿型化学抑尘剂作为锡铁山铅锌矿井下的防尘药剂，从原料来源广、价格低、制备工艺简单、危害小、润湿性能良好等方面考虑，选用氯化钙、氯化镁、氯化钠作为实验所需吸湿性化学物质，选用十二烷基硫酸钠、十二烷基苯磺酸钠、丁二酸钠、吐温 40、曲拉通 X – 100 作为表面活性剂。

## 7.8.3 实验药品及实验仪器

根据实验要求所需药品及涉及的实验仪器见表 7 – 27 和表 7 – 28。

表 7 – 27 抑制剂配置实验所需化学试剂

| 药剂名称 | 纯 度 | 生产厂家 |
|---|---|---|
| 氯化钠 | 分析纯 | 国药集团化学试剂有限公司 |
| 氯化镁 | 分析纯 | 国药集团化学试剂有限公司 |
| 氯化钙 | 分析纯 | 北京北北精细化学品有限公司 |
| 十二烷基硫酸钠 | 化学纯 | 国药集团化学试剂有限公司 |
| 十二烷基苯磺酸钠 | 分析纯 | 国药集团化学试剂有限公司 |
| 丁二酸钠 | 分析纯 | 国药集团化学试剂有限公司 |
| 曲拉通 X – 100 | 化学纯 | 国药集团化学试剂有限公司 |
| 吐温 40 | 化学纯 | HONG KONG FARCO CHEMICAL |

表 7 - 28 抑制剂配置实验仪器

| 仪 器 名 称 | 生 产 厂 家 |
|---|---|
| JA2003 电子天平 | 上海舜宇恒平科学仪器有限公司 |
| DGG - 9249 型电热恒温鼓风干燥箱 | 上海森信实验仪器有限公司 |
| 国家标准实验筛（100 目/200 目） | 浙江上虞市春耀仪器纱筛厂 |
| JzhY1 - 180 表面张力测量仪 | 河北省承德市材料万能试验机厂 |

### 7.8.4 选择润湿剂的含水率实验

润湿型化学抑尘剂基料为吸水能力强的化学物质，可通过测定和对比基料的吸水保湿性进行基料的优选。研究设计了含水率实验，通过润湿粉尘测粉尘含水率比对润湿剂之间的润湿性能。

#### 7.8.4.1 溶液配制

为了配制质量分数为 10% 的溶液，用电子天平分别称取 4g 的 NaCl、$CaCl_2$、$MgCl_2$，放入贴着不同标签的烧杯中，然后用量筒量取 16mL 水加入上面不同烧杯中，用玻璃棒搅拌均匀，使溶质充分溶解。将配制好的质量分数为 10% 的不同溶液装入贴有标签的试剂瓶中备用。

#### 7.8.4.2 粉尘含水率测定

保水性能是抑尘剂重要的性能指标，测试方法目前还没有统一标准。参考国内外文献，本实验中采用的方法是：称取一定量的粉尘样品放在玻璃皿中，量取一定量待测的抑尘剂溶液洒到粉尘样品表面，使其慢慢渗透入粉尘样品中，然后按照一定的时间间隔称样品重量，通过样品的重量变化来衡量它的保水性，可以用含水率表示抑尘剂保水性能的优劣。含水率计算公式如下：

$$W = \frac{W_1 - W_2 - W_3}{W_1 - W_3} \times 100\% \qquad (7-17)$$

式中    $W_1$——粉尘的湿重；

        $W_2$——粉尘的干重；

        $W_3$——玻璃皿的重量。

用 100 目标准筛筛分尾砂，取筛下物作为粉尘试样。用电子天平称取 4 份 40.000g 粉尘试样装入玻璃器皿中，并在器皿底部贴上要加入不同药剂所对应的标签，其中一份是纯水，以作对比。为了方便实验，不易混淆，对要加入不同药剂的玻璃器皿做编号，NaCl、水、$CaCl_2$、$MgCl_2$ 分别对应编号①、②、③、④，其中①、②、③、④号玻璃皿重量分别为 22.264g、17.346g、20.222g、18.398g。在装有粉尘的①、③、④号玻璃皿中分别加入 10mL 质量分数为 10% 的 NaCl、$CaCl_2$、$MgCl_2$，在②号玻璃皿中加入 10mL 水，以后每天在一定时间称量总重，得出数据。润湿后每天测的粉尘总重见表 7 - 29。

根据数据及含水率公式计算含水率，并绘制含水率曲线，如图 7 - 20 所示。由实验数据可以看到，在相同条件下，三种试剂与水作对比，都有明显的吸水保湿性，而氯化钙的吸水保湿性能明显优于其他试剂，粉尘含水率达 8% 以上。而参与对比的氯化镁、氯化钠含水率则保持在 5% 左右，低了 3 个百分点。根据吸水保湿性能对比，由于氯化钙更易吸收空气中的水分子，而且保水能力强，所以选择氯化钙作为润湿剂。

表7-29 润湿后每天粉尘总重

| 编号 \ 天数 | 1 | 2 | 3 | 4 | 5 | 6 | 7 | 8 | 9 | 10 |
|---|---|---|---|---|---|---|---|---|---|---|
| ① | 73.476 | 71.588 | 70.203 | 66.905 | 64.403 | 64.304 | 64.295 | 64.307 | 64.312 | 64.321 |
| ② | 67.097 | 64.040 | 61.577 | 57.379 | 57.365 | 57.366 | 57.359 | 57.366 | 57.373 | 57.380 |
| ③ | 71.188 | 69.088 | 67.779 | 65.622 | 64.781 | 64.567 | 64.143 | 64.223 | 64.478 | 64.521 |
| ④ | 68.686 | 66.065 | 64.337 | 61.509 | 60.938 | 60.859 | 60.358 | 60.378 | 60.628 | 60.374 |

### 7.8.5 选择表面活性剂的沉降实验

沉降试验法是最简单的润湿性测定方法之一。该方法是将很少量的尘样仔细地倒在润湿剂溶液的表面上，然后用秒表记录下粉尘样品沉降到液面以下的时间，该沉降时间用于度量粉尘试样的润湿特征。本研究通过沉降实验衡量对比不同表面活性剂的润湿特性。

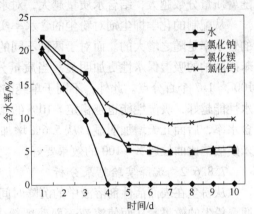

图7-20 相同用量下的各种吸湿材料吸湿性能对比

#### 7.8.5.1 溶液配制

设计质量分数分别为 0.00%、0.05%、0.1%、0.2%、0.5% 的十二烷基硫酸钠、十二烷基苯磺酸钠、曲拉通 X-100、吐温 40 溶液做粉尘的沉降实验。分别称取重量为 0.1g、0.2g、0.4g、1.0g 的四种不同的表面活性剂配制质量分数为 0.05%、0.1%、0.2%、0.5% 的不同表面活性剂溶液各 200mL，分别放入贴着标签的 250mL 烧杯中静置。

#### 7.8.5.2 粉尘沉降实验

用 200 目的筛子筛分尾砂取筛下 0.075mm 以下的颗粒作为实验物料，分别在 200mL 的不同表面活性剂溶液中加入 0.500g 粉尘进行沉降。具体步骤为：首先称取多份 0.500g 粉尘，然后分别均匀洒入不同的表面活性剂溶液，仔细观察粉尘是否沉入液面以下，以及粉尘在溶液表面消失的快慢，记录沉降时间。记录的数据见表 7-30。

表7-30 粉尘在表面活性剂溶液中的沉降时间 （s）

| 质量分数/% | 十二烷基硫酸钠 | 十二烷基苯磺酸钠 | 曲拉通 X-100 | 吐温 40 |
|---|---|---|---|---|
| 0.00 | 溶液表面有残留尘粒无法沉降 | | | |
| 0.05 | 48.23 | 42.39 | 30.12 | 溶液表面有残留尘粒无法沉降 |
| 0.1 | 97.27 | 28.25 | 21.63 | |
| 0.2 | 85.05 | 21.33 | 15.26 | |
| 0.5 | 31.48 | 8.73 | 7.54 | |

### 7.8.6 实验结果分析

#### 7.8.6.1 含水率实验结果分析

通过三个含水率实验，即粉尘的自然含水率实验、润湿剂影响粉尘的含水率实验、复配润湿型化学抑尘剂对粉尘的含水率实验，测得粉尘在自然状态下的含水率为 0.03%，对后面的抑尘剂对粉尘含水率的影响甚微，从而不会影响到实验结果。

从润湿剂影响粉尘的含水率实验中可以看到，在相同条件下，三种试剂与水作对比，都有明显的吸水保湿性，而氯化钙的吸水保湿性能明显优于其他试剂，粉尘含水率达到了 8% 以上。而参与对比的氯化镁、氯化钠则保持在 5% 左右，低了 3 个百分点。从吸水保湿性能上对比，由于氯化钙更易吸收空气中的水分子，而且保水能力强，所以选择其作为润湿剂。从机理方面分析，氯化钙容易与水结合形成含 1、2、4、6 个结晶水的水合物，随着质量分数越大，结合水质量越大，对水的吸收能力越强。

从配制的化学抑尘剂对粉尘的含水率实验数据可以看出，随着质量分数的增大，粉尘的含水率是随之增大的。而对于两种不同的表面活性剂，随着质量分数的增大，十二烷基苯磺酸钠的吸湿保水性更加明显。当质量分数为 10% 时，其吸湿保水性要比曲拉通 X-100 高 1.7 个百分点。此外，不同于单纯的氯化钙，加了表面活性剂的抑尘剂，越往后吸水性能越好，吸湿性能也越稳定。10% 的氯化钙-十二烷基苯磺酸钠溶液所对应的粉尘的含水率，后面几天增加明显，从 5.6% 增加到 7.3%。从硅尘的防治方面来说，十二烷基苯磺酸钠比曲拉通 X-100 的效果要好。

### 7.8.6.2　沉降实验结果分析

从粉尘在表面活性剂溶液中的沉降时间表中可以看到，水和吐温 40 都不能达到完全润湿粉尘的效果，从而使溶液表面残留粉尘无法沉降。在一定质量分数下，曲拉通 X-100 和十二烷基苯磺酸钠的沉降效果就比较明显，而且粉尘在表面活性剂溶液中的沉降时间随质量分数的增大而减小，也就是说，表面活性剂溶液浓度越高，对粉尘的润湿性能越好。从润湿机理方面分析，由于表面活性剂分子具有特殊的两亲结构（其分子一端为亲水基，另一端为亲油基），在溶液中，一方面它可在溶液表面形成界面吸附层，大大降低了溶液的表面张力；另一方面当溶液与固体颗粒接触时，它也可在固液表面搭起分子通桥降低其湿润接触角。因此，它可显著地改善化学抑尘剂的湿润速度。

### 7.8.6.3　表面张力实验结果分析

抑尘剂的表面张力小于水的表面张力时，才具有润湿粉尘的能力，才能使粉尘被润湿、结团，从而达到抑制粉尘飞扬的目的。实验测定结果符合要求，然而实验测定值并没有任何大的变化，从而使得实验取值没有可对比性，造成实验数据不可用。通过分析得知，当溶液浓度到达一定值时，其表面张力将不再发生变化，溶液浓度 1% 时已经到达饱和值，所以使得后面数据基本没有差别。

根据已有文献，十二烷基苯磺酸钠在质量分数为 0~0.2% 时，其表面张力是逐渐减小的，最低值约 32mN/m；之后虽有增长，变化不明显。为了实验的后续进行，选取氯化钙与十二烷基苯磺酸钠和曲拉通 X-100 的比例为 10:1。

### 7.8.6.4　实验结果综合分析

表面活性剂作为化学抑尘剂的重要组分，在化学抑尘剂中起着乳化、润湿、增溶、保水等作用，对抑尘剂的抑尘效果有着很重要的影响。

（1）从乳化作用方面考虑，溶液中加入表面活性剂后，由于表面活性剂的两亲性质，使之易于在油水界面上吸附并富集，降低了界面张力，改变了界面状态，降低了体系的界面能，从而使本来不能混合在一起的"油"和"水"两种液体能够均匀地混合到一起，达到和保持乳液的分散状态，并保证其一定时间内功能和性状的稳定性。

（2）从润湿作用方面考虑，表面活性剂溶液滴到粉尘表面，由于其性质不同，发生铺展润湿或黏附润湿作用。表面活性剂与添加剂结合，使粉尘表面的晶格吸附表面活性剂产生亲水作用，高价负离子吸附在粉尘表面的亲水晶格上，使其保持亲水性。在粉尘表面疏水晶格的表面活性剂分子的密实填充作用和半胶束形成，改善其亲水性。

（3）从增溶作用方面考虑，表面活性剂在水溶液中形成胶束后，具有使不溶或微溶于水的有机物的溶解度显著增大的能力，且此时溶液呈透明状。胶束的这种作用称为增溶，增溶作用可使被增溶物的化学势显著降低，从而使体系变得更稳定。

（4）从保水作用方面考虑，抑尘剂中添加表面活性剂后能够提高粉尘表面的吸附作用，阻止水分快速蒸发，从而在较长时间内锁住水分，保持粉尘样品较高的含水率，延长蒸发时效，还可以降低在粉尘中的入渗速度，延长吸湿保水时间，从而达到长时间抑制粉尘飞扬的效果；同时，又能增强粉尘颗粒之间的相互吸引力，加强颗粒间的凝并效果，有助于粉尘形成较大粒径，起到抑尘作用。

润湿剂对粉尘的含水率实验中，选择了吸湿性能最好的氯化钙作为辅料，一方面可以对粉尘有效地润湿，另一方面使润湿后的粉尘表面吸收水分增大粉尘团簇能力，从而增大粉尘粒径，达到更好的降尘效果。表面活性剂比选的沉降实验中选择了两种对粉尘润湿效果较好的表面活性剂，即十二烷基苯磺酸钠和曲拉通 X－100。表面活性剂能够降低界面张力，使粉尘更容易被润湿。基料和辅料按一定比例混合，能够起到相辅相成的作用，使抑尘效果更优。

综上所述，通过实验得出了以下综合结论：

（1）测试结果表明，锡铁山铅锌矿井下粉尘的成分非常复杂，是多种矿物组成的混合物，湿润剂的研发必须考虑综合的抑尘效果，要想使配置的化学抑尘剂具有良好的抑尘效果，还需在试验室做更多试验，统计出试验结果。

（2）十二烷基苯磺酸钠和曲拉通 X－100 的润湿能力优于其他表面活性剂，同样的状态下，十二烷基苯磺酸钠要比曲拉通 X－100 高出 1.8 个百分点。

（3）氯化钙和氯化镁的吸湿保湿能力明显优于其他吸湿性化学物质，是润湿型化学抑尘剂的理想基料。

（4）复合后的化学抑尘剂比单一的润湿剂性质稳定，以氯化钙为基料，十二烷基苯磺酸钠和曲拉通 X－100 作为辅料配制润湿型化学抑尘剂，比例取 10:1，变化配制的抑尘剂溶液的浓度，浓度越高，相应粉尘含水率越高，其中十二烷基苯磺酸钠的配方取质量分数 10% 时效果最好。

（5）在一定质量分数内，随着表面活性剂溶液浓度的增高，其表面张力是减小的。减小抑尘剂的表面张力，能够使其更容易润湿粉尘。

## 7.9 锡铁山铅锌矿矿井粉尘治理研究

### 7.9.1 凿岩工作中粉尘产生的源头

在凿岩工作中，粉尘产生的源头主要有以下几个方面：

（1）钻孔过程中，钻头与岩石剧烈摩擦，产生大量粉尘，而且由于钻头旋转推动力由压缩空气提供，粉尘经压缩风流吹出后，大量悬浮在作业面空气中；

（2）爆破时，炸药产生化学反应，不仅产生大量的硝烟，而且伴随剧烈的震动冲击，一方面岩石破裂互相撞击产生粉尘，另一方面冲击波提供给黏附在作业面附近围岩表面的粉尘动能，从而使粉尘飘浮在作业面空气中；

（3）挖掘出渣时，各种柴油机械由于不完全燃烧，不仅产生大量的尾气，而且由于设备运动，在巷道内产生空气紊流，使设备表面和围岩表面的粉尘随风飞扬。

### 7.9.2　井下常用除尘措施

#### 7.9.2.1　通风除尘及个体防护

通风除尘的作用是稀释并排出矿内空气中的粉尘。矿内各种尘源在采取防尘措施后，仍会有一定量的矿尘进入矿井空气中。这些粉尘能够较长时间悬浮在空气中，同时由于粉尘的不断积聚，造成矿井内严重污染，严重危害人身健康。所以必须采取有效通风措施稀释并排走矿尘，不使其积聚。决定通风除尘效果的主要因素有工作面的通风方式、风量和风速等。通风防尘的关键是确定最佳排尘风速，如果风速偏低，粉尘不能被风流有效地冲淡排出，并且随着粉尘的不断产生，造成作业空间粉尘浓度的非定量叠加，导致粉尘浓度持续上升。风速过高，又会吹扬巷道、支架及采空区里的积尘，同样会造成粉尘浓度升高。

矿山内有许多产尘地点（采掘工作面、溜矿井等）和产尘设备（如破碎机、输送机、装运机、掘进机、锚喷机等），产尘量大而且集中。采取密闭抽尘净化措施，就地控制矿尘，常是有效而经济的办法。密闭的目的是把局部尘源所产生的矿尘限制在密闭空间之内，防止其飞扬扩散，污染作业环境，同时为抽尘净化创造条件。密闭净化系统由密闭罩、排尘风筒、除尘器和风机组成。

在采取了通风防尘措施后，矿尘浓度虽可达到卫生标准，仍有少量微细矿尘悬浮于空气，尤其还有个别地点不能达到卫生标准，所以，个体防护是综合防尘措施不可缺少的一项。目前个体防护的主要措施有防尘口罩和防尘帽，它们能将污浊空气中的粉尘通过过滤材料滤掉，使作业人员吸入较干净的空气，在实际使用中具有防尘效果好、经济、方便等特点。

#### 7.9.2.2　湿式作业除尘

湿式作业是矿山应用最普遍的防尘措施。它的作用是湿润抑制尘源和捕集悬浮矿尘。按除尘机理可将其分为两类：一类是用水湿润、冲洗初生和沉积的矿尘；一类是用水捕集悬浮于矿井空气中的粉尘。属于前者的有湿式凿岩、水封爆破、作业点洗壁、喷雾洒水等，属于后者的有巷道水幕等。这两类除尘方式的效果均是以粉尘得到充分湿润为前提的。喷雾除尘是矿山实现湿式作业的一个主要手段，也是矿山的主要除尘方法。通常情况下，湿式作业主要采用喷雾除尘和湿式凿岩。

（1）喷雾降尘是指水在一定的压力作用下，通过微孔喷射而形成一种雾状体。水雾在空气中浮游与矿尘相碰撞，增加了矿尘自身的重量，加速其沉降，从而降低了井下各作业地点的矿尘浓度。喷雾洒水除尘广泛用于采掘机切割、爆破、装载、运输等生产过程中，缺点是对微细尘粒的捕集效率较低。因此，提高喷雾质量是提高综合防尘效果的关键。在矿井运输胶带、溜槽的转载点采用单独的喷嘴进行喷雾降尘；在综采、掘进工作面回风巷采用直杆式净化水幕，在大巷采用弯杆净化水幕。

（2）湿式凿岩就是在凿岩过程中，将压力水通过凿岩机送入并充满孔底，以湿润、冲洗和排出产生的粉尘，它是凿岩工作普遍采用的有效防尘措施。湿式凿岩有中心供水和盘侧供水方式之分，目前使用较多的是中心供水式凿岩机。湿式凿岩的防尘效果取决于单位时间内送入钻孔的水量。只有向钻孔底部不断充水，才能起到对粉尘的湿润作用，并使之顺利排出。

### 7.9.2.3 高压供水除尘

传统的给水是在洞顶适当的高度修建高山水池，靠水池与洞内高差实现高压水头向洞内供水。在高寒地区，这一做法受到挑战。如中铁十八局承担的冷龙岭隧洞出口段采用传统供水方案在气温不低于 −20℃时可正常供水，但水源无法保证；气温低于 −20℃后设施无法使用，反而遭到不同程度的破坏。保温与化冰取水的费用让施工方难以承受。伴随着技术的进步，目前至少有两项技术可以解决这个问题。

A 风压供水技术

采用风压供水方案，将供水设施置于洞内，充分利用隧洞内的地下水，通过高压风向储水罐内的水加压，使之具有一定水头以克服管道阻力并满足洞内凿岩机、混凝土喷射机的使用要求，完全取消保温加热设施。

B 变频恒压供水技术

中铁十八局同科研单位合作、组织研制了电动机变频调速控制柜系列产品。该产品采用交流电动机变频调速技术，实现对水泵进行无级调速供水。整套系统在严格保证管网压力恒定（恒压值由用户根据实际需要设定）的前提下，依据用户用水量的变化，随时自动调节水泵达到恒压变流量供水，从而达到大幅度的节电。该产品供水系统的性能与特点如下：

（1）系统设计合理，技术先进、操作方便、压力稳定、运行安全可靠、噪声低、无污染，无须水塔、高位水箱、气压罐，只需电动机水泵和一个变频控制柜；

（2）该系统在最高压力和扬程后可实现自动运行，根据用水量大小自动调节电动机转速，需要多少供多少，不浪费，无须专人值班；

（3）该系统采用闭环自动控制，自动调节水泵转速从而改变供水量；

（4）该系统高效、节能，特别在高寒地区具有广阔的推广前景和使用价值，无须设置高山水池，目前该技术在宁西线桃花铺隧道施工中推广。

### 7.9.2.4 应用化学抑尘新方法

化学抑尘是有效防治粉尘污染的新方法。抑尘剂的有效成分 $CaCl_2$、$MgCl_2$ 具有吸湿和保湿性能，抑尘剂溶液喷洒在井下扬尘地点后，会增大尘粒的尺寸和重量，具体表现为增大粉尘粒子的亲水性，使其更易润湿、凝结，从而使粉尘加速下落沉降。同时，依靠表面活性剂中的成膜单体材料在表面层形成壳膜，吸湿剂消除壳膜的裂缝，表面活性剂充分发挥喷洒液的效能，在表层形成完整、连续且具足够强度的壳体，使粉尘限制于壳内，可避免空气污染。矿井主要的抑尘剂为湿润剂。湿润剂用于提高水对粉尘的湿润能力和抑尘效果，它特别适合于疏水性的呼吸性粉尘。

为使抑尘剂效果更佳，其制备工艺日趋复杂，将逐渐向复合型和专业型方向发展。化学抑尘剂将与其他形式的抑尘技术更佳密切地结合。此外，抑尘剂已从采用重油和无机盐类物质向有机高分子物质过渡，更加注重其使用的安全性、可操作性和持续有效性。

### 7.9.3 凿岩巷道除尘

目前矿山粉尘污染比较严重的地方主要是凿岩巷道，所以凿岩工作的除尘措施需要大幅加强，以减少凿岩巷道粉尘的危害。根据现场情况，设计了凿岩巷道工作面的除尘方法：

（1）使用喷雾降尘。喷雾降尘是向浮游于空气中的粉尘喷射水雾，使小水滴附着在粉尘表面，从而增加尘粒的重量，使其密度增大降落至地表，达到降尘的目的。通过改变喷雾压力和喷嘴孔径，得到不同直径的雾滴。通常喷雾压力在 4～10MPa 之间，喷嘴孔径小于或等于 0.15mm；同时采取气力雾化措施，即由雾化喷头喷出的雾流与空压机释放的高压气流撞击后形成小雾滴。

（2）洒水、水幕降尘。在每次凿岩后，迅速向爆破渣堆洒水，可有效压尘；同时启动水幕装置，通过水幕黏附一部分空气中飞扬的粉尘。水幕装置比较简单易行，一般在隧洞顶部布置一排或多排 φ25 的排水钢管，管上密集分布一排细小的孔眼，将管接阀门连接到供水管上，需要时打开阀门即可形成水幕。

#### 7.9.3.1 除尘方案选择

选择 2882m 凿岩巷道作为研究地点，在矿山现有条件和具体情况下，考虑到经济因素，使用加强通风和喷雾除尘的方法来降低粉尘浓度，是比较现实和合算的方法。

由于矿山凿岩巷道的风速很小，几乎都在 0.3m/s 以下，很多地方基本上无风流，因此加强通风是简单而有效的除尘方法。采用抽出式通风方式，在洞口布置风机，接硬壳风筒至作业面，吸走作业面的污浊空气并向外抽排。

除了通过加强通风来降低粉尘浓度，同时还设计使用喷雾除尘的方法来降低粉尘的浓度。采用气水联动的凿岩工作方式，每处凿岩点都有高压水直通到凿岩巷道。

使用喷雾除尘只需在高压水管上接个分支，将高压水引出一段即可。选用水力喷雾器，压力水经过喷雾器，靠旋转的冲击力作用，形成水雾喷出。

#### 7.9.3.2 除尘方案设计

根据巷道参数，对巷道的需风量和风压进行计算，根据计算结果选择合适的设备，并按所需风量和风压对风机选型。按排尘要求计算风量有两种方法：

（1）按工作面空气中的粉尘量计算风量。粉尘主要来源于产尘设备，其产尘量大小取决于设备的产尘强度和同时工作的设备台数，对于不同的作业面和作业类别，按表 7-31 确定排尘风量。

表 7-31 工作面排尘风量

| 工 作 面 | 设备名称 | 设备数量/台 | 排尘风量/m³·s⁻¹ |
|---|---|---|---|
| 巷道型采场 | 轻型凿岩机 | 1 | 1.0～2.0 |
| | | 2 | 2.0～3.0 |
| | | 3 | 3.0～4.0 |
| 硐室型采场 | 轻型凿岩机 | 1 | 3.0～4.0 |
| | | 2 | 4.0～5.0 |
| | | 3 | 5.0～6.0 |

| 工作面 | 设备名称 | 设备数量/台 | 排尘风量/$m^3 \cdot s^{-1}$ |
|---|---|---|---|
| 中深孔凿岩 | 重型凿岩机 | 1 | 2.5 ~ 4.0 |
| | | 2 | 3.0 ~ 5.0 |
| | 轻型凿岩机 | 1 | 1.5 ~ 2.0 |
| | | 2 | 2.0 ~ 2.5 |
| 装运机出矿 | 装岩机、装运机 | 1 | 2.5 ~ 3.5 |
| 电耙出矿 | 电耙 | 1 | 2.0 ~ 2.5 |
| 放矿点、二次破碎 | | | 1.5 ~ 2.0 |
| 锚喷支护 | | | 3.0 ~ 5.0 |

（2）按排尘风速计算风量。回采工作面按排尘风速计算风量公式如下：

$$Q_h = Sv \tag{7 – 18}$$

式中 $S$——巷道型采场作业地点的过风断面，$m^2$；

$v$——回采工作面要求的排尘风速，m/s。

局扇的工作风压的计算公式为：

$$H_f = \varphi \left( R + \frac{\rho}{2S^2} \right) Q^2 \tag{7 – 19}$$

式中 $H_f$——局扇工作风压，Pa；

$\varphi$——风筒漏风率；

$R$——局部风阻，$N \cdot s^2/m^8$；

$\rho$——空气密度，$kg/m^3$；

$S$——风筒断面面积，$m^2$；

$Q$——工作面需风量，$m^3/s$。

按照以上公式和情况计算巷道所需的风量和风压，可对风机选型。

A　风量计算

按计算方法一计算：巷道为巷道型采场，使用一台轻型凿岩机，巷道所需的风量为 1.0 ~ 2.0$m^3/s$，即 60 ~ 120$m^3/min$。

按计算方法二计算：将巷道断面近似看做一个长 2460mm、宽 2100mm 的长方形和一个半径 800mm 半圆的组合体，得到巷道断面面积 6.17$m^2$。对于凿岩巷道，0.5m/s 的风速就能达到要求的降尘效果。所需风量为 6.17 × 0.5 = 3.085$m^3/s$，合算为风机风量即 3.085 × 60 = 185.1$m^3/min$。

根据两种计算方法所得的数据，选用风量在 145 ~ 225$m^3/min$ 的局扇。

B　风压计算

2882m 凿岩巷道道长 30m，选用 10m 长的风筒。风筒选用胶皮风筒，直径 400mm；巷道空气密度为 0.892$kg/m^3$，风筒漏风率为 30%。代入式（7 – 19），可得所需风机风压为 382.9Pa。

根据计算出来的风量和风压，选择 JF – 51 型局扇，外形尺寸为 $\phi$615mm × 640mm，额定功率 5.5kW。

喷雾除尘的设备选择主要是选用喷雾器，根据现场的情况选用武安-4型喷雾器，出水孔径 2.5mm，水压 0.3MPa，耗水量 1.49L/min，作用长度 1.5m，射程 1m，扩张角 98°，雾化尺寸 100~200μm。

### 7.9.3.3 设备布置

风机安装在凿岩巷道的洞口位置，连接 10m 长的风筒，使用抽出式通风。在凿岩处设置喷雾除尘设备，在巷道外面的高压水管上接出一个分支水管，将凿岩使用的高压水接到喷雾器上。喷雾器设置在凿岩工作面处，凿岩工作时打开。具体设备布置如图 7-21 所示。

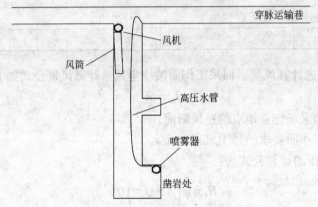

图 7-21 设备布置示意图

在电耙道局部风机和喷水除尘装置同时工作的情况下，除尘效果明显，粉尘浓度均低于 2mg/m³，符合国家标准。

### 7.9.4 电耙道及机械装卸矿点除尘

（1）有底柱分段空场法是矿山常用的采矿方法之一，电耙工作面是矿山粉尘主要的产生地点，产尘的主要原因是破碎大块岩石和电耙工作时的拖动。电耙道通风比较困难，可采用在电耙道的局部设置风机来实现通风除尘，同时使用喷洒化学抑尘剂设施来降低粉尘浓度。

（2）掘进工作面爆破后进行机械装矿时，会产生大量粉尘。可向矿岩堆喷洒化学抑尘剂防止粉尘飞扬，但需要用喷雾器分散成水雾连续或多层次反复喷雾，才能取得好的防尘效果。装岩机、装运机工作时，对铲装与卸载两个产生粉尘的地点，都要进行喷洒。可将喷雾器悬挂在两帮，调好喷洒方向与位置固定喷洒；也可将喷雾器安设在装岩机上，并使其开关阀门与铲臂运行联动，对准铲斗，自动控制喷洒。

（3）在井下倾卸矿石时，矿石不是擦过岩石表面就是穿过空气而落下。冲击力越大，产生的粉尘也越多。在某些地点（例如在大型翻笼），尽管采取了保持矿石湿润的措施，仍然会产生大量的粉尘。采场的卸矿点也会产生大量粉尘。

向卸落矿石喷洒化学抑尘剂，是简单经济的防尘措施。对于干选、干磨的矿石，其含水量不宜超过 5%。对于溜矿井，特别是多阶段溜井的高度较大，在下部放矿口能形成较高的冲击风速，带出大量粉尘，严重污染放矿硐室及其附近的巷道。控制一次卸矿量，延长卸矿时间，保持贮矿高度，都可以减少冲击风量。

### 7.9.5 运输过程除尘

随着搬运矿石日益向机械化发展，其已成为产生粉尘的重要来源。目前，锡铁山铅锌矿有大量电耙、装载机和带式输送机，在装矿、卸矿和装载处，散发出大量粉尘，是主要的产尘点。在装卸或转载处设置倾斜导向板或溜槽，减小矿石下落速度，是减少产尘量的有效方法。喷雾洒水是防止矿尘飞扬的有效措施，在产尘量小的场所可单独使用。但喷水量过多时，容易导致带式输送机的皮带打滑。自动喷雾装置可在皮带空载或停转时自动停止喷雾。

## 7.10 本章研究结论

对高寒地区矿井粉尘治理进行了研究，通过分析与测试锡铁山铅锌矿矿井粉尘的分散度、浓度及扩散规律，并对二次扬尘、沉降速率及化学抑尘剂进行了实验研究，得出了以下结论：

（1）锡铁山铅锌矿井下凿岩巷道和电耙巷道工作面粉尘浓度比较高。在测试中，个别凿岩工作面的最高粉尘浓度高达 $11 mg/m^3$，需要加强除尘措施。电耙道工作面空间狭小，工作时产生的粉尘大。其他地方的粉尘浓度基本符合国家标准。

（2）针对凿岩巷道粉尘浓度过高的情况，采取在凿岩巷道口布置局部风机和增加喷雾除尘设施来降低凿岩工作面的粉尘浓度；在电耙道和放矿点，通过局部风机和喷水除尘措施，除尘效果明显，粉尘浓度均低于 $2 mg/m^3$，符合国家标准。

（3）随着风速的增加，巷道内会产生二次扬尘。对此，优选复合配方抑尘剂可有效地抑制二次扬尘。应用复配抑尘剂后，巷道空气的粉尘浓度测量结果全部合格。

（4）提出矿井除尘措施，即采取通风除尘、个体防护、湿式作业除尘及高压喷雾除尘等，设计了针对凿岩工作面的喷雾除尘方法。

# 8 高寒地区矿井环境指标研究及建议

## 8.1 氧气(O₂)浓度指标

在标准大气压下，环境大气中的氧含量是 20.96%，这也是人类经过长期进化适应生存的正常氧浓度。一直以来，人们认为空气中氧含量低于 18% 为缺氧状态，在该缺氧环境中进行作业有潜在的危险。因此，国家标准《缺氧危险作业安全规程》（GB 8959—2006）对"缺氧"定义重新进行了调整，将缺氧危险作业氧气浓度由 18% 提高到 19.5%。但在高寒地区，即使氧气的含量达到 20.96%，仍然会出现缺氧的症状。因此，需要对不同氧气浓度下人体的缺氧以及功效情况进行研究，以得到适合高寒地区的 O₂ 浓度标准。

### 8.1.1 氧浓度的等效高度

氧气对人体的影响主要跟它的分压有关，氧气浓度的降低和大气压力的降低都会引起氧气分压的降低，进而造成人体缺氧。在高寒地区，由于大气压力的降低，同等氧气浓度的大气氧分压也随之降低，对人体而言，海拔升高的效果相当于氧气浓度减少，而氧气浓度减少的效果也可以看做海拔升高。一般来说，在高寒地区，衡量缺氧的程度用海拔高度比用氧气浓度更直观，因此可以把氧气浓度折算进海拔高度里面，统一用海拔高度来表示氧气的含量。某一海拔含某一氧气浓度的空气可以与特定海拔的正常状况下的空气相对应，海拔为 $h_1$ 氧气浓度为 $F_{io1}$ 的等效高度 $h_2$ 的计算如下式：

$$h_2 = a\left\{1 - \sqrt[b]{\frac{F_{io1}[101.325(1 - h_1/a)^b - 6.27] + 1.313938}{21.217455}}\right\} \quad (8-1)$$

式中，$a = 44329$；$b = 5.255876$。

### 8.1.2 血氧饱和度衡量标准

静息状态下，随海拔升高而动脉血氧饱和度下降，海拔 4100m 处静息时动脉血氧饱和度为 86.44%，相当于海拔 2260m 处从事重体力劳动时的动脉血氧饱和度值。人们从事体力劳动时，随海拔升高而劳动负荷增大，动脉血氧饱和度下降愈明显。如在海拔 4100m 处进行轻度体力劳动时，动脉血氧饱和度下降为 82.69%，比平原地区进行相同体力劳动时的动脉血氧饱和度多下降 14.53%；海拔 4100m 处进行重体力劳动时的动脉血氧饱和度下降为 71.83%，比平原地区进行同样劳动时的动脉血氧饱和度多下降 22.95%。有研究者认为，当动脉血氧饱和度下降到 85% 时（相当于海拔 4000m），可能导致脑力集中能力减退和肌肉精细协调能力下降；当动脉血氧饱和度为 5.3kPa 时，就可能出现判断上的错误、情绪不稳定和肌肉功能障碍；当动脉血氧饱和度下降到 60%（4.3kPa）时，可能出现意识丧失和中枢神经系统的进行性抑制。因此，认为动脉血氧饱和度下降到 75%（相当于海拔 5000m 静息时水平）时，是进行随意控制运动的安全限度。从卫生学角度考虑，在高原地区从事体力劳动时的动脉血氧饱和度不应低于85%，血氧饱和度、动脉氧分压与海拔以及人体反应的关系如图8-1所示。

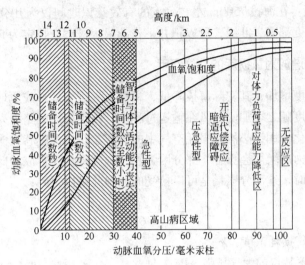

图8-1 血氧饱和度、动脉氧分压与海拔以及人体反应的关系图

### 8.1.3 缺氧程度的等效海拔划分

按照人体低氧的生理特征，可以把缺氧程度按照海拔划分为5个阶段，如表8-1所示。

**表8-1 缺氧程度阶段划分表** （m）

| 生理状态 | 航空航天领域海拔划分 | 高寒地区矿井作业海拔划分 |
| --- | --- | --- |
| 安全 | 0～1500 | 0～1500 |
| 功效保证 | 1500～2500 | 1500～2500 |
| 功效容许 | 2500～4000 | 2500～3600 |
| 生理耐限 | 4000～5000 | 3600～4400 |
| 生理极限 | 5000～7500 | 4400～5500 |

（1）安全阶段：从人类的生理学角度上看，海平面的氧气浓度是人体最适宜的浓度，在这样的大气里，氧分压为21.3kPa。研究表明，从海平面到1500m的地区，并没有缺氧引起的明显高原反应。

（2）功效保证阶段：刘传兰等研究发现，海拔1500m以上的非原地区，人体不仅出现了一些器官功能上的明显改变，也发生了某些组织结构上的变化，所以认为1500m可能是划分平原和中度高原的最佳界线。在海拔2500m时，功效已经下降。

（3）功效容许阶段：在海拔4000m左右，各项功效指标已有不同程度的降低，自觉症状较多，发生人数增加到80%，但并不严重。美国、英国和我国均将4000m作为飞行用氧的标准高度。研究表明，在高寒地区，体力劳动强度比平原要高0.5个级别以上，可用Ⅳ级体力劳动强度下的安全海拔高度来表示功效容许阶段的上限，所以此阶段为2500～3600m。

（4）生理耐限：在海拔5000m高度，注意力已经降到明显不能接受的程度，记忆力出现明显障碍；高寒地区井下作业大部分劳动强度都高于Ⅲ级，在此以 4400m 作为井下作业的生理耐限。

（5）生理极限：在海拔 7500m 左右，人的有效意识时间仅为几分钟；高寒地区井下作业大部分劳动强度都高于Ⅱ级，所以把井下作业最大极限海拔定为 5500m。

### 8.1.4 矿井深度的增加对氧损耗的补偿作用

随着矿井的深度增加，其实际海拔降低，根据大气压力的形成原理，气压是不断增加的，其等效氧气浓度随之增加。新风在输送过程中，由于通风线路中人员呼吸、车辆燃油燃烧以及矿物的氧化作用，必然会损耗空气中的氧气。在向深度巷道输送的新鲜风流被损耗的同时，大气压力的增加会弥补一部分因为氧气浓度降低而造成的低氧影响。在制定高寒地区的通风标准时，这部分损耗是可以接受的，据此可以得到：

$$\Delta F_{io} = \frac{p_{b1} - p_h}{p_{b1} - 6.27} \times F_{io} \qquad (8-2)$$

式中    $\Delta F_{io}$——氧气损耗浓度，%；

       $p_{b1}$——井下某点的大气压强，Pa；

       $p_h$——新鲜风流入口的大气压强，Pa；

       $F_{io}$——新鲜风流的氧气浓度，%。

当入风口海拔高度分别在 3000m、3500m 和 4000m 时，设定新鲜风流中氧气浓度为 20%，可以得到每下降 100m 带来的大气压强的增加对氧气的弥补浓度，具体随海拔的改变对氧气的弥补浓度见表 8-2。

表 8-2 海拔降低对氧气的弥补浓度表             （%）

| 海拔高度降低/m \ 入风口海拔/m | 3000 | 3500 | 4000 |
|---|---|---|---|
| 100 | 0.2769 | 0.282 | 0.2875 |
| 200 | 0.5489 | 0.559 | 0.5698 |
| 300 | 0.8163 | 0.8312 | 0.8469 |
| 400 | 1.079 | 1.0985 | 1.119 |
| 500 | 1.337 | 1.3611 | 1.3864 |

由表 8-2 可以看出，在 3000m 以上海拔地区，当入风口的氧气浓度合格时，海拔高度下降时对氧气减少的弥补值大于 0.25%，所以井下的各个阶段，当海拔高度每降低 100m 时，氧气浓度的减少值不大于 0.25% 是合适的。

### 8.1.5 基于通风技术的氧气浓度指标

矿井通风的目的是为了保证井下工人的健康，创造一个将有害因素降到标准容许范围内的工作环境，并能够保证工人的功效在可以接受的范围内。根据前文的研究内容，高寒地区矿井氧气浓度的建议指标如下：

（1）对于 2500m 以上海拔地区，应当适当降低井下各工种的劳动强度。不增氧通风的情况下，在 3600m 以上海拔地区，最大允许劳动强度为Ⅲ级；在 4400m 以上海拔地区，最大劳动强度为Ⅱ级。

（2）当海拔高度超过3200m时，为了保证功效，可以考虑增氧通风。根据矿山岗位的最大劳动强度，当海拔高度超过3600m（Ⅳ级劳动强度）或4400m（Ⅲ级劳动强度）时，要求强制实行增氧通风。

（3）增氧通风后的井下工作地点氧气浓度，在3200~4400m海拔地区，氧气浓度的等效海拔高度应该控制在2500~3200m，在4400m以上海拔地区，氧气浓度的等效海拔高度不得超过4400m。

（4）劳动强度为Ⅳ级时，其工作时间内氧气的加权平均等效浓度不得低于15%，Ⅲ级时不得低于14%，任何工种都不得低于12.5%。

（5）在高原地区，其入风口处的等效氧气浓度不得低于海拔3600m时的氧气浓度。

（6）在井下的工作地点，距离入风口处的海拔每下降100m，氧气浓度减少量不得大于0.25%。

## 8.2 有毒有害气体限值指标

### 8.2.1 现行国家标准及存在的问题分析

《金属非金属矿安全规程》（GB 16423—2006）对于有毒有害气体的限定引用了《工作场所有害因素职业接触限值》（GBZ 2—2002）的规定，该规定现已经由《工作场所有害因素职业接触限值化学有害因素》（GBZ 2.1—2007）和《工作场所有害因素职业接触限值物理因素》（GBZ 2.2—2007）所代替。标准规定的职业接触限制（OELs）指劳动者在工作过程中长期反复接触，对绝大多数接触者的健康不引起有害作用的容许接触水平。化学有害因素的职业接触限制包括时间加权平均容许浓度、短时间接触容许浓度和最高容许浓度。

《金属非金属矿安全规程》（GB 16423—2006）没有对所有的有毒有害气体分别考虑海拔的因素，实行的是统一的标准，有毒气体在高原地区的毒性作用是否仍然与平原相同，需要进一步探讨。

《金属非金属矿安全规程》（GB 16423—2006）中规定的有毒有害气体接触限值都是以质量浓度表示的，对于一定的质量浓度的气体，随着气压的降低，体积浓度逐渐升高。以$NO_2$为例，时间加权平均容许浓度为$5mg/m^3$，在标准状态下换算成体积浓度$2.66 \times 10^{-6}$，在3000m的高原上，体积浓度为$3.52 \times 10^{-6}$，超出标准状态44%。参考TLVs的标准，$NO_2$的时间加权平均浓度（TWA）为$3 \times 10^{-6}$。由表8-3看出，在高海拔地区，是以固定的质量浓度来衡量有毒有害气体浓度是否超过TLVs标准的。

表8-3 $NO_2$、$SO_2$的浓度换算

| 气体 | 状 态 | 加权接触 | 短时接触 |
|---|---|---|---|
| $NO_2$ | 质量浓度/mg·m$^{-3}$ | 5 | 10 |
| | 标准状况体积浓度/×10$^{-6}$ | 2.44 | 4.87 |
| | 3000m体积浓度/×10$^{-6}$ | 3.53 | 7.04 |
| | TLVs/×10$^{-6}$ | 3 | 5 |

| 气体 | 状 态 | 加权接触 | 短时接触 |
|------|-------|---------|---------|
| SO₂ | 质量浓度/mg·m⁻³ | 5 | 10 |
| | 标准状况体积浓度/×10⁻⁶ | 1.75 | 3.5 |
| | 3000m 体积浓度/×10⁻⁶ | 2.53 | 5.06 |
| | TLVs/×10⁻⁶ | 2 | 5 |

人体呼吸吸入污染物的量跟污染物的质量浓度、人的呼吸速率、暴露时间成正比，在高寒地区，人体缺氧会加快呼吸的频率，从而增强呼吸作用，并吸入更多的污染物。

### 8.2.2 高寒地区有毒因素毒性变化分析

在高寒地区作业，劳动者往往同时受到低氧和工业有毒有害物的联合危害，肌体在低氧环境中，为摄取足够的 $O_2$，使呼吸加深加快，肺通气明显增加。随着肺通气量增大，有毒有害物吸入的量也随之增加，这是标志高寒地区有害因素毒性加大的一个重要因素。在现阶段，对与有害化学因素在高原上的毒性研究主要集中在 CO 和苯上面。

由于 CO 产生方式多，存在范围广，危害作用大，故对其在高原地区对人体的损害作用的研究也较多。在高寒地区低氧环境中，由于大气氧分压下降，人在体力劳动时为获得足够的 $O_2$ 而使呼吸加快，肺通气量增大，吸入 CO 的量亦增加。CO 与 Hb 的亲和力比与氧的亲和力大 900 倍，而 HbCO 的解离速度却只有 $HbO_2$ 的 1/3600。在正常大气压下，CO 与 Hb 的半廓清时间为 4h，它与停止接触后的肺泡中氧分压成反比。氧分压随海拔升高而下降，使高原地区的 HbCO 半廓清时间延长。高寒地区的 CO 中毒系数可以用来粗略计算 CO 危害程度，表示为：

$$K = CT/p \qquad (8-3)$$

式中，$C$ 为 CO 浓度，$kg/m^3$；$T$ 为有害场所工作时间，h；$p$ 为大气氧分压，kPa。

张世杰等在动物实验中发现，高原地区小鼠急性吸入 CO 的毒性随着海拔增高而增高，半数致死浓度在 4700m，是平原的 0.5 倍，是 2261m 地区的 0.55 倍；同一染毒浓度，随海拔增高，染毒动物静脉血氧分压和血氧饱和度明显下降。宋长平等的试验表明，在海拔 2300m、CO 浓度为 $26.8mg/m^3$ 的作业环境中，工人的神经衰弱症候群明显增多，消极情绪明显增长、积极情绪明显下降，瞬间反应时间延长，手的操作敏捷度下降，数字记忆和逻辑辨识能力下降，心电图检查期前收缩和心室高电压显著增多。该结果亦显示，接触同一 CO 浓度，高原地区工人的自觉症状附性率和血气分析异常率明显高于平原地区工人，提示 CO 在高原地区对人体的危害大于平原地区。通过不同海拔 CO 急性毒试验、高原 CO 作业现场流行病学调查等研究证实，高原低氧环境加重了接触 CO 人群的中毒程度。除高原低氧环境外，还可能与 CO 的毒性增强有关。

20 世纪 90 年代以来，张世杰，宋长平等研究了 CO 在高原低氧环境中的毒性，认为由于人的呼吸频率加快，使得 CO 的毒性增加，其毒性关系如表 8 - 4 所示。他们的动物实验和现场流调资料显示，在海拔 2000m 以上地区 CO 毒性明显增大，CO 国家卫生标准规定的 $30mg/m^3$ 范围显然不能有效地保护高原劳动者的身心健康，高原 CO 卫生标准应适当降低。在 2001 年，由他们起草的国家标准，规定了高原地区车间空气中 CO 的最高容许浓度, 在 2000 ~ 3000m 海拔地区为 20mg/m³, 3000m 以上海拔地区为 15mg/m³。

**表 8 - 4　海拔高度与 CO 毒性增加倍数的关系**

| 海拔/m | $LC_{50}/\times 10^{-6}$ | 毒性增加倍数 |
|---|---|---|
| 150 | 5718 | |
| 2261 | 3492 | 0.64 |
| 3417 | 3075.8 | 0.86 |
| 4750 | 2254.4 | 1.54 |

注: $LC_{50}$ (Lethal Concentration 50) 指在动物急性毒性试验中, 使受试动物半数死亡的毒物浓度, 表示杀死 50% 防治对象的药剂浓度。

### 8.2.3　苯的高寒地区毒性研究

实验表明, 海拔 2261m 地区苯 $LC_{50}$ 为 33.75mg/m³, 海拔 3417m 地区为 25.65mg/m³, 海拔 4750m 地区为 15.70mg/m³, 后者较前两个海拔地区苯分别降低了 18.05mg/m³ 和 9.95mg/m³, 海拔越高苯毒性越大。苯的毒性在海拔 2261m 处比平原高 0.51 倍, 在海拔 3417m 处比平原高 0.99 倍, 在海拔 4750m 处比平原高 2.24 倍。可见 4750m 的高度苯的毒性成几何级数增加。CO 的毒性变化与苯类似, 只是毒性增强的程度略低于苯。苯为亲神经毒物, 能直接损害动物中枢神经系统, 加重了高原缺氧所致的脑水肿和肺水肿, 是引起高原苯毒性增强的一个重要原因, 随着海拔高度的增加, 苯的毒性也随着变化, 两者的关系见表 8 - 5。

**表 8 - 5　海拔高度与苯的毒性关系**

| 海拔/m | $LC_{50}/mg \cdot m^{-3}$ | 毒性增加倍数 |
|---|---|---|
| 平原 | 51 | |
| 2261 | 33.75 | 0.51 |
| 3417 | 25.65 | 0.99 |
| 4750 | 15.70 | 2.24 |

### 8.2.4　基于单位换算的高寒地区有毒有害气体毒性分析

《工作场所有害因素职业接触限值 化学有害因素》(GBZ 2.1—2007) 中规定的有毒气体接触限值都是以质量浓度 mg/m³ 表示, 可按式 (2 - 1) 将其换算为体积浓度。在平原地区, 由于气压相差不大, 所以换算后的体积浓度也相差不大。在高原地区, 大气压力大大降低, 在海拔 3000m 的地区, 大气压力只有平原的 70%, 体积浓度比平原地区升高 0.45 倍。海拔与体积浓度的关系如表 8 - 6 所示。

**表 8 - 6　海拔与体积浓度的关系**

| 海拔/m | 气压/kPa | 体积浓度相对于平原倍数 |
|---|---|---|
| 2000 | 79.50 | 1.274 |
| 2500 | 74.68 | 1.356 |
| 3000 | 70.11 | 1.445 |

| 海拔/m | 气压/kPa | 体积浓度相对于平原倍数 |
|---|---|---|
| 3500 | 65.76 | 1.540 |
| 4000 | 61.64 | 1.643 |
| 4500 | 57.73 | 1.755 |

在高原地区，一定数量的质量浓度的有毒气体，其体积浓度已经大大增加，因此增加了其与肺泡进行气体交换的机会，并且也加大了对人体眼睛、皮肤等的接触机会。

按照在不同海拔高度下，气体的体积浓度不变的原则下，在海拔 2000m 地区，有毒气体的质量浓度限量应该降低到原指标的 80%，在海拔 3000m 地区，应该降低到原指标的 70%。

### 8.2.5 基于火灾学的缺氧毒性分析

随着对火灾烟气毒性研究的不断深入，基于烟气成分分析法的 FED（有效剂量分数）和 FEC（有效浓度分数）也不断得到发展，Tsuchiya 及其合作者认为：烟气的总致死剂量是各组分气体之和。FED 和 FEC 是在材料燃烧释放成分和数量已知的情况下，建立的烟气毒性数学模型，可以用来预测烟气的毒性，其中：

$$FED = \sum_{i=1}^{n} \int_0^t \frac{C_i}{(CT)_i} dt \qquad (8-4)$$

资料表明：火灾烟气的综合毒性可通过少数主要毒性组分的贡献来估算。Levin 等人研究了（CO，$CO_2$，$O_2$）等组分的相互作用，提出了以下 FED 的预测模型：

$$FED = \frac{m[CO]}{[CO_2] - b} + \frac{[HCN]}{LC_{50}[HCN]} + \frac{21 - [O_2]}{21 - LC_{50}[O_2]} + \frac{[HCl]}{LC_{50}[HCl]} + \frac{[HBr]}{LC_{50}[HBr]} \qquad (8-5)$$

式中，中括号表示的是各气体的体积浓度，$\times 10^{-6}$ 或%（表示 $O_2$ 浓度时），当 $[CO_2]$ 低于 5% 时，$m = -18$，$b = 122000$；当 $[CO_2]$ 高于 5% 时，$m = -23$，$b = -386000$。

Purser 提出了以下 FED 的预测模型：

$$FED = \left[ \frac{[HCN]}{LC_{50}[HCN]} + \frac{[CO]}{LC_{50}[CO]} + \frac{[X]}{LC_{50}[X]} + \frac{[Y]}{LC_{50}[Y]} \right] \times VCO_2 + A + \frac{21 - [O_2]}{21 - 5.4}$$
$$(8-6)$$

式中，$VCO_2$ 表示换气过度下的加权因子

$$VCO_2 = 1 + e^{\frac{0.14 \times [CO_2] - 1}{2}} \qquad (8-7)$$

A 表示酸毒症因子，$A = 0.05 \times [CO_2]$。

其计算结果与 Levin 等人、Kaplan 和 Hartzell 得到的小鼠 $LC_{50}$ 值相吻合。两个公式的差别应在实验的不确定度范围内。

在高寒地区，低气压造成的缺氧效果跟氧气浓度降低一样，也加重了有毒气体的毒性。按照高原上的空气含氧量与平原的等效氧气浓度换算，贫氧毒性系数的计算结果见表 8 - 7。

### 8.2.6 基于高寒地区肺通气量的毒性分析

低氧通气反应是指因低氧而使肺通气量增加的一种现象。肺通气量的改变及其调节对

于肌体适应低氧环境十分重要，尤其是对于初入高原者，在肌体其他适应机制尚未建立起来之前更为重要。不同海拔地区健康人的通气量、氧当量、呼吸功能自身变化见表 8 - 8、表 8 - 9。

**表 8 - 7　贫氧毒性系数计算表**

| 海拔高度/m | 大气压力/kPa | 地面等效氧气浓度/% | FED 公式中增加的贫氧毒性系数 |
| --- | --- | --- | --- |
| 2000 | 79.50 | 16.2 | 0.308 |
| 2500 | 74.68 | 15.1 | 0.378 |
| 3000 | 70.11 | 14.1 | 0.442 |
| 3500 | 65.76 | 13.1 | 0.506 |
| 4000 | 61.64 | 12.2 | 0.564 |
| 4500 | 57.73 | 11.4 | 0.6155 |

**表 8 - 8　不同海拔地区健康人通气量、氧当量**

| 海拔/m | 性别 | 年龄 | MV(BTPS)/mL·s$^{-1}$ | EQO$_2$(BTPS)/mL·s$^{-1}$ |
| --- | --- | --- | --- | --- |
| 10 | 男 | 20 ~ 39 | 146 | 32.1 |
| 2260 | 男 | 20 ~ 39 | 163 | 37.5 |
| 3680 | 男 | 20 ~ 39 | 169 | 42.6 |
| 4280 | 男 | 20 ~ 39 | 195 | 44.2 |

**表 8 - 9　不同海拔高度呼吸功能自身变化**

| 海拔/m | MV/mL·s$^{-1}$ | BF/次·min$^{-1}$ | FO$_2$/% | VO$_2$/mL·s$^{-1}$ | MET | EQO$_2$/mL·s$^{-1}$ |
| --- | --- | --- | --- | --- | --- | --- |
| 10 | 141.7 | 18.9 | 3.44 | 4.01 | 1.08 | 34.43 |
| 2260 | 171.5 | 19.8 | 3.44 | 4.51 | 1.21 | 37.85 |
| 3680 | 197.3 | 21 | 4.51 | 4.67 | 1.25 | 41.77 |
| 4280 | 214.7 | 21 | 4.63 | 4.84 | 1.31 | 43.97 |

注：MV 为通气量；BF 为呼吸频率；FO$_2$ 为吸入气与呼出气氧浓度差；VO$_2$ 为每分钟氧耗量；MET 为代谢当量；EQO$_2$ 为氧当量。

　　平原地区人员进入高原数小时或数天后，肺通气量进行性增加。在一周时间里肺通气量超过高原世居者的 20%。这一现象被称为"通气习服"。平原地区人员久居高原后，随肌体其他适应机制的建立，肌体与低氧环境达到新的平衡，这时肺通气的适应性改变也趋于稳态。从肺通气变化的全过程来看，有两个时相变化。开始，通气量增加很快，在很短时间里就可达到最大值。随之，通气量慢慢减少，这个慢慢减少的过程可延续几年，甚至几十年的时间才减少到一个相对低的水平。但是，不论移居多少年，总是高于同一海拔高度世居者的通气量。不同海拔世居人和平原地区人员的通气量见图 8 - 2。

　　平原地区人员在平原或高原进行相同负

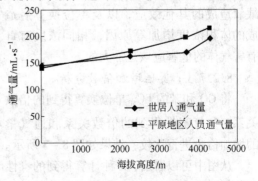

图 8 - 2　不同海拔通气量的变化

荷劳动时，氧耗量基本相同。在运动负荷相同的情况下，氧耗量的大小与海拔高度无关，但通气量随海拔高度的升高而增加。当氧耗量一定时，高原世居者运动时肺通气量低于高原移居者，如表8-10所示。

表8-10 高原健康人群运动状态下的通气量

| 运动负荷 | 例 数 | | MV/mL·s$^{-1}$ | | EQO$_2$/mL·s$^{-1}$ | |
| --- | --- | --- | --- | --- | --- | --- |
| | 世居 | 移居 | 世居 | 移居 | 世居 | 移居 |
| 0 | 17 | 14 | 272.7 | 260.7 | 42.76 | 42.4 |
| 50 | 17 | 14 | 462.8 | 561.2 | 35.38 | 35.72 |
| 75 | 17 | 14 | 619.0 | 277.5 | 33.65 | 35.42 |
| 100 | 17 | 14 | 802.3 | 965.0 | 34.36 | 37.18 |
| 125 | 17 | 13 | 939.3 | 1163.8 | 36.08 | 38.13 |
| 150 | 16 | 11 | 1112.0 | 1297.3 | 38.51 | 37.83 |
| 175 | 11 | 4 | 1230.7 | 1590.5 | 41.31 | 36.78 |

这里需要指出的是，人在高原对低氧环境的习服的最主要途径是增加通气量。这样可使肺泡气氧分压增加，所以在高原已取得习服的人，他们肺泡气氧分压可以高于（计算值）未习服者。在海拔2700~4600m之间，习服者肺泡气氧分压的增加可以到达1.33kPa。这相当于下降900~1200m的海拔高度。换言之，就肺泡气氧分压来说，习服者比未习服者处在"较低的海拔高度"上。海拔4600m以上由通气所增加的肺泡氧分压就会减少，海拔8230m以上习服和未习服的登山者就他们的肺泡气氧分压而言处于相同的情况。

志愿者进入高海拔地区后，对比低海拔地区，在静息状态下肺功能有显著改变。最突出的变化是每分通气量随海拔增高而增加。如玛多比青岛增加52.5%，通气量由449.7mL增至612.4mL。这说明肺部气体交换效率随海拔增高而增高了。气体交换率提高的原因，可能是由于每分通气量增加而使肺泡通气量增加，心输出量增加及肺动脉压升高改善了通气血流比率。

### 8.2.7 高寒地区有毒有害气体标准分析

在高海拔地区，由于肺通气量的增加，缺氧造成的其他效应，以及单位换算后造成的体积浓度增加等原因，相同浓度有毒有害气体的危害应该是加大的。

#### 8.2.7.1 毒性增加倍数分析

将CO和苯的LC$_{50}$单位换算得到的倍数关系、贫氧毒性得到的倍数关系和通气量的增加倍数进行比较，结果如图8-3所示。

从图中可以看出，3种计算得到的毒性倍数都要小于CO和苯的实际毒性倍数，这

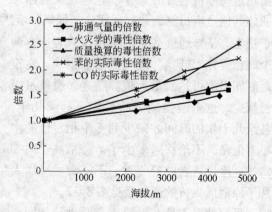

图8-3 各种毒性倍数分析

说明在高寒环境下，毒性增加的原因可能是几种因素联合作用的结果。CO 和苯的 $LC_{50}$ 曲线呈近似直线状，将质量换算毒性倍数和火灾学中贫氧的毒性倍数相加，相加后的毒性倍数刚好与 CO 和苯的毒性倍数上限是平行的，用此倍数来表示高原上有毒有害气体的毒性倍数上限是比较合理的。下限则可以用质量换算的毒性倍数来表示。

按照 CO 浓度的国家标准来确定其他有毒有害气体最大容许浓度的高原系数，则在 2000~3000m 地区，有毒有害气体的最大容许浓度应该是平原标准的 0.6~0.8 倍；在 3000m 以上地区，有毒有害气体的最大容许浓度应该是平原标准的 0.5~0.6 倍。

### 8.2.7.2 各种气体分析

A 二氧化碳（$CO_2$）

$CO_2$ 属于生理气体，在人体内含量必须保持一定的水平。当其含量低于正常水平时，会对生理功能（特别是脑功能）产生不良作用，严重时如同缺氧反应，称为低二氧化碳症；当其含量超过 2kPa 时，又会对肌体产生毒性作用。在氧气浓度不是很高的时候，低二氧化碳症发生的概率很低，一般不做考虑。从人体呼吸生理学角度看，肺内气体交换是靠肺泡周围流动的血液与肺泡内气体之间的压力差进行的，所以人体对吸入的 $O_2$ 和 $CO_2$ 的分压都有特定的要求，在不同气压条件下，人体是对 $CO_2$ 的分压而不是对其浓度的变化敏感，血中 $CO_2$ 分压的微小变化可立刻引起肺通量的代偿性变化，在高寒地区大气压力明显偏低的情况下，就有必要以 $CO_2$ 分压作为衡量其含量的指标。

在相同温度下，$CO_2$ 的分压与质量浓度的关系如下：

$$p_{CO_2} = \frac{C \times 22.4 \times 0.101325}{M} \tag{8-8}$$

根据式（8-8），$CO_2$ 的分压跟它的质量浓度成正比，在一定的质量浓度下与大气压力没有关系。我国规定的 $CO_2$ 时间加权容许浓度为 9000mg/m³，在标准状况下 $CO_2$ 的分压为 473Pa，在高原地区其分压跟标准状况下相差不大。可见在考虑人体舒适度情况下，$CO_2$ 的浓度标准完全符合要求。

B 一氧化碳（CO）

由前所述，国标《工业场所有害因素职业接触限值》（GBZ 2.1—2007）考虑了高海拔的影响，规定高原地区工作场所空气中 CO 的最高容许浓度，在海拔 2000~3000m 地区为 20mg/m³，在 3000m 以上地区为 15mg/m³，该标准适用于高寒地区。

C 其他有毒气体

对于其他有毒有害气体浓度标准，应按照国家的相关标准乘以一个系数，系数按照下述数值确定。在 2000~3000m 地区，有毒有害气体的时间加权平均浓度和短时间接触容许浓度应该为平原标准的 0.6~0.8 倍；在 3000m 以上地区，有毒有害气体的时间加权平均浓度和短时间接触容许浓度应该是平原标准的 0.5~0.6 倍。具体的数值还有待高原的 $LC_{50}$ 试验来确定。

## 8.3 粉尘浓度指标

粉尘浓度标准的制定要考虑到不同地点、不同环境的实际情况，根据现场的测试和对锡铁山铅锌矿矿井粉尘治理的研究结果，可为今后制定高寒地区通风防尘标准提供参考。

### 8.3.1 气候环境对通风防尘的影响

#### 8.3.1.1 低压缺氧对通风防尘的影响

无论是高寒地区还是平原地区,通风除尘都是矿井综合防尘的重要措施之一,有效通风措施可以很好地稀释并排走矿尘,不使其积累。高寒地区的气候环境有着和平原地区不同的特殊之处,不仅直接影响工人健康和工作效率,同时给通风除尘也带来了较大困难。在高寒地区,风机不可能像在平原地区一样正常工作,对同一主风机,转速和工作风量相同时,随着海拔的增高,风机的工作风压和电动机功率都会降低。高寒地区低压带来的缺氧问题对通风防尘也有很大的影响,在海平面附近,海拔高度每升高100m,气压下降大约700Pa。由于空气具有可压缩性,大气压力与海拔高度具有非线性关系,美国标准大气VSSA1976给出了海拔高度从海平面直到11000m以下空间范围的气压变化计算公式:

$$p = 101325 \times \left(1 - \frac{h}{44329}\right)^{5.255876} \tag{8-9}$$

式中　$p$——大气压力,Pa;

　　　$h$——海拔高度,m。

表8-11为各海拔高度大气压力和密度。人体缺氧,会造成颅内压轻度增大,脑组织代谢障碍,大脑皮层功能失调,呼吸心跳加快,消化腺分泌减少,胃肠功能减弱。长期慢性缺氧还会引起神经体液及内分泌功能紊乱,局部胃黏膜缺血性改变等;极严重的缺氧可使人体呼吸减弱甚至停滞。高寒环境对人的身心健康、劳动能力的影响非常明显,与平原地区相比,人的劳动能力在海拔3000m处下降29.2%,在海拔4000m处下降39.7%。

**表8-11　各海拔高度大气压力和密度**

| 海拔/m | 500 | 1000 | 1500 | 2000 | 2500 | 3000 | 4000 |
|---|---|---|---|---|---|---|---|
| 大气压力/kPa | 95.6 | 90.17 | 84.32 | 79.27 | 74.48 | 69.96 | 61.46 |
| 气压与标准比 | 94.4 | 90.0 | 83.2 | 78.2 | 73.5 | 69.0 | 61.0 |
| 大气密度/kg·m$^{-3}$ | 1.13 | 1.06 | 1.0 | 0.95 | 0.89 | 0.84 | 0.73 |

在高寒地区由于低气压性缺氧,人的一次吸气量明显降低,但为了维持正常的生理需氧量,只能通过加快心率和呼吸频率来弥补。因此,肺通气量随着海拔增高而增大,缺氧环境由于通气量增大导致粉尘吸入量增多,促进肺组织弥漫性纤维化加重,是导致肺功能下降的重要原因之一。随着海拔的升高,无论尘肺患者或非尘肺粉尘作业人员,肺功能测定值明显降低,1800m与2300m地区尘肺患者之间比较、非尘肺粉尘作业人员相同海拔不同工龄之间比较,均无统计学差异;而3400m地区尘肺患者之间比较、非尘肺粉尘作业人员不同工龄之间比较,均有统计学差异;尘肺患者与非尘肺粉尘作业人员比较,代表小气道功能的指标下降更明显,随海拔增高,大气压下降,空气中含氧量减少,人体为了得到足够氧气,必须增加呼吸频率,从而引起呼吸肌的劳累,导致呼吸肌力降低,其静态弹性回缩压也下降。故肺呼气时全驱动压下降,导致呼气流量减慢,测定值多项指标均下降。

#### 8.3.1.2 低空气湿度对通风防尘的影响

矿井空气湿度不同,粉尘产生率不同,空气湿度越高,粉尘产生率越低。原因是空气湿度大时，空气的黏滞阻力大，一方面在空气中自由下落的粉体不易分散，被抽升气流直接抽走的一次粉尘较少；另一方面流体阻力的增加导致粉体下落速度变慢，当它撞击到底板上的物料堆时，会产生较小的压实力，较小的压实力仅产生较小的分离力，所以二次粉尘产生率也较低。粉尘颗粒表面均吸附有液体分子，因而由于接触点附近毛细空间液体的表面张力所形成的黏附力随粒径增大而线性增大，所以湿度越高，颗粒越易聚集。高寒地区湿度较低，所以大部分地区都要求有专门的喷雾设施来增加空气湿度，减少粉尘的产生和加快已有粉尘的沉降。

### 8.3.2  基于高寒地区肺通气量的粉尘浓度危害性分析

因劳动强度、劳动环境及身体条件不同，工人所需呼吸的空气量也不同。井下工作人员的劳动强度很大，由《体力劳动强度分级》（GB 3869—1997）的相关算法可知，井下工作人员的体力劳动强度应达到四级劳动强度，也就是国标规定的最高级别的劳动强度。在这样高的劳动强度下工作，工人的耗氧率会很高，工作比较紧张而繁重。正常情况下，工人的呼吸空气量一般在 20 ~ 30L/min 以上。而在高寒地区深井里面，由于空气含氧量减少，工人需要吸入更多的空气量。高寒地区矿井工作面上空气中的氧气浓度在 13.6% ~ 13.8% 之间，而平原地区空气中氧气的含量在 20.96%，所以要获得同样的氧气量，工人呼吸的空气量也会相应的增加。由于所需的空气量要比平原地区的多，单位时间内吸入的空气也相应增多，所以吸入的粉尘也增加了。因此，现行国家标准规定的 $2mg/m^3$ 矿山粉尘最高允许浓度对高寒地区矿井有一定的局限性。

### 8.3.3  高寒地区粉尘浓度标准系数的确定及防尘建议指标

假设一个工人在平原地区普通矿山每分钟呼吸的空气量是 $Q_标$，在高寒地区上需要呼吸的空气量为 $Q_高$。平原地区空气中的含氧量为 20.96%，用 $q_标$ 表示，而锡铁山铅锌矿井下空气中的含氧量为 13.6% ~ 13.8%，用 $q_高$ 来表示，取其平均值 13.7%。根据单位时间内吸入的粉尘量上限应该一样，有：

$$C_高 Q_高 = C_标 Q_标 \qquad (8-10)$$

式中  $C_高$——高寒地区矿山最高允许粉尘浓度，$mg/m^3$；

$C_标$——现行国标中矿山最高允许粉尘浓度，$C_标 = 2mg/m^3$；

$Q_高$——高寒地区矿山工人所需的空气量，$m^3$；

$Q_标$——普通矿山工人所需的空气量，$m^3$。

同时吸入的空气量中，氧气量应该是相等，有：

$$q_高 Q_高 = q_标 Q_标 \qquad (8-11)$$

式中  $q_高$——高原地区氧含量（体积分数），%；

$Q_高$——高原上需要呼吸的空气量，$m^3$；

$q_标$——平原地区氧含量（体积分数），%；

$Q_标$——平原上需要呼吸的空气量，$m^3$。

由式（8-10）和式（8-11）可以得到高寒地区矿山的最高允许粉尘浓度：

$$C_高 = \frac{C_标 Q_标}{Q_高} = \frac{C_标 q_高}{q_标} \qquad (8-12)$$

将锡铁山铅锌矿井下实测的各项数据带入式（8-12），可以得到该高寒地区最高允许粉尘浓度在 $1.33\text{mg/m}^3$ 时比较合适。

设高原粉尘浓度标准的系数为 $k$，粉尘对人体的危害与吸入粉尘的量线性相关，则：

$$k = C_{高}/C_{标} = Q_{标}/Q_{高} \qquad (8-13)$$

根据高寒地区人的肺通气量的变化情况，在海拔 $2000\sim3000\text{m}$ 地区，$k$ 取值为 0.8；在海拔 $3000\text{m}$ 以上地区，$k$ 取值为 0.7。

## 8.4 本章研究结论

通过考虑高寒地区的特殊性，结合已有研究成果，分析现有的相关矿山国家标准和安全规程，提出了高寒地区非煤矿井环境指标的修改意见，主要得出了以下结论：

（1）在高寒地区，即使 $O_2$ 的含量达到 20.96%，仍然会出现缺氧的症状。把缺氧程度按照海拔划分为 5 个阶段，即安全阶段、功效保证阶段、功效容许阶段、生理耐限和生理极限。井下氧气浓度最小值的等效海拔高度不得超过 $4400\text{m}$，超过此海拔时，应该强制实行增氧通风；劳动强度为Ⅳ级时，工作时间内氧气的加权平原等效浓度不得低于 15%；Ⅲ级时不得低于 14%，任何工种都不得低于 12.5%。

（2）现行国家标准没有对所有的有毒有害气体分别考虑海拔的因素。通过分析研究，国家标准对 CO 和 $CO_2$ 的规定适用于高寒地区；对于其他有毒有害气体，在 $2000\sim3000\text{m}$ 地区，有毒气体的最大容许浓度应该是平原标准的 $0.6\sim0.8$ 倍；在 $3000\text{m}$ 以上地区，有毒气体的最大容许浓度应该是平原标准的 $0.5\sim0.6$ 倍。具体的数值还有待在高寒地区进一步进行 $LC_{50}$ 试验来确定。

（3）根据高寒地区人的肺通气量的变化情况，建议在海拔 $2000\sim3000\text{m}$ 地区，粉尘浓度系数取值为 0.8；在海拔 $3000\text{m}$ 以上地区，粉尘浓度系数取值为 0.7。建议锡铁山铅锌矿井下最高允许粉尘浓度取值为 $1.33\text{mg/m}^3$。

# 9 高寒地区矿井环境参数实时监测系统的研究与设计

## 9.1 矿井实时监测系统应用概述

由于各种活跃影响因素的存在，井下环境是动态的，对不断变化的各项参数需要及时检测反馈，因而需要对其状态及时评价并采取措施进行控制。在煤矿系统，监测系统的研究起步早、较成熟，这是因为对瓦斯的控制程度直接关系到职工的安危。随着社会的发展，我们应该把对人身安全的关注扩展到健康方面，并且包括长期的健康影响。

在高寒地区环境中，由于低气压等种种不利因素的存在，对环境的要求也更加严格，实现对井下环境的实时监测具有重要意义。同时，高寒环境也对监测系统提出了挑战，提高系统在高寒地区环境中的可靠性，才能进行持续有效的监控。

矿井监测系统的总体方案设计要在首先保证系统能够可靠工作的前提下，尽量地降低成本，节省费用；同时，系统应具有一定的实时性和可扩展性。考虑到现场复杂的环境，设计时应尽量实行分散控制，增强各个模块的独立性。

## 9.2 矿井实时监测系统研究综述

井下空气环境监测既是对通风系统的一个检验，又是对井下工作环境危险因素的预警。经过多年的发展，监测系统已经越来越完善。

### 9.2.1 矿井空气实时监测系统的应用现状

国外20世纪60~70年代发展起来的煤矿监控监测技术，近年来在我国也有了快速的发展，各种煤矿监测系统及其配套产品应运而生。目前我国煤矿中使用的各类监测监控系统多达十几种，国有煤矿中已装备监测监控系统的矿山约占总数的三分之二。煤矿监测监控系统的应用对改善我国煤矿的安全状况，提高煤矿生产效率和现代化水平起到了重要作用。目前，矿井空气实时监测系统的发展方向有如下几个方面：

（1）发展全面的监测监控专家系统：发展覆盖面更广，监测监控参数更多的软硬件系统，为实现煤矿生产综合自动化奠定良好基础，是我国监测监控系统的发展方向之一。

（2）研制高可靠度、品种齐全的矿用传感器：在研制新型传感器时，应高起点、高智能化；充分利用微处理器的优点，做到自诊断、自校正、自调零配置标准远传接口；统一传感器的输出信号制式，以提高传输的可靠性、数据采集的简捷性和传感器的互换性。发展配置齐全、高可靠性的矿用传感器是监控系统发展的关键技术之一。

（3）合理地规范通信协议：制定统一的专业技术标准，对促进矿井监控技术发展和系统的推广应用具有十分重要的意义。

（4）实现全面化的网络管理：虽然现在许多矿山建立了局部的计算机网络系统，实现了本单位的资源共享，但目前大多还属于一矿系统，与外界几乎没有联系，其功能和任务也较简单。今后的发展趋势是各生产矿井与矿务局、各矿务局与本省乃至全国矿山系统构成统一完整、功能先进的计算机网络系统，真正实现更大范围的矿山监控信息资源共享。

虽然非煤矿山当前安全生产状况总体稳定，但由于基层基础建设薄弱，安全装备普及率低，所以实时监测系统的发展较为缓慢。直至矿井实时监测系统在非煤矿山的投入使用，我国的非煤矿山建设才算迈进了先进领域。非煤矿山安全监控系统主要用来监测矿井的各类环境安全参数，如 $CO$、$NO_2$、$CO_2$ 等有毒有害气体。本课题所设计研发的矿井环境参数实时监测系统，借鉴了国内外煤矿监测技术，结合了高寒地区特殊的气候条件，可对温度、湿度、$CO_2$、$O_2$、$CO$、$NO_2$ 等环境参数进行实时监测，随时向地面反映井下环境变化，使工作人员能及时了解井下各地点有关环境参数的变化规律，对存在的隐患能够迅速作出处理决策，从而有效避免灾害发生。

### 9.2.2 矿井空气实时监控系统的发展

国外煤矿监测监控技术自 20 世纪 60 年代开始发展以来，至今已有四代产品，基本上 5 ~ 10 年更新一代产品。从技术特性来看，主要是从信息传输发生的进步来划分监控系统发展阶段。

第一代煤矿监控系统采用空分制来传输信息。60 年代中期，英国煤矿的运输机控制、日本煤矿中的固定设备控制大都采用这种技术。波兰在 70 年代从法国引进技术推出了可测瓦斯、$CO$、风速、温度等参数共 128 个测点的 CMC – 1 系统。

煤矿监控技术的第二代产品的主要技术特征是信道频分制技术的应用。由于采用频分制，传输信道的电缆芯数大大减少，很快就取代了空分制系统。其中最具代表性且至今仍有影响的是西德 Siemens 公司的 T 系统。

频分制的应用，体现了以晶体管电路为主的信息传输技术的发展，而集成电路的出现推动了时分制系统的发展，从而产生以时分制为基础的第三代煤矿监控系统，其中发展较快的是英国。1976 年，英国煤矿研究院推出轰动一时的以时分制为基础的 MINOS 煤矿监控系统，并在胶带输送、井下环境监测、供电供水监测和洗煤厂监控等方面取得成功，形成了全矿井监测监控系统。这一系统的成功应用，开创了煤矿自动化技术和煤矿监测监控技术发展的新局面。

到了 80 年代，美国以其拥有的雄厚高新技术优势，率先把计算机技术、大规模集成电路技术、数据通信技术等现代高新技术用于煤矿监控系统，形成了以分布式微处理机为基础的第四代煤矿监控系统，其中有代表性的是美国 MSA 公司 DAN640 系统，其信息产生方式虽然仍属时分制范畴，但用原来的一般时分制的概念已不足以反映这一高新技术的特点。

目前 PLC 和组态软件的广泛应用为煤矿监测系统的发展提供了更为便捷的开发手段，软硬件的可靠性大大提高。

## 9.3 监测系统的设计

监控系统一般由下位机、通讯部分和上位机三个部分组成。下位机负责信号的收集及初步处理，并按照某种标准对数据进行封装后，通过线缆传输到上位机。上位机对数据进行最终的处理和显示。矿山监测系统的特点是：

（1）环境异常恶劣。系统的采样点在井下环境中，受到较强的电磁辐射和耐潮耐腐的考验，不仅检测数据的准确度受到一定的干扰，数据的传输也受到不利影响。

（2）检测对象种类繁多。矿井下有很多环境参数都会影响到人身健康和安全，所以每一项相关的参数都须测量并及时准确地传输到控制中心，以便分析当前井下环境的安全程度。

（3）测点分布广。测点分布不仅广，而且分布不均匀，从而使传感器信号和各种检测信号传送变得复杂和困难。

（4）技术要求高。国家在矿山实施六大系统后，对矿山安全生产提出了更高的要求，需要及时准确地评价井下状况。井下环境相对恶劣，有害因素众多，需要及时评估和报警。

本系统采用上位监控主机和下位采集控制终端相结合的架构。下位采集控制终端以 PLC 为主控制器，通过现场传感器模块采集矿井的 $O_2$、$CO$、$NO_2$、温度、湿度等现场参数，数据经处理后，在下位机 LCD 液晶显示屏上显示，同时通过线缆传输到上位监控主机。系统的结构如图 9-1 所示。

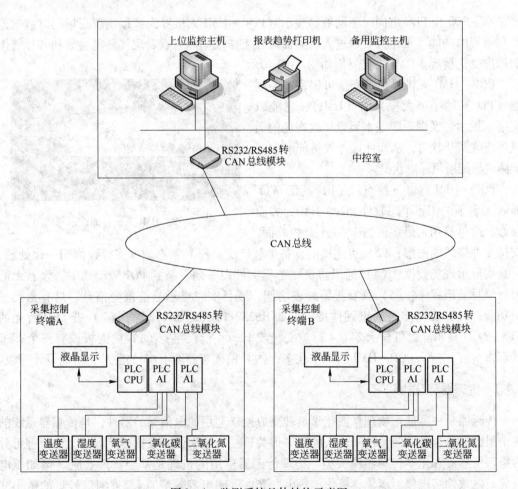

图 9-1 监测系统整体结构示意图

## 9.4 系统采集控制终端的设计

系统采集控制终端（下位机）是网络上信息的接收和发送站，是一种带微处理器的智能节点。本系统结合锡铁山铅锌矿井下现场的特殊情况，设计了一种由 PLC 主控制器、相应的 I/O 和模拟量模块、通信接口模块及现场传感器构成的采集控制终端。

### 9.4.1 PLC 的选取

目前应用中常见的可编程控制器有欧姆龙 OMRON 系列、松下 FP3 系列、西门子 S7 - 200 系列、西门子 S7 - 300 系列、西门子 S7 - 400 系列、三菱 FX2 系列和东芝 EX 系列等。

结合锡铁山铅锌矿的现场特性，本系统采用北京中泰华旭公司的 ZT - 300 系列多通道智能型可编程数采模块（PLC）作为本系统采集控制终端的核心设备。

ZT - 300 型 PLC 采用模块化设计，包括了电源系统、I/O 系统、通讯系统、CPU 系统等，集成度高，配置灵活，具有高速采集、数据实时处理、光电隔离抗干扰性好等特点，具备多通讯口，可同时驱动液晶显示（POP - HMI 人机界面）和通讯组网，使用方便。

### 9.4.2 POP - HMI 人机界面

ZT - 300 型 PLC 可同时驱动液晶显示（POP - HMI 人机界面）以实现现场实时数据监测和报警的功能，工作人员通过人机界面可在工作现场随时查看现场环境参数和各种气体的浓度变化情况。HMI 人机界面如图 9 - 2 所示。

POP - HMI 人机界面是连接可编程序控制器（PLC）的小型人机界面（HMI），它能以文字、指示灯及图形等基本元素反映现场的通风环境数据及状态，从而使操作人员能够实时监测现场的通风环境状况。

POP - HMI 有以下特点：（1）基于 Windows 平台下的工程组态软件 POP - HMI，界面友好，简单易用，最多可制作 50 个监控画面，支持多种格式的图形；（2）可连接的设备类型广泛；（3）组态软件支持数值归一化处理，可真实显示现场数据；（4）通讯协议在工程文件中一同下载到 POP - HMI 中，设备无需另行编写通讯程序；（5）具有报警列表功能，逐行实时显示当前报警信息；具有密码保护功能；（6）支持多种通讯硬件接口，如 RS232/RS485/RS422 等；（7）带 LED 背光的 STN - LCD 显示屏，可显示 24 × 4 行英文，或 12 × 4 行汉字；（8）前面板设有三个 LED 状态指示灯，指示 POP - HMI 的工作状态；（9）前面板符合 IP65 的防水、防油设计等级。

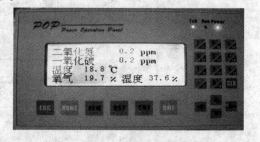

图 9 - 2　HMI 人机界面的示意图

### 9.4.3 传感器/变送器

传感器是一种能把物理量或化学量转变成便于利用的电信号的器件，是传感器系统的一个组成部分，是被测量信号输入的第一道关口。一般来说，根据传感器的工作原理可分为物理传感器和化学传感器两大类。物理传感器应用的机理是基于物理效应（诸如压电效应，磁致伸缩现象，离化、极化、热电、光电、磁电等效应），把被测信号量的微小变化量通过一个桥式电路转换成电信号。而化学传感器的工作机理就是以化学吸附、电化学反应等现象作为因果关系，也能将被测信号量的微小变化转换成电信号。

传感器的选型是一项很重要的工作，传感器的选择是否合理、分辨率的高低都直接影响着整个测控系统的性能和技术指标。由于本系统主要监测的环境参数种类繁多，在选择时，主要考虑变送器/传感器的可靠性以及准确性。根据前期工作得到的井下待测参数的大致范围，选择CYBER工业级气体传感器模块，其外观如图9-3所示。

图9-3　CYBER工业级气体传感器示意图

### 9.4.4　总体设计

考虑到现场恶劣的环境因素，本研究设计了一种铝制外壳，用来放置PLC模块、POP-HMI（人机界面）和六个变送器模块等采集设备，以防止井下恶劣的环境对设备造成腐蚀和破坏。同时，在裸露的电路板上全部采用"三防漆"（防水、防潮、防尘）处理，将其涂在变送器模块上。另外，铝制外壳的过滤膜上可以覆上可定期更换的滤纸，用来缓解现场环境对设备造成的危害。

POP-HMI人机界面置于壳体表面，以方便观看监测数据。经改进后，采集控制终端的内部结构和外观如图9-4所示。

图9-4　采集控制终端内部结构和外观图

### 9.4.5 系统采集控制终端的功能描述

采集控制终端可液晶显示，以实现现场实时数据监测和报警的功能。通过采集控制终端，可以在工作现场随时查看现场环境参数和各种气体的浓度变化情况，并将采集的数据以及报警信息向上位机上传。在系统运行中，即使网络或上位机发生故障，系统采集控制终端仍然可以照常运行，保证现场不会失控。这也是分散控制功能所带来的好处之一。因此，要求系统采集控制终端保存一段时间的历史数据，以防止网络或上位机发生故障时丢失数据。

现场设备处于锡铁山铅锌矿井下，它与监测上位机的通信对通信网络的安全性与可靠性要求更高。CAN 总线不仅具有抗干扰性强、可靠性高的特性，还具备故障界定隔离功能。采用 CAN 总线作为系统的通信网络可大大提高通信系统的容错能力，更能适应高寒地区恶劣的环境，有很高的性价比。通过对 CAN 协议及其原理进行研究，使用 CAN 协议接口模块、中继器，设定了应用层通信协议。针对高寒地区非煤矿山井下环境的特性，在通信中采用了增加一个字节校验和解码端差错控制的通讯机制，提高了系统通信的可靠性。

上位监控主机的核心是运行于工控计算机上的组态王 6.51 组态软件，进行二次开发，承担矿井参数的监测界面仿真、运行状态显示、监测数据显示、实时和历史趋势图显示等上位机系统整个流程的工作任务，可实现对矿井通风环境参数的实时监测和参数浓度超限报警等功能，使系统具有很好的通用性。

### 9.4.6 锡铁山铅锌矿井下监测系统布点

通过前面的分析可知，在 3002m 中段、38 线风井和 5 线风井附近区域氧气浓度相对较低，而有毒有害气体的浓度相对较高，属于危险事故高发区，因此在测试阶段将初步设计的监测设备放在 3 中段、37 线巷道和 5 线巷道位置。此处离监控中心 1500m 左右，具体放置地点如图 9-5 和图 9-6 所示。

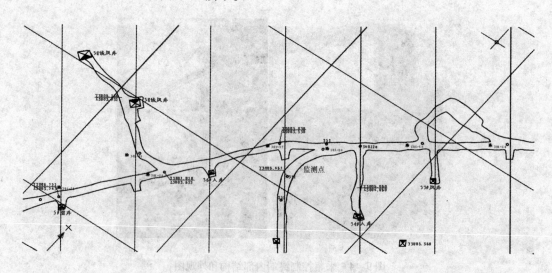

图 9-5 监测系统布点位置一

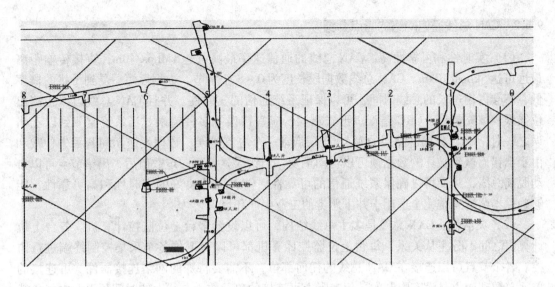

图 9 - 6  监测系统布点位置二

## 9.5  系统通信网络的选定

### 9.5.1  通信网络简介

在监测系统中选择什么样的通信网络，对整个系统的正常运行起着举足轻重的作用。对整个监测系统而言，数据通信的实时性是系统正常工作的前提，系统稳定可靠是系统工作的基础。所以，必须选择一个合适的通信网络以使整个系统的工作协调。

在测控网络中，常用的通信技术有 RS - 232、RS - 485、现场总线等。RS - 485 采用差分方式来传输数据，有效地抑制了共模干扰，提高了可靠性与通信距离，但缺乏总线仲裁、错误校验、可靠性措施等诸多网络功能。采用 RS - 485 组建的通信网络中只能有一个主节点，其余均为从节点，一旦主节点出现故障，整个系统将处于瘫痪状态，因而对主节点的可靠性要求很高。此外，数据通信方式为响应型，任何一次数据传输都是主节点首先发出命令，从节点接到命令后，以相应的方式传给主节点，大大降低了传输速率，效率很低。

这几种通信方式中，以太网的通信速率最高，其标准带宽为 10Mbps，现在又流行 100Mbps 以及千兆的快速以太网。从带宽角度讲，以太网较现场总线有一定的优势。但是，在一般的工业控制现场对通信速率的要求并不是很高，一般的现场总线都没有超过 12Mbps。现阶段以太网设备昂贵，对井下通信来说性价比较低。

现场总线技术成熟，价格适中，且能很好地满足传输速率的要求，故在系统网络构架设计中拟采用现场总线作为现场设备控制层的通信总线。

目前现场总线的种类非常多，选择一种现场总线，需要从成本、可靠性、通信速率等多个方面考虑。Lonworks 与 Profibus 成本比较高，HART 不能满足矿井安全监控系统的需求，FF 实现比较复杂，且兼容矿井常用设备的数量有限，CAN 总线兼容 Modbus 协议，能够很好地与现存的 RS - 232，RS - 485 网络及支持 RS - 232，RS - 485 协议的仪器仪表进行通信，所以，CAN 是比较适中的一种现场总线且各具特色，本系统选用 CAN 总线作为系统各部分的通信网络。

## 9.5.2　CAN 总线通信网络的特点介绍

（1）实时性和可靠性高：CAN 总线的通信速率最高可达 1Mbps/40m，直接传输距离最远可达 5kbps/10km。CAN 总线数据段长度为 0~8 个字节，数据段短，受到干扰的概率低，不会占用过长的总线时间，可以保证系统通信的实时性。并且 CAN 总线可以检测出位错误、填充错误、CRC 错误、形式错误、应答错误等多种错误。当系统监测到以上错误之一时，CAN 数据链路层的 MAC 子层启动一个应答错误。数据发送期间若丢失仲裁和由于出错而遭到破坏的数据帧可以自动重发，当错误累计到一定数值后，出错节点可以自动脱离总线，从而可以确保系统通信的可靠性。CAN 总线良好的实时性和高可靠性，能够确保本监测系统完全适用于井下恶劣的工业生产环境。

（2）灵活性：CAN 总线是多主总线结构，可以设置多台上位监控计算机。各台上位计算机之间不分主从关系，每台上位监控计算机都可以对下位各个采集控制终端进行监控。各个节点可以连接在 CAN 总线的任何部位，不需要特殊的网络连接器件。可连接的单元总数理论上是没有限制的，但实际上可连接的单元数受总线上的时间延迟及电气负载的限制。降低通信速度，可连接的单元数增加；提高通信速度，则可连接的单元数减少。

（3）良好的数据传送机制：CAN 总线的通信采用非破坏性的基于优先权的总线仲裁技术，也是决定选用它的原因之一。当两个节点同时向网络上传送信息时，优先权低的节点主动停止数据的发送，而优先权高的节点可不受影响继续传送数据。

（4）错误检测功能及故障封闭：所有的单元都可以检测错误（错误检测功能）。一旦检测出错误的单元，会立即同时通知其他所有单元（错误通知功能）。正在发送消息的单元一旦检测出错误，会强制结束当前的发送。强制结束发送的单元会不断反复地重新发送此消息直到成功发送为止（错误恢复功能）。CAN 可以判断出错误的类型是总线上暂时的数据错误（如外部噪声等）还是持续的数据错误（如单元内部故障、驱动器故障、断线等）。基于此功能，当总线上发生持续数据错误时，可将引起该故障的单元从总线上隔离出去。

## 9.5.3　系统通信网络设计

锡铁山铅锌矿矿井监测系统的应用环境比较恶劣，高寒地区较之平原地区又更加特异和复杂，所以在设计通信网络时，既要充分考虑现场因素，又要保证系统可以随着井巷规模的扩大而不断拓展。

通信协议是在网络中用于规定信息的格式以及如何发送和接收信息的一套规则。处于网络中的节点必须遵循双方约定的规则进行交流，方能保证数据的正确接收和发送。由于本监测系统采用基于 CAN 总线的分布式现场总线结构，因此通信协议须按照 CAN 的帧格式编制。在 CAN 的技术规范中，只规定了 CAN 的数据链路层和物理层，对应用层协议未加规定。应用层协议的任务，一方面是将要发送的数据进行分类、拆卸、合并，并确定发送对象，然后根据 CAN 的数据链路层协议规范填写 CAN 的各个信息帧；另一方面是解释接收到的数据的具体含义并对其进行相应的处理。在 CAN 规范中，只定义了帧的结构，没有定义有关发送和接收的信息，这就需要设计者赋予数据帧不同位以特定的含义，其中包含数据传输所需要的信息。CAN 技术规范包括 CAN2.0A 和 CAN2.0B 两个部分。CAN2.0B 具有两种不同的帧格式：标准帧和扩展帧，标准帧采用 11 位标识符，扩展帧采用 29 位标识符。扩展帧定义的地址范围更为广泛，从而使得系统设计的灵活性加强，可以从考虑定义良好的结构命名方案中得到解放，而且在不需要使用由扩展格式提供的识别符范围时，可以继续沿用常规的 11 位识别符范围（"标准格式"）。

鉴于此，本系统采用具有 29 位标识符的扩展帧格式，其在组网的灵活性、方便性和可扩充性等方面都比较优良。

由于确定采用扩展帧进行通信，那么这些网络设备的标识符如何分配，验收屏蔽寄存器（AMR）和验收代码寄存器（ACR）等参数如何设置，将是系统通信的关键之一。在参数配置中，重点考虑的一个方面是 29 位标识符的分配，因为标识符是唯一标识该网络设备的类型和在网络中位置的识别码。在本系统中只采用了 29 位标识符中的 21 位，其中剩余 8 位挪用作为通信的命令字节。此外，考虑到与现有监测系统的互联，系统中采集控制终端的标识仍采用传统的地址模式。标识符的具体分配如表 9-1 所示。

表 9-1 标识符分配表

| 31-24 | 23-21 | 20-18 | 17-14 | 13-11 | 10-3 | 2-0 |
| --- | --- | --- | --- | --- | --- | --- |
| ID. 28-ID. 21 | ID. 20-ID. 18 | ID. 17-ID. 15 | ID. 14-ID. 11 | ID. 10-ID. 8 | ID. 7-ID. 0 | — |
| 命令字节 | 命令类型 | 监控主机/网桥 | 一级中继器 | 二级中继器 | 采集控制终端 | 报文拼接 |

表中：

（1）命令字节：主要用于通信过程中的一些命令参数。

（2）命令类型：本系统根据通信中数据的紧急程度将命令分为告警命令、控制命令和状态命令，其优先级的分布为：告警命令 > 控制命令 > 状态命令。

（3）监控主机/网桥：系统中的系统上位机以及原有系统是系统数据处理中心，所以在地址分配上应具有高优先级。

（4）一级中继器和二级中继器：系统中由于总线长度及节点数的限制，会根据矿井的大小以及分布的节点数采用中继器拓展总线范围。中继器是数据传输的中转站，在系统中分配次一级的优先权。

（5）采集控制终端：系统中负责采集传感器信号以及传输控制信号的设备，系统分配给最低级的优先权。

（6）报文拼接：系统中传输的信息大多数满足 CAN 协议的 8 个字节的规定，但是在实际应用中往往会出现信息长度超过 8 个字节的情况。因此，为实现信息的传输，采用报文拼接的机制。由于报文的低三位未被使用，在此作为同一信息中不同信息段的顺序编号。对于信息长度不超过 8 个字节的信息，此低三位的值置零。

矿井监测系统的网络拓扑结构如图 9-7 所示。

### 9.5.4 CAN 协议接口模块

由于本系统所选的 PLC 主控制器只支持 RS485/RS232 通信总线，不支持 CAN 总线，所以还需要在通信网络中用 RS485/RS232 转 CAN 总线的转换模块来实现数据通信。本系统选择了北京科瑞兴业科技有限公司的 K-7110 智能通讯总线转换模块连接 RS232/RS485/RS422 和 CAN 网络，延长通讯距离，扩展总线节点数。它适合于 CANBUS 的小流量数据传输，最高可达 400 帧/s 的传输速率。并且它集成了 1 个独立的 CAN 口、1 个 RS232 或 RS485 或 RS422 接口，通过串行电缆与 PC 机或其他设备连接。

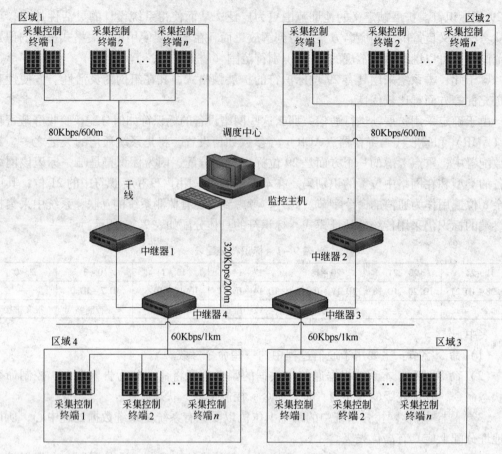

图 9-7 矿井监测系统网络拓扑结构图

K－7110 智能通讯总线转换模块支持 CAN2.0A 和 CAN2.0B 协议，接口规范符合 ISO/IS11898。它的网络拓扑结构为线型、星型、树型，传输速率为：RS232/RS485/RS422 1200～57600bps；CAN 5k～1Mbps。传输介质采用屏蔽或非屏蔽双绞线。

K－7110 智能通讯总线转换模块的最大总线长度及总线上的节点数分别为：（1）RS232 为点到点通讯，最长通讯距离 70m；（2）RS485 为双绞线网络通讯方式，总线上最多可接 32 个节点，最长通讯距离 1200m；（3）CAN 为双绞线网络通讯方式，总线上最多可接 110 个节点，最长通讯距离 10km；（4）串口最快每秒钟可收发 400 帧 CAN 总线数据。K－7110 智能通讯总线转换模块外形如图 9-8 所示。使用示例如图 9-9 所示。矿井监测系统通信网络结构如图 9-10 所示。

图 9-8 RS485/RS232/RS422 转 CAN 总线模块外形示意图

### 9.5.5 数据传输波特率的选择

CAN 系统内两个任意节点之间的最大传输距离与其位速率有关，具体关系见表 9-2。

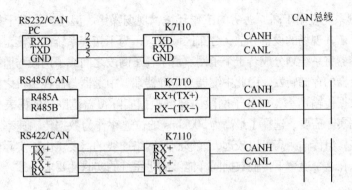

图 9 – 9 RS485/RS232/RS422 转 CAN 总线模块使用示例

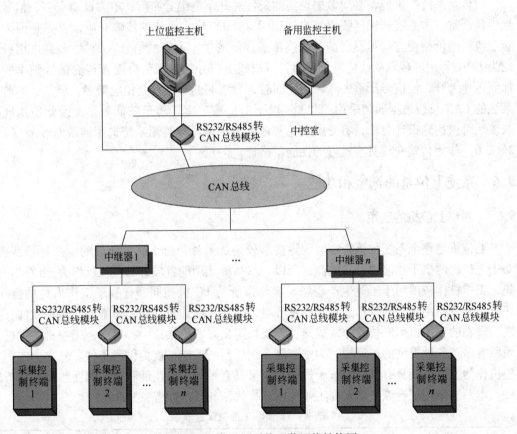

图 9 – 10 矿井监测系统通信网络结构图

表 9 – 2 最大传输距离与位速率关系表

| 位速率/bps | 最大总线长度/m | 位速率/bps | 最大总线长度/m |
| --- | --- | --- | --- |
| 1M | 40 | 50k | 1300 |
| 500k | 130 | 20k | 3300 |
| 250k | 270 | 10k | 6700 |
| 125k | 530 | 5k | 10000 |
| 100k | 620 | | |

本矿井监测系统应用于高原恶劣的工作环境，现场噪声、湿度、电磁干扰等危害时时存在。另外，由于矿井现场的设备分散，分布区域较广，为了拓展系统的监测范围，在系统组网时需要采用中继器将系统划分成若干个子网。由于各子网段之间或子网段与监控主机之间的通信需要经过中继器的存储转发，因此中继器与中继器端、中继器与监控主机之间通信的位速率可选择较高的数据传输速率，而各子网段内部可根据实际覆盖范围，依据表 9 – 2 进行设置。本监测系统根据实际需要，选择了最高为 500kbps 的位速率作为数据传输速率。这样虽然信息传送速度低一些，但传输距离可以较远，能够满足网络连线的需要。由于实际监测数据的变化较为缓慢，所以在这个速率下传输数据同样能够满足系统的实时性要求。

### 9.5.6 系统传输介质的选用

对传输系统的挑选，必须考虑现场的条件。井下电缆分布广，电力设施众多，信号干扰现象严重。本系统选用屏蔽双绞线（1×2×1.0）作为系统的传输介质，首先是因为屏蔽双绞线的价格便宜（虽然屏蔽双绞线不适合传输频率太高的信号），它的最高可用频率约为 1MHz。用屏蔽双绞线传输信号时，双绞线上信号的衰减值会随着传输信号频率的增加而迅速上升，使信号严重失真，与此同时，导线间的串扰也会相应增多。但是，本监测系统的 CAN 总线数据通信采用 500kbps 以下的传输速率，属于较低频率，因此使用屏蔽双绞线可以达到设计要求，不受影响地实现数据传输。本监测系统选用屏蔽双绞线（1×2×1.0）作为传输介质具有良好的性能价格比。

## 9.6 系统上位机的选定和功能

### 9.6.1 系统上位机的选定

上位机是整个系统的核心，对配置要求较高。另外，由于矿井所处的生产环境恶劣，对于上位机的抗干扰能力要求较高，所以，本系统选用配置较好的工控机作为上位机。首先，工控机比较适用于工业生产现场，操作系统与 PC 机相同，有利于工作人员的操作，还可以充分利用现有的软件工具和开发环境，方便快捷地设计功能丰富的计算机软件；其次，现在的工控机生产技术非常成熟，性能稳定良好，价格适中；再次，工控机的主板上预留有多条各种类型的扩展槽，为本监测系统以后的功能扩展提供了条件。总之，选用工控机作为上位机既具有良好的抗干扰能力，又具有一定的通用性和可扩展性。经过分析比较，本系统采用了台湾研华系列工业控制计算机。其基本配置见表 9 – 3。

表 9 – 3 研华工控机配置表

| | |
|---|---|
| 研华 IPC610H4U 工业机箱 | 适用于工业现场控制领域的 19″4U 可上架工控机，双重驱动减震功能，前置 USB 接口及控制按钮 |
| 研华 PCA6007LV 工业主板 | 主板采用 INTEL865GV 芯片组，集成显卡，最高可共享 64M 显存，CPU（533MHzFSB），为 USB 及 COM 口提供 EMI 保护 |
| 研华 PCA6113P4R 工业底版 | 底版提供 2 个 PICMG，4 个 PCI，7 个 ISA 插槽 |
| 研华工业电源 | 300W 研华工业电源 |
| 研华工控机 I/O 接口 | 提供 2 个 USB 接口，2 个 RS232 串口，1 个并口 |

| | |
|---|---|
| | CPU：P43.0G |
| | 内存：512M DDR 400 |
| | 硬盘：80G IDE（7200PR） |
| 其他配件 | 显卡：集成 |
| | 光驱：52X CDROM |
| | 网卡：D - LINK 10M/100M |
| | 键鼠：光电套装 |
| | 显示器：优派 903M19″液晶显示器 |

研华工业控制计算机采用全钢机箱、进气过滤网以及机箱正压技术，有效防止了灰尘进入机箱内部和发生磕碰等导致计算机损坏以及计算机不稳定的因素。主板采用 ISA 标准，可以方便地进行内部模块扩充，使其在维修和升级换代方面具有极大的优势。键盘锁以及前置键盘插孔的设置，有效保证了操作安全，防止误操作。为了提高可靠性，关键部件采用了工业级的产品，保证系统能够连续稳定地运行。

另外，由于系统上位机（中心站）是整个矿井监测系统的核心，系统的关键数据和处理过程都是由系统上位机来完成的，因此，本监测系统采用备份主机的方式，即配置一台和系统上位机完全一样的备份主机。当上位机正常工作时，备份主机只是一个普通的节点，仅对上位机数据进行备份。一旦上位机出现故障，备份主机能及时接替上位机的任务，以保证用户数据的可靠性和系统的持续运行。

### 9.6.2 系统上位机的功能

在系统中设置一台工业控制计算机，负责对整个系统进行管理。上位机通过 CAN 总线与采集控制终端进行通信。具体来说，上位机具有以下功能：

（1）组态功能。上位机可以设定整个系统的规模，并且对每个采集控制终端的属性进行配置。

（2）数据采集。上位机通过 CAN 总线与各采集控制终端进行通信，由采集控制终端上传其采集到的实时数据以及历史数据，以实现对矿井生产现场的监测。

（3）参数设置。上位机可以指定采集控制终端运行某种控制算法，并且根据不同的算法以及允许情况设置相应的参数。另外，上位机对采集控制终端所测量的模拟量的量程上下限以及告警上下限进行设置。

（4）流程显示。上位机将实时数据在界面上进行显示，同时采用动画来模拟矿井现场的运行情况。

（5）数据存储。上位机能够按一定的格式保存有限时间段内的历史数据。

（6）趋势显示。上位机可以通过曲线来显示某些模拟量的变化趋势。

（7）报表打印。上位机配备有打印机，可以随时打印报表。

（8）通信。除了与采集控制终端通信之外，上位机可以通过局域网与工厂网络系统进行数据交换，实现矿井现场的远程浏览。

## 9.7  控制系统设计

### 9.7.1  设计思路

按照对矿山的实际调研和相关监管部门的沟通，将软件划分为下列功能模块：

（1）数据采集与控制功能：采集模拟量功能：包括 $O_2$ 浓度、CO 浓度、$CO_2$ 浓度、$NO_2$ 浓度、温度、湿度等。

（2）显示功能：图形显示，可显示各模拟量实时数据显示图；模拟量实时跟踪曲线图和历史数据图。

数据文本表格显示，可以显示模拟量实时数据；监测点报警，设置和故障。

（3）报警功能：超限或异常故障时，声光报警。

（4）存贮和查询功能：可存贮和查询开关量、模拟量实时数据和历史数据。

（5）打印功能：打印模拟量的历史曲线；打印模拟量报表；根据用户要求打印各种报表和图形。

（6）实时多任务操作功能：在不中断正常数据采集的情况下，通过计算机可以完成传感器类型、测值、安装地点的登记与修改；传感器报警点的设置与修改；报表的设置与打印。

（7）系统自检功能：通过各种状态指示灯和自检程序随时进行分析诊断，判断故障原因；计算机判断各监测点，监测情况、通讯情况以及网络发送情况等。

系统采集控制终端结构如图 9-11 所示。

现场传感器或者仪表数据经由协议转换设

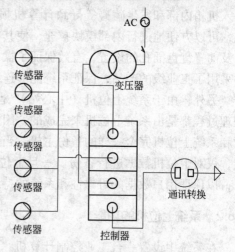

图 9-11  系统采集控制终端结构图

备将数据转换为 CAN 数据报文，传送至 USB-CAN-Ⅱ设备后，计算机通过 USB 接口读取，然后对 CAN 数据报文进行解包，识别设备类型和编号，将 CAN 数据报文中的数据信息与数据库中的设定值进行比较，判断是否超过设定的安全限。若超过设定的安全限，发出报警信号，或者根据设定的控制功能将控制命令发送回原设备，并保存至数据库的报警记录，否则，处理下一 CAN 数据报文。系统通信方式如图 9-12 所示。

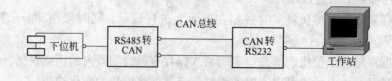

图 9-12  系统通信方式

模块之间的调用关系主要由相互之间的数据传递关系决定。程序设计主要采用主/从设计模式，其中用户的操作是主要任务，但仍需区分用户操作的目的。如果是要完成数据打印等不是急需处理的任务，其响应的优先程度会低于数据采集和数据处理模块；如果用户需要处理的是控制设备动作这一类型任务，其数据报文会被优先发送，以满足实时处理的要求。

模块中数据采集部分是程序的核心模块。数据采集的过程不是根据用户的操作单次执行，而是对 CAN 总线进行监测，发现有 CAN 数据报文就立即进行读取，将读取到的数据报文填充到数据队列，供数据分析处理模块处理。系统工作流程如图 9 – 13 所示。

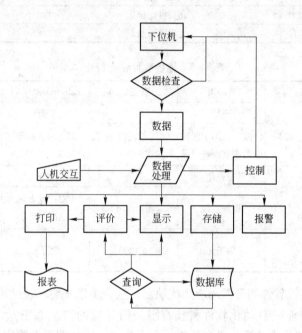

图 9 – 13　系统工作流程图

### 9.7.2　组态界面的设计

一套良好的矿井监控软件系统，是集数据通信、处理、采集、控制、协调、综合智能判断、图文显示为一体的综合数据应用软件系统，能在各种情况下准确、可靠、迅捷地做出反应，及时处理、协调各系统工作，达到实时、合理监控的目的。工控组态软件很好地实现了这些功能。所谓工控组态软件，是利用系统软件提供的工具，通过简单形象的组态工作，构成系统所需的软件。它界面友好，易于操作，图形形象丰富、实时性好，开发周期短，便于修改、扩充、升级等。本系统中，在上位机上就是利用工控组态软件来完成整个流程及监测数据的显示，实现生产监测和管理等功能的。

### 9.7.3　组态软件的选取

近年来，国内外的软件开发商和 DCS（Distributed Control System）生产厂商开发的组态软件品种繁多。组态软件大都由专业软件公司开发，提高了系统的成功率和可靠性，减轻了工程开发人员的工作量。目前国内外常用的主要工控组态软件见表 9 – 4，监控软件特点对比见表 9 – 5。

**表 9 - 4 国内外主要的工控组态软件**

| 软件名 | 公司 | 国 家 |
|---|---|---|
| FIX/iFIX (3.5) | GE、Fanuc International | 美国 |
| Cimplicity (4.01) | GE | 美国 |
| InTouch (7.1) | Wonderware | 美国 |
| WinCC (4.02) | Siemens | 德国 |
| 组态王 | 北京亚控 | 中国 |
| 世纪星监控组态软件 | 北京世纪佳诺 | 中国 |
| MCGS 工控组态软件 | 北京昆仑通态 | 中国 |

**表 9 - 5 监控软件特点对比**

| 监控软件 | iFIX | WinCC | 组态王 6.51 | Labwindows/CVI | Labview |
|---|---|---|---|---|---|
| 实时性 | 较好 | 一般 | 较好 | 很好 | 非常好 |
| 兼容性 | 好，不支持第三方协议 | 差，只用于西门子的配套硬件产品 | 好，第三方协议需二次开发 | 好，可支持第三方协议 | 很好，支持第三方协议，提供较好的技术支持 |
| 开发难度 | 容易 | 专业化 | 容易 | 稍难 | 容易 |
| 通信总线 | 现场总线/USB | 现场总线 | 现场总线/USB | PXI；以太网 CAN；串口 | 以太网；USB CAN；PXI；串口 |
| 价格 | ¥8000（硬件另算） | 数千元 | ¥1000 | 数万元 | 数万元 |

通过比较以上监控软件的开发与应用优缺点，结合本系统要求及性价比等因素，上位机监控软件选定为北京亚控自动化软件科技有限公司开发的"组态王 6.51"。它以 Microsoft Window 中文操作系统作为其操作平台，充分利用了 Windows 图形功能完备、界面一致性好、易学易用的特点。它使用 PC 机开发，比以往使用专用机开发的工业控制系统更有通用性，减少了工控软件开发者的重复性工作，并可运用 PC 机丰富的软件资源进行二次开发。

### 9.7.4 组态王软件简介

组态王软件包由工程管理器 ProjectManage、工程浏览器 TouchExplorer 和画面运行系统 TouchVew 三部分组成。其中工程浏览器内嵌组态王画面制作开发系统，生成人机界面工程。画面制作开发系统中设计开发的画面工程在 TouchVew 运行环境中运行。TouchExplorer 和 TouchVew 各自独立，一个工程可以同时被编辑和运行，可以非常方便地调试。组态王工程管理器和组态王工程浏览器的操作界面如图 9 - 14 和图 9 - 15 所示。

工程管理器是组态王 6.51 软件的核心部分和管理开发系统，它将画面制作系统中已设计的图形画面、命令语言、设备驱动程序管理、配方管理、数据报告等工程资源进行集中管理。它内嵌组态王画面制作开发系统。画面制作开发系统是应用程序的集成开发环境，程序员在这个环境中完成界面的设计、动画连接的定义，生成人机界面工程。画面开发系统具有先进完善的图形生成功能，数据库中有多种数据类型，能合理地抽象控制对象的特性，对数据的报警、趋势曲线、过程记录、安全防范等重要功能有简单的操作办法。利用组态王丰富的图库，可以大大减少设计界面的时间，从整体上提高工控软件的质量。

画面制作开发系统的操作界面如图9-16所示。

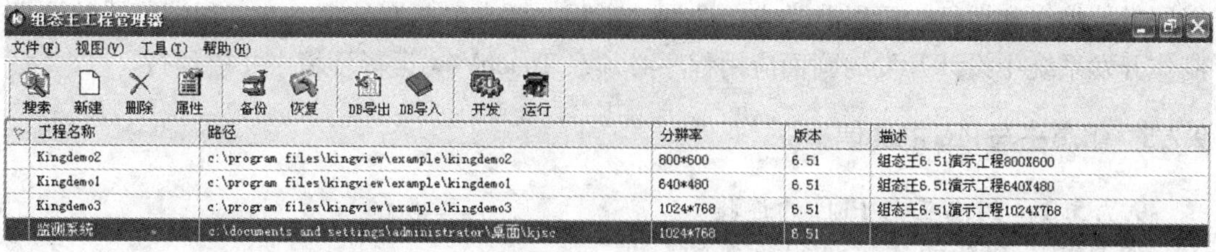

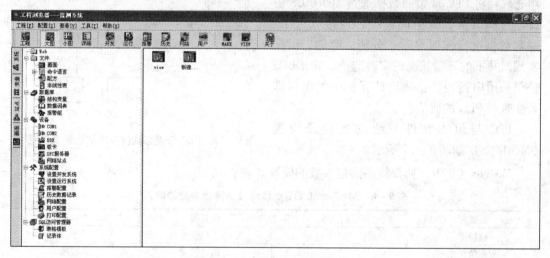

图9-14 组态王工程管理器

图9-15 组态王工程浏览器

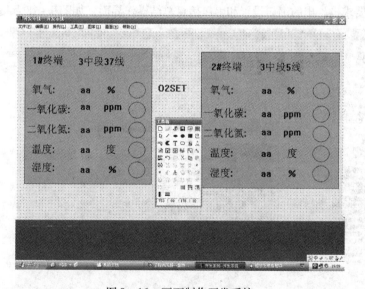

图9-16 画面制作开发系统

TouchVew是组态王6.51软件的实时运行环境，用于运行画面制作开发系统中设计开发的画面工程，并负责数据库与I/O服务程序（数据采集组件）的数据交换。它通过实时数据库管理从一组工业控制对象采集到的各种数据，并把数据的变化用动画的方式形象地表示出来，同时完成报警、历史记录、趋势曲线等监视功能，并可生成历史数据文件。

TouchExplorer 和 TouchVew 是各自独立的 Windows 应用程序，均可单独使用，一个工程可以同时被编辑和运行，可以非常方便地调试工程；两者又相互依存，在工程浏览器的画面制作开发系统中设计开发的画面应用程序必须在 TouchVew 运行环境中才能运行。

### 9.7.5 组态王与 PLC 的通信

#### 9.7.5.1 组态王与 PLC 的连接

组态王与 PLC 的连接是很重要的一步。组态软件将 PLC 采集的数据通过 MODBUS 协议经过串口从计算机的读缓冲区接收过来，并对数据进行实时显示、分析、存储，以此实现对井下的环境状况的实时监控。MODBUS 协议采用串行通信，使用计算机中的串口即可实现与 PLC 的通信。

PLC 与组态软件系统的连接及设置（MODBUS）如图 9-17 所示。

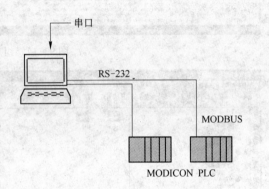

图 9-17 PLC 与组态软件系统的连接及设置

Modbus（RTU）协议设备通信参数的设置如表 9-6 所示。

**表 9-6 Modbus（RTU）协议设备通信参数的设置**

| 设置项 | 推荐值 | 设置项 | 推荐值 |
| --- | --- | --- | --- |
| 波特率 | 9600 | 停止位长度 | 1 |
| 数据位长度 | 8 | 奇偶校验位 | 偶校验 |

根据以上要求设计出的串口设置和串口信息总结操作界面，如图 9-18 和图 9-19 所示。

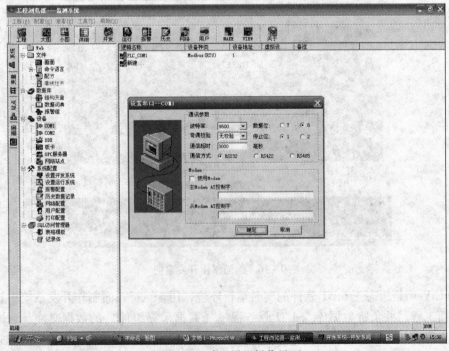

图 9-18 串口设置操作界面

图 9-19 串口信息总结操作界面

#### 9.7.5.2 变量定义

此处以定义一个变量为例详细介绍。假设组态王中变量名为 $O_2$ 浓度，那么定义 $O_2$ 浓度基本属性的对话框如图 9-20 所示。

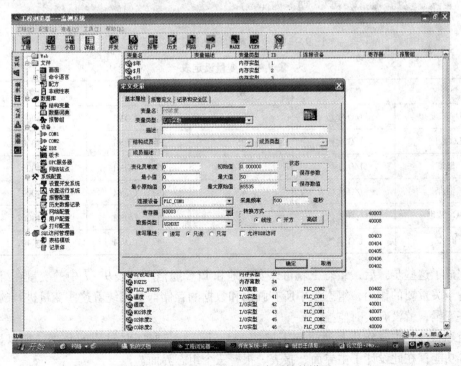

图 9-20 $O_2$ 浓度变量基本属性的设置

设定完成后，组态王中的 $O_2$ 浓度变量就和 PLC 中的 $O_2$ 浓度变量通过串口 COM1 连接起来了。也就是说，PLC 中的 $O_2$ 浓度值是多少，组态王中的 $O_2$ 浓度值就是多少。以同样的方式来设定 CO 浓度、温度、湿度、$NO_2$ 浓度、压力等变量，设定主界面见图 9 - 21，具体变量设定见表 9 - 7。

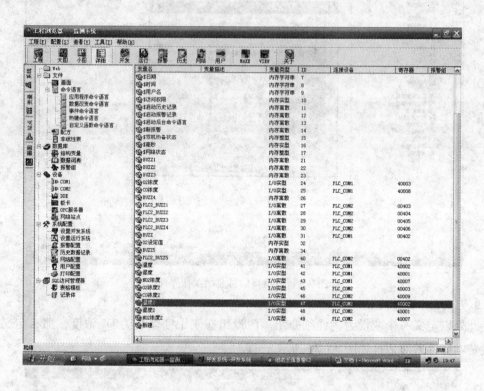

图 9 - 21　变量基本属性设定主界面

表 9 - 7　变量设定表

| 变量名 | 变量类型 | ID | 连接设备 | 寄存器 |
| --- | --- | --- | --- | --- |
| $O_2$ 浓度 | I/O 实数 | 24 | PLC _ COM1 | 40003 |
| CO 浓度 | I/O 实数 | 25 | PLC _ COM1 | 40008 |
| 温度 | I/O 实数 | 41 | PLC _ COM1 | 40002 |
| 湿度 | I/O 实数 | 42 | PLC _ COM1 | 40001 |
| $NO_2$ 浓度 | I/O 实数 | 43 | PLC _ COM1 | 40007 |
| BUZZ | I/O 离散 | 31 | PLC _ COM1 | 00402 |

完成了这些步骤后，组态王就可以实时地和 PLC 通信了。表 9 - 7 中的变量在组态王中起着至关重要的作用，组态王中所有画面和数据的存储都是围绕着这些变量进行的。没有这些变量，就没有实时监控。

组态软件的主要作用是通过与下层的 PLC 通信，获取实时过程的数据，加以显示、存储等功能；在此设计了主界面、报表、报警三个组态界面。

### 9.7.5.3　主界面窗体

由于现场采集控制终端的布置都包含其中，用户不必去现场即可从此图中获知现场实际的总体情况。在主界面中，可以实时查看井下各点的实时状况，研究井下活动对井下环境影响的情况。主界面窗体见图9-22。

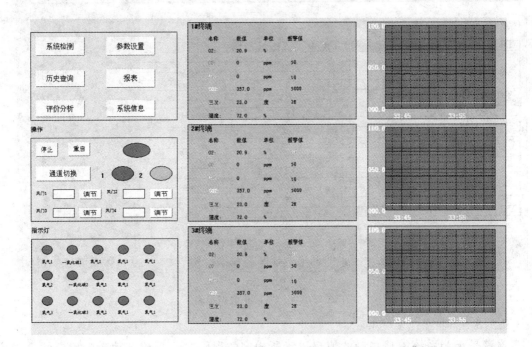

图9-22　主界面窗体

主界面窗体包括以下5个功能区域：

（1）功能键区域：包括系统检测、参数设置、历史查询、报表、评价分析、系统信息这6个按钮。

系统检测主要用来重新强制检测系统的工作情况，包括传感器和通信系统；参数设置主要用来设置通讯的波特率、报警的范围以及传感器交叉干扰数据；历史查询用来查询系统存储的监测数据；报表功能用来自动生成数据报表、分析报表、异常报表、报警报表；评价分析功能是对现有监测数据进行评价；系统信息用来显示系统各组件的信息及各种参数。

（2）操作区域：用来进行系统的重启和停止，通信线路的切换以及电动风门的控制。

（3）指示灯区域：用来显示各传感器的工作状态以及超限报警。

（4）监测数据显示区域：用数字显示方式实时显示所监测的各个参数。

（5）趋势线区域：用趋势线显示方式来直观地显示监测数据的变化情况。

### 9.7.5.4　报表

数据报表是反应生产过程中的数据、状态等，并对数据进行记录的一种重要形式，是数据记录过程必不可少的一部分。它既能反应系统实时的环境情况，也能对长期的数据进行统计、分析，使研究人员能够实时掌握和分析研究井下的实时情况。本系统经过实验室模拟形成的报表如图9-23所示。

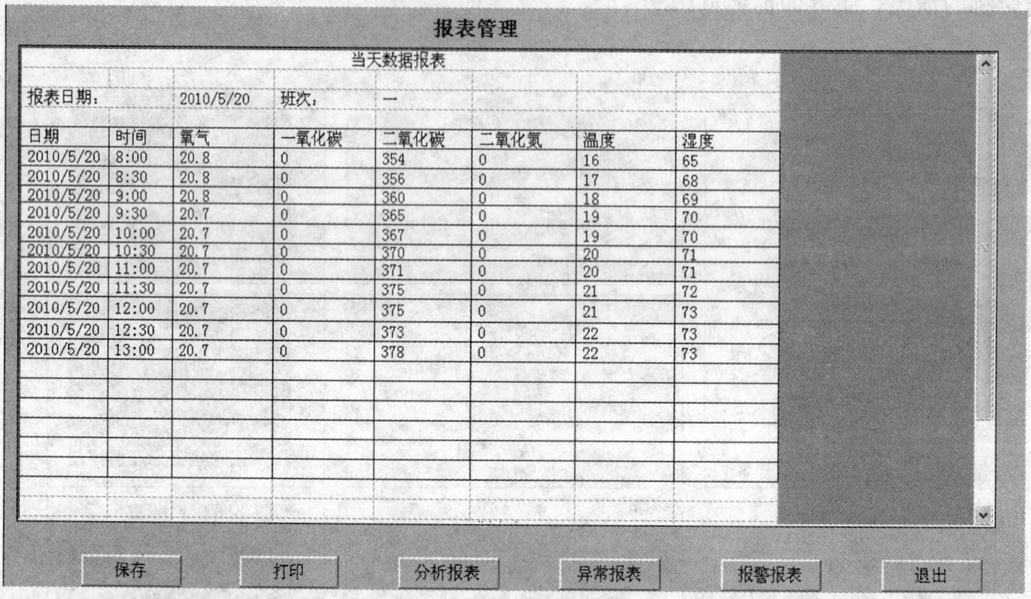

### 报表管理

当天数据报表

| 报表日期： | 2010/5/20 | 班次： | 一 | | | | |

| 日期 | 时间 | 氧气 | 一氧化碳 | 二氧化碳 | 二氧化氮 | 温度 | 湿度 |
|---|---|---|---|---|---|---|---|
| 2010/5/20 | 8:00 | 20.8 | 0 | 354 | 0 | 16 | 65 |
| 2010/5/20 | 8:30 | 20.8 | 0 | 356 | 0 | 17 | 68 |
| 2010/5/20 | 9:00 | 20.8 | 0 | 360 | 0 | 18 | 69 |
| 2010/5/20 | 9:30 | 20.7 | 0 | 365 | 0 | 19 | 70 |
| 2010/5/20 | 10:00 | 20.7 | 0 | 367 | 0 | 19 | 70 |
| 2010/5/20 | 10:30 | 20.7 | 0 | 370 | 0 | 20 | 71 |
| 2010/5/20 | 11:00 | 20.7 | 0 | 371 | 0 | 20 | 71 |
| 2010/5/20 | 11:30 | 20.7 | 0 | 375 | 0 | 21 | 72 |
| 2010/5/20 | 12:00 | 20.7 | 0 | 375 | 0 | 21 | 73 |
| 2010/5/20 | 12:30 | 20.7 | 0 | 373 | 0 | 22 | 73 |
| 2010/5/20 | 13:00 | 20.7 | 0 | 378 | 0 | 22 | 73 |

| 保存 | 打印 | 分析报表 | 异常报表 | 报警报表 | 退出 |

图9-23 实验室模拟数据报表

#### 9.7.5.5 报警

报警是指当系统中某些量的值超过了所规定的界限时，系统自动产生相应的警告信息，在井下采集控制终端和上位监控主机上同时发出语音报警信号，表明该量的值已经超限。在语音报警的同时，报警按钮变为红色，提示故障位置，并做历史记录。各监测参数的报警值在参数设置中设定，系统根据前面的研究成果提供了对应海拔高度下的报警值作为参考。图9-24和图9-25分别为系统超限报警时的主画面和报警属性配置画面。

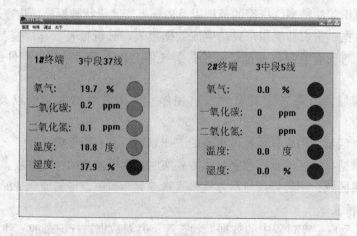

图9-24 超限报警时的主画面

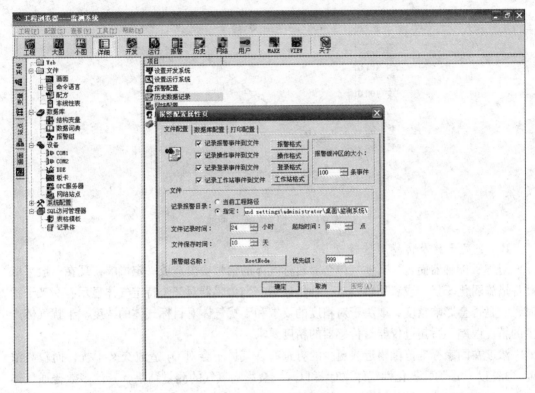

图 9 – 25 报警配置属性画面

## 9.8 井下空气环境参数监测系统的应用

### 9.8.1 系统的可靠性研究

监测系统的可靠性包括系统各组成部分的可靠性，主要是传感器和通信的可靠性。

#### 9.8.1.1 传感器的可靠性

传感器是检测信号的产生装置，它的可靠性直接决定了信号的准确性和稳定性。目前使用的传感器主要是气体传感器。对气体传感器的干扰因素比较多，都有可能影响其可靠性。

A 温度和湿度等环境因素的影响

温度和湿度能对传感器的输出造成微小影响，在精度要求比较高的情况下，需要对影响的值进行补偿。试验测得的温度对氧气传感器的影响如图 9 – 26 所示。

根据温度参数对氧气浓度进行修正，修正系数为：

$$\lambda = 1 + (t - 20)/1000 \tag{9-1}$$

温度和湿度对毒气传感器（电化学）也有影响，传感器的输出会随温度和湿度的变化而微弱变化，但影响较小，可以不予考虑。毒气传感器使用的是液体电解质，多孔扩散，高水蒸气压时电解液吸收蒸汽，低水蒸气压时电解液干燥。只要电解液不凝结，传感器性能就不会受到影响。气体浓度随湿度影响的变化不大，但是必须考虑传感器的工作湿度范围，保证其在 15% ~90% 范围内，超过这一范围，就必须考虑水分转移的情况了。从前文中对矿山测量的情况看，湿度范围在工作范围内，所以不需要采取特殊措施。

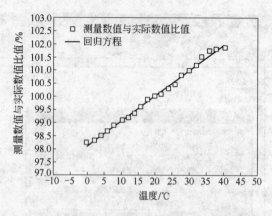

图 9 - 26　温度的漂移曲线

**B　交叉干扰及传感器选择**

对气敏传感器而言，其他气体会对目标气体的信号输出造成一定影响，现在一般采取硬件措施弱化干扰，或者用软件进行补偿修正。当传感器对某个特定气体显示有交叉干扰时，它是否会影响精度，取决于对精度的要求和干扰气体对目标气体的浓度。干扰气体产生的精度误差不得超过仪器对传感器的精度要求。

浓度在国家标准范围附近或更少的有毒有害气体不会对 $O_2$ 造成交叉干扰，而较高浓度（1%以上）的强氧化性气体（$O_3$ 和 $Cl_2$）会影响氧气的测量结果，其他多数普通气体不会对其造成影响。另外，酸性气体（$CO_2$，$SO_2$）会少量地被电解液吸收，使得输出信号增强。1% 的 $CO_2$ 会使信号增强 0.3%，根据使用环境的情况，此种干扰可以忽略。

对于检测有毒有害气体的传感器，反应机理大致相同，所以干扰较大。一般采取如下措施减少干扰：

（1）采用特殊材料制成的催化电极，以及采用偏置电路；

（2）使用内置过滤器，它可以吸收特定的干扰气体，减少交叉干扰；

（3）传感器内过滤材料是有限的，不能长时间与干扰气体接触，干扰气体的浓度也不能太高，故在测得气体之间的相互干扰数据后，可以在软件中进行修正。表 9 - 8 是实验测得的 5 种气体传感器的交叉干扰数据。

表 9 - 8　交叉干扰数据

| 项　目 | CO | $H_2S$ | $SO_2$ | NO | $NO_2$ |
|---|---|---|---|---|---|
| CO 传感器 | 100 | 5 | 0 | 15 | − 15 |
| $H_2S$ 传感器 | 1.5 | 100 | 16 | 4 | − 15 |
| $SO_2$ 传感器 | 1.5 | 0 | 100 | 0 | − 100 |
| NO 传感器 | 0 | 30 | 0 | 100 | 24 |
| $NO_2$ 传感器 | 0 | − 10 | − 1 | 0 | 100 |

设各气体实际浓度为 **Y**，输出信号为 **X**，则：

$$
\begin{cases}
y_1 + 0.015y_2 + 0.015y_3 = x_1 \\
0.05y_1 + y_2 + 0.03y_4 - 0.01y_5 = x_2 \\
0.16y_2 + y_3 - 0.01y_5 = x_3 \\
0.15y_1 + 0.04y_2 + y_4 = x_4 \\
-0.15y_1 - 0.15y_2 - y_3 + 0.24y_4 + y_5 = x_5
\end{cases}
\tag{9-2}
$$

设:

$$
X = \begin{pmatrix} x_1 \\ x_2 \\ x_3 \\ x_4 \\ x_5 \end{pmatrix}, \quad
Y = \begin{pmatrix} y_1 \\ y_2 \\ y_3 \\ y_4 \\ y_5 \end{pmatrix}, \quad
A = \begin{pmatrix}
1 & 0.015 & 0.015 & 0 & 0 \\
0.05 & 1 & 0.03 & 0 & -0.01 \\
0 & 0.16 & 1 & 0 & -0.01 \\
0.15 & 0.04 & 0 & 1 & 0 \\
-0.15 & -0.15 & -1 & 0.24 & 1
\end{pmatrix}
$$

则

$$
Y = A^{-1}X \tag{9-3}
$$

在 MATLAB 中求解得到:

$$
A^{-1} = \begin{pmatrix}
-1718.9 & 21.762 & 25.604 & -0.00368 & 0.47366 \\
83.21 & -0.048674 & -1.2598 & 0.00314 & -0.013084 \\
-16.543 & 0.048674 & 1.2598 & -0.00314 & 0.013084 \\
254.5 & -3.2624 & -3.7902 & 1.0169 & -0.070525 \\
-322.97 & 4.0886 & 5.821 & -0.26378 & 1.0991
\end{pmatrix}
$$

则根据 $Y = A^{-1}X$, 可以得到实际的浓度值。

### 9.8.1.2 通讯的可靠性

CAN 通信协议中具有较强的检错能力, 可识别位错误、填充错误、CRC 错误、格式错误和应答错误。但是, 由于本研究系统在组网过程中会根据节点设备的分布情况选用中继器, 因此进行节点间通信需要考虑端端差错控制, 以提高系统通信的可靠性。故通信协议采用"ID + 命令 + 命令类型 + 数据 + 校验"的形式:

ID 为网络设备的标识符, 采用 ID. 0 ~ ID. 20 (共 21 位)。标识符 ID. 21 ~ ID. 28 固定作为命令, 其中 ID. 21 ~ ID. 23 作为命令类型识别符, 根据命令类型的不同被赋予不同的优先级别, 须参考验收滤波; ID. 24 ~ ID. 28 作为具体的命令信息, 不参与验收滤波。数据则表示通信的基本内容, 反映系统网络中采集控制终端接收到的现场通风环境参数状况。校验位为一个字节, 采用校验和的形式 (取其前面所有字节之和的低 7 位)。由于 CAN 总线本身具有 15 位 CRC 校验, 理论上其校验强度应该完全可以满足本系统对通信可靠性的要求。但在实验中得到的结论并非如此。当全速模拟通信时, 测试系统存在出错现象, 况且测试系统的工作环境基本上是在理想状态下, 所以在 CAN 总线网络中通信, 尽管有 CRC 校验, 但出错的情况同样有可能发生, 而且总线通信竞争越激烈, 总线通信的出错率还会增高。由于在矿井监测系统中对数据的可靠性要求较高, 所以在应用层增加一个字节的校验码。

此外, 由于在系统网络中增加了中继器, 使得系统数据传输的可靠性相应下降。对于同一中继器系统应用层通信流程控制的子网段内, 数据传输之间不存在存储转发的过程,通信的可靠性以及及时性能够得到较好的保证；而对于两个不同子网段之间以及某个子网段上的采集控制终端与系统上位机之间的通信，必然存在存储转发的过程，因此有可能会出现数据丢帧的可能。而中继器不具备发现这种错误的能力。为了提高数据通信的可靠性，本系统采用端端差错控制的办法，即在系统上位机与系统采集控制终端之间建立差错控制。由于不同子网段之间的通信过程和某个子网段上的采集控制终端与系统上位机之间的通信过程基本相同，在此仅讨论某个子网段上的采集控制终端与系统上位机之间的通信流程，不同子网段之间的通信流程可以采用类似机制。图 9－27 为正常情况下采集控制终端与系统上位机之间的数据通信流程。当采集控制终端监测到某个传感器传来的浓度超标告警信息后，及时地将该消息发送给系统上位机。系统上位机接收到该告警信息后，根据决策立即采取相应的措施，如发送声光告警信息通知工作人员及时撤离危险区域等，这样一次正常的通信过程即告完成。这里应该特别强调的是，系统上位机在收到采集终端发来的告警信息以后，必须向采集终端返回一个确认帧（ACK）。这样表面上好像多了一次通信，但这更符合网络通信的一般原理，便于保证通信数据的可靠性以及通信协议的兼容性和一致性。

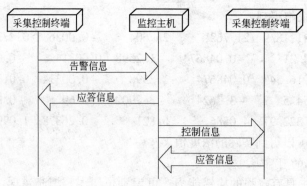

图 9－27　数据帧正常传输情况

图 9－28 和图 9－29 为数据帧丢失的两种情况。在图 9－28 中，采集终端将告警信息发送给系统上位机的过程中丢失，这时采集终端在等待一个重发时间（重发时间可依据系统节点数目和总线速度等因素确定），仍未收到系统上位机的确认帧后，将重发先前的告警信息。若收到了系统上位机的确认帧，后面的处理过程与图 9－27 中相同。在图 9－29 中，告警信息的发送和确认通信过程正常，但在系统上位机发送控制信息给相应采集终端时，信息丢失。系统上位机在未收到确认帧后，也将重发先前的控制信息，直到信息被正确接收。

当然，也有可能存在另外一种情况，就是当前发送的帧并没有真正丢失，而只是由于中继器来不及转发而暂时保存在缓冲区中，而造成了信息重发。这样某一方就可能接收到重复的帧。对于重复接收的帧，一般可采取丢弃的办法处理。

另外，对 CAN 总线采用冗余设计，冗余设计方法包括部分冗余方法和全面冗余方法。CAN 总线部分冗余设计一般只是实现了物理介质和物理层的冗余，即采用两路总线电缆和两个总线收发器，但只有一个总线控制器，在总线控制器与两个收发器之间增加一个判断切换电路。它具有检测总线故障并实现总线切换的功能。采用部分冗余方法虽然具有成本低的优点，但是必须增加判断切换电路。判断切换电路设计较复杂，且其本身的任何故

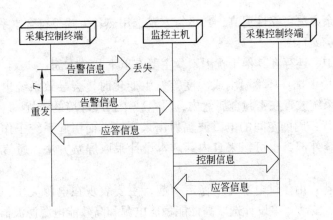

图 9-28 告警信息丢失情况

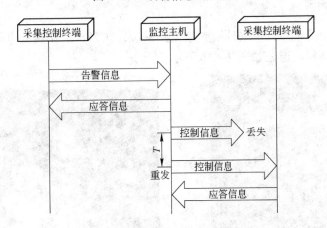

图 9-29 控制信息丢失情况

障均会导致整个切换工作失效，其本身的故障率通常较之 CAN 总线故障率更高。另外，部分冗余增加了硬件环节（判断切换电路）使通信延时增加，通信速度不可避免地会降低，影响了 CAN 通信的实时性。全面冗余方法是使用两套独立的总线电缆、总线收发器、总线控制器或集成了总线控制器与 CAN 的微控制器。这种方法的优点是实现了物理介质、物理层及数据链路层甚至应用层的全面冗余，从而可以大大提高系统的可靠性，适合可靠性要求非常高的系统。与部分冗余方法比较，不需采用判断切换电路，简化了硬件电路，降低了故障率。

全面冗余方法通常有两种运行方式：一种是同时运行方式，两套总线同时运行，如果其中一套发生故障，另一套仍能维持系统的正常运行；另一种是热备方式，一套运行，一套备用，当运行总线发生故障时，备用总线自动投入工作。同时运行方式由于两路同时工作，因此功耗大。优点是两路 CAN 同时运行，在总线故障时不需考虑总线切换，直接把故障总线切除即可，不需考虑复杂的总线切换。另外，两路 CAN 同时收发报文，接收节点可以通过报文比较方式验收报文，进一步提高了报文传输的可靠性。但同时发送与接收，两路 CAN 都要发送与接收，对 CAN 通信的实时性有影响，实时性不如热备方式。热备方式实时性更好，同时运行方式可靠性更高。由于只有一路总线在运行，另一路处于挂起状态，不会增加功耗，但必须及时发现总线故障，对软件设计要求高。

采用全面冗余方法可靠性更高，其运行方式选用热备方式更符合本系统的实际情况。

### 9.8.1.3　其他干扰

在使用环境中，还存在其他干扰因素，主要有以下几个方面：

（1）物理环境干扰：环境温度或湿度等发生变化时，会导致系统出现多种问题而不能正常工作。本系统放置在密封金属盒内，尽量减少物理环境的干扰。

（2）电磁干扰：周围空间的电磁波辐射窜入系统，而引起系统工作不正常。电磁干扰可来自应用系统外部，也可以来自内部。本设计采取屏蔽方法，通信电缆使用屏蔽双绞线。

（3）电源干扰：由于供电系统不稳定引起，主要表现在电源欠压、过压、浪涌、尖峰电压、电源电压波动。本设计选取高性能稳压电源和高效能电源滤波器，干扰较少。

### 9.8.2　系统安装调试

（1）在锡铁山井下布设空气环境参数监测系统，在2882m中段的电耙道处如图9-30所示，在2942m的斜坡道处如图9-31所示。

图9-30　2882m耙道数据采集点　　　　图9-31　2942m斜坡道数据采集点

（2）数据采集后由下位机负责把环境参数转换为电信号，经过控制器处理后进行显示，并将数据进行封装后发送。下位机包括PLC主控制器、相应的I/O和模拟量模块、通信接口模块、传感器模块以及辅助设备和壳体。

### 9.8.3　数据分析

（1）2882m耙道环境参数分析。在2882m耙道附近，通过分析温度、湿度、$CO_2$、$O_2$、CO、$NO_2$等环境参数随时间的变化规律后可知，温度、湿度和$CO_2$含量在一定时间段内相对稳定；$O_2$含量随着早班工人的开始工作以及耗氧设备的运行逐渐降低；CO的含量变化幅度较大，主要是受一些作业中段爆破的影响所致。

（2）2942m斜坡道环境参数分析。在2942m斜坡道附近，温度及湿度变化在一定时间段内相对稳定，$CO_2$、CO及$NO_2$含量变化幅度较大。这是由于斜坡道内燃油运输车辆运行较多，加之斜坡道内通风效果较差所致，$O_2$含量虽然有些起伏波动，但总体呈下降趋势。

针对上述实时监测分析结果，根据前面的研究结果，应对爆破工作面采取通风增氧等措施，控制燃油运输车辆的运行次数，利用风机有效控制风流，以改善井下作业环境。

## 9.9 本章研究结论

根据高寒地区的气候环境特点，结合锡铁山铅锌矿的实际情况，设计并研究了矿井环境参数实时监测系统，得出以下结论：

（1）该监测系统能实现多面多点实时监测，保证矿山整体的协调，并具有如下功能：1）实时采集、显示和输出井下的环境参数和有毒有害气体浓度；2）随时存取、打印历史数据和趋势曲线，并保存到外部数据库；3）对异常状况进行监测、报警并进行紧急情况自动处理，保存有关报警数据；4）基于采集控制终端优先原则，在采集控制终端上安装不间断电源，保证不会出现监测盲点。

（2）根据监测的参数，挑选了传感器及其相关组件组成控制终端，可使用 CAN 总线进行通信，数据最终由控制主机进行处理。通过从传感器、通信等方面分析了高寒地区矿井环境中监测系统的可靠性，认为系统能实现较好的功能。

（3）本系统的开发为高寒地区矿井通风的参数优化提供了一种先进的监测手段，可为矿山的安全生产打下良好的基础，有效地提高了矿山的安全程度和保障能力。此外，基于无线传感器的监测系统还有待进一步研究，无线传感器网络节点可成组安装在待检测地点或者移动交通工具上；还可采用一跳或多跳的路由机制，将数据用无线方式传输给分站，分站将区域内的数据用无线通信方式发给主控制器，经过数据处理后发布到互联网上，方便远程用户查看。

# 10　结论及展望

在科学技术飞速发展的今天，我国金属矿产的开采利用仍面临诸多挑战。随着国家对金属矿物开采目标的逐步扩大，开采条件和加工条件也更为复杂。高寒地区矿床开采作为一项复杂的矿床开采系统，其中的各项采矿技术和安全技术给采矿科技工作者和工程技术人员带来了许多科学技术难题。为了适应我国金属矿业的发展形势，加大西部矿产资源开发的力度，应该加强高寒地区采矿的相关技术理论研究与实践。本书是对高寒地区矿井深部通风防尘技术较为系统的研究及实践的总结，结合课题需要，论述国内外相关领域的先进技术理论，借鉴了前人和相关领域研究者的部分研究成果，介绍了高寒地区矿山深部通风防尘技术的研究思路及研究方法。

为了确保高寒地区矿床开采的可持续发展，积极开展高寒地区矿山深部通风技术研究，研究并探索适合高寒地区矿井开采缺氧环境条件下矿井通风与防尘的关键技术，具有十分重要的意义。由北京科技大学、北京联合大学和青海西部矿业股份有限公司共同承担的"十一五"国家科技支撑计划项目"高寒地区矿山深部通风防尘技术研究"，通过对锡铁山铅锌矿不同季节、相关中段现场空气质量的测定，并在实验室模拟 2000~4000m 海拔高度的低氧环境，研究高寒地区缺氧环境下作业人员的工效问题，并据此提出在锡铁山铅锌矿采掘工作面实施集中增氧通风技术。研究并提出高寒地区矿井通风防尘的建议修改指标，以改善矿井作业人员低压缺氧的工作环境，提高劳动效率，减少发生高原病的潜在风险，保障作业人员的职业健康。为实时监测高寒地区矿井工作环境，研发了高寒地区矿井空气环境参数实时监测系统，对井下空气、温度、湿度等多参数进行监测、监控和预警，该系统可及时发现隐患，以采取合理的防治措施。概括起来，本研究主要取得了以下几方面的研究成果：

（1）在高寒地区特殊气候条件下，对温度、湿度、大气压力及井下空气成分等环境参数进行了测量和分析，得出了高寒地区影响井下作业人员的身体健康保障程度的关键参数——缺氧、有毒有害气体及粉尘，它们是影响高寒地区矿井空气环境的三大主要因素。

（2）模拟了不同海拔高度的低氧环境下，四级体力劳动强度和受试人员疲劳程度的关系，研究高原缺氧环境下体力劳动者的功效问题，得出适宜体力劳动的最高等效海拔高度为 2750m，通过增氧技术提高工作环境的氧含量控制在此海拔之下是比较适宜的；通过分析对比，在锡铁山铅锌矿采用了以膜分离制氧原理为核心的矿井集中增氧通风方案，该方案可有效解决井下缺氧问题；对富氧室进行了应用研究，通过输送系统、供氧系统输送富集氧气，可有效地解除疲劳，改善和增强人的工作能力。

（3）结合高寒地区气候的特殊性，建立了适合高寒地区的矿井通风系统评价指标体系。以锡铁山铅锌矿通风系统为例，根据矿山实际情况，建立了通风系统综合评价指标体系；选用模糊综合评价法对矿井通风系统进行评价研究，确定出锡铁山铅锌矿现有通风系统的评价等级，提出了整改措施。

（4）应用 Ventsim 软件和 MVSS 软件对锡铁山铅锌矿通风系统进行优化研究。结果表明，原有通风系统存在进风量不足、主风机效率不足、自然风压造成的漏风严重、通风阻力过大等问题。根据模拟研究结果，提出新建回风井巷的通风方案，即：在东翼 03 线附近新建一个回风井，同时选用型号为 DK45 - 6 - N20 矿用节能风机为主风机，以满足矿山安全生产和通风的需要。进行模拟优化后，矿井通风系统风机运行效率提升了 10% ~ 30%，有效风量率提高至 87%。

（5）应用 FLUENT 软件对高寒地区深部矿井有毒有害气体进行了模拟研究。通过研究锡铁山铅锌矿井下 2762m 水平内风筒口距离掌子面 10m、15m、20m 条件下的巷道风流结构及尾气分布特征，讨论了铲运机尾气控制的两种方式。研究认为：1）采用喷流式烟雾稀释器控制尾气的效果优于采用增大风量的措施；2）独头巷道内风筒口布置位置影响铲运机尾气扩散方式；3）在采用大直径、低漏风系数的风筒，以及高效率局扇的通风条件下，国标 GB 16423—2006 中关于"风筒口到掌子面距离不小于 10m"的规定适用范围应相应调整，可适当增大，以不超过 15m 为宜；4）现行广泛使用的矿井独头巷道排除炮烟所需风量计算公式得到的风量偏小，应用于高寒地区时，需根据实际情况乘以修正系数。

（6）对高寒地区矿井粉尘治理进行了研究。对锡铁山铅锌矿矿井粉尘进行了分散度测试，研究了粉尘扩散规律，并进行了二次扬尘及沉降速率实验测试和抑尘剂配置实验。通过实验和研究认为：1）根据粉尘分散度测试、粉尘浓度测试、二次扬尘及沉降速率测试，在锡铁山铅锌矿井下大巷的现有风速下，最大粉尘粒度均在 5 ~ 2μm 之间，粉尘的浓度是在变化的；在浓度达到最低值后，随着风速的增加，粉尘的浓度会相应增加；由于爆破震动带起的粉尘在 15min 后基本沉降结束；应从最优排尘风速方面进行研究，以求达到最优的排尘风速。2）根据化学抑尘剂的配置实验，十二烷基苯磺酸钠和曲拉通 X - 100 的润湿能力优于其他表面活性剂；氯化钙和氯化镁的吸湿保湿能力明显优于其他吸湿性化学物质，是润湿型化学抑尘剂的理想基料；以氯化钙为基料、十二烷基苯磺酸钠和曲拉通 X - 100 作为辅料配制润湿型化学抑尘剂效果最好；复合后的化学抑尘剂比单一的润湿剂性质稳定。3）粉尘是影响井下空气环境的关键参数之一，为降低粉尘浓度，在凿岩巷道口、电耙道和放矿点，通过局部风机和喷水除尘措施，除尘效果明显，粉尘浓度均低于 $2mg/m^3$，符合国家标准。

（7）研究并提出了高寒地区非煤矿井通风防尘的环境指标的修改意见。研究认为，高寒地区矿井的氧气、有毒有害气体和粉尘浓度标准分别为：

1）当海拔高度超过 3200m 时，可以考虑增氧通风，以保证功效；当海拔高度超过 4400m 时，必须强制实行增氧通风；根据矿井深度增加对氧的补偿作用原理，增氧通风后的井下工作地点氧气浓度，在 3000 ~ 4000m 海拔地区，等效海拔应该控制在 2500 ~ 3000m；在 4000m 以上海拔地区，氧气浓度的等效海拔高度应在 4000m 以下；劳动强度为 Ⅳ 级时，工作时间内氧气的加权平原等效浓度不得低于 15%，Ⅲ 级时不得低于 14%，任何工种都不得低于 12.5%。2）国标 GB 16423—2006 对 $CO_2$ 和 CO 的浓度标准规定可适用于高寒地区，对于其他有毒有害气体，应按照国家相关标准的浓度值乘以修正系数：在 2000 ~ 3000m 地区，修正系数为 0.6 ~ 0.8；在 3000m 以上地区，修正系数为 0.5 ~ 0.6 倍。3）对于粉尘浓度标准的修正系数，在 2000 ~ 3000m 海拔地区，修正系数取值为 0.8；在 3000m 以上海拔地区，修正系数取值为 0.7；根据计算，建议锡铁山铅锌矿井下最高限制粉尘浓度为 $1.33mg/m^3$。

（8）设计研发了适合高寒地区非煤矿井空气环境实时监控系统，对系统采集控制终端、通信网络和上位机进行了分析和选定，并对传感器、通信等进行了可靠性研究。通过在锡铁山铅锌矿进行实际应用，为本研究提供了数据来源。该系统可对高寒地区矿井通风及工作环境做出实时监测与评价分析，以提高通风系统管理自动化水平。

高寒地区矿山深部通风防尘技术的研究是一项长远而复杂的工作，因此有必要对更多的高寒地区矿井进行深入的研究和探讨。由于本项目研究的时间有限以及研究对象的客观条件限制，以下方面还有待深入研究：

（1）关于增氧技术的应用以及通风系统评价指标的制定，需要对更多的高寒地区非煤矿山进行长期实证；

（2）深入研究适合高寒地区矿井的增氧制氧技术，如选择制氧工作效率更高的膜组件；合理设计和选用制氧机，使之适应高寒地区低压环境；推广高寒环境低氧模拟舱实验平台；

（3）针对高寒地区环境条件，进一步开展心率、血氧饱和度、肺通气量等生理机体指标医学实证研究；

（4）通过对不同海拔高度的矿井通风防尘指标体系的研究，修改完善高寒地区通风防尘的国家标准；

（5）对井下空气环境监测系统进行功能扩展，使之能够广泛应用于所有矿井通风的实时监控。

# 附　录

## 附表 1－1　3142m 中段气体浓度统计表

| 统计项 | 气体 | 氧气/% | 一氧化碳/ ×10⁻⁶ | 二氧化碳/‰ | 二氧化氮/ ×10⁻⁶ | 二氧化硫/ ×10⁻⁶ |
|---|---|---|---|---|---|---|
| 数据 | 有效 | 13 | 13 | 13 | 13 | 13 |
| | 缺失 | 0 | 0 | 0 | 0 | 0 |
| 平均值 | | 14.0000 | 4.9231 | 29.1538 | 0.1000 | 0.0308 |
| 均值的标准误差 | | 0.03397 | 1.59912 | 1.21342 | 0.00000 | 0.01332 |
| 中位数 | | 14.0000 | 1.0000 | 32.0000 | 0.1000 | 0.0000 |
| 众数 | | 13.90 | 0.00 | 32.00 | 0.10 | 0.00 |
| 标准差 | | 0.12247 | 5.76573 | 4.37505 | 0.00000 | 0.04804 |
| 方差 | | 0.015 | 33.244 | 19.141 | 0.000 | 0.002 |
| 极差 | | 0.30 | 14.00 | 14.00 | 0.00 | 0.10 |
| 最小值 | | 13.90 | 0.00 | 19.00 | 0.10 | 0.00 |
| 最大值 | | 14.20 | 14.00 | 33.00 | 0.10 | 0.10 |
| 算术和 | | 182.00 | 64.00 | 379.00 | 1.30 | 0.40 |

## 附表 1－2　3062m 中段气体浓度统计表

| 统计项 | 气体 | 氧气/% | 一氧化碳/ ×10⁻⁶ | 二氧化碳/‰ | 二氧化氮/ ×10⁻⁶ | 二氧化硫/ ×10⁻⁶ |
|---|---|---|---|---|---|---|
| 数据 | 有效 | 26 | 26 | 26 | 26 | 25 |
| | 缺失 | 0 | 0 | 0 | 0 | 1 |
| 平均值 | | 14.0692 | 0.5000 | 20.4615 | 0.1000 | 0.0000 |
| 均值的标准误差 | | 0.01332 | 0.17759 | 1.27609 | 0.00000 | 0.00000 |
| 中位数 | | 14.1000 | 0.0000 | 22.0000 | 0.1000 | 0.0000 |
| 众数 | | 14.10 | 0.00 | 22.00 | 0.10 | 0.00 |
| 标准差 | | 0.06794 | 0.90554 | 6.50680 | 0.00000 | 0.00000 |
| 方差 | | 0.005 | 0.820 | 42.338 | 0.000 | 0.000 |
| 极差 | | 0.20 | 3.00 | 22.00 | 0.00 | 0.00 |
| 最小值 | | 14.00 | 0.00 | 11.00 | 0.10 | 0.00 |
| 最大值 | | 14.20 | 3.00 | 33.00 | 0.10 | 0.00 |
| 算术和 | | 365.80 | 13.00 | 532.00 | 2.60 | 0.00 |

附表 1－3　3002m 中段气体浓度统计表

| 统计项 | 气体 | 氧气/% | 一氧化碳/×10⁻⁶ | 二氧化碳/‰ | 二氧化氮/×10⁻⁶ | 二氧化硫/×10⁻⁶ |
|---|---|---|---|---|---|---|
| 数据 | 有效 | 68 | 68 | 68 | 68 | 68 |
| | 缺失 | 0 | 0 | 0 | 0 | 0 |
| 平均值 | | 14.0676 | 4.9412 | 28.5294 | 0.0824 | 0.0368 |
| 均值的标准误差 | | 0.03018 | 0.95530 | 0.97454 | 0.00887 | 0.00911 |
| 中位数 | | 14.1000 | 2.0000 | 27.0000 | 0.1000 | 0.0000 |
| 众数 | | 13.80a | 2.00 | 22.00 | 0.10 | 0.00 |
| 标准差 | | 0.24884 | 7.87758 | 8.03624 | 0.07318 | 0.07512 |
| 方差 | | 0.062 | 62.056 | 64.581 | 0.005 | 0.006 |
| 极差 | | 0.90 | 41.00 | 35.00 | 0.40 | 0.30 |
| 最小值 | | 13.60 | 0.00 | 15.00 | 0.00 | 0.00 |
| 最大值 | | 14.50 | 41.00 | 50.00 | 0.40 | 0.30 |
| 算术和 | | 956.60 | 336.00 | 1940.00 | 5.60 | 2.50 |

附表 1－4　2942m 中段气体浓度统计表

| 统计项 | 气体 | 氧气/% | 一氧化碳/×10⁻⁶ | 二氧化碳/‰ | 二氧化氮/×10⁻⁶ | 二氧化硫/×10⁻⁶ |
|---|---|---|---|---|---|---|
| 数据 | 有效 | 78 | 78 | 78 | 78 | 44 |
| | 缺失 | 0 | 0 | 0 | 0 | 34 |
| 平均值 | | 14.3064 | 12.0769 | 21.1538 | 0.1154 | 0.5273 |
| 均值的标准误差 | | 0.01229 | 1.29586 | 0.51552 | 0.01403 | 0.09164 |
| 中位数 | | 14.3000 | 9.0000 | 21.0000 | 0.1000 | 0.2000 |
| 众数 | | 14.40 | 0.00 | 22.00 | 0.10 | 0.00 |
| 标准差 | | 0.10852 | 1.14447E1 | 4.55294 | 0.12387 | 0.60784 |
| 方差 | | 0.012 | 130.981 | 20.729 | 0.015 | 0.369 |
| 极差 | | 0.50 | 40.00 | 18.00 | 0.50 | 1.70 |
| 最小值 | | 14.10 | 0.00 | 13.00 | 0.00 | 0.00 |
| 最大值 | | 14.60 | 40.00 | 31.00 | 0.50 | 1.70 |
| 算术和 | | 1115.90 | 942.00 | 1650.00 | 9.00 | 23.20 |

**附表 1−5　2882m 中段气体浓度统计表**

| 统计项 | 气体 | 氧气/% | 一氧化碳/×10⁻⁶ | 二氧化碳/‰ | 二氧化氮/×10⁻⁶ | 二氧化硫/×10⁻⁶ |
|---|---|---|---|---|---|---|
| 数据 | 有效 | 73 | 73 | 73 | 73 | 73 |
| | 缺失 | 0 | 0 | 0 | 0 | 0 |
| 平均值 | | 14.4945 | 11.3836 | 20.7534 | 0.1986 | 0.0000 |
| 均值的标准误差 | | 0.01765 | 1.55770 | 0.63563 | 0.01955 | 0.00000 |
| 中位数 | | 14.5000 | 3.0000 | 19.0000 | 0.1000 | 0.0000 |
| 众数 | | 14.60 | 0.00 | 18.00 | 0.10 | 0.00 |
| 标准差 | | 0.15082 | 1.33090E1 | 5.43083 | 0.16708 | 0.00000 |
| 方差 | | 0.023 | 177.129 | 29.494 | 0.028 | 0.000 |
| 极差 | | 0.60 | 44.00 | 27.00 | 0.60 | 0.00 |
| 最小值 | | 14.20 | 0.00 | 11.00 | 0.00 | 0.00 |
| 最大值 | | 14.80 | 44.00 | 38.00 | 0.60 | 0.00 |
| 算术和 | | 1058.10 | 831.00 | 1515.00 | 14.50 | 0.00 |

**附表 1−6　2822m 中段气体浓度统计表**

| 统计项 | 气体 | 氧气/% | 一氧化碳/×10⁻⁶ | 二氧化碳/‰ | 二氧化氮/×10⁻⁶ | 二氧化硫/×10⁻⁶ |
|---|---|---|---|---|---|---|
| 数据 | 有效 | 36 | 36 | 36 | 36 | 0 |
| | 缺失 | 0 | 0 | 0 | 0 | 36 |
| 平均值 | | 14.4361 | 17.8056 | 20.4444 | 0.2611 | 0.0000 |
| 均值的标准误差 | | 0.03141 | 1.63582 | 0.76682 | 0.02739 | 0.00000 |
| 中位数 | | 14.4500 | 16.0000 | 20.0000 | 0.2000 | 0.0000 |
| 众数 | | 14.20a | 0.00a | 20.00 | 0.20 | 0.00 |
| 标准差 | | 0.18846 | 9.81491 | 4.60090 | 0.16437 | 0.00000 |
| 方差 | | 0.036 | 96.333 | 21.168 | 0.027 | 0.000 |
| 极差 | | 0.60 | 37.00 | 17.00 | 0.50 | 0.00 |
| 最小值 | | 14.20 | 0.00 | 11.00 | 0.10 | 0.00 |
| 最大值 | | 14.80 | 37.00 | 28.00 | 0.60 | 0.00 |
| 算术和 | | 519.70 | 641.00 | 736.00 | 9.40 | 0.00 |

附表 1 – 7　2762～2702m 中段气体浓度统计表

| 气体<br>统计项 | | 氧气/% | 一氧化碳/×10⁻⁶ | 二氧化碳/‰ | 二氧化氮/×10⁻⁶ | 二氧化硫/×10⁻⁶ |
|---|---|---|---|---|---|---|
| 数据 | 有效 | 50 | 50 | 50 | 50 | 0 |
| | 缺失 | 0 | 0 | 0 | 0 | 50 |
| 平均值 | | 14.6720 | 26.5200 | 24.8600 | 0.3220 | 0.0000 |
| 均值的标准误差 | | 0.04866 | 1.77655 | 0.89626 | 0.03224 | 0.00000 |
| 中位数 | | 14.6000 | 27.0000 | 24.0000 | 0.3000 | 0.0000 |
| 众数 | | 15.10 | 17.00 | 24.00 | 0.20 | 0.00 |
| 标准差 | | 0.34407 | 1.25621E1 | 6.33748 | 0.22794 | 0.00000 |
| 方差 | | 0.118 | 157.806 | 40.164 | 0.052 | 0.000 |
| 极差 | | 1.20 | 48.00 | 30.00 | 0.90 | 0.00 |
| 最小值 | | 14.00 | 8.00 | 14.00 | 0.00 | 0.00 |
| 最大值 | | 15.20 | 56.00 | 44.00 | 0.90 | 0.00 |
| 算术和 | | 733.60 | 1326.00 | 1243.00 | 16.10 | 0.00 |

附表 1 – 8　斜坡道气体浓度统计表

| 气体<br>统计项 | | 氧气/% | 一氧化碳/×10⁻⁶ | 二氧化碳/‰ | 二氧化氮/×10⁻⁶ |
|---|---|---|---|---|---|
| 数据 | 有效 | 21 | 21 | 21 | 20 |
| | 缺失 | 0 | 0 | 0 | 1 |
| 平均值 | | 14.3238 | 77.5714 | 61.2381 | 1.6950 |
| 均值的标准误差 | | 0.03155 | 9.09724 | 5.54072 | 0.24489 |
| 中位数 | | 14.3000 | 75.0000 | 73.0000 | 1.9500 |
| 众数 | | 14.30 | 62.00 | 49.00a | 2.80 |
| 标准差 | | 0.14458 | 41.68881 | 25.39076 | 1.09519 |
| 方差 | | 0.021 | 1737.957 | 644.690 | 1.199 |
| 极差 | | 0.60 | 134.00 | 79.00 | 2.90 |
| 最小值 | | 14.00 | 0.00 | 9.00 | 0.10 |
| 最大值 | | 14.60 | 134.00 | 88.00 | 3.00 |
| 算术和 | | 300.80 | 1629.00 | 1286.00 | 33.90 |

**附表 1-9　检修斜坡道气体浓度统计表**

| 统计项 / 气体 | | 氧气/% | 一氧化碳/ ×10⁻⁶ | 二氧化碳/‰ | 二氧化氮/ ×10⁻⁶ |
|---|---|---|---|---|---|
| 数据 | 有效 | 26 | 26 | 26 | 26 |
| | 缺失 | 0 | 0 | 0 | 0 |
| 平均值 | | 14.2538 | 18.8846 | 17.8846 | 0.1462 |
| 均值的标准误差 | | 0.01685 | 2.36534 | 0.33890 | 0.01385 |
| 中位数 | | 14.2000 | 17.0000 | 18.5000 | 0.1000 |
| 众数 | | 14.20 | 26.00 | 19.00 | 0.10 |
| 标准差 | | 0.08593 | 12.06094 | 1.72805 | 0.07060 |
| 方差 | | 0.007 | 145.466 | 2.986 | 0.005 |
| 极差 | | 0.30 | 48.00 | 6.00 | 0.30 |
| 最小值 | | 14.10 | 4.00 | 14.00 | 0.10 |
| 最大值 | | 14.40 | 52.00 | 20.00 | 0.40 |
| 算术和 | | 370.60 | 491.00 | 465.00 | 3.80 |

## 参 考 文 献

[1] 黄元平，赵以惠. 矿井通风系统评价方法 [J]. 煤矿安全，1983（9）：24~31.

[2] 吴超. 矿井通风与空气调节 [M]. 长沙：中南大学出版社，2008.

[3] 郁钟铭，等. 层次分析法在矿井通风系统方案优化中的应用 [J]. 贵州工业大学学报，1997，26（5）：62~68.

[4] 吴天一. 高原低氧环境对人类的挑战 [J]. 医学研究杂志，2006，35（10）：1~3.

[5] 徐贵发. 浅谈高原恶劣气候条件的采矿安全问题 [J]. 矿业安全与环保，2006，12（33）：4~7.

[6] K. 3. 乌莎可夫，C. A. 列德科儒波夫，B. K. 乌莎可夫. 为综合评定可靠高效矿井通风系统设计和应用专家系统的基本构想 [C] //第24届国际采矿安全会议论文选集（1991.9.23~28 顿涅茨克），1992：68~72.

[7] O. C. 克列巴诺夫，O. B. 卡拉高金娜. 矿井通风系统综合质量指标的选择 [J]. 世界煤炭技术，1986（4）：13~16.

[8] 黄元平，赵以惠. 矿井复杂网络中不稳定风流方向判别及其应用 [J]. 煤炭学报，1984，（2）：32~44.

[9] 刘明志. 应用模糊综合评判方法评价矿井通风系统的实践 [J]. 煤矿安全，1993，（10）：22~24.

[10] 李秉芮. 评定矿井通风系统的参数指标 [J]. 煤矿安全，1988，（8）：33~35.

[11] 张堤. 矿井通风系统的灰色综合指数评价法 [J]. 煤矿安全，1989，（11）：36~39.

[12] 沈斐敏. 矿井通风系统合理性的综合评判 [C] //第二次全国采矿会议论文集（汇），1986，（11）：283~294.

[13] 林香铭. 矿井通风系统模糊综合评判法 [J]. 煤矿安全，1985，（12）：11~17.

[14] 张兆瑞，等. 矿井通风系统评价指标向量及其应用研究 [J]. 西安科技大学学报，1995，15（4）：7~9.

[15] 谭允桢，等. 矿井通风系统安全度 [J]. 中国安全科学学报，1999，（1）：20~23.

[16] 董宪伟. 高原非煤矿井人体环境指标及增氧技术模拟研究 [D]. 北京：北京科技大学博士学位论文，2010.

[17] 唐志新. 高原非煤矿山井下空气环境关键参数及通风系统优化研究 [D]. 北京：北京科技大学博士学位论文，2010.

[18] 梅栋梁. 高原地区矿山缺氧增氧研究 [D]. 北京：北京科技大学硕士学位论文，2009.

[19] 李昶. 高寒地区粉尘及防尘技术应用研究 [D]. 北京：北京科技大学硕士学位论文，2009.

[20] 张崇. 高寒地区地下金属矿山通风系统综合评价 [D]. 北京：北京科技大学硕士学位论文，2009.

[21] 曹思远. 高寒地区某矿通风系统优化设计 [D]. 北京：北京科技大学硕士学位论文，2009.

[22] 卫欢乐. 高原某铅锌矿矿井通风环境参数监测系统研究 [D]. 北京：北京科技大学硕士学位论文，2009.

[23] 何丹. 锡铁山矿增氧通风及其综合效益分析 [D]. 北京：北京科技大学硕士学位论文，2010.

[24] 何磊. 高原矿山深部开拓工程有害气体扩散规律研究 [D]. 北京：北京科技大学硕士学位论文，2010.

[25] 谢贤平，赵梓成. 近十年来我国金属矿山通风技术发展综述 [J]. 有色金属设计，1995，（1）：5~12.

[26] 辛嵩. 矿井通风系统方案的综合评价 [J]. 煤矿安全，1994，（3）：41~43.

[27] 谢贤平. 用灰色关联分析法来评价矿井通风系统技术经济效果 [J]. 金属矿山，1991，（8）：39~43.

[28] 傅立. 灰色系统理论及其应用 [M]. 北京：科学技术文献出版社，1992.

[29] 徐君. 矿井安全生产的神经网络评价 [J]. 辽宁工程技术大学学报，2005，(24)：28~30.

[30] 黄辉宇，李从东. 基于人工神经网络的煤矿安全评估模型研究 [J]. 工业工程，2007，10 (1)：112~115.

[31] 刘超. 基于人工神经网络的矿井通风系统的评价方法的研究 [D]. 焦作工学院硕士论文，2004.

[32] 罗四维. 人工神经网络建造 [M]. 北京：中国铁道出版社，1998.

[33] 龙勇. 煤矿安全模糊综合评价理论及实践 [D]. 辽宁工程技术大学学位论文，2006.

[34] 李洪兴，等. 工程模糊数学方法及应用 [M]. 天津：天津科学技术出版社，1993：538~572.

[35] 景国勋. 矿井安全状况模糊综合评判探讨 [J]. 地质勘探安全，1995，(4)：40~43.

[36] 丁霞军，王伯顺. 模糊综合评价法在矿井安全评价中的应用 [J]. 矿业安全与环保，2004，31 (6)：55~56.

[37] 肖鹏，杨娟娟. 试论矿井通风系统评价指标体系 [J]. 煤矿现代化，2006，(2)：67~68.

[38] 江仁川，朱锦良. 试论矿井通风系统综合评价指标 [J]. 煤炭科学技术，1994，32 (6)：20~25.

[39] 李艳军，焦海朋，李明. 高温矿井的热害治理 [J]. 能源技术与管理，2007，(6)：45~47.

[40] 李莉，张人伟，王亮，等. 矿井热害分析及其治理 [J]. 煤矿现代化，2006，(2)：34~36.

[41] 马悦玲. 温度与健康的奥秘 [J]. 医药与健康，2006，(5)：3~5.

[42] 张荣. 湿度与健康的关系 [J]. 成都气象学报，1998，(4)：2~3.

[43] 宋长平，李建国. 高原低浓度 CO 对作业工人健康影响的研究 [J]. 中华预防医学杂志，1993，(2)：3~5.

[44] 张世杰，宋长平. 高原地区车间空气中 CO 卫生标准 [J]. 高原医学杂志，1996，6 (3)：1~5.

[45] 张世杰. 高原地区 CO 中毒特征探讨 [J]. 中国公共卫生，1999，15 (4)：3~6.

[46] 刚保琪. 关于我国作业环境空气中有害物质容许浓度的思考 [J]. 工业卫生与职业病，2000，26：7~8.

[47] 中华人民共和国卫生部编. 全国尘肺流行病学调查研究资料集 [M]. 北京：北京医科大学、中国协和医科大学联合出版社，1992.

[48] 张海谋. 我国主要生产行业粉尘状况分析 [J]. 中国工业医学杂志，1999，12 (5)：270~272.

[49] 王希鼎. 粉尘及其危害 [J]. 玻璃，2007，24 (2)：38~40.

[50] 李修磊，程育顺，刘福祥. 煤矿井下粉尘灾害现状调查 [J]. 山东煤炭科技，2006，(5)：16~17.

[51] 陈卫红，邢景才，史廷明，等. 粉尘的危害与控制 [M]. 北京：化学工业出版社，2005.

[52] 杨长祥. 矿井通风技术改造及节能 [J]. 矿业快报，2001，21 (37)：14~18.

[53] 王英敏，等. 矿山通风理论与技术的新发展 [C] //第四次全国采矿学术会议集，1993：500~510.

[54] 祝启坤. 衡量生产矿井通风系统质量指标的探讨 [J]. 武汉化工学院学报，1995，17 (2)：36~40.

[55] 刘铁城. 国内外矿井通风监测及今后发展 [J]. 矿业快报，2006，22 (2)：20~24.

[56] 杨振风. 金属矿山通风节能途径浅析 [J]. 冶金矿山设计与建设，1997，(7)：32~36.

[57] 张立炎，叶义华. 金属矿山通风节能的技术途径 [J]. 工业安全与防尘，2000 (9)：18~19.

[58] 唐冶亚. 有色金属矿山通风主要通风机装置运行效率现状分析及改进对策 [J]. 世界有色金属，2002，(12)：40~43.

[59] 梁南丁. 矿井通风系统的经济运行 [J]. 煤炭工业，2007，(7)：6~10.

[60] 朱红青. 矿井通风系统评价方法的研究 [D]. 北京：中国矿业大学硕士论文，2006.

[61] 张国枢. 通风安全学 [M]. 徐州：中国矿业大学出版社，2000.

[62] 傅海亭. 矿山自然风压利用探讨 [J]. 山东冶金，2000，(3)：2~7.

[63] 刘振明. 自然风压对矿井通风系统的影响分析 [J]. 山西焦煤科技，2003 (增刊).

[64] 陈喜山. 金属矿山矿井通风技术的新进展 [J]. 金属矿山, 2002, (9)：3~7.

[65] 刘国峰. 高原缺氧对人体的影响综述 [J]. 水利水电技术, 1995, (1)：2~3.

[66] 李玉兰. 高原缺氧对人体生理影响 [J]. 青海师范大学学报, 2000, (2)：1~3.

[67] 格央. 高原气候环境与人类健康 [J]. 西藏科技, 2006, 4：50~51.

[68] 刘蓓, 余南阳. 青藏铁路隧道内有毒有害气体浓度标准探讨 [J]. 铁道安全卫生与环保, 2002, 35 (2)：83~86.

[69] 罗云, 樊运晓, 马晓春. 风险分析与安全评价 [M]. 北京：化学工业出版社, 2004.

[70] 任建国. 安全评价在我国的发展历程 [J]. 安防科技, 2005, 1：28~30.

[71] 李小璐. 金属矿山通风系统的人—机—环境研究与应用 [D]. 北京：北京科技大学硕士学位论文, 2007.

[72] 魏玉光, 杨浩, 刘建军. 青藏铁路运输组织的特殊性及安全保障体系初探 [J]. 中国安全科学学报, 2003, 13 (3)：22~28.

[73] 魏静, 许兆义, 等. 青藏铁路建设中高寒地区缺氧及保障问题的研讨 [J]. 中国安全科学学报, 2006, (4)：72~76.

[74] 浑宝炬, 郭立稳. 矿井通风防尘 [M]. 北京：冶金工业出版社, 2007.

[75] 汪德淇. 矿井通风防尘 [M]. 北京：冶金工业出版社, 1993.

[76] 浑宝炬, 郭立稳. 矿井粉尘检测与防治技术 [M]. 北京：化学工业出版社, 2005, (1)：5~13.

[77] 王花平, 宋和君, 王海宁, 谢金亮. 简析综合防尘技术在矿井中的应用 [J]. 煤炭工程, 2006, 12：62~64.

[78] 赵星瑜. 地下工程中的粉尘控制 [J]. 水利水电施工, 2006, 3：23~24.

[79] 王英敏. 矿山通风防尘技术发展概况 [J]. 金属矿山, 1999, 9：11~15.

[80] 赵栋, 刘文虎, 姚例忠, 张永红. 矿井综合防尘措施 [J]. 矿业安全与环保, 2003, 6：111~113.

[81] 王国超, 傅培舫, 叶汝陵. 巷道中粉尘弥散的实验 [J]. 煤炭工程师, 1994, 6：19~22.

[82] 刘艾. 矿井粉尘分布规律及防治措施 [J]. 煤矿安全, 2003, 7：45~47.

[83] 徐景德, 周心权. 有源巷道中粉尘运移与浓度分布规律的实验研究 [J]. 湘潭矿业学院学报, 1999, 2 (14)：1~6.

[84] 郭凯. 掘进巷道爆破粉尘净化技术研究 [D]. 北京：北京科技大学硕士学位论文, 2005.

[85] 杨磊, 王正伦. 粉尘测定的采样方法及其结果的可比性 [J]. 中华劳动卫生职业病杂志, 2003, 4：297~298.

[86] 邓国祥, 郭万华, 赵学武. 导坑法施工隧道掘进作业接尘量与粉尘分散度调查 [J]. 铁道劳动安全卫生与环保, 1998, 2：112~114.

[87] 蒋仲安, 金龙哲, 袁绪忠, 潘大勇. 掘进巷道中粉尘分布规律的实验研究 [J]. 煤炭科学与技术, 2001, 3：43~45.

[88] 金龙哲, 袁俊芳, 李建文. 矿井粉尘直接测定方法 [J]. 北京科技大学学报, 2000, 2 (22)：97~100.

[89] 宋马俊. 试论矿山个体呼吸性粉尘检测问题 [J]. 化工地质, 1994, 1 (16)：57~62.

[90] 谭海文. 金属矿山后期矿井通风安全问题探讨 [J]. 工业安全与环保, 2002, 12 (32)：32~33.

[91] 李希海. 浅析建立矿井合理通风系统 [J]. 矿井设计, 2003, 7：71~72.

[92] 樊满华. 深井开采通风技术 [J]. 黄金科学技术, 2001, 6 (9)：1~7.

[93] 张桂芹, 刘泽常, 李敏, Wilhelm Hoeflinger, Gerd Mauschitz. 工业粉体下落过程粉尘排放特性的实验研究 [J]. 环境科学与技术, 2006, 11 (29)：3~6.

[94] 丛晓春, 张旭, 李敏. 矿料颗粒起动风速的实验 [J]. 中国矿业, 2003, 9 (12)：32~35.

[95] 李晓飞, 罗成彦. 非煤地下矿山机械通风系统的建立 [J]. 矿山安全, 2007, 4: 102~104.

[96] 孙信义. 试论压入式通风在高海拔矿井中的应用 [J]. 煤炭工程, 2004, 3: 35~40.

[97] 尹根成. 大采高综采面综合防尘技术研究与应用 [D]. 北京: 北京科技大学博士学位论文, 2007.

[98] 吴长福, 赵秀君. 鞍山矿业公司防尘设施的密闭技术 [J]. 矿业工程, 2005, 2: 43~44.

[99] 林传军, 牛光田. 超千米深井综合防尘技术研究与应用 [J]. 山东煤炭科技, 2005, 6: 19~20.

[100] 林子钰, 张禹, 蒋仲安, 孙佳. 矿井综合防尘定量评价系统的设计研究 [J]. 矿业安全与环保, 2006, 8: 35~37.

[101] 王桂明, 张嘉勇, 巩学敏. 综放工作面综合防尘技术研究 [J]. 煤炭技术, 2006, 11: 60~61.

[102] 刘少春. 矿井综合防尘实用技术的推广与应用 [J]. 煤炭技术, 2007, 7: 62~64.

[103] 黄金星, 李建国, 李建伟. 综合防尘技术在马兰矿的应用 [J]. 煤炭技术, 2007, 8: 66~68.

[104] 牛保炉, 陈颖兴, 邱海江, 郭振新. 古书院矿掘进工作面混合式通风防尘技术的试验研究 [J]. 矿业安全与环保, 2006, 12: 41~43.

[105] 牛朝旭. 综采工作面的粉尘分布及治理对策 [J]. 煤炭科学技术, 2006, 4: 29~30.

[106] 杨海兵, 杨进波, 易桂林, 等. 中美粉尘监测方法及其测定结果的比较 [J]. 环境与职业医学, 2005, 3: 236~239.

[107] 田贻丽. 粉尘浓度测量方法的研究 [D]. 重庆: 重庆大学硕士学位论文, 2003.

[108] 刘荣华, 王海桥, 施式亮, 刘何清. 压入式通风掘进工作面粉尘分布规律研究 [J]. 煤炭学报, 2002, 27 (3): 233~236.

[109] 王自亮. 粉尘粒度分布规律的计算和分析 [J]. 煤炭工程师, 1994, 6: 22~26.

[110] 王文明, 马少元, 校广录. 不同海拔粉尘作业人群肺功能改变的对照研究 [J]. 现代预防医学, 2008, 12: 2226~2227.

[111] 金属矿井通风防尘设计参考资料编写组. 金属矿井通风防尘设计参考资料 [M]. 北京: 冶金工业出版社, 1982.

[112] 阮雄兵. 对通风问题的思考 [J]. 工业安全与环保, 2004, 30 (9): 26~27.

[113] 谭海文. 金属矿山热害产生原因及其处理措施 [J]. 黄金, 2007, 2 (28): 20~24.

[114] 陈喜山, 梁晓春, 郭晓芳, 玄克勇. 金属矿山通风中自然能源的利用 [J]. 黄金, 2003, 12: 19~22.

[115] 陈喜山, 梁晓春, 李杨. 多级机站通风新模式和矿井通风技术的新进展 [J]. 中国矿业, 2002, 11 (5): 13~15.

[116] 胡杏保, 侯大德, 王湘桂, 陈兴, 孙英, 吕如常. 1996~2006 年金属矿山通风系统建设及其进步 [J]. 金属矿山, 2007, 7: 1~6.

[117] 陆国荣. 采矿手册 (第六卷) [M]. 北京: 冶金工业出版社, 1999.

[118] 宋大和. 自然风压对深井建井通风系统的影响研究 [J]. 采矿技术, 2006, 9: 398~399.

[119] 高仁礼, 季宁, 吴德昌. 关于自然风压的概念问题探讨 [J]. 煤炭工程师, 1998, 4: 29~33.

[120] 马恒, 贾进章, 于凤伟. 复杂网络中风流的稳定性 [J]. 辽宁工程技术大学学报, 2001, 2: 14~16.

[121] 周心权, 吴兵, 杜红兵. 矿井通风基本概念的理论基础分析 [J]. 中国矿业大学学报, 2003, 3: 133~137.

[122] 刘景秀. 矿井通风系统风流状态变化规律探讨 [J]. 金属矿山, 1999, 6: 22~24.

[123] 于宝海, 杨胜强, 土义江, 张秀才. 区域可控循环风对矿井主通风系统影响的分析与研究 [J]. 矿业安全与环保, 2007, 6: 15~19.

[124] 王海宁, 王花平, 谢金亮. 金属矿山通风节能技术的研究 [J]. 矿业安全, 2006, 12: 24~26.

[125] 李湖生. 矿井按需分风优化调节的研究进展 [J]. 煤炭工程师, 1997, 1: 8~12.

[126] 龙如银, 孙方维. 矿井复杂通风系统技术改造方案的优选 [J]. 运筹与管理, 1999, 9: 85~89.

[127] 谢贤平, 赵梓成. 矿井通风节能新技术的研究与应用 [J]. 有色冶金设计与研究, 1996, 6: 19~22.

[128] 安树峰, 王金城. 矿井通风系统的科学应用 [J]. 西部探矿工程, 2005, 5: 217~219.

[129] 李铁磊, 陈开岩, 陈发明. 矿井巷道空气动力学老化对巷道风阻的影响 [J]. 中国矿业大学学报, 2001, 5: 277~280.

[130] 谢宁芳. 矿井通风系统优化设计方法与技巧 [J]. 有色金属设计, 1999, 2: 1~10.

[131] 陈长华. 风网稳定性的定量分析 [J]. 辽宁工程技术大学学报, 2003, 6: 292~294.

[132] 张志, 张晓, 孙兆民. 浅谈矿井风量分配与调节过程中的体会 [J]. 山东煤炭科技, 2004, 6: 16~17.

[133] 卢义玉, 王克全, 李晓红. 矿井通风与安全 [M]. 重庆: 重庆大学出版社, 2006.

[134] 褚洪涛. 高寒地区采矿实践 [J]. 矿业研究与开发, 2005, 25 (3): 13.

[135] 高谦, 金龙哲, 王利. 我国非煤矿山安全生产现状、研究与发展 [J]. 工业安全与环保, 2004, 30 (7): 40~42.

[136] 国家安全生产监督管理局监管一司. 全国非煤矿山安全生产形势分析 [J]. 当代矿工, 2004 (6): 18.

[137] 王启明. 非煤矿山安全生产形势、问题及对策 [J]. 金属矿山, 2005 (10): 1~3.

[138] 李家瑞. 气象传感器教程 [M]. 北京: 气象出版社, 1994.

[139] 廖志锦. 短跑高原训练的可行性研究 [J]. 安徽体育科技, 2004, 25 (3): 33~35.

[140] 孙崎, 张云飞. 工程机械用柴油机高原运行特性的研究 [J]. 内燃机工程, 2001, 22 (2): 34~39.

[141] 徐小荷. 采矿手册 [M]. 北京: 冶金工业出版社, 1990 (3): 56~60.

[142] 中华人民共和国质量监督检验检疫总局. GB 16423—2006 金属非金属矿山安全规程 [S]. 北京: 中国标准出版社, 2006.

[143] 吉兆宁. 井下空气质量评价研究 [J]. 黄金, 1998, 19 (10): 20~23.

[144] 邬宽明. CAN 总线原理和应用系统设计 [M]. 北京: 北京航空航天大学出版社, 1996.

[145] 饶运涛, 邹继军, 郑勇芸. 现场总线 CAN 原理与应用技术 [M]. 北京: 北京航空航天大学出版社, 2003.

[146] 郁汉琪. 电器控制与可编程序控制器应用技术 [M]. 南京: 东南大学出版社, 2004.

[147] 黄明琪, 冯济缨, 王福平. 可编程序控制器 [M]. 重庆: 重庆大学出版社, 2003.

[148] 吕景泉. 可编程序控制器技术教程 [M]. 北京: 高等教育出版社, 2006.

[149] 伊红卫. 工业控制组态软件的体系结构设计 [J]. 微计算机信息, 1997, 13 (5): 58~59.

[150] 马国华. 监控组态软件及其应用 [M]. 北京: 清华大学出版社, 2001.

[151] 谢军. 工控组态软件的功能分析和应用 [J]. 交通与计算机, 2000, 18 (3): 46~48.

[152] 谷守禄, 鲁远祥. 煤矿监控系统的发展概况及趋势 [J]. 中国安全科学学报, 1997 (7): 13~14.

[153] 张生益. 煤矿监控系统的发展概况及其关键技术 [J]. 测控技术, 1994, 13 (1): 12~13.

[154] 中华人民共和国卫生部. GBZ 2—2002 工作场所有害因素职业接触限值 [S]. 北京: 中国标准出版社, 2002.

[155] 梁莉, 田宇. 搅拌站计算机控制系统的设计 [J]. 广东自动化与信息工程, 2001 (3): 1~3.

[156] 李乃夫. 可编程序控制器原理、应用、实验 [M]. 北京: 中国轻工业出版社, 2003.

[157] 吴明亮, 蔡夕忠. 可编程序控制器实训教程 [M]. 北京: 化学工业出版社, 2005.

[158] 张万忠. 可编程控制器应用技术 [M]. 北京：化学工业出版社，2005.

[159] 曲波，尚圣兵，吕建平. 工业常用传感器选型指南 [M]. 北京：清华大学出版社，2002.

[160] 魏仲凡，卢冬泉. 煤矿安全调度信息管理系统 [J]. 煤矿安全，2001，(1)：44～45.

[161] 费青. DeviceNet 技术及其产品开发 [J]. 单片机与嵌入式系统应用，2001，(4)：26～31.

[162] 刘正权等. 关于 CAN 控制器 SJA1000 新特性的一些应用 [J]. 电子技术，2000，(11)：57～59.

[163] 郭晋. 基于 CAN 现场总线的分布式控制系统设计 [D]. 北京工业大学硕士学位论文，2001，5.

[164] 胡晓健. 矿井综合安全监控系统的设计与研究 [D]. 合肥工业大学硕士学位论文，2004.

[165] K-7110 智能通讯总线转换模块使用说明书 [G]. 北京：北京科日新工控电子技术有限公司，2005.

[166] 蔺金元. 基于 CAN 总线的油罐液位监控系统的研究 [D]. 西安交通大学硕士学位论文，2001.

[167] KingView 使用手册 [G]. 北京：北京亚控科技发展有限公司，2003.

[168] 李郴，孙继平. 矿用组态软件控制模块 [J]. 煤矿设计，1999，(6)：38～40.

[169] 张世杰，宋氏平，等. 高原地区车间空间中 CO 卫生标准的研究 [J]. 高原医学杂志，1996，6 (3)：21～24.

[170] 唐志新，杨鹏. 高原地下矿井下气体浓度标准探讨 [J]. 金属矿山，2009 (5)：152～154.

[171] 谢贤平，赵梓成. 矿井通风系统优化设计的研究现状与发展方向 [J]. 新疆有色金属，2005，21 (3)：241～247.

[172] 王英敏. 矿内空气动力学与矿井通风系统 [M]. 北京：冶金工业出版社，1994.

[173] 王英敏. 矿井通风与防尘 [M]. 北京：冶金工业出版社，1993.

[174] 张国枢. 矿井实用通风技术 [M]. 北京：煤炭工业出版社，1992.

[175] 姚尔义. 生产矿井的通风技术改造 [J]. 煤矿安全，2003，4：6～8.

[176] 白韬光. 通风系统阻力调节技术 [J]. 机电设备，2004，21 (3)：9～10.

[177] 梁晓春，郭明春. 自然风压在矿山通风中的应用 [J]. 采矿工程，2000，21 (3)：9～10.

[178] 陈开岩. 矿井通风系统优化理论及应用 [M]. 徐州：中国矿业大学出版社，2003.

[179] 吴向前. 矿井通风系统稳定性的研究 [J]. 山东科技大学学报，2002，(10)：22.

[180] 沈裴敏. 矿井通风安全理论与技术 [M]. 徐州：中国矿业大学出版社，1998，8：138～142.

[181] 杨娟. 矿井通风评价方法与标准 [J]. 工业安全与防尘，2001，34 (4)：9～10.

[182] 陈开岩，王省身，赵以惠，等. 矿井通风安全理论与技术 [M]. 徐州：中国矿业大学出版社，1999.

[183] 刘剑，贾进章，郑丹. 基于无向图的角联结构研究 [J]. 煤炭学报，2003，28 (6)：613～616.

[184] 傅贵，秦跃平，杨伟民. 矿井通风系统分析与优化 [M]. 北京：机械工业出版社，2001.

[185] 杨娟，沈汉年. 矿井通风系统评价方法与标准 [J]. 工业安全与防尘，2000，1：7～13.

[186] 谭允祯. 矿井通风系统管理技术理论 [M]. 北京：煤炭工业出版社，1998.

[187] 谢贤平，冯长根，赵梓成. 矿井通风系统模糊优化研究 [J]. 煤炭学报，1999，8：20～26.

[188] 戴启，汪永茂. 自然风压对矿井通风系统的影响及治理 [J]. 矿业安全与环保，1996，2：7～13.

[189] 谭海文. 自然风压变化规律及其对矿井通风系统的影响 [J]. 采矿工程，2001，17 (1)：24～28.

[190] 刘剑，贾进章，郑丹. 流体网络理论 [M]. 北京：煤炭工业出版社，2002.

[191] 徐瑞龙. 通风网络理论 [M]. 北京：煤炭工业出版社，1999.

[192] 吴中立. 矿井通风与安全 [M]. 北京：中国矿业大学出版社，2001.

[193] 贾进章，郑丹，刘剑. 通风网络中通路总数确定方法的改进 [J]. 辽宁工程技术大学学报，2003，22 (1)：4～6.

[194] 赵千里，刘剑. 用矿井通风仿真系统（MVSS）确定通风系统优化改造方法 [J]. 中国安全科学学报，2003，(2)：11～16.

[195] 夏孝明. 矿井通风系统方案优化的评判指标 [J]. 煤矿安全, 2000, 5 (5): 5~6.

[196] 李茂楠. 矿井通风网路优化研究的进展 [J]. 金属矿山, 1994, (5): 25~29.

[197] 徐竹云. 矿井通风系统优化原理与设计计算方法 [M]. 北京: 冶金工业出版社, 2005.

[198] 宋凯成. 浅析生产矿井通风系统技术改造及应用 [J]. 煤炭技术, 2001, 17 (1): 24~28.

[199] 方裕漳. 矿井通风系统技术改造 [M]. 北京: 煤炭工业出版社, 1999.

[200] 谭允祯. 矿井通风系统优化 [M]. 北京: 煤炭工业出版社, 1992.

[201] 王粉霞. 循环经济推动可持续发展 [J]. 中国有色金属, 2006, 31 (2): 100~106.

[202] 芮校龄. 锡铁山铅锌矿床地质构造基本特征 [J]. 采矿技术, 2005, 12 (4): 10~14.

[203] 李如满, 汪树栋. 锡铁山铅锌矿地质特征、矿床成因及找矿标志 [J]. 矿产与地质, 2001, 18 (5): 274~277.

[204] 郝桂明, 王玉新. 矿井风量分配与调节的实践经验 [J]. 山东煤炭科技, 2003, 1 (34): 34~36.

[205] 王海宁, 王花平, 谢金亮. 金属矿山通风节能技术的研究 [J]. 矿业快报, 2006, 12: 23~28.

[206] 孙英. 近十年我国金属矿山通风系统的技术改造 [J]. 金属矿山, 1998, 25 (3): 238~242.

[207] 李怀伟, 何华. 优化矿井通风系统提高矿井有效风量 [J]. 西北煤炭, 1998 (2): 11~16.

[208] C. Ozgen Karacan. Development and application of reservoir models and artificial neural networks for optimizing ventilation air requirements in development mining of coal seams [J]. International Journal of Coal Geology, 1992, 73 (3): 185~192.

[209] D. M. Hargreaves, I. S. Lowndes. The computational modeling of the ventilation flows within a rapid development drivage [J]. Tunnelling and Underground Space Technology, 2005, 71: 29~39.

[210] Yuan Liang. Study on Critical Modern Technology for Mining in Gassy Deep Mines [J]. China Univ Ming & Technol. , 2007, 17 (2): 226~231.

[211] E. K. Stefopoulos, D. G. Damigos. Design of emergency ventilation system for an underground storage facility [J]. Tunnelling and Underground Space Technology, 1989, 1: 11~15.

[212] Luo X, Dimitrakopoulos R. Fuzzy Analysis in quantitative mineral resource assessment [J]. Computers & Geosciences, 2003, 2 (1): 3~13.

[213] Chaulya S K. Assessment and management of air quality for an opencast coal mining area [J]. Journal of Environmental Management, 2004, 70 (1): 1~14.

[214] Sapko M J, Verakis H. Technical evaluation of coal dust explosibility meter [J]. SME 2006 Annual Meeting, St. Louis, 2006: 26~29.

[215] Michael J Sapko, Kenneth L, Cashdollar, Gregory M Green. Coal dust particle size survey of U. S. Mines [J]. Journal of Loss Prevention in the Process Industries, 2007, (20): 616~620.

[216] Sapko M J, Weiss E S, Cashdollar K L, Zlochower I A. Experimental mine and laboratory dust explosion research at NIOSH [J]. Journal of Loss Prevention in the Process Industries, 2000, (13): 229~242.

[217] Wang Jianjun, Li Shengcai. Progress in safety science and technology [M]. Beijing: Science Press, 1998: 78~82.

[218] Hu Yunan, Koroleva Olga I. Nonlinear control of mine ventilation networks [J]. Systems and Controls, 2003, 4 (49): 239~254.

[219] Klaus Noack. Control of gas emissions in underground coal mines [J]. International Journal of Coal Geology, 1998, 35: 57~82.

[220] Shi Su, Hongwei Chen, Philip Teakle, Sheng Xue. Characteristics of coal mine ventilation air flows [J]. Journal of Environmental Management, 2008, 86: 44~62.

[221] Shi Su, Jenny Agnew. Catalytic combustion of coal mine ventilation air methane [J]. Fuel, 2006, 85: 120.

[222] N. N. Petrov, N. A. Popov. Ways of improving economy and reliability of mineventilation [J]. Journal of Mining Science, Vol. 40, No. 5, 2004: 531~535.

[223] Kocsis C K, Hardcastle S. Ventilation system operating cost comparison between a conventional and an automated underground metal mine [J]. Society for Mining, Metallurgy and Exploration, 2003, 10: 57~64.

[224] Tuck M A, Dixon D W. Automatic control of mine ventilation: Future Possibilities [J]. Mine Ventilation Soc of South Africa, 1993, 10: 146 ~150.

[225] Goodman, Gerrit V R, Taylor, Charles D, Divers, Edward F. Ventilation schemes for deep advance mining systems [J]. Underground Ventilation Committee of SME, 1991, 10: 356~360.

[226] Gillies, Stewart. Eighth international mine ventilation congress 2005 [J]. Mine Ventilation Society of South Africa, 2006, 9: 100~101.

[227] US Standard Atmosphere 1976 [S]. US Government Printing office, Washington DC, 1976.

[228] CAN Specification Version 2. 0 [G]. BOSCH, 2002: 22~24.

[229] Virvalo, Tapio, Lammila, Mika, Lehto, Erkki. CAN bus applied on hydraulic computed force control [J]. Transactions of the Institute of Measurement & Control, 2004, Vol. 26 (5) .

[230] Chai Zhuxin, Huang Qunying, Wu Yican, Liu Xiaoping, Liao Zhuhua. An integrative radiation protection control system based on a CAN bus for the HT – 7U tokamak fusion device [J]. Journal of Radiological Protection, 2004, Vol. 24 (2) .

[231] Y Halev, A Ray. Integrated communication and control systems [J]. Journal of Dynamics Mesurement and Control, 1988 (12) .

[232] Michael Mascagni, Yaohang Li. Computational infrastructure for parallel, distributed, and grid – based monte carlo computations [J]. Lecture Notes in Computer Science, 2004 (1): 39~52.

[233] Huang C H, et al. Mineventilation network optimization using the generalized reduced gradient method proceedings [J]. 6th US Mine Ventilation sysposium SaltLake City, USA, 1993, 105 (1): 153~161.

[234] N szlazak, Liu Jian. Numerical determination of diagonal branches in mining ventilation networks [J]. Archives of Mining Sciences, 1998, 7 (6): 617~620.

[235] Li Bingrui. Development of management system of mine ventilation and safety information [J]. Porceedings in Mining Science and Safety Technology, 2000, 257: 259~267.

[236] Cheng L, Ueng T H, Liu C W. Simulation of ventilation and fire in the underground facilities [J]. Fire Safety Journal, 1994, 78: 155~159.

[237] Moll A T, et al. An approach to the optimization of multi – fan ventilation systems in UK coal mine [J]. J. of the Mine Ventilation Society of South Africa, 1994, 47 (1): 2~18.

[238] Wang Y J. Recent . Developments in mine ventilation network theory and analysis [J]. 2nd US Ventilation Symposium, 2000, 16(1): 26~30.

[239] Wang Z C, et al. Optimum method of regulating a ventilation network proceedings [J]. 3sd Intenational Mine Ventilation Congress, Harrogate. Britain, 1984: 53~55.

[240] C. Ozgen Karacan. Modeling and prediction of ventilation methane emissions of U. S. longwall mines using supervised artificial neural networks [J]. International Journal of Coal Geology, 1995, 230: 773~778.

[241] M. T. Parra, J. M. Villafruela, F. Castro, C. Mendez. Numerical and experimental analysis of different ventilation systems in deep mines [J]. Building and environment, 2006, 41: 87~93.

[242] Feng Xiating, S. Webber, M. U. Ozbay. An expert system on assessing rockburst risks for south african deep gold mines [J]. Journal of Coal Science & Engineering, 1996, 15 (2): 23~32.

[243] Lans S Lowndes, Amanda J Crossley, Zhiyuan Yang. The ventilation and climate modeling of rapid development tunnel drivages [J]. Tunneling and Underground Space Technology, 2004, 19: 139~150.

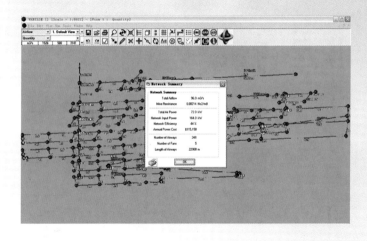

图5-18　系统模拟总结

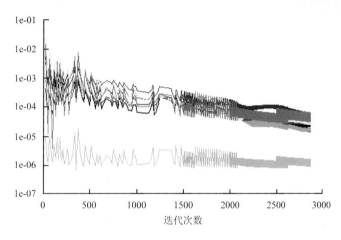

图6-14　非稳态求解收敛情况图

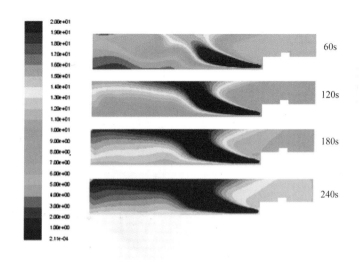

图6-15　$x=1.14$截面各时刻铲运机尾气中CO浓度分布云图

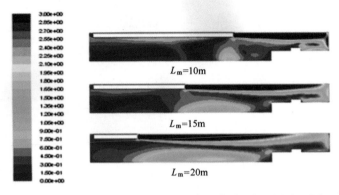

图6-17 风筒口距离掌子面不同距离的巷道纵剖面速度云图

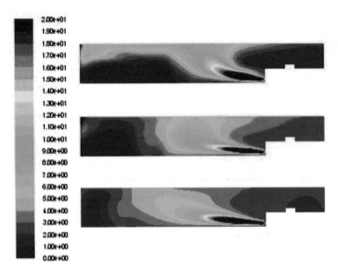

图6-18 $t$=30s时巷道纵断面CO浓度分布云图

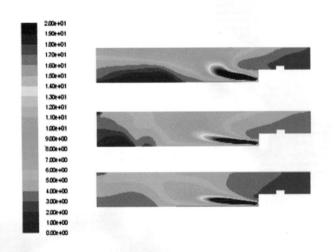

图6-19 $t$=60s时巷道纵断面CO浓度分布云图

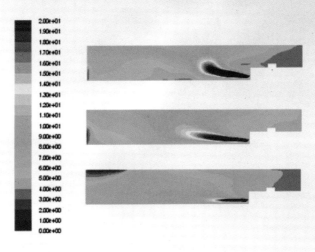

图6-20　$t$ =120s时巷道纵断面CO浓度分布云图

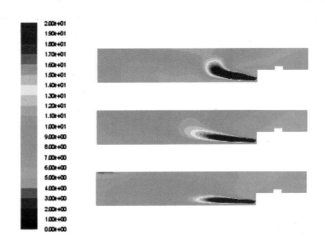

图6-21　$t$ =180s时巷道纵断面CO浓度分布云图

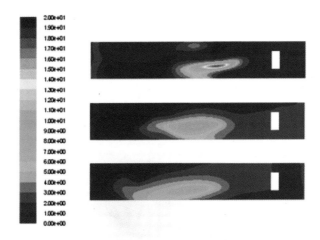

图6-22　$t$ =30s时 $y$ =1.6m剖面CO浓度分布云图

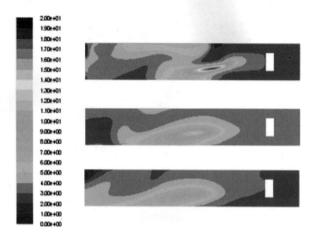

图6-23　$t$ =60s时 $y$ =1.6m剖面CO浓度分布云图

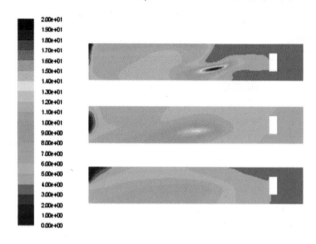

图6-24　$t$ =120s时 $y$ =1.6m剖面CO浓度分布云图

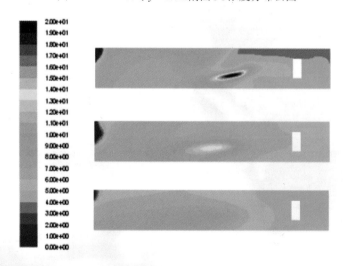

图6-25　$t$ =180s时 $y$ =1.6m剖面CO浓度分布云图

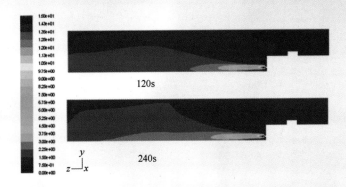

图6-39　铲运机工作后120s、240s时CO巷道截面浓度分布云图

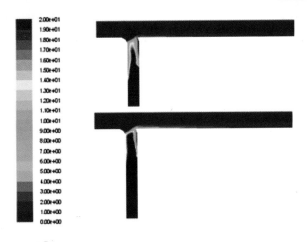

图6-47　无局扇通风爆破后20min时CO浓度分布云图
（穿脉进尺上为15m，下为20m）

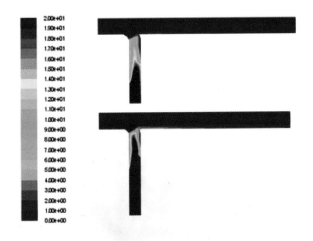

图6-48　无局扇通风爆破后25min时CO浓度分布云图
（穿脉进尺上为15m，下为20m）

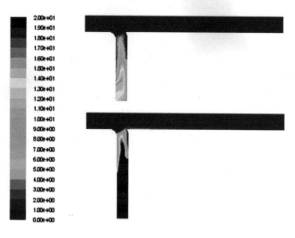

图6-49　无局扇通风爆破后30min时CO浓度分布云图
（穿脉进尺上为15m，下为20m）

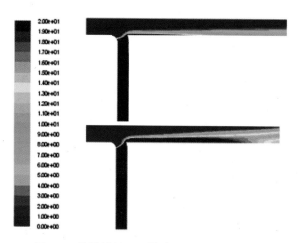

图6-53　穿脉进尺20m 爆破后10min时CO浓度分布云图
（上为无局扇通风，下为有局扇通风）

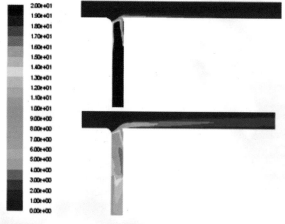

图6-54　穿脉进尺20m 爆破后20min时CO浓度分布云图
（上为无局扇通风，下为有局扇通风）

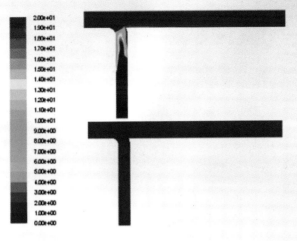

图6-55　穿脉进尺20m 爆破后30min时CO浓度分布云图
（上为无局扇通风，下为有局扇通风）

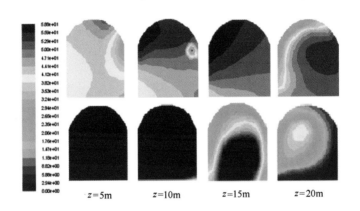

$z=5m$　　$z=10m$　　$z=15m$　　$z=20m$

图6-56　爆破后10min时独头巷道各截面CO浓度分布云图
（上为有局扇通风，下为无局扇通风）

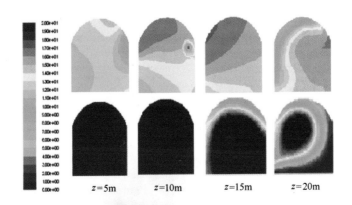

$z=5m$　　$z=10m$　　$z=15m$　　$z=20m$

图6-57　爆破后20min时独头巷道各截面CO浓度分布云图
（上为有局扇通风，下为无局扇通风）

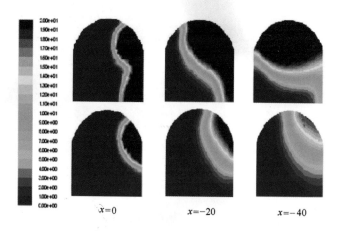

图6-58 爆破后10min时水平运输大巷各截面CO浓度分布云图
（上为有局扇通风，下为无局扇通风）

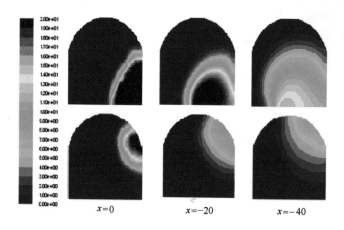

图6-59 爆破后15min时水平运输大巷各截面CO浓度分布云图
（上为有局扇通风，下为无局扇通风）

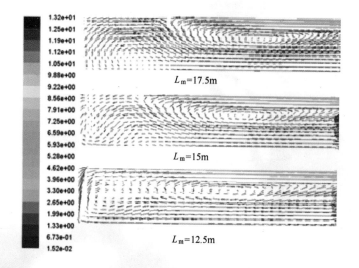

图6-62 独头巷道风流结构图